普通高等教育“十一五”国家级规划教材
新编高等职业教育电子信息、机电类教材·通信技术专业

现代通信技术

（第4版）

廉飞宇　朱月秀　主编

電子工業出版社
Publishing House of Electronics Industry
北京·BEIJING

内 容 简 介

本书首先扼要介绍通信的基本概念和基本原理。然后结合现代通信技术涉及的各个领域，分别详细介绍了微波与卫星通信、光纤通信、移动通信、计算机网络通信、通信业务网和接入网的基本知识、组织结构和运作原理，同时也介绍了各个通信领域技术的新发展和新成果。本书旨在使不具备通信专业知识的读者快速建立现代通信技术的整体概念，掌握现代通信技术的基本概念、基本原理和基本方法，为进一步学习通信专业知识打下一个良好的基础。

本书可以作为高职高专通信专业的专业基础课教材，也可以作为高职高专电子、计算机等专业的教材或参考书。

图书在版编目（CIP）数据

现代通信技术 / 廉飞宇，朱月秀主编. —4 版. —北京：电子工业出版社，2018.1
ISBN 978-7-121-30969-4

Ⅰ. ①现… Ⅱ. ①廉… ②朱… Ⅲ. ①通信技术 Ⅳ. ①TN91

中国版本图书馆 CIP 数据核字（2017）第 032771 号

策划编辑：陈晓明
责任编辑：郭乃明　　特约编辑：范　丽
印　　刷：北京捷迅佳彩印刷有限公司
装　　订：北京捷迅佳彩印刷有限公司
出版发行：电子工业出版社
　　　　　北京市海淀区万寿路 173 信箱　邮编：100036
开　　本：787×1092　1/16　印张：18.75　字数：480 千字
版　　次：2003 年 7 月第 1 版
　　　　　2018 年 1 月第 4 版
印　　次：2025 年 1 月第 9 次印刷
定　　价：46.00 元

凡所购买电子工业出版社图书有缺损问题，请向购买书店调换。若书店售缺，请与本社发行部联系，联系及邮购电话：（010）88254888。

质量投诉请发邮件至 zlts@phei.com.cn，盗版侵权举报请发邮件至 dbqq@phei.com.cn。

服务热线：（010）88258888。

第 4 版前言

本书自 2010 年出版第 3 版以来，深受读者欢迎，很多高职高专院校通信专业已把它作为专业基础课教材。在此谨向广大本教材使用者表示真诚的谢意。

此次修订，尽可能对第 3 版的疏漏失误之处进行修正，同时本着教材编写的完整性、系统性原则，增加了微波通信、计算机通信等内容，对某些过时陈旧、专业性太强的内容进行了删减，突出了计算机网络通信以及通信的新发展、新技术方面的内容。

21 世纪是通信信息时代，第 5 代通信、宽带上网、移动通信、卫星、光纤通信等迅速地渗透到我们的日常生活中，显而易见，这是基于通信技术的飞速发展，特别是以移动通信、计算机通信、光纤通信、卫星通信为代表的现代通信技术的突飞猛进的发展。

随着通信技术越来越广泛地渗入到社会生活的各个方面，不仅通信专业的学生，而且非通信专业的学生以及其他领域的技术人员都迫切要求学习通信知识。因此，为了使不同专业的学生在有限的时间内基本掌握现代通信技术的基本概念、基本原理和基本方法，了解通信技术的发展趋势，我们将以往单独设置的《通信原理》、《微波与卫星通信》、《光纤通信》、《移动通信》、《计算机网络》、《接入网》等课程综合成一门《现代通信技术》课程，编写了这本教材，以适应教学的需要。

全书共分为 8 章。第 1 章介绍现代通信技术的基本概念，第 2 章介绍通信的基础知识，第 3 章介绍微波和卫星通信，第 4 章介绍光纤通信，第 5 章介绍移动通信，第 6 章介绍计算机网络通信，第 7 章介绍通信业务网，第 8 章介绍接入网。本书计划学时为 64 学时。

本书是在朱月秀老师编写的第 3 版的基础上，由廉飞宇老师修订完成的。

鉴于修订者水平有限，加之时间仓促，书中难免存在疏漏之处，恳请读者批评指正。

编　者

2017 年 9 月

目　　录

第1章　现代通信技术概述

内容提要

- 信号、信道的概念和分类
- 信息的传输方式
- 通信系统的基本组成及性能指标
- 通信网的拓扑结构
- 通信网的分类
- 通信业务的分类及特点

1.1　信号、信道与信息的传输

人类是通过嘴巴、耳朵、眼睛等与对方进行信息交换的。但是当人们在相隔较远的地方时，如何进行信息交换呢？这就需要通信来实现。通信的基本任务是解决两地之间消息的传递和交换。例如，将地点A的信息传输到地点B，或者将地点A和地点B的信息双向传输。

实现通信的方式很多。例如，古代人们曾利用信物、烽火、金鼓、旗语等作为通信工具传递信息，现代人们利用电话、传真、电视、国际互联网等进行信息传递和交换。现代的通信是电通信方式，即利用电信号携带所要传递的信息，然后经过各种信道进行传输，达到通信的目的。由于电通信几乎能在任意的通信距离上实现迅速而又准确的信息传递，因而获得了飞速的发展和广泛的应用。

1.1.1　信号

信息要用某种物理方式表达出来，通常可以用声音、图像、文字、符号等来表达。由于它们一般不便于高效率、高可靠的远距离传输，因而往往需要将它们转换成更便于传输和处理的信号。因此，可以说信号是信息的载体，是信息的表现形式。一般讲的信号是指电信号，它的表达形式可以是电压、电流或电场等。对信号的描述可以有两种方法，即时域法和频域法。

时域法研究的是信号的电量（电压或电流等）随时间变化的情况，可以用观察波形的方法进行。例如，声音信号与时间 t 的关系可用一维函数 $f(t)$ 来描述，如图1.1（a）所示。频域法研究的是信号的电量在频域中的分布情况，可用频谱分析仪观察信号的频谱，语音信号的频率范围大约为20～20000Hz，如图1.1（b）所示，图中 $F(f)$ 为 $f(t)$ 的频谱函数。在语音中频率越高能量就越小，所以在电话中只传送听清对方说话声的300～3400Hz的部分。

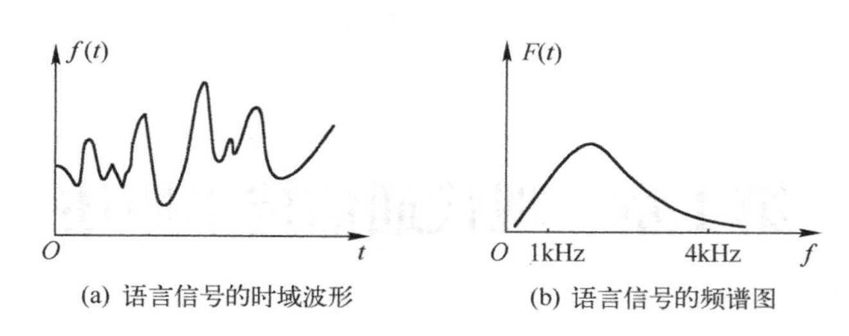

(a) 语言信号的时域波形　(b) 语言信号的频谱图

图 1.1　语音信号的波形与频谱图

电信号可以有多种分类方法。若以频率划分，可分为基带信号和频带信号；若以信号参数的状态划分，则可以分为模拟信号和数字信号。

1. 基带信号与频带信号

基带信号是指含有低频成分甚至直流成分的信号，通常原始信号都是基带信号。基带信号所占据的频带宽度相对于它的中心频率而言很宽，不适合于长距离传输，更不能进行无线电发送。如语音信号是一种典型的基带信号，它是由人的声音经过话筒转换而成的。频带信号的中心频率较高，而带宽相对中心频率很窄，因此适合于在信道中传输。基带信号经过各种不同调制方法可以转换成频带信号。如调频广播电台的 FM××MHz 就是一个频带信号，它是将语音信号调制到××MHz 的中心频率上，然后进行发射。如果接收机的频率与电台的频率相同，就能够接收到所发射的信号。

2. 模拟信号与数字信号

模拟信号是指电信号参量的取值随时间连续变化的信号。因此，模拟信号也叫连续信号，如图 1.2 所示。模拟信号电量可以有无限多个取值，如在 1.1～1.2V 之间的取值范围内，可以取 1.1V、1.11V、1.111V 等无限多个数值。常见的模拟信号有语音信号、图像信号以及来自各种传感器的检测信号等。

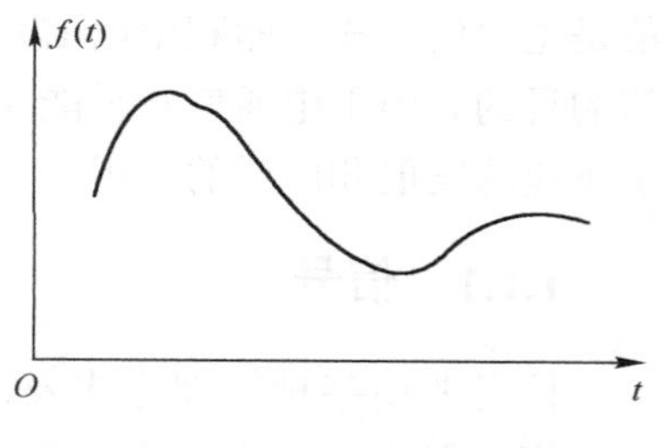

图 1.2　模拟信号示例

数字信号与模拟信号相反，是指电信号参量的取值是离散的且只有有限个状态的信号。因此，数字信号也叫离散信号。如图 1.3（a）所示是二进制数字信号，它只有两种取值，分别用 0 和 1 表示。当然也可以有多进制数字信号，如四进制、八进制等，如图 1.3（b）所示就是四进制数字信号，分别用 0、1、2、3 表示四种取值。常见的数字信号有电报、传真、计算机数据等信号。

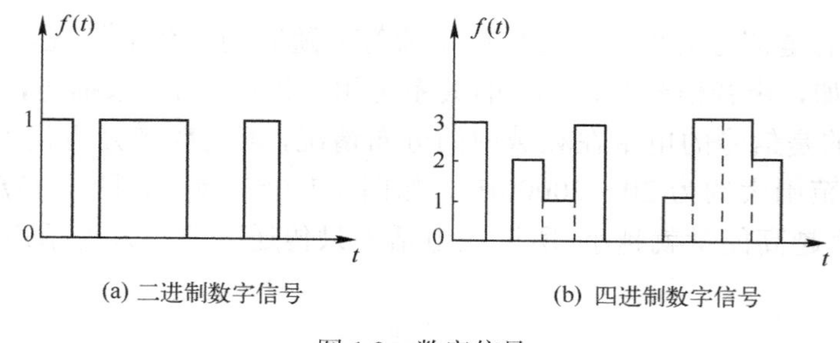

(a) 二进制数字信号　(b) 四进制数字信号

图 1.3　数字信号

1.1.2 信道

信道是信号的传输媒质，它可分为有线信道和无线信道两类。有线信道包括明线、双绞线、同轴电缆和光纤等，而无线信道是由无形的空间构成，利用电波进行通信。

1. 有线信道

目前广泛使用的有线信道主要有双绞线、同轴电缆和光纤，它们的构造、特征及主要用途如表 1.1 所示。

表 1.1 有线信道的线路种类、构造、特征和主要用途

线路种类	构造	特征	主要用途
双绞线	绝缘材料 铜线	便宜、构造简单，传输频带宽，有漏话现象，容易混入杂音	电话用户线低速 LAN
同轴电缆	外部导线 内部导线 绝缘层 保护层	价格稍高，传输频带宽，漏话感应少，分支、接头容易	CATV 分配电缆高带 LAN
光纤	纤芯 保护材料 包层	低损耗，频带宽，重量轻，直径小，无感应，无漏话	国际间主干线国内城市间主干线高速 LAN

双绞线构造简单且价格便宜，但传输损耗大，且随着频率升高双绞线间产生漏话现象。另外，不能对电磁波产生屏蔽，容易混入外部杂音。双绞线主要使用于 100kHz 以下或数字信号 10Mb/s 以下的信息传输，被广泛应用于电话端局和用户之间的连线，或低速局域网计算机之间连线。

一般高频率信号的传输和长距离的传输都使用同轴电缆。同轴电缆的频带要比双绞线宽得多，它的外部金属能屏蔽中心导体的电磁波，因而不容易混入杂音。由于这些特点，它被广泛用于数百兆赫兹的模拟信号传输，也可用于 1Gb/s 的数字传输。因为电视的频段在 91.25～900MHz 范围，所以有线电视（CATV）的分配电缆都采用同轴电缆。

光纤与双绞线、同轴电缆相比较，具有无可比拟的低损耗、传输频带宽、无电磁感应、不漏话且质轻、径细等极优良的性能。国际间、国内城市间长距离大容量的传输线路使用的同轴电缆很快被光纤替代了。伴随着制造光纤技术的日益提高，成本不断下降，甚至原来以双绞线、同轴电缆为主要传输线路的高层大楼、办公室等内部通信也开始使用光纤了。

2. 无线信道

无线信道是利用电波传输信号。电波是一种在空间传播的物质，是全世界共同拥有的资源和财产。电波是指频率在 3000GHz 以下的电磁波，电磁波包括电波、红外线、可见光、紫外线、X 射线和 g 射线等，它们都是以光速 3×108m/s 传播的，人们根据电波的波长对它进

行命名，如图 1.4 所示。

波长	频率	符号	名称
0.1mm	3000GHz		
			(亚毫米波)
1mm	300GHz		
		EHF	极高频(毫米波)
1cm	30GHz		
		SHF	超高频(厘米波)
10cm	3GHz		
		UHF	特高频
1m	300MHz		
		VHF	甚高频(超短波)
10m	30MHz		
		HF	高频(短波)
100m	3MHz		
		MF	中频(中波)
1km	300kHz		
		LF	低频(长波)
10km	30kHz		
		VLF	甚低频(极长波)
100km	3kHz		

频率	名称
40GHz	
	Ka频段
27GHz	
	K频段
18GHz	
	Ku频段
12GHz	
	X频段
8GHz	
	C频段
4GHz	
	S频段
2GHz	
	L频段
1GHz	

图 1.4　电波的名称

电波是从天线发射出来的，不同的频率其天线的形状、尺寸也各不相同，并且电波传播方式也多种多样，主要传播方式有地表面波、直射波和电离层反射波。表 1.2 列出了电波的工作频段、传播方式及主要用途。

表 1.2　无线信道的工作频率、传播方式和主要用途

名　称	频 带 范 围	波 长 范 围	主要传播方式	主 要 用 途
长波	30～300kHz	1～10km	地表面波	远距离通信，导航
中波	300～3000kHz	0.1～1km	地表面波	调幅广播，船舶、飞机通信
短波	3～30MHz	10～100m	地表面波、电离层反射波	调幅广播，调幅和单边带通信
超短波	30～300MHz	1～10m	直射波、对流层散射波	调频广播，广播电视，雷达与导航，移动通信
微波	300MHz 以上	1 以下	直射波	广播电视，卫星通信，移动通信，微波接力通信等

如图 1.5 所示是电波的各种传播路径。地球的表面是一个球面，绕地球表面进行传播的电波称地表面波，中波以下频段的电波主要以地表面波形式传播。电波发送端与接收端在视距范围内直接传播的方式称为直射波，超短波以上波段的电波主要以直射波为主。受地表面曲率的影响，直射波的传播范围一般不超过 50km。电离层反射波是指电波经过电离层反射到地面的电波，短波频段电波的电离层反射波最为明显。

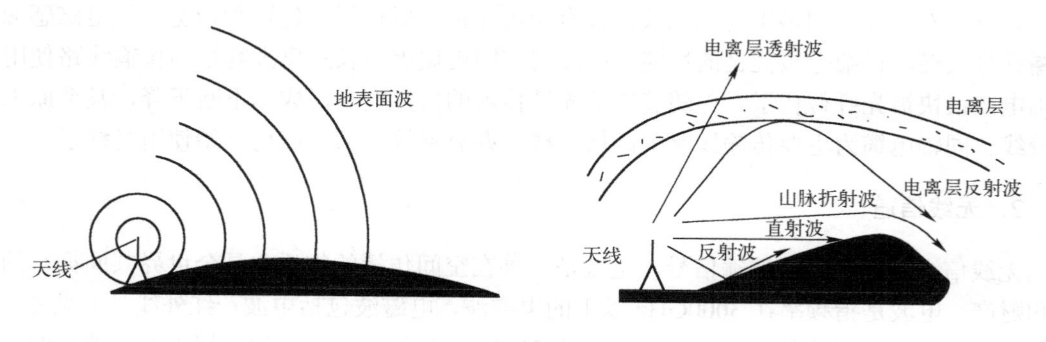

图 1.5　电波的传播路径

1.1.3 信息的传输方式

信息的传输方式可以有以下几种分类：按照通过传输线路信息的形式不同可以将传输方式分为模拟传输和数字传输；按照传输方法可分为串行传输和并行传输；按照信号的流向可分为单工、半双工和全双工三种通信方式。

1. 模拟传输和数字传输

根据信道中传送的是模拟信号还是数字信号，将通信传输方式分成模拟传输方式和数字传输方式。应当指出，模拟传输方式和数字传输方式是以信道传输信号的差异为标准的，而不是根据原始输出的信号来划分。若将原始输出的模拟信号经过模/数变换，成为数字信号，就可以用数字传输方式传送，在接收端再进行相反的数/模变换，即可还原出原始的模拟信号。

2. 串行传输和并行传输

将多位二进制码的各位码在时间轴上排列成一行，在一条传输线路上一位一位地传输的方式称为串行传输方式。用数量等于二进制码的位数的多条传输线路同时传送多位码的传输方式称为并行传输方式。如图 1.6 所示是两种传输方式的示意图。串行传输的通信成本低但速度慢，而并行传输的传输速度快但成本高。因此，在通信线路长即远距离传输时使用串行传输方式，而在短距离的计算机之间或计算机与外部设备（如打印机、显示器等）之间使用并行传输方式。

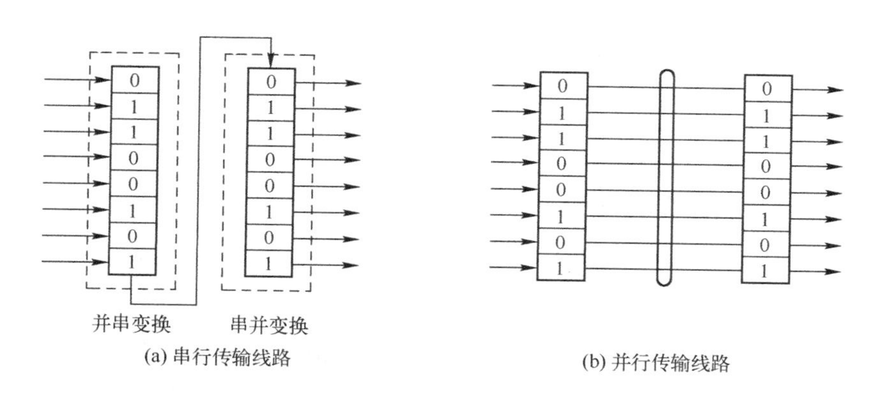

(a) 串行传输线路

(b) 并行传输线路

图 1.6 数据的串行传输和并行传输

3. 单工、半双工和全双工通信

（1）单工通信。单工通信是指信息的流动方向始终固定为一个方向的通信方式。虽然能够逆向传输应答监视信号，但不能在反方向传输信息，如图 1.7（a）所示。

例如，电视机、收音机只能接收信号，而不能反方向传送信号，它是一种类似于单行道路的通信方式。

（2）半双工通信。这是一种信息流动方向可以随时改变的通信方式，信息的流动方向有时是从 A 流向 B，有时是从 B 流向 A。但任何时刻只能由其中的一方发送数据，另一方接收数据，如图 1.7（b）所示。由于传输方向不断交换，所以传输效率会有所下降。

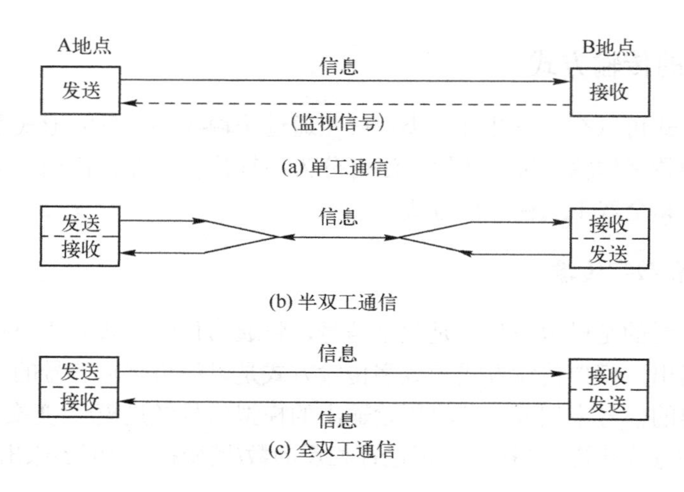

图 1.7　单工、半双工、全双工的通信方式

例如，无线电收、发两用机和银行的联机系统都属于这种方式。它是一种类似于单向交互通行道路的通信方式。

（3）全双工通信。全双工通信是指可以同时向两个方向传输信息的通信方式，如图 1.7（c）所示。这种通信方式可以相互交换大量的信息。虽然是同时双向传输信息，但不一定非要在两个方向上分别敷设传输线路，如将发送、接收的信号频率分离，引入频分复用技术就可实现双向通信。例如，电话通信、宽带上网等都是属于这种通信方式。它是一种类似于双向通行道路的通信方式。

1.2　通信系统

1.2.1　通信系统的基本模型

通信的目的是传输信息。通信系统的作用就是将信息从信源发送到一个或多个目的地。对于电通信来说，首先要把消息转换成电信号，然后经过发送设备，将信号送入信道，在接收端利用接收设备对接收信号做相应的处理后，送给信宿再转换为原来的消息。这一过程可用图 1.8 所示的通信系统一般模型来概括。图 1.8 中各部分的功能简述如下。

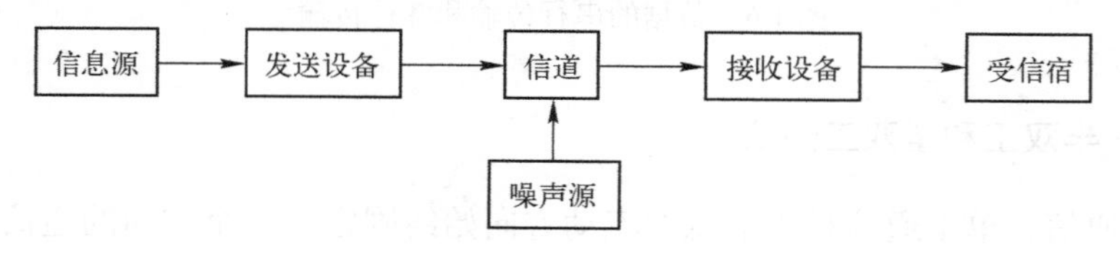

图 1.8　通信系统的一般模型

1. 信息源

信息源（简称信源）的作用是把各种消息转换成原始电信号。根据消息的种类不同，信源可分为模拟信源和数字信源。模拟信源输出连续的模拟信号，如话筒（声音→音频信号）、

摄像机（图像→视频信号）；数字信源则输出离散的数字信号，如电传机（键盘字符→数字信号）、计算机等各种数字终端。并且，模拟信源送出的信号经数字化处理后也可送出数字信号。

2. 发送设备

发送设备的作用是产生适合于在信道中传输的信号，即使发送信号的特性和信道特性相匹配，具有抗信道干扰的能力，并且具有足够的功率以满足远距离传输的需要。因此，发送设备涵盖的内容很多，可能包含变换、放大、滤波、编码、调制等过程。

3. 信道

信道是一种物理媒质，用来将来自发送设备的信号传送到接收端。在无线信道中，信道可以是自由空间；在有线信道中，信道可以是明线、电缆和光纤。有线信道和无线信道均有多种物理媒质。信道既给信号以通路，也会对信号产生各种干扰和噪声。信道的固有特性及引入的干扰和噪声直接关系到通信的质量。图 1.1 中所示的噪声及分散在通信系统及其他各处的噪声通常是随机的，形式多样的，它的出现干扰了正常信号的传输。

4. 接收设备

接收设备的功能是将信号放大和反变换（如译码、解调等），其目的是从收到减损的接收信号中正确恢复出原始电信号。对于多路复用信号，接收设备中还包括解除多路复用，实现正确分路的功能。此外，它还要尽可能减小在传输过程中噪声与干扰所带来的影响。

5. 受信者

受信者（简称信宿）是传送消息的目的地，其功能与信源相反，即把原始电信号还原成相应的消息，如扬声器等。

图 1.1 所示概括描述了一个通信系统的组成，反映了通信系统的共性。根据我们研究的对象以及所关注的问题不同，图 1.1 所示的各方框的内容和作用将有所不同，因而相应有不同形式的、更具体的通信模型。

通信传输的消息多种多样，但一般分为两大类：一类称为连续消息；另一类称为离散消息。连续消息是指消息的状态连续变化，如连续变化的语音、图像等；离散消息则是指消息状态是可数的或离散的，如符号和数据。通常，按照信道中传输的是模拟信号还是数字信号，相应地把通信系统分为模拟通信系统和数字通信系统。

1. 模拟通信系统模型

模拟通信系统是利用模拟信号来传递信息的通信系统，其模型如图 1.9 所示，其中包含两种重要的变换。第一种变换是，在发送端把连续消息变换成原始电信号，在接收端进行相反的变换，这种变换由信源和信宿来完成。这里所说的原始电信号通常称为基带信号，基带的含义是指信号的频谱从零频附近开始，如语音信号的频率范围为 300～3400Hz，图像信号的频率范围为 0～6MHz。有些信道可以直接传输基带信号，而以自由空间作为信道的无线电传输却无法直接传输的信号。因此模拟通信系统中常常需要第二种变换：把基带信号变换成适合在信道中传输的信号，而在接收端进行反变换。完成这种变换和反变换的通常是调制器和解调器。经过调制以后的信息称为已调信号，它应有两个基本特征：一是携带有信息；二是适应在信道中传输。由于已调信息的频谱通常具有带通形式，所以已调信号又称带通信号（也称为频带信号）。

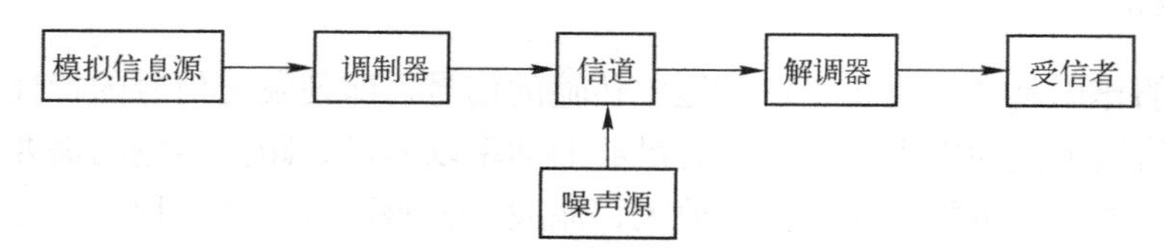

图 1.9　模拟通信系统模型

应该指出，除了上述的两种变换，实际通信可能还有滤波、放大、天线辐射等过程。由于上述两种变换起主要作用，而其他过程不会使信号发生质的变化，只是对信号进行放大和改善信号特性等，在通信系统模型中一般被认为是理想的而不予讨论。

2. 数字通信系统模型

数字通信系统（Digital Communication System，DCS）是利用数字信号来传递信息的通信系统，如图 1.10 所示。数字通信涉及的技术问题很多，其中主要有信源编码和译码、信道编码和译码、数字调制和解调、同步以及加密和解密等。

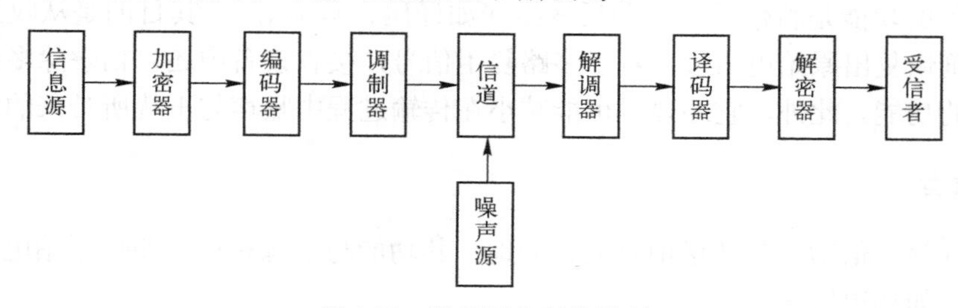

图 1.10　数字通信系统模型

目前，无论是模拟通信还是数字通信，在不同的通信业务中都得到了广泛的应用。但是数字通信的发展已明显超过模拟通信，成为当代通信技术的主流。与模拟通信相比，数字通信具有抗干扰能力强，且噪声不积累、传输差错可控、便于处理、变换、存储，便于将来自不同信源的信号综合到一起传输、易于集成，使通信设备微型化，重量轻等优点。

1.2.2　通信系统的分类

1. 按通信业务和用途分类

通信系统可分为常规通信和控制通信。常规通信又分为话务通信和非话务通信。话务通信业务主要是电话信息服务业务、语音信箱业务和电话智能网业务。非话务通信主要是分组数据业务、计算机通信、数据库检索、电子信箱、电子数据交换、传真存储转发、可视图文及会议电视、图像通信等。控制通信则包括遥测、遥控、遥信（远程信号）和遥调等。

2. 按调制方式分类

根据是否采用调制，可将通信系统分为基带传输和频带（调制）传输。基带传输是将未经调制的信号直接传送，如音频市内电话；频带传输是对各种信号调制后传输的总称。

按输入信号的特征分类，按照信道中所传输的是模拟信号还是数字信号，相应地把通信系统分成模拟通信系统和数字通信系统

3. 按传输媒质分类

通信系统可以分为有线通信系统和无线通信系统两大类。有线通信是用导线（如架空明线、同轴电缆、光导纤维、波导等）作为传输媒质完成通信的，如明线、电缆、光缆信道等；无线通信是依靠电磁波在空间传播达到传递消息的目的，如短波电离层传播、微波视距传播、卫星中继等。

4. 按传输信号的复用方式分类

传输多路信号有三种复用方式，即频分复用、时分复用和码分复用。频分复用是用频谱搬移的方法使不同信号占据不同的频率范围；时分复用是用脉冲调制的方法使不同信号占据不同的时间区间；码分复用是用正交的脉冲序列分别携带不同信号。传统的模拟通信中都采用频分复用。随着数字通信的发展，时分复用通信系统的应用愈来愈广泛，码分复用主要用于空间通信的扩频通信中。

5. 按工作的波段分类

按通信设备的频率或波长不同，分为长波通信、中波通信、短波通信、远红外线通信等。表 1.3 列出了通信使用的频段、常用的传输媒质及主要用途。

表 1.3　ITU 无线电通信频段

频段号	符号	频率范围	波长范围	典型源
1	ELF	3～30Hz	10000～100000km	海军深海通信
2	SLF	30～300Hz	1000～10000km	海底通信
3	ULF	300Hz～3kHz	100～1000km	地震波、地下通信
4	VLF	3kHz～30kHz	10～100km	近海面通信
5	LF	30kHz～300kHz	1～10km	AM 广播、飞机塔台
6	MF	300kHz～3MHz	100m～1km	AM 广播
7	HF	3MHz～30MHz	10～100m	远距离通信、SW 广播
8	VHF	30MHz～300MHz	1～10m	FM 广播、电视广播、DVB 广播
9	UHF	300MHz～3GHz	10～100cm	微波炉、手机、蓝牙、GPS、Wi-Fi
10	SHF	3GHz～30GHz	1～10cm	雷达、卫星电视、Wi-Fi
11	EHF	30GHz～300GHz	1～10mm	卫星间通信、单向能量武器

工作波长和频率的换算公式为

$$\lambda = \frac{c}{f} = \frac{3\times10^{8}}{f}$$

式中，λ 为工作波长；

f 为工作频率（Hz）；

c 为光速（m/s）。

1.2.3 通信系统的主要性能指标

在设计或评估通信系统时，往往要涉及通信系统的主要性能指标，否则就无法衡量其质量的好坏。通信系统的性能指标涉及通信系统的有效性、可靠性、适应性、标准性、经济性及维护使用等等。如果考虑所有这些因素，那么通信系统的设计就要包括很多项目，系统性能的评诉工作也就很难进行。尽管对通信系统可有很多的实际要求，但是，从消息的传输角度来说，通信的有效性与可靠性将是主要的矛盾。这里所说的有效性主要是指消息传输的“速度”问题，而可靠性主要是指消息传输的“质量”问题。显然，这是两个相互矛盾的问题，这对矛盾通常只能依据实际要求取得相对的统一。例如，在满足一定可靠性指标下，尽量提高消息的传输速度；或者，在维持一定有效性下，使消息传输质量尽可能地提高。由于模拟通信系统和数字通信系统之间的差别，两者对有效性和可靠性的要求和度量方法不尽相同。

模拟通信系统的有效性可用有效传输频带来度量，同样的消息用不同的调制方式，则需要不同的频带宽度。

数字通信系统的有效性可用传输速率和频带利用率来衡量。

1．码元传输速率（R_B）

又称码元速率，它被定义为单位时间（每秒）内传输的码元数目，单位为波特（Baud 或 B)。简称为 B。与所传的码元进制数无关。

设每个码元的长度为 T 秒，则码元速率为

$$R_B = \frac{1}{T} \quad \text{(B)}$$

2．信息传输速率（R_b）

简称传信率，又称比特率。它定义为单位时间内（每秒）传送的信息量（比特数）单位为比特/每秒（b/s）或 bps。

在“0”、“1”等概率出现的二进制码元的传输中，每个码元含有 1b 的信息量，所以二进制数字信号的码元速率和信息速率在数量上相等。而采用多（M）进制码元的传输中，由于每个码元携带 $\log_2 M$ 比特的信息量，因此码元速率与信息速率有以下确定的关系，即

$$R_b = R_B \log_2 M \quad \text{(bit/s)}$$

3．频带利用率（n）

在比较不同通信系统的有效性时，不能单看它们的传输速率，还应考虑所占用的频带宽度，因为两个传输速率相等的系统其传输效率并不一定相同。所以真正衡量数据通信系统的有效性指标是频带利用率，它定义为单位带宽（每赫兹）内的传输速率，即 $n=R_B/B$（Baud/Hz），B 为带宽。

数字通信系统的可靠性可用差错率来衡量。差错率常用误码率和误信率表示。

（1）误码率 P_e。指的是错误接收的码元数在传输总码元数中所占的比例，更确切地说，误码率是码元在传输系统中被传错的概率，即

$$P_e = \frac{错误接收的码元数}{传输的总码元数}$$

（2）误信率 P_b。又称误比特率，是指错误接收的比特在传输总比特数中所占的比例，即

$$P_b = \frac{错误接收的比特数}{传输的总比特数}$$

1.3 通信网

通信网是一种使用交换设备，传输设备，将地理上分散用户终端设备互连起来实现通信和信息交换的系统。通信最基本的形式是在点与点之间建立通信系统，但这不能称为通信网，只有将许多的通信系统（传输系统）通过交换系统按一定拓扑结构组合在一起才能称之为通信网。也就是说，有了交换系统才能使某一地区内任意两个终端用户相互接续，才能组成通信网。通信网由用户终端设备、交换设备和传输设备组成。

1.3.1 通信网的结构

1．通信网的基本组成

任何通信网络都具有信息传送、信息处理、信令机制、网络管理功能。因此，从功能的角度看，一个完整的现代通信网可分为相互依存的三部分：业务网、支撑网、传送网。

（1）业务网。业务网负责向用户提供各种通信业务，如基本话音、数据、多媒体、租用线、VPN（Virtual Private Network，虚拟专用网络）等。

构成一个业务网的主要技术要素包括网络拓扑结构、交换节点设备、编号计划、信令技术、路由选择、业务类型、计费方式、服务性能保证机制等。

（2）支撑网。支撑网为保证业务网正常运行，增强网络功能，提高全网服务质量而形成的传递控制监测及信令等信号的网络。

支撑网负责提供业务网正常运行所必需的信令、同步、网络管理、业务管理、运营管理等功能，以提供用户满意的服务质量。

支撑网包含同步网、信令网、管理网三部分。

（3）传送网。传送网又称基础网。传送网为各类业务网、支撑管理网提供业务信息传送手段，负责将节点连接起来，并提供任意两点之间信息的透明传输。传送网是由传输线路、传输设备组成的网络，所以又称之为基础网。

传送网具有电路调度、网络性能监视、故障自动切换等相应的管理功能。

构成传送网的主要技术要素有：传输介质、复用体制、传送网节点技术等。

2．通信网的拓扑结构

当无数个通信系统互连在一起形成网络的时候，有一种高度精练的方式，可以很直观地反映网络的组织形式，这就是“拓扑图”，如图 1.11 所示。网络的拓扑结构反映网中各实体的结构关系，基本的拓扑结构有：网状网、星形网、复合型网、总线型网、环形网等。

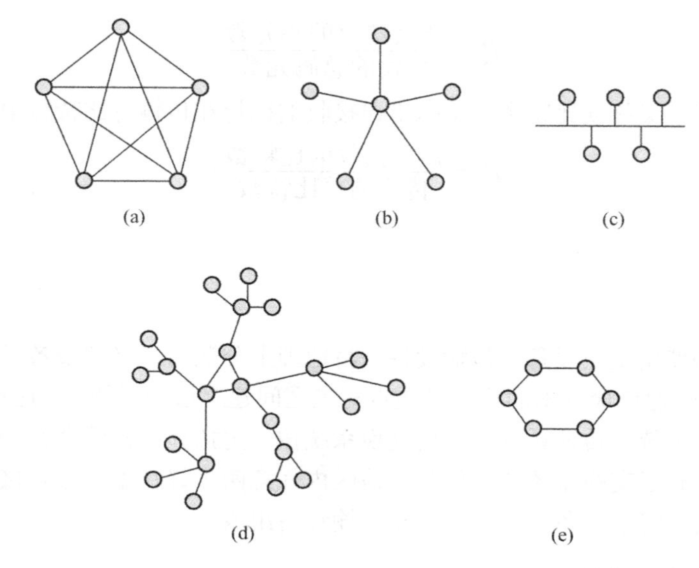

图 1.11　通信网拓扑图

（1）网状网。所形成的网络链路较多，形成的拓扑结构像网状。具有代表性的网状网就是完全互连网（网内任意两节点间均由直达线路连接），如图 1.11（a）所示。具有 N 个节点的完全互连网需要有 $\dfrac{1}{2\times N\times(N-1)}$ 条传输链路。

优点：线路冗余度大，网络可靠性高，任意两点间可直接通信。

缺点：线路利用率低（N 值较大时传输链路数将很大），网络成本高，网络的扩容也不方便，每增加一个节点，就需增加 N 条线路。

适用场合：通常用于节点数目少，又有很高可靠性要求的场合。

（2）星形网。星形结构由一个功能较强的转接中心 S 以及一些各自连到中心的从节点组成。具有 N 个节点的星形网共需（$N-1$）条传输链路，如图 1.11（b）所示。

优点：与网状网相比，降低了传输链路的成本，提高了线路的利用率

缺点：网络的可靠性差，一旦中心转接节点发生故障或转接能力不足时，全网的通信都会受到影响。

适用场合：传输链路费用高，用于转接设备、可靠性要求又不高的场合，以降低建网成本。

（3）总线型网。属于共享传输介质型网络，网中的所有节点都连至一个公共的总线上，任何时候只允许一个用户占用总线发送或接送数据，如图 1.11（c）所示。

优点：需要的传输链路少，节点间通信无须转接节点，控制方式简单，增减节点也很方便。

缺点：网络服务性能的稳定性差，节点数目不宜过多，网络覆盖范围也较小。

适用场合：主要用于计算机局域网、电信接入网等网络中。

（4）复合型网。复合型网是由网状网和星形网复合而成的。它以星形网为基础，在业务量较大的转接交换中心之间采用网状网结构，如图 1.11（d）所示。

优点：兼并了网状网和星形网的优点。整个网络结构比较经济，且稳定性较好。

适用场合：规模较大的局域网和电信骨干网中广泛采用分级的复合型网络结构。

（5）环形网。网中所有节点首尾相连，组成一个环。N 个节点的环网需要 N 条传输链路。环网可以是单向环，也可以是双向环，如图 1.11（e）所示。

优点：结构简单，容易实现，双向自愈环结构可以对网络进行自动保护。

缺点：节点数较多时转接时延无法控制，并且环形结构不易扩容。

适用场合：目前主要用于计算机局域网、光纤接入网、城域网、光传输网等网络中。

1.3.2 通信网的分类

通信网从不同的角度可以分为不同的种类。

1. 按业务种类分类

若按业务种类分，通信网分为电话通信网、电报通信网、传真通信网、广播电视通信网、数据通信网、多媒体通信网等。

- 电话通信网——传输电话业务的网络。
- 电报通信网——传输电报业务的网络。
- 传真通信网——传输传真业务的网络。
- 广播电视通信网——传输广播电视业务的网络。
- 数据通信网——以传输数据业务为主的通信网称为数据通信网，它是一个由分布在各地的数据终端设备、数据交换设备和数据传输链路所构成的网络，在网络协议（软件）的支持下实现数据终端间的数据传输和交换。
- 多媒体通信网——传输多媒体业务（集语音、数据、图像于一体）的网络，它是多媒体技术、计算机技术、通信技术和网络技术等相互结合和发展的产物，具有集成性、交互性和同步性等特点。

2. 按信息交换分类

按信息交换分类，通信网分为分组交换网和电路交换网。

分组交换网是数据通信的基础网，利用其网络平台可以开发各种增值业务，如：电子信箱、电子数据交换、可视图文、传真存储转发、数据库检索。

分组交换网的突出优点是可以在一条电路上同时开放多条虚电路，为多个用户同时使用，网络具有动态路由功能和先进的误码纠错功能，网络性能最佳。中国公用分组交换数据网是中国电信经营的全国性分组交换数据网，网络已直接覆盖到全部地市和绝大部分县城，通过电话网可以覆盖到电话网通达的所有城市，用户可就近以专线或电话拨号方式入网，使用分组交换业务。

电路交换网络的基本结构是由交换单元按照一定的拓扑结构扩展而成的，所构成的交换网络也称为互连网络。交换网络从外部看，也有一组输入端和一组输出端，将其分别称为交换网络的入线和交换网络的出线，如果交换网络有 M 条入线和 N 条出线，则把这个交换网络称为 $M \times N$ 的交换网络。

分组交换网和电路交换网是两个节点或者主机之间传输数据的两种网络方式。分组交换的通信线路并不专用于源与目的地间的信息传输。在要求数据按先后顺序且以恒定速率快速传输的情况下，使用电路交换网是较为理想的选择。因此，当传输实时数据时，诸如音频和视频；或当服务质量（QOS）要求较高时，通常使用电路交换网络。分组交换在数据传输方面具有更强的的效能，可以预防传输过程（如 E-mail 信息和 Web 页面）中的延迟和抖动现象。

3. 按信息介质分类

按信息介质可以有以下几种分类：

（1）导线介质网 如：铜线、光纤。

（2）无导线介质网 如：空中的电波和激光。

4. 按地域或者覆盖范围分类

按地域或者覆盖范围分类则可以分为广域网，城域网和局域网。

广域网：在一个广泛地理范围内所建立的计算机通信网，简称 WAN。其范围可以超过城市、国家甚至全球。

城域网：在一个城市范围内所建立的计算机通信网，简称 MAN

局域网：将小区域内的各种通信设备相互连接起来的通信设备。

1.4 通信业务

1.4.1 音视频业务

在现代通信系统中尽管数据业务发展非常迅速，但模拟与数字音视频业务在所有通信业务中仍然占有主要地位。在此类业务中包括普通电话、IP 电话、移动电话、数字电话、可视电话、会议电视、广播电视、数字视频广播、点播电视等各种音视频业务。

1. 音视频信息基本概念

音频信息主要是指由自然界中各种音源发出的可闻声和由计算机通过专门设备合成的语音或音乐。此类声音主要有 3 类，即语音、音乐声和效果声。

视频泛指将一系列静态影像以电信号方式加以捕捉、记录、处理、储存、传送与重现的各种技术。连续的图像变化每秒超过 24 帧（frame）画面以上时，根据视觉暂留原理，人眼无法辨别单幅的静态画面；看上去是平滑连续的视觉效果，这样连续的画面叫做视频。

2. 音视频信息数字化

在现代通信技术中，信息处理的硬件大部分都是数字逻辑电路或数字计算机，因此音视频信息进入系统必须进行数字化处理。模拟信号在时间上是连续的，而数字音视频则对应一个时间离散的数字序列。为用数字形式传输和处理音视频信息，首先要解决的问题是音视频信息的数字化，这包括两方面的内容：

（1）音频信息时间上的离散化和图像信息空间位置的离散化。

（2）音频信息电平值和图像灰度电平值的离散化。

上述过程涉及音视频信号的采样、量化和编码。对于音频信号而言，采样就是使音频信号在时间轴上离散化，每隔一个时间间隔在模拟声音波形上取一个幅度值，采样的时间间隔称之为采样周期。根据采样定理，只要采样频率等于或大于音频信号中最高频率成分的两倍，信息就不会丢失，也就是说可以由采样后的离散信号不失真地重建原始的模拟音频信号，否则就会产生不同程度的失真。因此采样频率的选择是音频信息数字化的关键技术之一。现代通信技术中通常选用的音频采样频率有 8kHz、11.025kHz、16kHz、22.05kHz、32kHz、44.1kHz 和 48kHz 等。音频信号通常采用 8～20bit 量化编码。一般在允许失真条件下，尽可能选择较低的采样频率，以免使数据速率过高。

对于视频信号而言，采样就是使图像信号在空间位置上离散化。

视音频信号数字编码的实质是：在保证一定图像或声音质量（信噪比要求和主观评价得分）的前提下，以最小比特数来表示音视频信号。

3. 音视频业务种类

（1）普通电话与智能网业务。

① 普通电话业务。普通电话业务业务是发明和应用普及最早的一种通信业务，它在基于电路交换原理的电话交换网络支持下，提供人们最基本的点到点语音通信功能。根据通信距离和覆盖范围电话业务可分为市话业务；根据通信距离和覆盖范围电话业务可分为市话业务、国内长途业务和国际长途业务。现在还可以为用户提供来电显示、三方通话、转移呼叫、会议电话、短消息收发等增值功能，还可以提供传真、互联网拨号接入等功能。

② 智能网业务。众所周知，传统的电话通信网是将用户特性集中在每一个交换机中，每增加一种新业务，网中全部交换机都需要增加相应的软件，不仅工作量大，而且还会因为对业务规范理解的不一致而导致异种交换机间业务互通出现各种问题。

智能网是程控交换机的电话网上设置的一种附加网络。它采用全新的 “控制与交换相分离”的思想，把网络中原来位于各个端局交换机中的网络智能集中到了若干个新设的功能部件上（如业务交换点、业务控制点、智能外设、业务生成环境和业务管理点等），他们均独立于现有网络，是附加网络结构。新业务的提供、修改以及管理等功能全部集中于智能网，程控交换机则提供交换这一基本功能，而与业务提供无直接关系。

在智能网中，由于将业务处理和呼叫分开，其网络节点只完成基本的呼叫处理，而将智能业务从普通的网络节点上分离出来，每个网络节点连至智能网的集中设置的业务控制点，向用户提供智能业务。

智能网所提供的业务可以分为单端点、单点控制的业务和多端点、多点控制的业务两大类。单点控制的业务特征应用于一个呼叫中的一个用户，并用于独立于参与呼叫的任何其他用户的业务和拓扑等级，它描述的是任何一个时候一个呼叫的同一个方面受一个且仅受一个业务控制功能的影响；而多端点控制业务是一个单独的呼叫段中有多个业务逻辑实例进行交互的能力。自动电话记账卡业务（300）、被叫集中付费业务（800）、虚拟专用网业务（600）、通用个人通信（700）、广域集中用户交换机、电子投票（181）、大众呼叫等都是智能网所提供的业务。

（2）IP 电话。以话音通信为目的而建立的 PSTN 电话网采用电路交换技术，可以充分保证通话质量，但通话期间始终占用固定带宽。以数据通信目的建立起来的 Internet 采用分组交换技术，所有业务共享线路，这样大大提高了网络带宽的利用率，但由于数据包是非实时的，所以，Internet 通常不保证语音传输的质量，然而人们一直在寻求利用廉价的 Internet 进行语音传输的方法，因此 IP 电话应运而生。

IP 电话通常被称为 Internet 电话或网络电话，IP 电话利用基于路由器/分组交换的 IP 数据网进行传输。

IP 电话的工作原理是先将语音信号进行模数转换、编码、压缩和打包，然后通过 Internet 网络传输，到接收端则相应进行拆包、解压、译码和模数转换，从而恢复出语音信号。与 IP 电话通话质量有关的关键技术可以归纳为以下几个方面：语音压缩技术、静噪抑制技术、回声抵消技术、语音抖动处理技术、语音优先技术、IP 包分割技术、VoIP 前向纠错技术。

通常 IP 电话的通话方式分为：PC 到 PC，PC 到 PHONE 和 PHONE 到 PHONE。

以太网（Ethernet）电话是一种基于 H.323 协议格式的终端，它占用一个独立的 IP 地址，能直接接入网络。它是一种 IP 专用电话机，可以直接连在 Ineternet 上而完全代替 PC 进行通话。

在 Internet 上的连接均是以 IP 地址为基础的，其实质是以太网电话机以 IP 地址为电话号码通过 Internet 建立起的通信。但是人们不太习惯 IP 地址为电话号码而更习惯于传统的电话号码，这是必须要解决的另一问题。

（3）广播电视。电视信号在通过无线广播发射或有线传输时，对图像信号采用残留边带调幅、对伴音信号采用调频的发送方式，每一路电视节目所占的频带为 8MHz。

我国规定的开路电视信号一共划分为 68 个频道，目前由广播电视使用的为 1～48 频道，其中第 5 频道已划给调频广播使用。

在无线电频谱中 48～958MHz 的频率范围被划分为五个频段，Ⅰ频段为电视广播的 1～5 频道；Ⅱ频段划分给调频广播和通信专用；Ⅲ频段为电视广播的 6～12 频道；Ⅳ频段为电视广播的 13～24 频道；Ⅴ频段为电视广播的 25～68 频道。其中，1～12 频道属于甚高频道，常用 VHF 表示；13～68 频段属于特高频段，常用 UHF 表示。

可以看出，在广播电视各频段之间均留有一定的间隔，这些频率被分配给高频广播、电信业务和军事通信等使用。对于这些频率开路广播电视是不能使用的，否则将千万电视与其他应用相互干扰，但由于有线电视是一个独立的、封闭的系统，只要设计得当一般不会与通信产生相互干扰，因此可以采用这些频率以扩展节目的数量，这就是有线电视系统的增补频道。

（4）数字视频广播。近年，由于数字视频码率压缩技术的迅速发展和超大规模集成电路的研制成功，使传送数字广播电视节目变成了现实。采用现代的数字视频压缩技术和信道调制技术，可实现一路模拟电视信号占用带宽传送 4～6 路数字压缩电视节目，大大提高了信道利用率，降低了每路节目的传输费用，图像质量可达到广播级。

为了最大限度降低各种数字视频应用所需的成本，使其具有尽可能大的通用性，在 DVB 的一系列标准中，其核心系统采用了对各种传输媒体（包括卫星，有线电缆与光缆、地面无线发射等）均适用的通用技术。

（5）视频点播业务。VOD（Video On Demand）即视频点播，从技术上来讲是一种受用户控制的视频分配和检索业务，观众可自由决定在何时观看何种节目。点播是相对于广播而言的，广播对所有观众一视同仁，观众是被动接收者；点播则把主动权交给了用户，用户可以根据需要点播自己喜欢的节目，包括电影、音乐、卡拉 OK、新闻等任何视听节目。VOD 的最大特点是信息的使用者可根据自己的需求主动获得多媒体信息，它区别于信息发布的最大不同一是主动性、二是选择性。在 VOD 应用系统中，信息提供者将节目存储在视频服务器中、服务器随时应观众的需求，通过传输网络将用户选择的多媒体信息传送到用户端，然后由用户计算机或机顶盒将多媒体信息解码后输出至显示器或电视机供用户收看。

1.4.2 数据通信业务

数据通信业务是随着计算机的广泛应用而发展起来的，它是计算机和通信紧密结合的产物。由于其外部设备之间，以及计算机与计算机之间都需要进行数据交换，特别是随着计算机网络互连的快速发展，需要高速大容量的数据传输与交换，因而出现了数据通信业务。与传统的电信网络不同，根据网络覆盖的地理范围大小，数据通信网络被分为局域网（LAN）、城域网（MAN）和广域网（WAN），它们采用各自的技术和通信协议，在网络拓扑结构传输速率和网络功能等方面均有差别。

1. 数据通信的基本概念

所谓数据，是指能够由计算机或数字设备进行处理的，以某种方式编码的数字、字母和符号。利用电信号或光信号的形式把数据从一端传送到另一端的过程称为数据传输，而数据通信是指按照一定的规程或协议完成数据的传输、交换、储存和处理的整个通信过程。

由于数据信号也是一种数字信号，所以数据通信在原理上与数字通信没有根本的区别。实际上数据通信是建立在数字通信基础上的，数据通信与一般数字通信在信号传输方面由许多共同之处，如都需要解决传输编码、差错控制、同步以及复用等问题，但数据通信与数字通信在含义和概念上仍有一定区别。对数字通信而言，它一般仅指所传输的信号形式是数字的而不是模拟的，它所传输的内容可以是数字化的音频信号，可以是数字号的视频信号，也可以是计算机数据。由于所承载的信息的内容不同，数字通信系统在传输时会根据其信息特点采取不同的传输手段与处理方式。由此可见，数字通信是比数据通信更为宽泛的通信概念。相对于其他信息内容的数字通信，数据通信有自己的一些特点如下：

- 数据业务比其他通信业务拥有更为复杂、严格的通信规程或协议。
- 数据业务相对于音视频业务实时性要求较低，可采用存储转发交换方式工作。
- 数据业务相对于音视频业务差错率要求要高，必须采取严格的差错控制措施。
- 数据通信是进程间的通信，可在没有人的参与下自动完成通信过程。

2. 数据通信业务

（1）DDN 业务。数字通信网（DDN：Digtial Data Network）是一个利用数字信道传输数据的网络。基于该网络电信部门可以向用户提供永久性和半永久性连接的数据传输业务，既可用于计算机之间的通信，也可用于传送数字化传真、数字话音、数字图像信号或其他数字化信号。永久性连接的数字数据传输信道是指用户间建立固定连接。传输独占带宽电路，半永久连接的数字数据传输对用户来说是非交换性的，但用户可提出申请，由网络管理人员对其提出的传输速率、传输数据的目的地和传输路由进行修改。网络经营者向用户提供了灵活方便的数字电路出租业务，供各行业构成自己的专用网。金融、证券、海关、外贸等集团用户和租用数据专线的部门、单位大幅度增加，数据库及检索业务也迅速发展，DDN就是适合这些业务发展的一种传输网络。它将数万、数十万和以光缆为主体的数字电路，通过数字电路管理设备，形成一个传输速率高、质量好、网络时延小、全透明、高流量的数据传输基础网络。

DDN网是一个全透明网络，能提供多种业务来满足各类用户的需求：

- 提供速率可在一定的范围内（200bit/s～2Mbit/s）任选的中高速数据通信业务，如局域网互连、大中型主机互连、计算机互联网等提供中继电路。
- 为分组交换网、公用计算机互联网等提供中继电路。
- 可提供点对点、一点对多点的业务，适用于金融证券公司、科研教育系统、政府部门租用DDN专线组建自己的专用网。
- 提供帧中继业务，用户通过一条物理电路可同时配置多条虚连接。
- 提供语音、G3传真、图像、智能用户电报等通信。
- 提供虚拟专用网业务。大的集团用户可以租用多个方向、较多数量的电路，通过自己的网络管理工作站，进行自己管理、自己分配电路带宽资源，组成虚拟专用网。

（2）帧中继。帧中继（FR：Frame Relay）技术是在分组技术充分发展，数字与光纤传输线路逐渐替代已有的模拟线路，用户终端日益智能化的条件下诞生并发展起来的。帧中继完成OSI物理层和链路层核心层的功能，它具有吞量高、时延低、适合突发性业务等特点。帧中继技术主要应用在广域网（WAN）中，支持多种数据型业务，如局域网互连、远程计算机辅助设计和计算机辅助制造、文件传送、图像查询业务、图像监视、会议电视等。

（3）ISDN业务。综合业务数字网（ISDN：Integrated Services Digital Network），俗称一线通，是以电话业务数字网（TSDN）为基础发展成的通信网，能提供端到端的数字连接，用来承载包括语音和非语音在内的多种电信业务。用户能够通过有限的一组标准多用途用户/网络接口接入这个网络，享用各种类型的网络服务。

ISDN的电信业务可以分为承载业务、用户终端业务以及补充业务。

① 承载业务。

② 用户终端业务。

- 传真业务
- 可视电话业务
- 会议电视业务
- 多媒体通信业务
- 数据传送业务

③ 补充业务。ISDN可以提供内容丰富的补充业务，主要有：

- 主叫号码显示
- 主叫号码限制
- 遇忙转移
- 无应答转移
- 无条件转移

● 子地址

（4）ATM业务。异步转移模式（ATM：Asnchronous Transfer Mode）是一种全新的面向连接的快速分组交换技术。

（5）传真存储转发。传真存储转发（FAX）利用分组网的通信平台为电话网上的传真用户提供高速、优质、经济、安全、便捷的传真服务。通过传真存储转发系统，用户可以利用本地电话进行国内、国际传真通信，并能节省开支，提高传真质量和办公效率。传真存储转发的主要业务功能如下：

● 多址投送
● 定时投送
● 传真信箱
● 指定接收人通信
● 报文存档
● 辅助功能

（6）虚拟专网业务。随着企业与外界交流的增加及自身不断地发展，越来越多的企业已开始组建企业计算机内部网络。过去，企业组建自己数据通信网络的办法是基于固定地点的专线连接方式，当企业局限在某一特定的范围内，可以采用LAN技术实现；当企业处在一个很大的范围时，大都用增值网（VAN）技术，即在公共网络上租用模拟或数字专线组成专用网络来实现。但是这样做的成本太高，很多企业难以承受，虚拟专用网（VPN）应运而生。VPN以其独其特色的优势，赢得了越来越多的企业的青睐，令企业可以较少地关注网络的运行与维护，更多地致力于企业商业目标的实现。

（7）电子数据交换。电子数据交换（EDI）是一种新颖的电子贸易工具，是计算机、通信和现代管理技术相结合的产物。它通过计算机通信网络将贸易、运输、保险、银行和海关等行业信息，用一种国际公信的标准格式，实现各部门或公司与企业之间的数据交换和处理，并完成以贸易为中心的全部过程。

1.4.3 多媒体通信业务

多媒体技术是一种能同时综合处理多种信息，在这些信息之间建立逻辑联系，使其集成为一个交互式系统的技术。多媒体技术主要用于实时地综合处理声音、文字、图形、图像和视频等信息，是将这些多种媒体信息用计算机集成在一起同时进行综合处理，并把它们融合在一起的技术。

多媒体通信业务融合了人们对现有的视频、音频和数据通信等方面的需求，改变了人们工作、生活和相互交往的方式。在多媒体通信业务中，信息媒体的种类和业务形式多种多样。多媒体的关键特性在于信息载体的多样性、交互性和集成性。信息载体的多样性体现在信息采集、传输、处理和显现的过程中，涉及到多种表示媒体、传输媒体、存储媒体或显现媒体、或者多个信源或信宿的交互作用。集成性和交互性在于，所处理的文字、数据、声音、图像、图形等媒体数据是一个有机的整体，而不是一个个“分离”的信息类的简单堆积，多种媒体间无论在时间上还是在空间上都存在着紧密的联系，是具有同步性和协调性的群体。同时，使用者对信息处理的全过程能进行完全有效的控制，并把结果综合地表现出来，而不是只以数据、文字、图形或声音的处理。

1. 多媒体业务及其特点

从业务的应用形式来看，多媒体通信业务主要分为两大类，即分配型业务和交互性业务。

（1）分配型业务。不由用户个别参与控制的分配型业务是一种广播业务，它提供从一个中央源向网络中数量不限的有权接收器分配的连续信息流，用户可以接收信息流，但不能控制信息流开始的时间和出现的次序。

由用户个别参与控制的分配型业务也是自中央源向大量用户分配信息，然而信息是作为一个有序的实体周而复始地提供给用户，用户可以控制信息出现的时间和它的次序。由于信息重复传送，用户所选择的信息实体总是从头开始的。

（2）交互型业务。

① 会话型业务。会话型业务以实时端到端的信息传送方式，提供用户与用户或用户与主机之间的双向通信。用户信息流可以是双向对称或双向不对称的。

② 消息型业务。消息型业务是个别用户之间经过存储单元的用户到用户的通信，这种存储单元具有存储转发、信箱或消息处理功能。

③ 检索型业务。检索型业务是根据用户需要向用户提供存储在信息中心供公众使用信息的一类业务。用户可以单独地检索他所需要的信息，并且可以控制信息序列开始传送的时间。传送的信息包括文本、数据、图形、图像、声音等。

2. 多媒体通信技术规范与标准

（1）MPEG-1 标准。MPEG-1 规定了（1.5～2.0）Mbit/s 数字存储体的全活动音视频信息的编、解码器和数码流的表示。标准主要由系统、视频、音频三部分组成。MPEG 系统编码层说明了各种基本码流（ES）的复用语法，如压缩后音频、视频以及其他辅助数据。

（2）MPEG-2 标准。MPEG-2 标准主要包括四部分：第一部分系统，说明了 MPEG-2 的系统编码层，定义了视频和音频数据的复接结构和实时实现同步的方法；第二部分为视频，说明了视频数据的编码表示和重建图像所需要的解码处理过程；第三部分音频，说明了音频数据的编码表示；第四部分一致性测试，说明了检测编码比特流特性的过程以及测试与上述三部分所要求的一致性。

MPEG-2 对系统层语法有了较大的扩充，包含了两类数据码流：传输码流（TS：Transport Steam）和节目码流（PS：Program Stream）。节目码流 PS 是一组音频、视频和数据基本分量，它们具有共同的相对时间关系，并且一般用于传输、存储和回放；传输码流 TS 是节目码流 PS 或基本码流（ES）的集合。它们可以以非特定关系复制接在一起，一般用于传输目的。

（3）MPEG-4 标准。MPEG-4 标准不仅是针对一定比特率下的视频、音频编码，更加注重多媒体系统的交互性和灵活性。MPEG-4 的主要目标是提供新的编码标准，支持数字 AV 信息通信、存取和操作的新方法，为各领域融合而成的交互式 AV 终端提供一般性的解决方案。从这个意义上说，MPEG-4 并不针对任何特殊的应用，而是力图尽可能多地支持对各种应用中均有帮助的功能组。

MPEG-4 支持的功能有 8 项，可以分成以下 3 类：

- 基于内容的交互性

● 压缩

● 通用存取

（4）多媒体信息交换标准。在多媒体系统中，多媒体信息的产生、处理、存储、传输以及重现涉及许多环节，因而需要在各种不同的多媒体应用系统间交换信息。为了使多媒体应用系统在协同工作和分布式处理中的优势得到最大程度地发挥，仅仅对单个媒体的格式实现标准化是不够的，还需考虑各种系统之间以及媒体之间的信息交换需要，这就需要一个公共的多媒体信息交换格式。

MHEG（Multimedia And Hypemedia Coding Expert Gruoup）是多媒体和超媒体信息编码组的缩写名称。MHEG 标准主要是概念和原理性的定义，包括多媒体和超媒体信息、编码原理、系统需求、多媒体和超媒体对象类的表现等方面的定义，以及同步的多媒体信息对象的编码表示，超媒体信息对象的编码表示方法等。

1.5 现代通信技术的发展趋势

社会在进步，通信技术同样也在发生着惊人的变化。日新月异的通信技术，令人眼花缭乱。近年来，随着光纤技术越来越成熟，应用范围越来越广。在广播电视领域，光纤作为广播电视信号传输的媒体，以光纤网络为基础的网络建设的格局已经形成。光纤传输系统具有的传输频带宽，容量大，损耗低，串扰小，抗干扰能力强等特点，已成为城市最可靠的数字电视和数据传输的链路，也是实现直播或两地传送最经常使用的电视传送方式。随着光纤在通信网络中的应用，我国很多地区的电力通信专用网也基本完成了从主干线向光纤过渡的过程。目前，电力系统光纤通信网已成为我国规模较大，发展较为完善的专用通信网，其数据、语音、宽带等业务及电力生产专业业务都是由光纤通信承载，电力系统的生产生活显然已离不开光纤通信网。无线通信现状另一非常活跃的通信技术当属无线通信技术了。无线通信技术包括了移动通信技术和无线局域网（WLAN）技术等两大主要方面。

无线局域网可以弥补以光纤通信为主的有线网络的不足，适用于无固定场所或有线局域网架设受限制的场合，当然，同样也可以作为有线局域网的备用网络系统。WLAN 目前广泛应用 IEEE802.11 系列标准，其中，工作于 2.4GHz 频段的 820.11 可支持 11Mbps 的共享接入速率；而 802.11a 采用 5GHz 频段，速率高达 54Mbps，它比 802.11b 快五倍，并和 820.11b 兼容。给人们的生活工作带来了极大的方便与快捷。

移动通信就目前来讲是 3G 时代，数字化和网络化已成为不可逆转的趋势。目前，移动通信已从模拟通信发展到了数字移动通信阶段。第三代移动通信技术（3rd-Generation，3G），是指支持高速数据传输的蜂窝移动通信技术。3G 服务能够同时传送声音及数据信息，速率一般在几百 kbps 以上。目前 3G 存在四种标准：CDMA2000，WCDMA，TD-SCDMA，WiMAX。

目前国内支持国际电联确定的三个无线接口标准，分别是中国电信的 CDMA2000，中国联通的 WCDMA，中国移动的 TD-SCDMA。GSM 设备采用的是时分多址，而 CDMA 使用码分扩频技术，先进功率和话音激活至少可提供大于 3 倍 GSM 网络容量，业界将 CDMA 技术作为 3G 的主流技术，国际电联确定的三个无线接口标准，分别是美国 CDMA2000，欧洲 WCDMA，中国 TD-SCDMA。原中国联通的 CDMA 现在卖给中国电信，中国电信已经将 CDMA 升级到 3G 网络。3G 主要特征是可提供移动宽带多媒体业务。

1995 年问世的第一代模拟制式手机（1G）只能进行语音通话；1996 年到 1997 年出现的第二代 GSM、CDMA 等数字制式手机（2G）便增加了接收数据的功能，如接收电子邮件或网页；其实，3G 并不是 2009 年诞生的，早在 2002 年国外就已经产生 3G 了，而中国也于 2003 年开发中国的 3G，但 2009 年才正式上市。下行速度峰值理论可达 3.6Mbit/s（一说 2.8Mbit/s），上行速度峰值也可达 384kbit/s，不可能像网上说的每秒 2G，当然，下载一部电影也不可能瞬间完成。“3”代表着 3G 时代下的移动+宽带+固网+手机电视+……融合，更大胆的猜想是暗喻中国移动将超越现有 3G 概念，在 TD-LTE 时代提供适合上述融合业务应用的网络支撑、终端、服务等等，引领人们进入真正的 3G 生活。

目前，中国光纤通信行业处在一个大变革，大发展的时代，是决定光纤通信行业未来发展的关键时期，如果抓住机遇，把握好发展方向，对于中国光纤通信行业长远发展将具有积极的意义。首先光纤通信具有容量大和传输距离远等特点优势，这种优势是其他的传输介质所不能企及的，因此在未来的发展中，要充分利用这些特点优势，以特点来支撑先进技术的开发，以市场需要来引导发展方向。其次，同样也可以加快基础设施建设，来提升经济增长。宽带基础建设也是基础建设的一部分，我国政府也明确提出，在下一代互联网建设中，要以光纤接入网络建设为主，以网络建设带动相关产业的发展。下一代互联网的建设作为我国扩大内需的重大投资方向，将为光纤通信业带来巨大的发展机遇。

另外，21 世纪我们将进入信息社会，一个以人为本，更加注重精神食粮的社会，人性、环境和信息将作为社会的关键词，因此在 21 世纪的通信系统将围绕以人为本来进行研究开发。潜在的研究方向包括：如何通过智能化来补充人的能力；如何通过机器人和可佩带设备来实现新的通信方式；如何克服通信质量的限制来扩大人的空间。在人类通信中，如何很好地实现感情的相互传递是今后十分重要的课题。相信不久的将来，沿着这个研究方向我们便能由 3G 时代步入 4G 时代。第四代移动通信技术的概念可称为宽带接入和分布网络，具有非对称的超过 2Mbit/s 的数据传输能力。它包括宽带无线固定接入，宽带无线局域网，移动宽带系统和交互式广播网络。第四代移动通信标准比第三代标准拥有更多的功能，第四代移动通信可以在不同的固定、无线平台和跨越不同的频带的网络中提供无线服务，可以在任何地方用宽带接入互联网（包括卫星通信和平流层通信），能够提供定位定时、数据采集、远程控制等综合功能，通信技术发展前景广阔，

习　题　1

1.1　解释信号、信道、基带信号、频带信号、模拟信号、数字信号、有线信道、无线信道的概念。

1.2　什么是模拟通信？什么是数字通信？两者的根本区别是什么？

1.3　数字通信系统中的一般模型中各组成部分的主要功能是什么？

1.4　通信系统按传输方向与时间划分可分为哪几种通信方式？

1.5　衡量数字通信系统有效性和可靠性的性能指标有哪些？

1.6　什么是码元速率和信息速率？它们之间的关系如何？

1.7　数据通信业务有哪些类型？各有什么特点？

第2章　数字通信基础

内容提要

- 抽样、量化、编码的基本概念及抽样定理
- 模拟信号基带传输的基本概念。
- 数字信号基带传输的基本概念、数字基带信号的码型及数字基带信号的传输原理。
- AM、DSB-SC、SSB、FM 的基本概念及其时域、频域特性和调制解调方法。
- 2ASK、2FSK、2PSK、2DPSK 的基本概念及其时域、频域特性和调制解调方法。
- 频分复用的概念及多级复用的构成。
- 时分复用的概念及数字分级复接的构成。
- 波分复用的基本概念
- 差错产生的原因和控制方法
- 循环冗余校验 CRC
- 电路交换、报文交换和报文分组交换

2.1　模拟信号数字化

为了使声音、图像及模拟信号在数字通信系统中传输，必须将模拟信号变换成数字信号。模拟信号数字化须经过抽样、量化和编码三个过程。

2.1.1　抽样

1．抽样定理及实现抽样的电路模型

将以一定的时间间隔 T 提取模拟信号的大小（幅度）的操作称为抽样。抽样也称取样、采样，其物理过程如图 2.1 所示。

实现抽样的电路模型如图 2.2 所示。图 2.2（a）中的开关 S 在输入信号 $f(t)$和接地点之间周期地开闭，则输出信号就变成了如图 2.2（b）所示的时间离散的样值信号 $f_s(t)$。图中 T 是开关的开闭周期；τ 是开关和信号 $f(t)$接点闭合的时间，也称为抽样时间宽度。

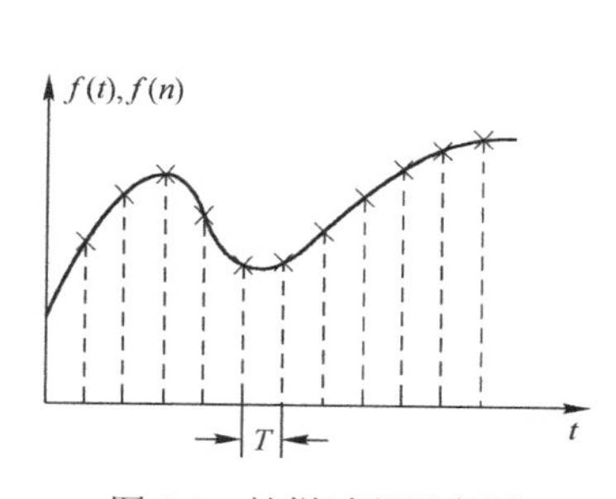

图 2.1　抽样过程示意图

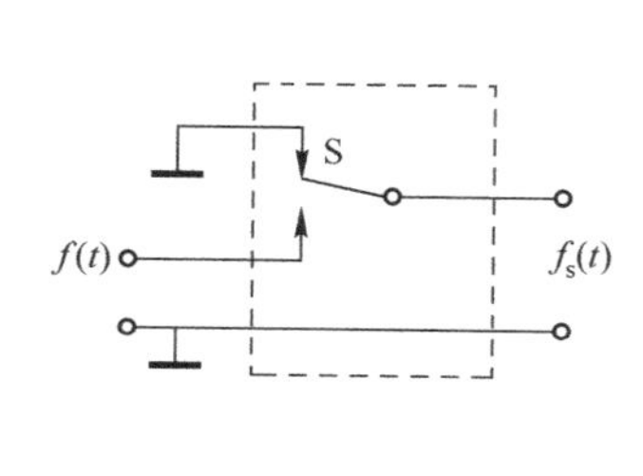

(a) 抽样电路模型

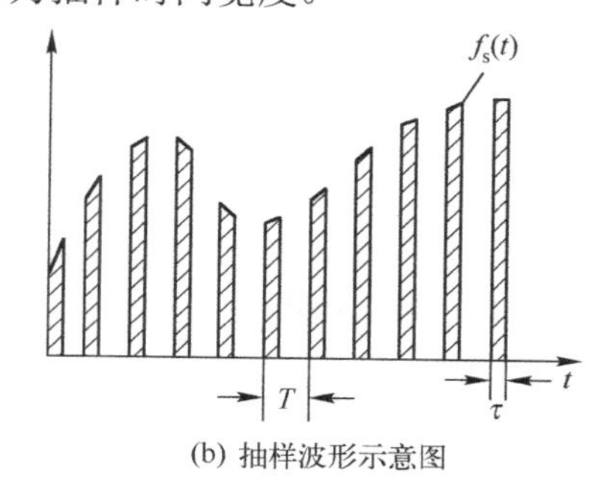

(b) 抽样波形示意图

图 2.2　抽样电路模型及抽样波形示意图

2．抽样定理

经过抽样后形成的时间离散的样值信号能否无失真地恢复原来的时间连续信号呢？显然，抽取信号样值的时间间隔越短就能越正确地恢复原始信号。但是，缩短时间间隔会导致数据量增加，所以缩短时间间隔必须适可而止。

理论证明，若时间连续信号 $f(t)$的最高频率为 f_H，只要抽样频率 f_s 大于或等于 f_H 的 2 倍，即 $f_s \geqslant 2f_H$，就能够无失真地恢复原时间连续信号。这就是著名的奈奎斯特定理，简称抽样定理。

在电话中传送语音信号时，由于语音信号的频率范围为 300～3400Hz，所以只要 $f_s \geqslant$ 6800Hz，也就是说在 1s 内以 6800 次以上的速率抽样所得到的离散样值序列就能无失真地恢复原始语音信号。为了留有一定的余量，原国际电话电报咨询委员会（CCITT）规定语音信号的抽样频率为 f_s=8000Hz。

2.1.2 量化

抽样是将在时间轴上连续的信号变换成离散的信号，但抽样后的信号幅度仍然是连续的值（模拟量）。例如，若信号幅度的取大值为 5 时，抽样后的某一个样值为 3.453642…，这种信号无法用有限位二进制数组合来表示，所以还需把幅度上连续的样值信号进行离散化处理。

1．量化的定义

量化是将连续的幅度值变换成离散的幅度值的过程。具体地说，将抽样信号在幅度上划分为若干个分层，在每一个分层范围内的信号使用“四舍五入”的办法取某一个固定的值（量化电平）来表示。若各分层间隔相等，则为均匀量化；反之，各分层间隔不等，则为非均匀量化。量化过程如图 2.3 所示，量化后各取样电平为 1，2，4，5，5，4，3，3，2，2，1，1。

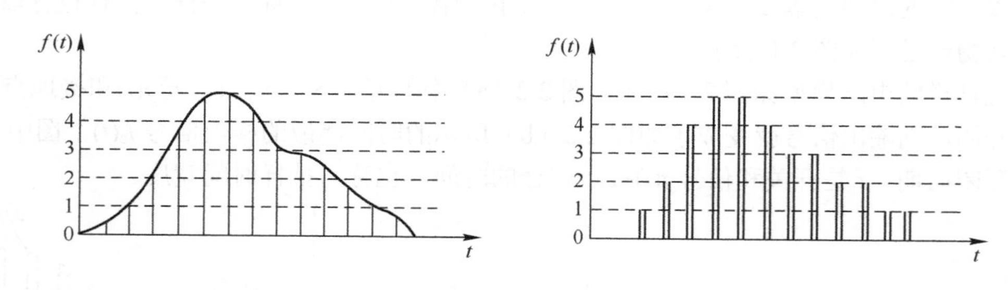

图 2.3　量化过程示意图

2．量化噪声

量化前的信号幅度与量化后的信号幅度出现了不同，这一差值在恢复信号时将会以噪声的形式表现出来，所以将此差值称为量化噪声。为了降低这种噪声，只要将量化时分层间隔减少就可以了，但是减少量化间隔会引起分层数目的增加，导致数据量的增大。所以量化的分层数也必须适当，一般根据所需的信噪比（S/N）来确定。在电话中传送话音时，量化级数取 256 级，同时还采用非均匀量化。

当均匀量化的级数一定时，信号的幅度越小则量化误差相对信号而言其比值就越大。但采用非均匀量化，将信号小的部分的量化间隔减小，而将信号大的部分的量化间隔加大，这样可以使信噪比保持一定数值，不随信号的幅度值变化而变化。

2.1.3 编码

将量化后的信号变换成二进制数，即用 0 和 1 的码组合来表示的处理过程称为编码。当量化级数为 8 级时，可以用 3 位二进制数表示这些量化电平（8=23）。例如，图 1.14（b）量化后各种样值电平为 0、1、2、4、5、5、4、3、3、2、2、1、1，则其编码为 000、001、010、100、101、101、100、011、011、010、010、001、001。一般语音信号的量化级数取 256 级，所以必须用 8 位二进制数来进行编码。

通常将模拟信号经抽样、量化及编码的过程称为脉冲编码调制（PCM），简称脉码调制。

例 2.1 对频率范围为 30～300Hz 的模拟信号进行 PCM 编码。

（1）求最低抽样频率 f_s。

（2）若采用均匀量化，量化电平数为 L=64，求 PCM 信号的信息速率 R_b。

解：（1）根据抽样定理，最低抽样频率为：

$$f_s=2f_H=2\times300=600\text{（Hz）}$$

（2）由量化电平数 L 可求出编码位数 n，即

$$n=\log2L=\log_2 64=6$$

PCM 信号的信息速率为：

$$R_b=f_s n=600\times6=3600\text{（b/s）}$$

模拟信号经过脉码调制成为数字信号进行传输时，根据适当的距离，通过中继器对信号进行再生，可以清除噪声影响，使长距离传输仍保持良好的信噪比。因此从 20 世纪 60 年代开始，电话通信系统的各端局交换机之间的传输已逐步发展为 PCM 方式。现在，脉码调制技术不仅用于语音信号，还用于图像信号及其他任何模拟信号的数字化处理。

特别是近年来，由于超大规模集成电路技术的飞速发展，使模拟信号从抽样、量化到编码只用 1 个集成芯片就能完成，使模拟信号的数字化很容易实现。现在，PCM 方式不断地被广泛应用，如 CD、VCD 等记忆媒体所有信号都是用数字录制的。数字录制方式的优点是无论进行多少次再生都可得到完全相同的信号。为了像音乐那样尽可能求得好的信噪比和宽的动态范围，若进行量化时减小量化间隔，就可以在任何时候都能得到质量好的逼真信号。

2.2 信号的基带传输

2.2.1 模拟信号的基带传输

由声音、图像变换成的电信号都是模拟基带信号。模拟基带信号直接在信道中传输的传输方式称为模拟信号的基带传输。

最典型的模拟信号基带传输系统是电话用户接入网中的传输系统。用户接入网是指公共交换电话网（PSTN）中端局交换机与各用户连接的网络。电话信号以基带形式在用户接入网中传输，目前传输介质主要为双绞线。另一个常见的模拟信号基带传输的例子是音频信号、视频信号的传输，在摄像机、录像机、电视机以及其他音频、视频设备之间，声音、图像信号的短距离传输常常用基带形式传输。传输介质一般用特性阻抗为75Ω的同轴电缆。

2.2.2 数字信号的基带传输

数据终端设备的原始数据信号以及模拟信号经数字化处理后的脉冲编码信号都是数字基带信号。数字基带信号直接在信道中传输的传输方式称为数字信号的基带传输。

1. 数字基带信号的码型

数字基带信号是指数字信息的电脉冲表示，电脉冲的形式称为码型。数字基带信号的码型种类很多，这里介绍几种应用较广的数字基带信号的码型。

（1）单极性非归零码。数字信号的二进制码元1和0分别用高电平和低电平（常为零电平）两种取值来表示，在整个码元期间电平保持不变，此种码通常记做NRZ（NotReturnZero）码，如图2.4（a）所示。这是一种最简单最常用的码型，很多终端设备输出的都是这种码。因为一般终端设备都有一端是固定的零电位，因此输出单极性码最为方便。

（2）双极性非归零码。数字信号的二进制码元1和0分别用正电平和负电平表示，在整个码元间电平保持不变，如图2.4（b）所示。双极性码元无直流成分，适合在无接地的传输线路上传输。

（3）单极性归零码。此码常记做RZ（ReturnZero）码。与单极性非归零码不同，RZ码发送时，高电平在整个码元期间T内只持续一段时间τ，在其余时间则返回到零电平。发送零时用零电平，如图2.4（c）所示。τ/T称为占空比，通常使用半占空码。

（4）双极性归零码。它是双极性码型的归零形式，如图2.4（d）所示。由图可知，此时对应每一码元都有零电平的间隙，即使是连续的1和0，都能很容易地分辨出每一个码元的起止时间。

（5）差分码。在差分码中，1和0分别用电平的跳变和不跳变来表示。当用电平跳变表示1，电平不跳变表示0，称为传号差分码；而用电平跳变表示0，电平不跳变表示1，则称为空号差分码。如图2.4（e）和（f）所示。

（6）数字双相码。数字双相码又称曼彻斯特码。它是用一个周期的方波表示1，用它的反相波形表示0。这样就等效于用2位码表示信息中的1位码。一种规定是用10表示0，用

01 表示 1，如图 2.4（g）所示。

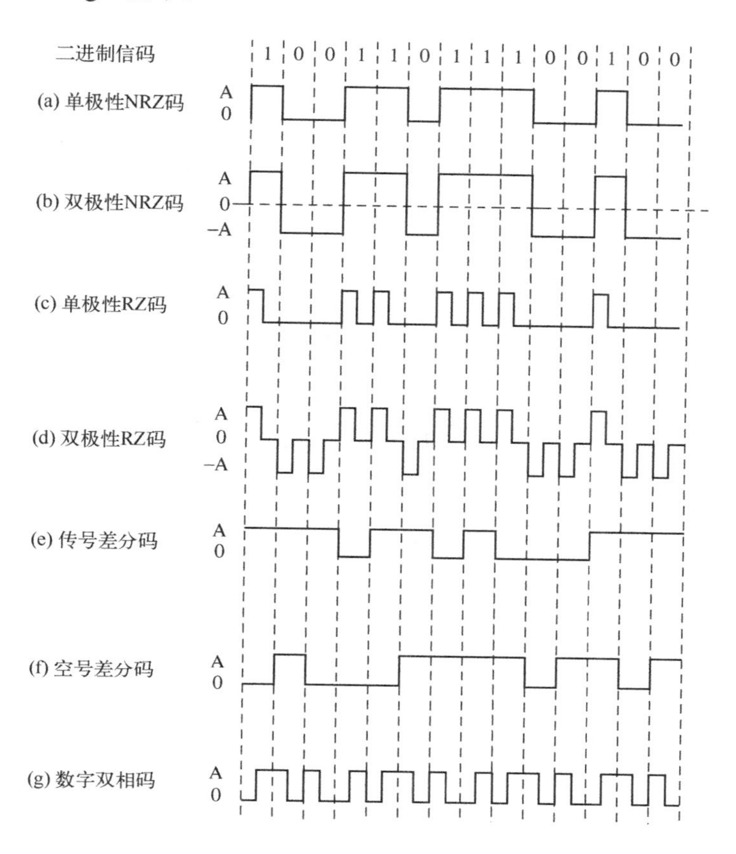

图 2.4　几种常用的数字基带信号的码型

2. 数字基带信号的传输原理

数字基带信号的传输模型如图 2.5 所示，相应各点的波形则如图 2.6 所示。

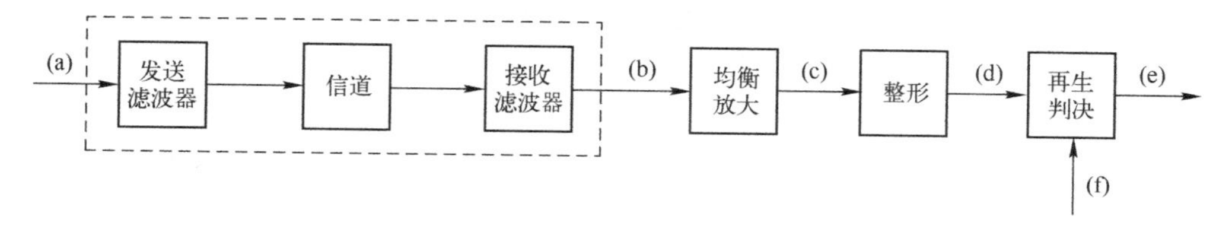

图 2.5　数字基带信号的传输模型

基带信号（a）在到达接收端时，由于经过滤波器的滤波，受到信道特性的影响会失真，同时还会由于干扰和噪声的影响使波形的形状发生变化（b）。信号的失真可以用均衡器加以校正，经过均衡放大后，信号的波形已比较接近原信号（c）。然后将该信号送入整形电路进行整形（d），最后经过抽样判决，恢复基带信号（e）。

图 2.6（e）显示的再生信号与图 2.6（a）的发送信号有两点不同：一是产生传输延时，这是由于信道（尤其是发送、接收滤波器）造成的；二是发生误码，误码产生的原因主要是

由于传输频带的限制造成矩形脉冲失真而产生拖尾，再加上信道噪声的干扰造成了误判。

从上述过程可以看出，抽样脉冲序列（f）与发端的时钟要严格同步，否则将直接影响判决结果。

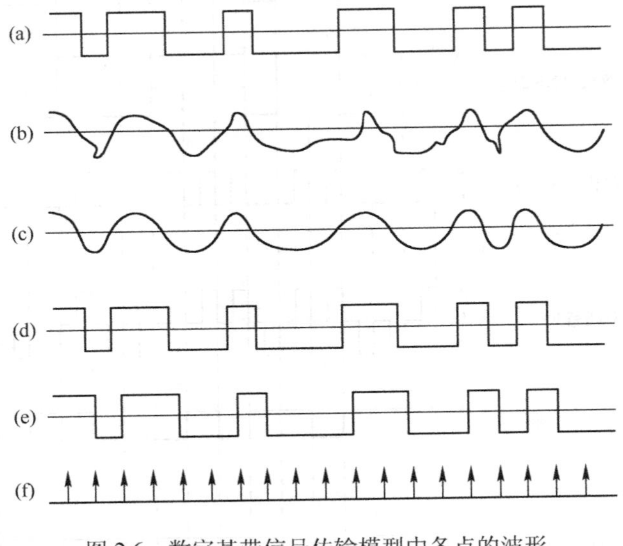

图 2.6 数字基带信号传输模型中各点的波形

2.3 调制与解调

2.3.1 模拟调制与解调

各种传输信道都有一定的工作频率范围。例如，调频广播的频率范围是 88～108MHz，短波通信的频率范围是 3～30MHz。而它们所要传送的话音、图像等都是频率很低的基带信号。因此，必须将这些基带信号变换成适合传输信道的信号形式，这一处理过程称为调制。基带信号称调制信号，用于调制的高频余弦信号称为载波，调制后的信号称为已调波。在通信系统的接收端，将从已调波中取出原来信号的处理过程称为解调。

载波具有振幅、频率、相位等要素。调制就是让载波的某一个要素随调制信号变化。因此，相应地有振幅调制、频率调制和相位调制。频率和相位都是表示余弦波角度的要素，所以将频率调制和相位调制统称为角度调制。

模拟调制一般采用振幅调制和频率调制。AM 无线电语音广播和电视广播的图像信号传输采用振幅调制。AM 是 AmplitudeModulation（振幅调制）的缩写。FM 无线电语音广播和电视广播的声音信号传输采用频率调制。FM 是 Frequency Modulation（频率调制）的缩写。

1. 振幅调制

（1）常规调幅（AM）。设载波为 $c(t)-A_{\mathrm{c}}\cos\omega_{t}$，调制信号为 $f(t)$，则常规调幅信号可以写为：

$$S_{\mathrm{AM}}(t)=[A_{\mathrm{c}}+f(t)]\cos\omega_{\mathrm{c}}t \tag{2.1}$$

为了简单起见，设调制信号 $f(t)$ 为一个单一频率的余弦波信号，即 $f(t)=A_{\mathrm{m}}\cos\omega_{\mathrm{m}t}$，且 $\omega_{\mathrm{c}}\gg\omega_{\mathrm{m}}$。则 AM 波可写为：

$$
\begin{aligned}
s_{\mathrm{AM}}(t)&=(A_{\mathrm{c}}+A_{\mathrm{m}}\cos\omega_{\mathrm{m}}t)\cos\omega_{\mathrm{c}}t=A_{\mathrm{c}}\left(1+\frac{A_{\mathrm{m}}}{A_{\mathrm{c}}}\cos\omega_{\mathrm{m}}t\right)\cos\omega_{\mathrm{c}}t\\
&=A_{\mathrm{c}}(1+\beta_{\mathrm{AM}}\cos\omega_{\mathrm{m}}t)\cos\omega_{\mathrm{c}}t
\end{aligned}
\tag{2.2}
$$

这里 $\beta_{\mathrm{AM}}=\dfrac{A_{\mathrm{m}}}{A_{\mathrm{c}}}$，成为调幅指数。

如果用图形来表示 AM 波 $s_{\mathrm{AM}}(t)$，则当 $A_{\mathrm{m}}<A_{\mathrm{c}}$，即 $\beta_{\mathrm{AM}}<1$ 时，AM 波如图 2.7（c）所示，它的包络线与调制信号成正比，称正常调幅。如果 $A_{\mathrm{m}}=A_{\mathrm{c}}$，即 $\beta_{\mathrm{AM}}=1$ 时，AM 波如图 2.8（a）所示，称满调幅。如果 $A_{\mathrm{m}}>A_{\mathrm{c}}$，即 $\beta_{\mathrm{AM}}>1$ 时，AM 波如图 2.8（b）所示，它的包络线发生变形，称过调幅。下面观察 AM 波的频谱，使用三角函数的积化和差公式将式（2.1）变形，则为：

$$
\begin{aligned}
s_{\mathrm{AM}}(t)&=(A_{\mathrm{c}}+A_{\mathrm{m}}\cos\omega_{\mathrm{m}}t)\cos\omega_{\mathrm{c}}t=A_{\mathrm{c}}\cos\omega_{\mathrm{c}}t+A_{\mathrm{m}}\cos\omega_{\mathrm{m}}t\cos\omega_{\mathrm{c}}t\\
&=A_{\mathrm{c}}\cos\omega_{\mathrm{c}}t+\frac{A_{\mathrm{m}}}{2}[\cos(\omega_{\mathrm{c}}+\omega_{\mathrm{m}})t+\cos(\omega_{\mathrm{c}}-\omega_{\mathrm{m}})t]
\end{aligned}
\tag{2.3}
$$

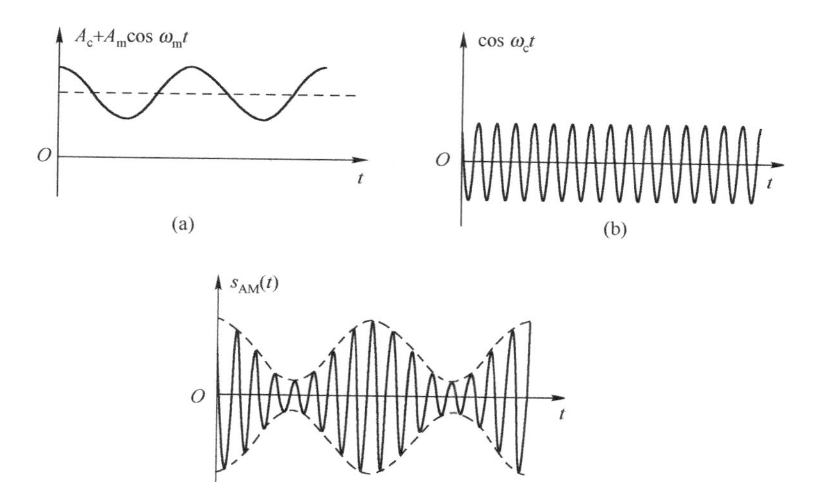

图 2.7　调幅方式

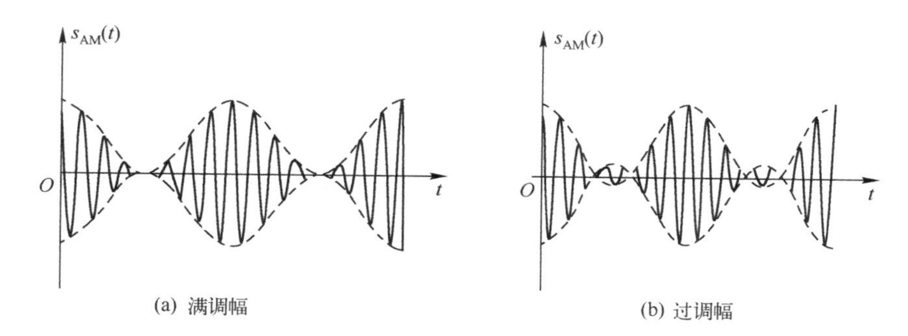

(a) 满调幅　　(b) 过调幅

图 2.8　AM 波的波形

由此可见，AM 波是由频率分别为ω_c、$\omega_c+\omega_m$、$\omega_c-\omega_m$的三个信号相加而成的，第一项是载波，第二、第三项分别称上边带、下边带，频谱分布如图 2.9 所示，上边带是调制信号平移了ω_c，而下边带是调制信号以$\omega=0$的纵轴为对称轴进行翻转，然后平移ω_c。因此两个边带中任何一个边带都包含调制信号的全部信息。

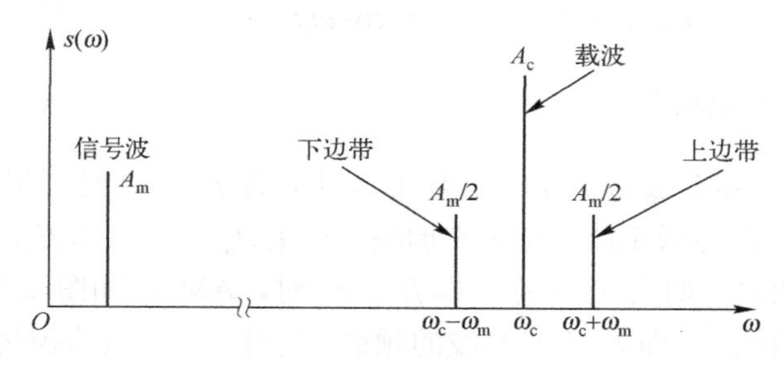

图 2.9　AM 波的频谱

如果调制信号$f(t)$像语音信号一样，其频率具有一定的带宽，则 AM 波的频谱如图 2.10 所示，它由载波和调制信号经过频谱搬移而产生的上、下两个边带组成。

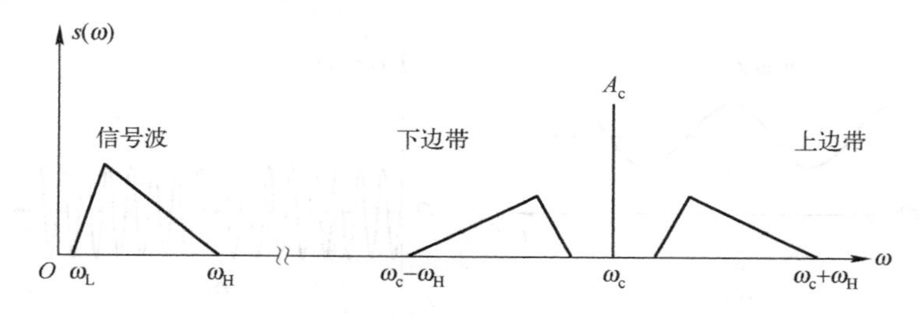

图 2.10　具有一定带宽的 AM 波的频谱

AM 波的带宽是调制信号最高频率的 2 倍，如图 2.10 所示的调制信号的最高频率为ω_H，则 AM 波占有的带宽为：

$$B=2\omega_H$$

像这样具有两个边带的传输方式称为双边带（DSB：DoubleSideBand）调制方式。

例 2.2　振幅为 60V，频率为 2MHz 的载波，用频率为 2kHz 的调制信号进行调幅，调幅指数为 0.8。

① 写出 AM 波的时域表达式。

② 上边带、下边带的振幅及频率各为多少?

③ AM 波的带宽是多少?

解：① 因$A_c=60\text{V}$，$f_c=2\times10^6\text{Hz}$，$f_m=2\times10^3\text{Hz}$，$\beta_{AM}=0.8$，由式（2.1）可得，AM 波的时域表达式为：

$$s_{AM}(t)=60[1+0.8\cos(4\times10^3\pi t)]\cos(4\times10^6\pi t)$$

② 因$A_m=A_c\beta_{AM}=60\times0.8=48\text{V}$，根据式（2.3）可得上边带、下边带的振幅都为：

$$\frac{A_m}{2}=24(\text{V})$$

上边带、下边带的频率分别为：

$$f_c + f_m = 2\times10^6 + 2\times10^3 = 2.002\times10^6\text{（Hz）}$$

$$f_c - f_m = 2\times10^6 - 2\times10^3 = 1.998\times10^6\text{（Hz）}$$

③ AM 波的带宽为：

$$B = 2f_m = 2\times2\times10^3 = 4\times10^3\text{(Hz)}$$

（2）其他形式的振幅调制。首先了解一下常规调幅的调制效率。调制效率η_{AM}定义为边带总功率与已调波总功率之比。功率可认为 1Ω电阻所消耗的平均功率。

载波功率：$P_c = \left(\dfrac{A_c}{\sqrt{2}}\right)^2 = \dfrac{A_c^2}{2}$

上、下两个边带功率：$P_f = 2\left(\dfrac{A_m}{2\sqrt{2}}\right)^2 = \dfrac{A_m^2}{4}$

AM 已调波总功率：$P = P_c + P_f$

因此，调制效率：

$$\eta_{AM} = \frac{P_f}{P} = \frac{\dfrac{A_m^2}{4}}{\dfrac{A_c^2}{2}+\dfrac{A_m^2}{4}} = \frac{A_m^2}{2A_c^2 + A_m^2} = \frac{\beta_{AM}^2}{2+\beta_{AM}^2} \tag{2.4}$$

例 2.3 某单一频率调制的 AM 波，总功率为 1000W，调幅指数为 0.8，试分别求出：

① 调制效率；

② 每个边带的功率；

③ 载波功率：P_c。

解：① 因$\beta_{AM} = 0.8$，由式（2.4）可得调制效率为：

$$\eta_{AM} = \frac{\beta_{AM}^2}{2+\beta_{AM}^2} = \frac{0.8^2}{2+0.8^2} = 0.2424$$

② 两个边带的总功率为：

$$P_f = \eta_{AM}P = 0.2424\times1000 = 242.4\text{（W）}$$

每个边带的功率为：

$$\frac{1}{2}P_f = 121.2\text{W}$$

③ 载波功率为：

$$P_c = P - P_f = 1000 - 242.4 = 757.6\text{（W）}$$

如果$\beta_{AM} = 1$，则$\eta_{AM} = 1/3$，也就是说满调幅时，有用信号的功率也仅是总功率的 1/3，为了提高传输效率，可以从以下几个方面进行分析研究。

① 不传送载波功率的抑制载波的双边带（DSB-SC，DoubleSideband-Suppressed Carrier）调幅，若调制信号$f(t)$为单频余弦信号，即$f(t) = A_m\cos\omega_m t$，则抑制载波的双边带调幅波为：

$$\begin{aligned} s_{\text{DSB-SC}}(t) &= A_m\cos\omega_m t\cos\omega_c t \\ &= \frac{A_m}{2}[\cos(\omega_c+\omega_m)t + \cos(\omega_c-\omega_m)t] \end{aligned} \tag{2.5}$$

由此可见，DSB-SC 波仅有两个边带信号，而没有载波信号。其一般波形的表达式为：

$$s_{\text{DSB-SC}}(t) = f(t)\cos\omega_c t \tag{2.6}$$

式中，$f(t)$ 为调制信号；

$\cos\omega_c t$ 为载波。

它的频谱分布如图 2.11（a）所示。

② 由于希望传输的调制信号包含在各边带中的任何一个边带，因此就信息传输的目的而言，只要传输其中一个边带就足够了。这种只传送一个边带的传输方式称单边带（SSB，SingleSideBand）调幅，其频谱分布如图 2.11（b）所示。

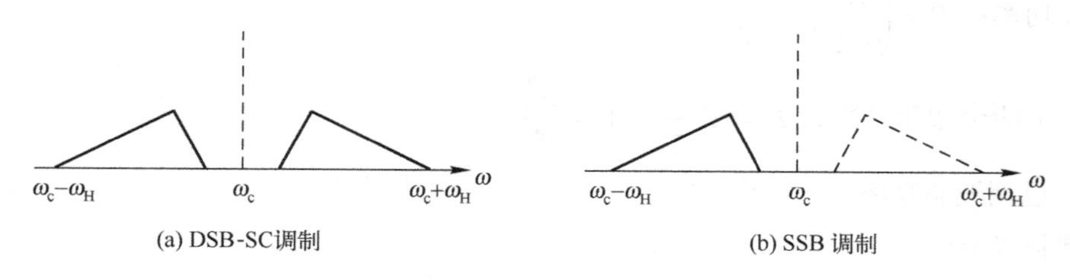

图 2.11　DSB-SC 调幅与 SSB 调幅的频谱分布

③ 如果传送像图像那样具有直流和接近直流的频率成分的信号时，则需要具有急陡特性带通滤波器，因而取出一个边带的单边带调制是无法实现的。在这种情况下，采用残留边带（VSB，VestigialSideBand）调幅。残留边带调幅除了保留一个边带以外还保留另一个边带的小部分，其频谱分布如图 2.12 所示。这样残留边带调幅就避免了实现上的困难，其代价是传输带宽介于单边带和双边带信号的带宽之间。

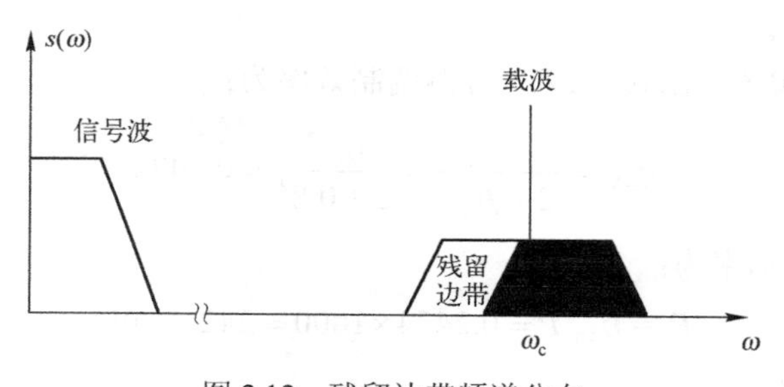

图 2.12　残留边带频谱分布

2．振幅调制的解调

由式（2.6）和式（2.1）可知，抑制载波双边带调幅的调制过程是调制信号与载波信号的相乘运算，而常规调幅是调制信号叠加直流分量后与载波相乘。它们的数学模型如图 2.13 所示。

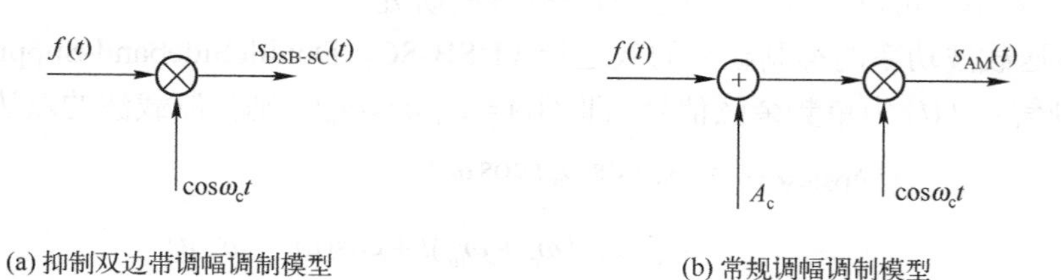

图 2.13　双边带振幅调制模型

单边带信号可用滤波法，其原理如图 2.14 所示。让抑制载波双边带信号通过一个单边带滤波器，保留所需要的一个边带，滤除不要的边带，即可得到单边带信号。

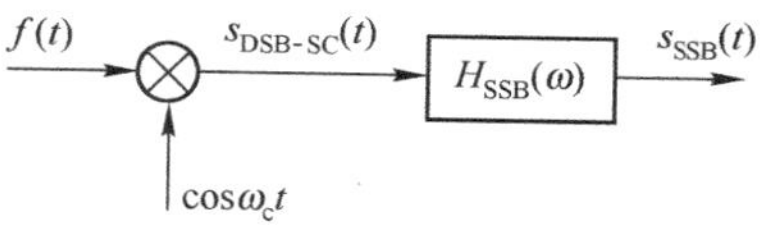

$f(t)$ → ⊗ → $s_{\text{DSB-SC}}(t)$ → $H_{\text{SSB}}(\omega)$ → $s_{\text{SSB}}(t)$；$\cos\omega_c t$

图 2.14 用滤波法形成单边带信号

常规调幅信号一般采用包络检波。包络检波原理如图 2.15 所示，二极管导通时，向电容 C 充电，充电时间很短；二极管截止时，电容 C 通过电阻 R 放电，放电过程很慢。这样就可以得到近似于 AM 波正侧包络线的波形。

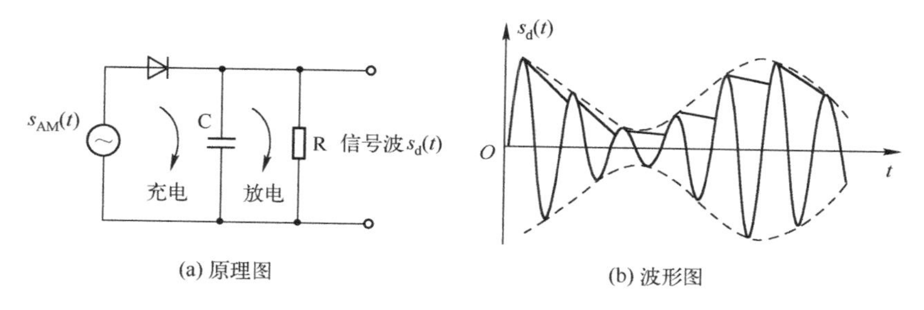

图 2.15 包络检波原理和波形

抑制载波双边带信号的包络不能反映调制信号的波形，因此它不能采用包络检波，而采取相干解调。相干解调是用相乘器将 DSB-SC 信号与接收机内部的本振信号（与 AM 信号的载波同频同相）相乘而再经低通滤波器后得到原来的基带信号，如图 2.16 所示。

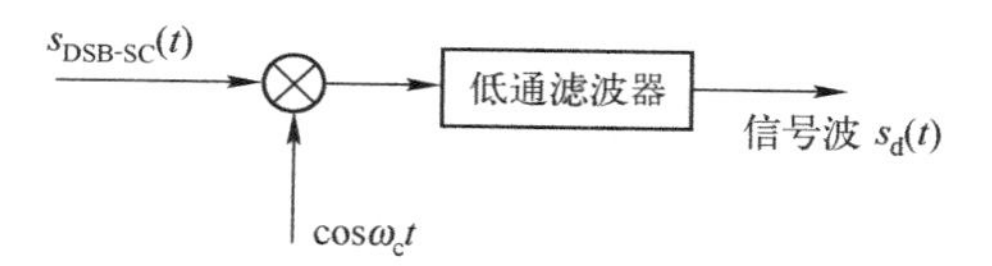

图 2.16 相干解调原理

即：

$$s_{\text{DSB-SC}}(t)\cos\omega_c t = f(t)\cos^2\omega_c t = \frac{1}{2}f(t) + \frac{1}{2}f(t)\cos 2\omega_c t \tag{2.7}$$

使其通过低通滤波器，就可只取出希望的调制信号 $f(t)$

单边带信号的包络更不能反映调制信号的波形，因此它也不能采用包络检波方法，但可采用相干解调方法进行解调。

3. 频率调制与解调

频率调制是指高频余弦载波的频率随基带信号成比例变化的调制方式。该调制信号为 $f(t)$，载波的频率为 ω_c，则 FM 波的瞬时角频率为：

$$\omega(t) = \omega_c + K_{\text{FM}} f(t) \tag{2.8}$$

式中，K_{FM} 为为频偏常数，代表调频器的灵敏度，单位为 $\text{rad}/(\text{V}\cdot\text{s})$。

瞬时相角为：

$$\theta(t) = \int\omega(t)\text{d}t = \omega_c t + K_{\text{FM}}\int f(t)\text{d}t \tag{2.9}$$

所以 FM 波的表达式为：

$$s_{\mathrm{FM}}(t)=A_{\mathrm{c}}\cos[\omega_{\mathrm{c}}t+K_{\mathrm{FM}}\int f(t)\mathrm{d}t] \tag{2.10}$$

设调制信号为单频余弦信号，即

$$f(t)=A_{\mathrm{m}}\cos\omega_{\mathrm{m}}t \tag{2.11}$$

当它对载波进行频率调制，则由式（2.10）可得 FM 波表达式为：

$$\begin{aligned}s_{\mathrm{FM}}(t)&=A_{\mathrm{c}}\cos(\omega_{\mathrm{c}}t+K_{\mathrm{FM}}A_{\mathrm{m}}\int\cos\omega_{\mathrm{m}}t\mathrm{d}t)=A_{\mathrm{c}}\cos\left(\omega_{\mathrm{c}}t+\frac{K_{\mathrm{FM}}A_{\mathrm{m}}}{\omega_{\mathrm{m}}}\sin\omega_{\mathrm{m}}t\right)\\&=A_{\mathrm{c}}\cos(\omega_{\mathrm{c}}t+\beta_{\mathrm{FM}}\sin\omega_{\mathrm{m}}t)\end{aligned} \tag{2.12}$$

式中，$\beta_{\mathrm{FM}}=\dfrac{K_{\mathrm{FM}}A_{\mathrm{m}}}{\omega_{\mathrm{m}}}=\dfrac{\Delta\omega_{\max}}{\omega_{\mathrm{m}}}=\dfrac{\Delta f_{\max}}{f_{\mathrm{m}}}$称为调频指数；

$K_{\mathrm{FM}}A_{\mathrm{m}}$ 为最大角频率偏移，即 $\Delta\omega_{\max}=K_{\mathrm{FM}}A_{\mathrm{m}}$；

$\Delta f_{\max}$ 为最大频率偏移。

FM 是一种非线性调制，即已调信号的频谱与调制信号的频谱有很大的区别。理论证明，调频信号的功率 90%以上集中在以载波频率 f_{c} 为中心的 $2(f_{\mathrm{m}}+\Delta f_{\max})$ 的带宽中。因此，一般将 $B=2(f_{\mathrm{m}}+\Delta f_{\max})$ 称为 FM 信号的带宽。FM 信号的带宽大于任何一种调幅方式，因此调频通信系统的频带利用率较低。

对 FM 信号进行解调，一般的方法是采用具有线性的频率-电压转换特性的鉴频器把对应信号的频率变化转变成振幅变化，即变换成 AM 信号，然后对 AM 信号采用包络检波进行解调。

频率调制比振幅调制的抗噪声能力强，因此常用于高音质的调频广播和电视伴音中。

2.3.2 数字调制与解调

由于数字信号具有丰富的低频成分，不宜进行无线传输或长距离电缆传输，因此必须对数字基带信号进行调制。

数字调制是指调制信号是数字信号，载波为余弦波的调制。

由于数字调制的调制信号是 1 和 0 的离散取值，所以把数字调制称为“键控”。与模拟调制的振幅调制、频率调制和相位调制相对应，数字调制的三种基本方式为振幅键控（ASK）、频移键控（FSK）和相移键控（PSK）。

1. 二进制振幅键控（2ASK，Amplitude Shift Keying）

（1）幅度键控信号及其功率谱。如图 2.17 所示是一个 2ASK 信号的波形。当信码为 1 时，ASK 的波形是若干个周期的载波（图中为一个周期）；当信码为 0 时，ASK 信号的波形为零电平。从图 2.17 可以发现，2ASK 信号实际上是信码的单极性 NRZ 波形与高频载波的相乘。已知一个二进制 NRZ 信号的功率谱如图 2.18 所示，其分布如花瓣状，其功率谱的第一个过零点之内的花瓣最大，称为主瓣，其余的称为旁瓣。主瓣内集中了信号的绝大部分功率，所以主瓣的宽度可以作为信号的近似带宽，通常称为谱零点带宽。$B-f_{\mathrm{s}}$，f_{s} 为数字基带信号的码元速率。相乘器可以使信号的功率谱产生搬移，因此可以得到 2ASK 信号的功率谱，如图 2.18 所示，2ASK 信号的频带宽度是基带信号的 2 倍，即

$$B = 2f_s \tag{2.13}$$

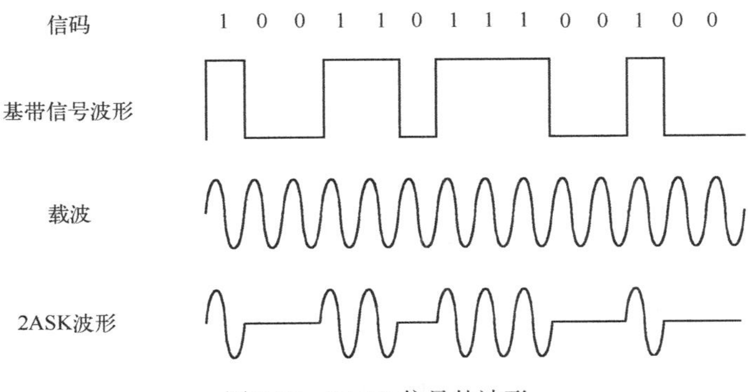

图 2.17　2ASK 信号的波形

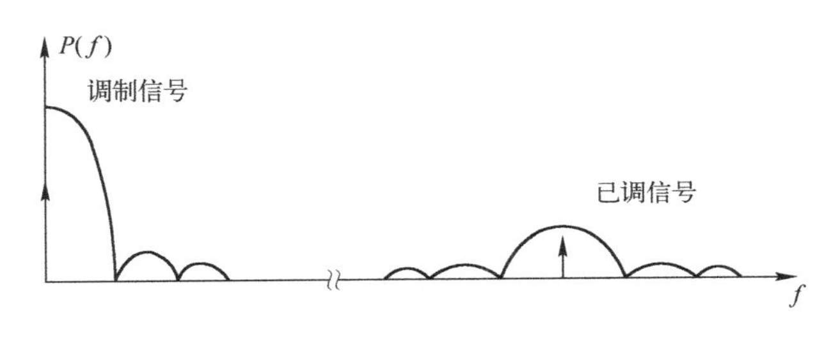

图 2.18　2ASK 信号的功率谱

（2）幅度键控信号的产生与解调。2ASK 信号的产生可用一个相乘器将数字基带信号和载波相乘，其数学模型如图 2.19（a）所示。也可直接用数字基带信号去控制一个开关电路，当出现 1 码时开关拨向载波端，输出载波；当出现 0 码时开关拨向接地端，无载波输出，如图 2.19（b）所示。

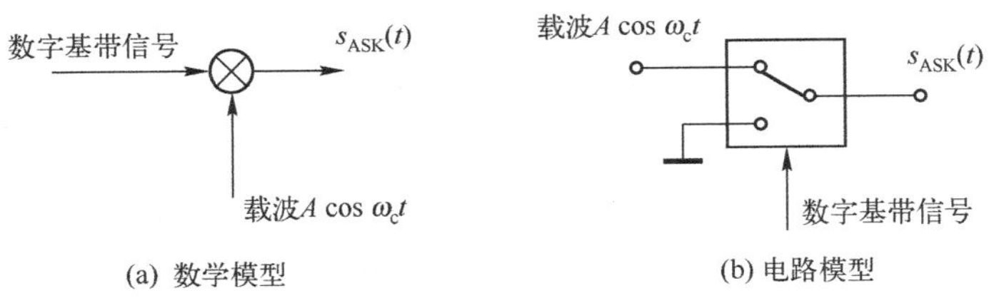

图 2.19　2ASK 信号调制模型

2ASK 信号的解调一般采用包络检波方式，它的方框图如图 2.20 所示。图中的抽样判决器与基带信号传输系统中的抽样判决器一样，它对于提高数字信号的接收性能是十分必要的。

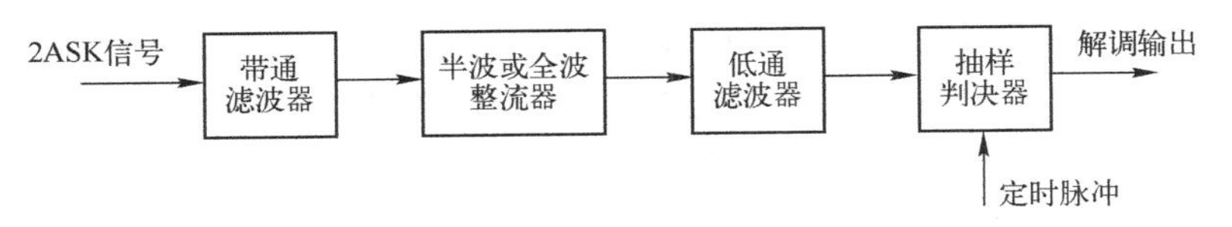

图 2.20　2ASK 信号的解调器

2. 二进制频移键控（2FSK，Frequency Shift Keying）

（1）频移键控信号及其功率谱。如图 2.21 所示是一个 2FSK 信号的波形。它是用载波的两种频率来表示数字信号的两种状态。当信码为 1 时，2FSK 信号是一个频率为 f_1 的载波；当信码为 0 时，2FSK 信号是一个频率为 f_2 的载波。

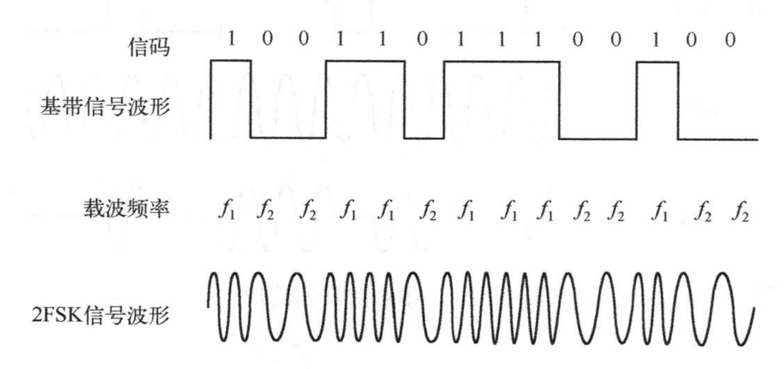

图 2.21　2FSK 信号的波形

分析 2FSK 信号的波形可以发现，2FSK 信号可以看做是载波频率分别为 f_1、f_2 的两个 2ASK 信号的合成，因此它的功率谱也是这两个 2ASK 信号功率谱的合成，如图 2.22 所示。图 2.22（c）是 f_1 和 f_2 相差较大的情况出现双峰；当 f_1 和 f_2 相差较小时，两条 2ASK 功率谱曲线合到一起形成一个单峰，如图 1.34（d）所示，其中 $f_c=(f_1+f_2)/2$。

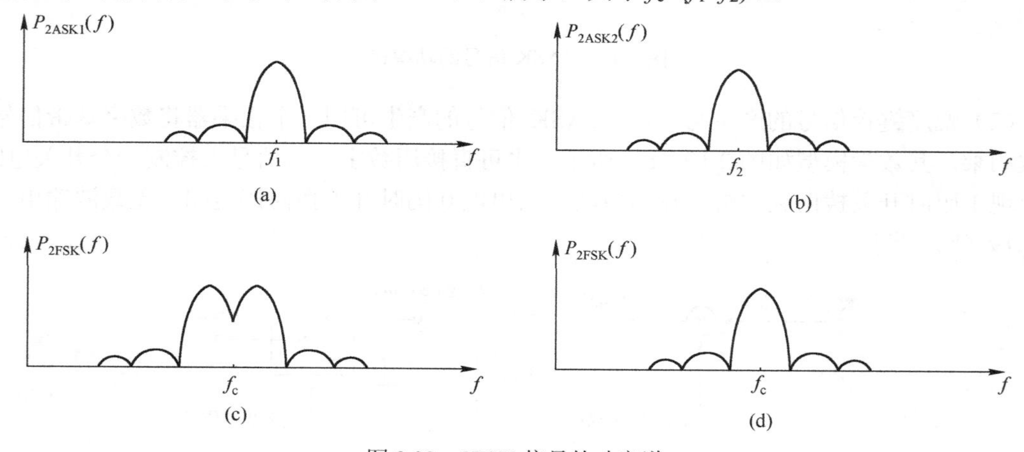

图 2.22　2FSK 信号的功率谱

通常 2FSK 信号的频带宽度为：

$$B=|f_1-f_2|+2f_s \tag{2.14}$$

式中，f_s 为数字基带信号的码元速率。

与 2ASK 相比，在同样的码元速率下，2FSK 信号的频带宽度要大一个频差 $|f_1-f_2|$。

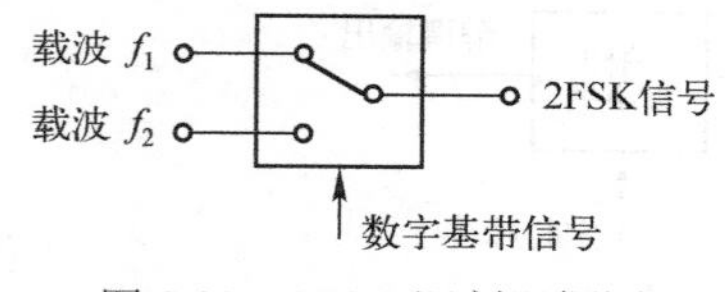

图 2.23　2FSK 调制器框图

（2）频移键控信号的产生与解调。2FSK 的调制器方框图如图 2.23 所示，用数字基带信号去控制一个选通器，通过选通器开关的转向来输出不同频率的载波。

如前所述，2FSK 是由两个频率分别为 f_1 和 f_2 的 2ASK

信号合成。如果用两个中心频率分别为f_1和f_2的带通滤波器对 2FSK 信号进行滤波，可以将其分离成两个 2ASK 信号。然后对每一个 2ASK 进行解调，并将两个解调输出送到相减器。相减后，信号是双极性信号，在取样脉冲的控制下进行判决就可完成 2FSK 信号的解调。2FSK 解调器框图及各点波形分别如图 2.24 和图 2.25 所示。

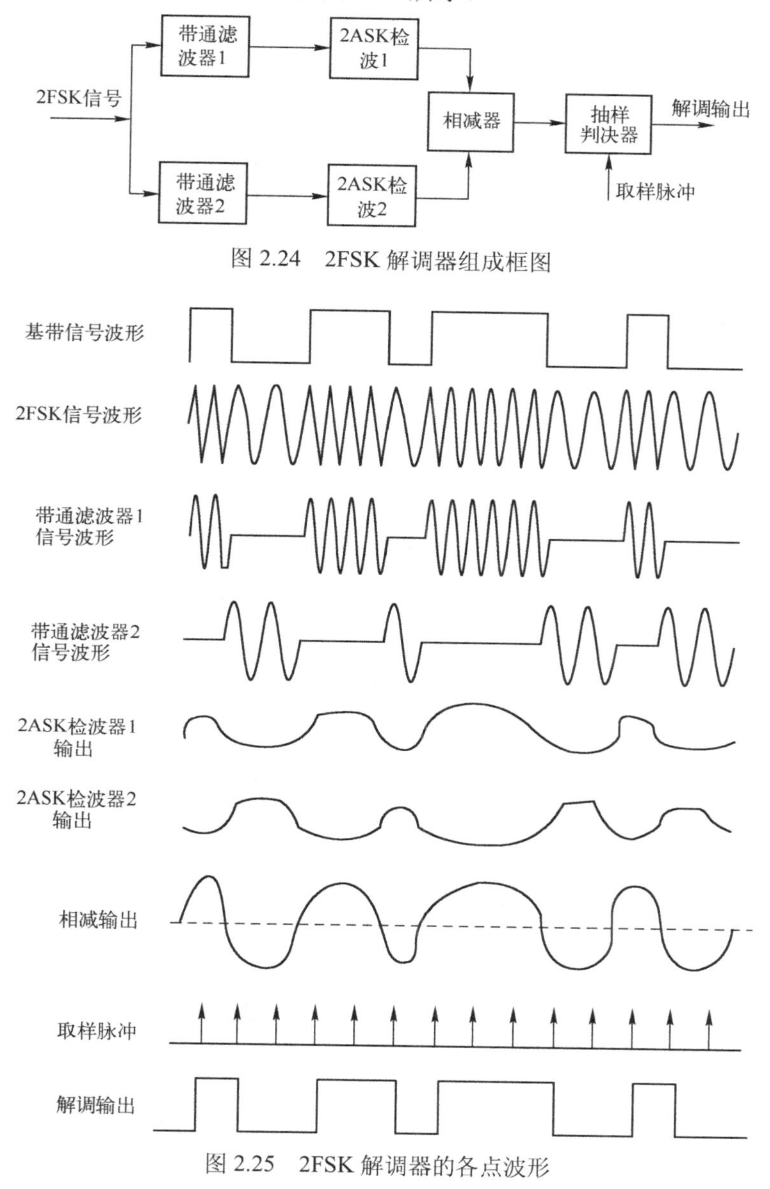

图 2.24 2FSK 解调器组成框图

图 2.25 2FSK 解调器的各点波形

3. 二进制相移键控（2PSK，Phase Shift Keying）

（1）相移键控信号及其功率谱。如图 2.26 所示是一个 2PSK 信号的波形。它是用载波的两个相隔π的相位来表示数字信号的两种状态。当信码为 1 时，2PSK 信号的相位与载波基准相位相同；当信码为 0 时，2PSK 信号的相位与载波基准相位相反。

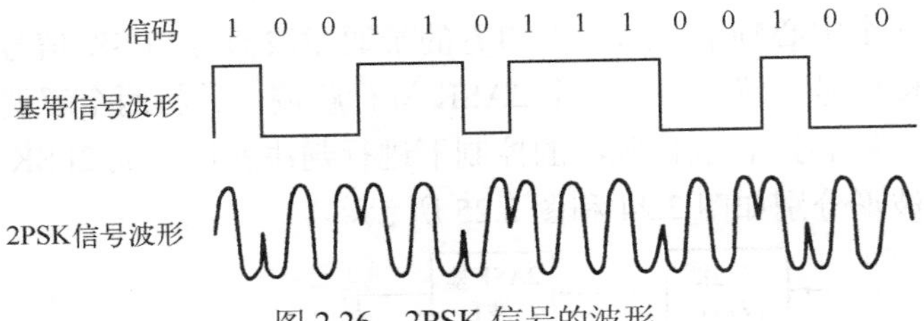

图 2.26　2PSK 信号的波形

分析图 2.26 波形可以发现，2PSK 信号实际上是一个双极性 NRZ 信号与载波相乘的结果，因此 2PSK 信号的功率谱与 2ASK 的相似。所不同的是 2ASK 的调制信号是单极性信号，含有直流分量，相乘后信号中有载波分量；而 2PSK 信号的调制信号是双极性信号，如果信码 1、0 出现的概率相同，则调制信号中没有直流分量，因此 2PSK 信号没有载波分量。所以，它的频带宽度与 2ASK 一样，也是基带信号的 2 倍，即

$$B = 2f_s \tag{2.15}$$

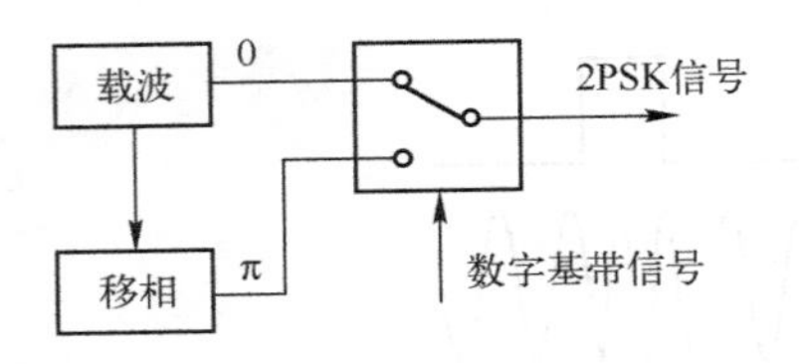

图 2.27　2PSK 调制器组成框图

（2）相移键控信号的产生与解调。2PSK 调制器方框图如图 2.27 所示，载波发生器和移相电路分别产生两个同频反相的余弦载波，由信码控制电子开关进行选通：当信码为 1 时，输出 0 相载波；当信码为 0 时，输出π相载波。

2PSK 信号的解调可用相干解调。相干解调器的框图及各点波形分别如图 2.28 和图 2.29 所示。

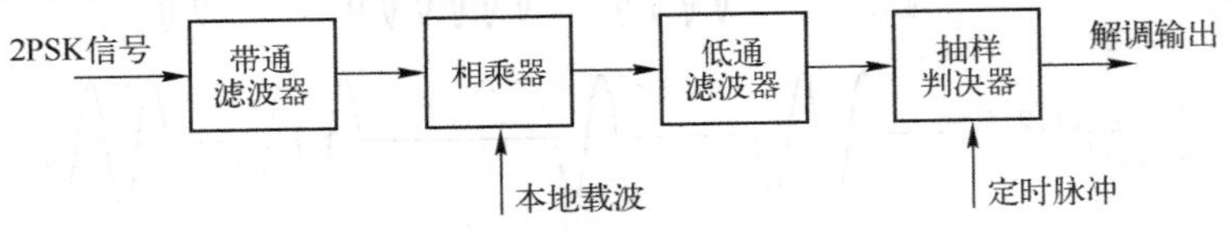

图 2.28　2PSK 解调器组成框图

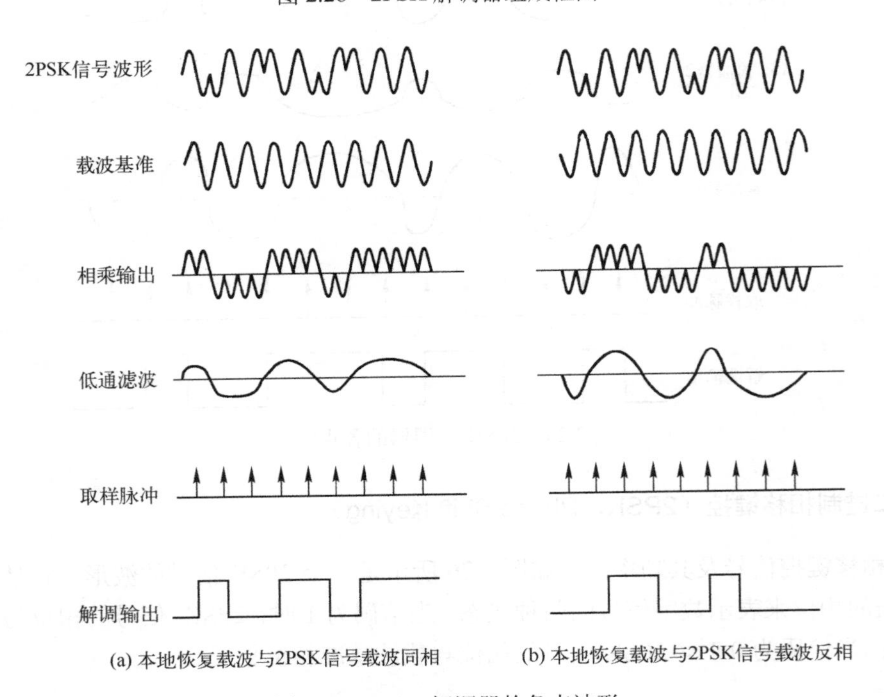

图 2.29　2PSK 解调器的各点波形

从图 2.29 可以看出，当本地恢复载波与 2PSK 信号的载波同相时，经相干解调器解调出的信码与发送信码完全相同（不考虑传输误码）。但本地恢复载波也可能与 2PSK 信号的载波反相，这时经相干解调器解调出的信码与发送信码的极性完全相反，形成 1 和 0 的倒置。这对于数字信号的传输来说当然是不能允许的。

为了克服这种因本地恢复载波相位不确定性而造成相干解调 1 和 0 的倒置现象，通常采用差分相移键控的方法。

4．二进制差分相移键控（2DPSK，DifferentialPhase Shift Keying）

（1）差分相移键控信号及其功率谱。2PSK 信号的相位变化是以未调载波的相位作为参考基准的。由于它是利用载波相位的绝对数值传送数字信息，因而又称绝对相移键控。利用载波相位的相对数值也同样可以传送数字信息，这种利用前后码元的载波相位相对变化传送数字信息的方式称为差分相移键控。如图 2.30 所示是一个 2DPSK 信号的波形。当信码为 1 时，载波的相位与前码元载波反相；当信码为 0 时，载波的相位与前码元载波同相。

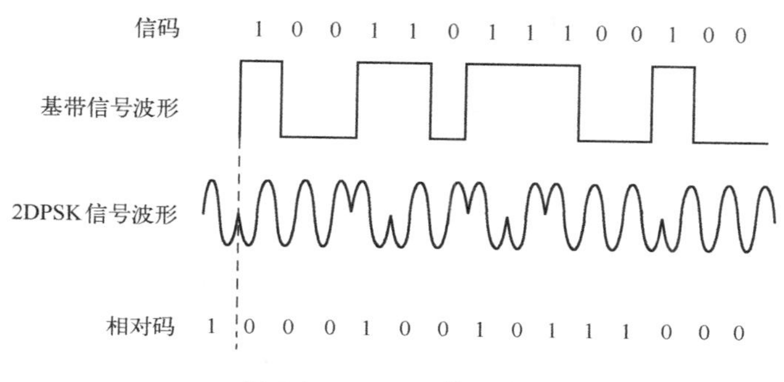

图 2.30　2DPSK 信号波形

与 2PSK 信号一样，2DPSK 信号也可以看做是一个双极性 NRZ 信号与载波相乘的结果，因此它的功率谱分布与 2PSK 完全一样，频带宽度也是基带信号的 2 倍。

（2）差分相移键控信号的产生与解调。2DPSK 调制器方框图如图 2.31 所示，与 2PSK 所不同的是在电路加了一个“码变换”电路，用于将绝对码变为相对（差分）码，然后再进行绝对调相。

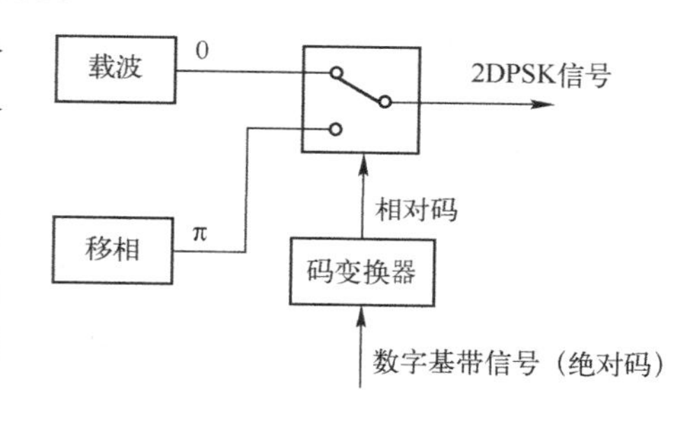

图 2.31　2DPSK 调制器组成框图

2DPSK 信号的解调可采用相干解调，相干解调器的框图及各点波形分别如图 2.32 和图 2.33 所示。

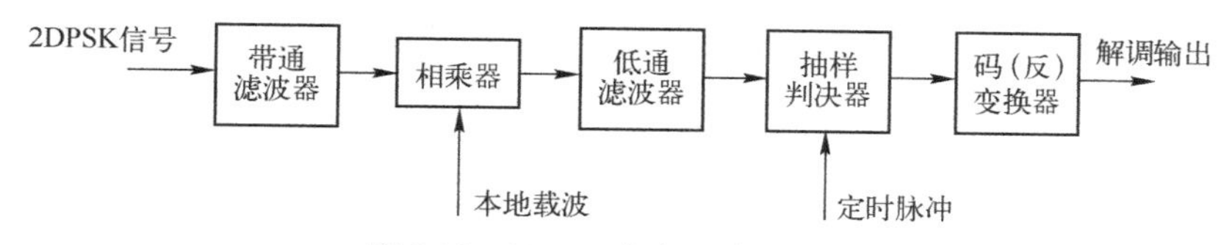

图 2.32　2DPSK 解调器组成框图

由图 2.33 可以看出，对于 2DPSK 信号来说，不管本地恢复载波的相位与 2DPSK 信号的载波同相还是反相：同相，相对码基准信号为 1，图中用 1^*表示；反相，相对码基准信号为 0，图中用 0^*表示。在不考虑传输误码的情况下，其解调结果的信码与发送信码完全一致。

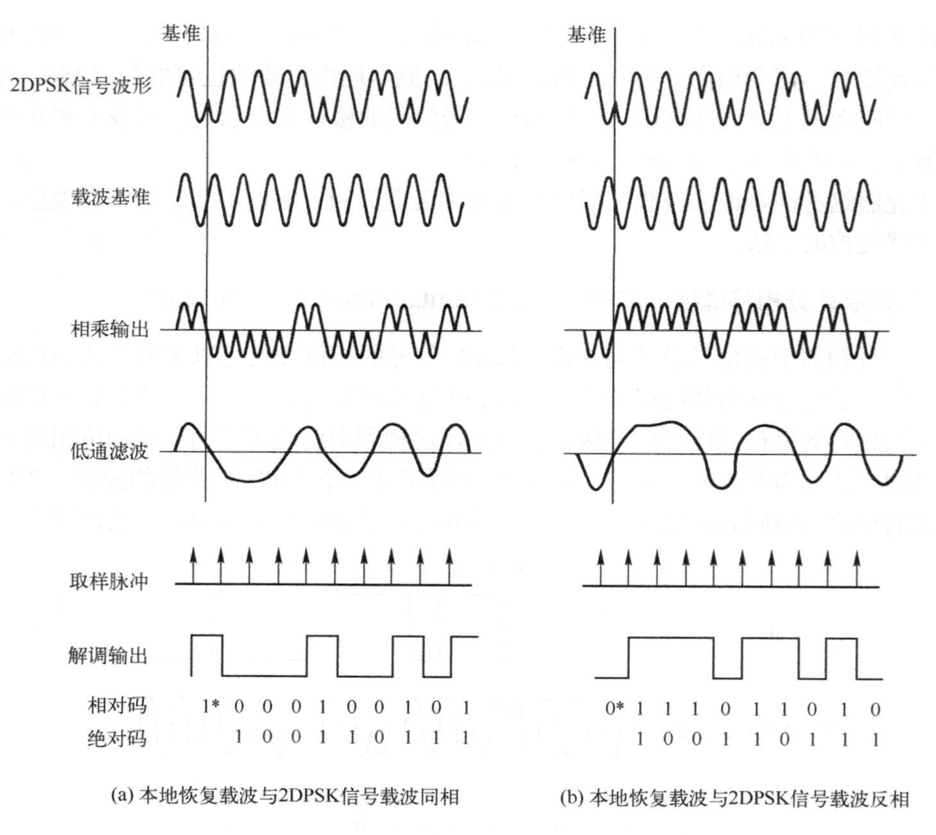

图 2.33 2DPSK 解调器的各点波形

2.4 复用技术

所谓复用就是指将多个信号按一定的规律汇集在一起，用一条传送线路传输的技术。例如，电话系统中用户电话机到交换局使用的是单独的传输线路，而在交换局之间所使用的是复用的中继传输线路。目前广泛使用的复用技术有频分复用、时分复用和码分复用等。

2.4.1 频分复用技术（FDM，Frequency Division Multiplexing）

1. 频分复用原理

频分复用是按频率分割多路信号的方法，即将信道的可用频带分为若干个互不重叠的频段，每路信号占据其中的一个频段。在接收端用适当的滤波器将多路信号分开，分别进行解调和终端处理。

以话音信号的频分复用为例，设有 n 路话音信号，每路信号的频率范围均为 300～3400Hz，如图 2.34（a）所示。首先各路信号分别对不同频率的载波进行单边带振幅调制，形成频率不同的已调波，如图 2.34（b）所示。然后将各路已调波合路成为频分复用信号后送往信道传输。考虑到传输过程中邻路信号的相互干扰，因此在保证各路信号的带宽之外，还应留有一定的防卫间隔。电话系统每个话路取 4kHz，作为标准频带。这里用一个三角形表示 0～4kHz 的一路电话基带信号，各路话音合成后在频率轴上的位置如图 2.34（c）所示。

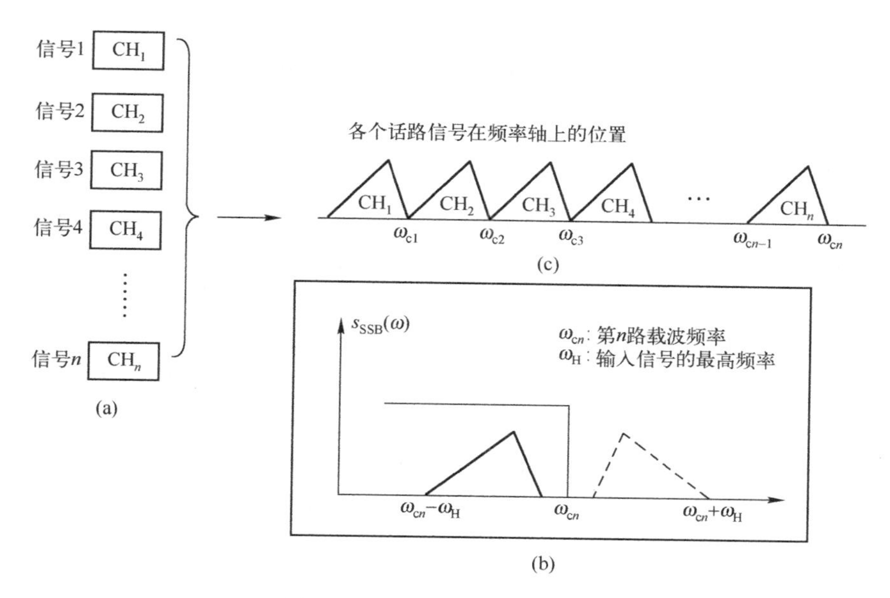

图 2.34　频分复用原理示意图

要想从频分复用的信号中取出某一个话路的信号，只要选用一个与频率范围相对应的带通滤波器对信号进行滤波，然后进行解调即可恢复原调制信号。

2. 多级复用

当对话音信号进行一次调制实现多路复用时，一个话路需要一个与它相对应的载频和滤波器。当复用的话路数目很多时，必须使用种类繁多的载频和滤波器，实现起来难度很大。在这种情况下，采用多级复用是解决问题的最佳办法。多级复用是指在一个复用系统内，对同一个基带信号进行两次或两次以上同一种方式的调制。

载波电话系统是多级频分复用的一种典型应用。12 路话音信号合在一起成为基群，5 个基群复合构成一个超群，5 个超群构成一个基本主群，3 个基本主群构成一个基本超主群。如图 2.35 所示是 900 路基本超主群的多级复用结构示意图。

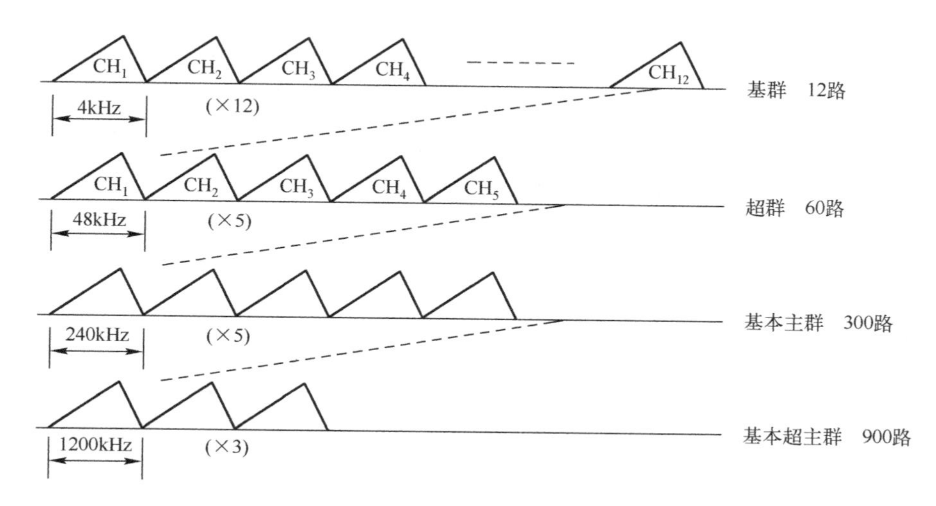

图 2.35　900 路基本超主群的多级复用结构

2.4.2 时分复用技术（TDM，Time Division Multiplexing）

1. 时分复用原理

时分复用是按时间分割多路信号的方法，即将传输时间划分为若干个互不重叠的时隙，互相独立的多路信号顺序地占用各自的时隙，合路成为一个复用信号，在同一信道中传输。在接收端按同样的规律把它们分开。数字信号在传输过程中一般都采用时分复用方式。

PCM30/32 基群方式是时分复用的典型实例。为了满足抽样定理，每路话音信号的取样频率为 8000Hz，也就是说每隔 T_s=1/8000=125μs 时间取样一次，但取出的样值脉冲很窄，只占这段时间中的很小时段 T_c，一个样值脉冲经编码成为 8bit（位）码组，如图 2.36（a）所示。32 路信号对时间 T_s 进行分配，如图 2.36（b）所示。在时间 T_s 内，各路信号顺序出现一次，这样形成的时分复用信号称为帧，一帧的时间长度 T_s 称为帧周期，每帧共传送 8×32=256bit，因此，PCM30/32 基群的信息速率为：

$$R_b = \frac{256}{125 \times 10^{-6}} = 2048\text{（Kb/s）} \tag{2.16}$$

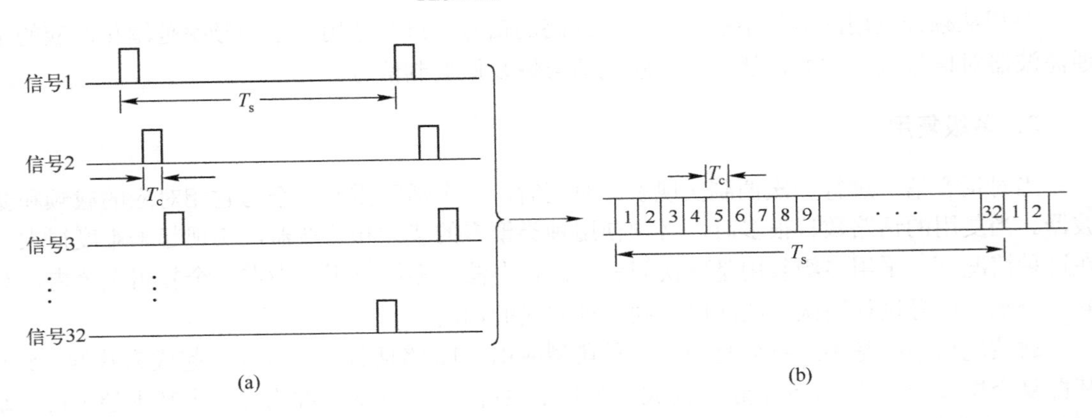

图 2.36　时分复用原理示意图

在 30/32 路 PCM 基群中，一帧的 32 个时隙内只有 30 个时隙用于话音的传送，第 1 个时隙在偶帧时隙传送同步帧，奇帧时传送监测告警信号，第 17 个时隙传送信令。

时分复用与频分复用在原理上的差别是明显的。时分复用在时域上各路信号是分割开的，但在频域上各路信号是混叠在一起的；而频分复用在频域上各路信号是分割开的，但在时域上各路信号是混叠在一起的。时分复用信号的形成和分离都可通过数字电路实现，比频分复用信号使用调制器和滤波器要简单。

2. 数字分级复接

与模拟信号复用一样，为了提高复用度，数字信号在进行复用处理时也采用分级复接。数字复接等级结构是以 64Kb/s 为基础进行的，分日本、北美、欧洲三大体系。在这些体系中，n 次群的信息速率等于（n−1）次群的信息速率乘以复用度。我国采用欧洲体系，如图 1.49（a）所示。

随着光纤通信的发展，四次群速率已不能满足大容量高速传输的要求，所以在 1988 年制定了世界统一标准，确定四次群以上采用同步数字系列（SDH，Synchronous Digital Hierarchy）。SDH 的第一级速率为 155.52Mb/s，记做 STM-1。4 个 STM-1 复接得到 STM-4，信息速率为 622.08Mb/s。4 个 STM-4 复接得到 STM-16，信息速率为 2488.32Mb/s。4 个 STM-16 复接得到 STM-64，信息速率为 9953.28Mb/s，如图 1.49（b）所示。

4 个 STM-16 复接得到 STM-64，信息速率为 9953.28Mb/s，如图 2.37（b）所示。

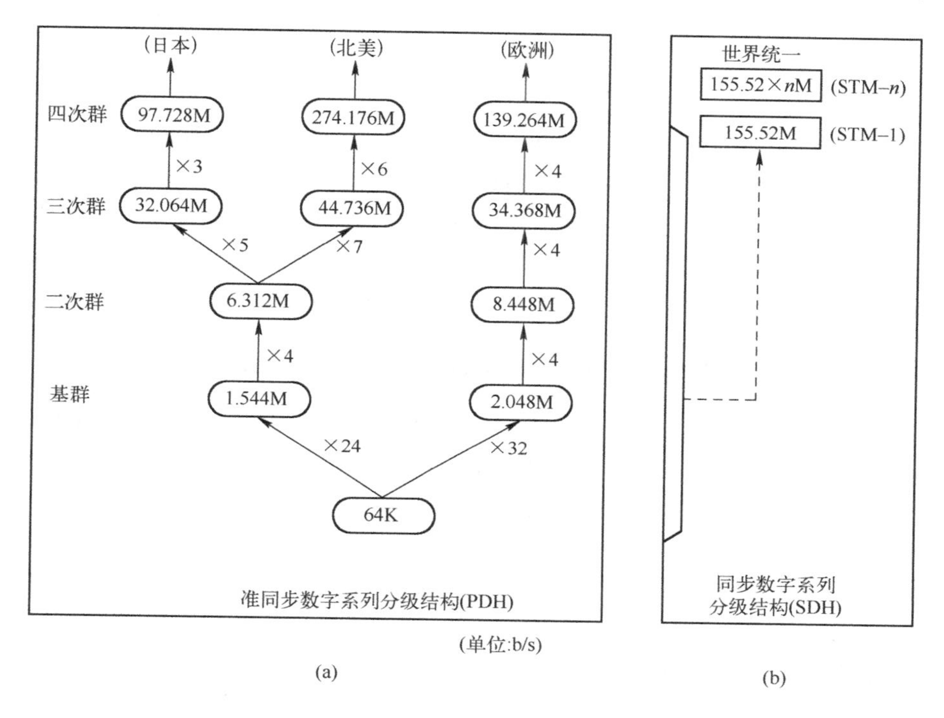

图 2.37　数字复接等级

2.4.3　波分复用技术（WDM，Wavelength Division Multiplexing）

波分复用就是光的频分复用。光纤技术的应用使得数据的传输速率空前提高，目前一根单模光纤的传输速率可达到 2.5Gb/s。再提高传输速率就比较困难了。如果设法对光纤传输中的色散问题加以解决，如采用色散补偿技术，则一根单模光纤的传输速率可达到 20Gb/s，这几乎已到了单模载波信号传输的极限值。

但是，人们借用传统的载波电话的频分复用的概念，就能做到使用一根光纤来同时传输多个频率很接近的光载波信号，这样就使光纤的传输能力成倍地提高了。由于光载波的频率很高，因此习惯上用波长而不用频率来表示所使用的光载波，这样就得出了波分复用这一名词。最初，人们只能在一根光纤上复用两路光载波信号，这种复用方式成为波分复用 WDM。随着技术的发展，在一根光纤上复用的光载波信号路数越来越多，现在已能做到在一根光纤上复用 80 路或更多路数的光载波信号，于是就使用了密集波分复用 DWDM（Dense Wavelength Division Multiplexing）这一名词。图 2.38 说明了波分复用的概念。

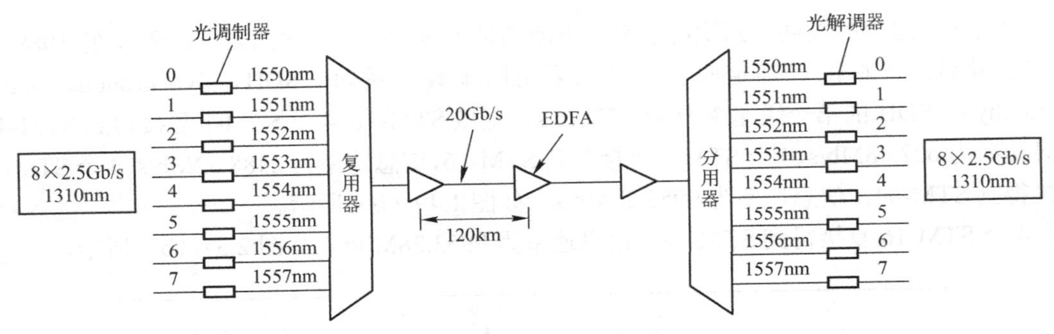

图 2.38　波分复用的概念

图 2.38 表示 8 路传输速率均为 2.5Gb/s 的光载波（其波长均为 1310nm），经光的调制后，分别将波长变换到 1550～1557nm，每个光载波相隔 1nm，这 8 个波长很接近的光载波经过光复用器后，就在一根光纤中传输。但光信号传输了一段距离后就会衰减，因此对衰减了的光信号必须进行放大才能继续传输。现在有了很好的掺铒光纤放大器 EDFA（Erbium Doped Fiber Amplifier），能够直接对光信号进行放大，最高可达 40～50dB 的增益。

2.4.4　码分复用技术（CDM，Code Division Multiplexing）

码分复用是一种共享信道的方法。实际上，人们更常用的名词是码分多址 CDMA（Code Division Multiplexing Access）。每一个用户可以在同样的时间使用同样的频带进行通信。由于各用户使用经过特殊挑选的不同码型，因此各用户之间不会造成干扰。采用 CDMA 可以提高通信的话音质量和数据传输的可靠性，减少干扰对通信的影响，增大通信系统的容量（是使用 GSM 的 4～5 倍），降低手机的平均发射功率等。

2.5　差错控制和校验码

2.5.1　差错的产生原因及其控制方法

差错控制是在数据通信过程中能发现或纠正差错，把差错限制在尽可能小的允许范围内的技术和方法。

信号在物理信道中传输时，线路本身电气特性造成的随机噪声、信号幅度的衰减，频率和相位的畸变，信号在线路上产生反射造成的回音效应，相邻线路间的串扰以及各种外界因素（如大气中的闪电、开关的跳火，外界强磁场的变化，电源的波动等）都会造成信号的失真。在数据通信中，将会使接收端收到的二进制数位和发送端实际发送的二进制数位不一致，从而造成由 0 变成 1 或由 1 变成 0 的差错。

1. 热噪声和冲击噪声

传输中的差错都是由噪声引起的。噪声有两大类：一类是信道固有的、持续存在的随机热噪声；另一类是由外界特定的短暂原因所造成的冲击噪声。

热噪声引起的差错称为随机差错，所引起的某位码元的差错是孤立的，与前后码元没有关系。由它导致的随机错码通常较少。

冲击噪声呈突发状，由其引起的差错称为突发错。冲击噪声幅度可能相当大，无法靠提高幅度来避免冲击噪声造成的差错，它是传输中产生差错的主要原因。冲击噪声虽然持续时间较短，但在一定数据速率的条件下，仍然会影响到一串码元。

2. 差错的控制方法

最常用的差错控制方法是差错控制编码。数据信息位在向信道发送之前，先按照某种关系附加上一定的冗余位，构成一个码字后再发送，这个过程称为差错控制编码。接收端收到该码字后，检查信息位和附加的冗余位之间的关系，以检查传输过程中是否有差错发生，这个过程称为差错校验。

差错控制编码可分为检错码和纠错码。

（1）检错码：能自动发现差错的编码。

（2）纠错码：不仅能发现差错而且能自动纠正差错的编码。

差错控制方法分为两类：一类是自动请求重发（ARQ）；另一类是前向纠错（FEC）。

在 ARQ 方式中，当接收端发现差错时，就设法通知发送端重发，直到收到正确的码字为止。ARQ 方式只使用检错码。

在 FEC 方式中，接收端不但能发现差错，而且能确定二进制码元发生错误的位置，从而加以纠正。FEC 方式必须使用纠错码。

3. 编码效率

衡量编码性能好坏的一个重要参数是编码效率 R，它是码字中信息位所占的比例。编码效率越高，即 R 越大，信道中用来传送信息码元的有效利用率就越高。编码效率计算公式为：

$$R=k/n=k/(k+r) \tag{2.17}$$

式中，k 为码字中的信息位位数；

r 为编码时外加冗余位位数；

n 为编码后的码字长度。

2.5.2 奇偶校验码

奇偶校验码是一种通过增加冗余位使得码字中 1 的个数为奇数或偶数的编码方法，它是一种检错码。

1. 垂直奇偶校验

在面向字符的数据传输中，在每个字符的 7 位信息码后附加一个校验位 0 或 1，使整个字符中 1 的个数构成奇数个（称为奇校验）或者偶数个（称为偶校验）。接收端收到数据后，检查每个字符中 1 的个数是否为奇数（奇校验）或偶数（偶校验），符合则认为传输正确。

（1）编码规则如下：

$$\text{发送顺序}\uparrow\quad\left.\begin{array}{cccc} I_{11} & I_{12} & \cdots & I_{1q} \\ I_{21} & I_{22} & \cdots & I_{2q} \\ & \vdots & & \\ I_{p1} & I_{p2} & \cdots & I_{pq} \end{array}\right\}\text{信息位}$$
$$\begin{array}{cccc} r_1 & r_2 & \cdots & r_q \end{array}\leftarrow\text{冗余位}$$

偶校验：$r_i=I_{1i}\oplus I_{2i}\oplus\cdots\oplus I_{pi}$　（i=1，2，…，q ⊕为异或运算）

奇校验：$r_i=I_{1i}\oplus I_{2i}\oplus\cdots\oplus I_{pi}\oplus 1$　（i=1，2，…，q ⊕为异或运算）

式中，p 为码字的定长位数；

q 为码字的个数。

垂直奇偶校验的编码效率为 $R=p/(p+1)$。

（2）特点：垂直奇偶校验又称纵向奇偶校验，它能检测出每列中所有奇数个的错，但检测不出偶数个的错，因而对差错的漏检率接近 1/2。

例如，发送方要发送字符“Hello，按照 ASCII 编码，其对应的二进制比特串为：

1101000	1100101	1101100	1101100	1101111
H	e	l	l	o

先把数据以适当的长度划分成小组，此处以一个字符的 ASCII 码为一组，然后按照字母顺序一列一列地排列起来，形成一个表。最后在表的列方向上附加一个奇偶校验位，此处以偶校验为例，如表 2.1 所示。传送时发送的二进制序列为：

11010001110010101101100011011000110111110

表 2.1　垂直奇偶校验

位	字符				
	H	e	l	l	o
C_1	0	1	0	0	1
C_2	0	0	0	0	1
C_3	0	1	1	1	1
C_4	1	0	1	1	1
C_5	0	0	0	0	0
C_6	1	1	1	1	1
C_7	1	1	1	1	1
偶校验 C_0	1	0	0	0	0

2．水平奇偶校验

在发送字符块末尾附加一个校验字符，该校验字符的第 i 位是对字符块中所有字符的第 i 位进行奇（或偶）校验的结果。

（1）编码规则如下：

$$\begin{matrix} I_{11} & I_{12} & \cdots & I_{1q} & r_1 \\ I_{21} & I_{22} & \cdots & I_{2q} & r_2 \\ \vdots & & & & \vdots \\ I_{p1} & I_{p2} & \cdots & I_{pq} & r_p \end{matrix}$$

发送顺序（↑）　信息位　冗余位

偶校验：$r_i=I_{i1}\oplus I_{i2}\oplus\cdots\oplus I_{iq}$（$i$=1，2，…，$p$）

奇校验：$r_i=I_{i1}\oplus I_{i2}\oplus\cdots\oplus I_{iq}\oplus 1$（$i$=1，2，…，$p$）

式中，p 为码字的定长位数；

q 为码字的个数。

水平奇偶校验的编码效率为 $R=q/(q+1)$

（2）特点：水平奇偶校验又称横向奇偶校验，它不但能检测出各段同一位上的奇数个错，而且还能检测出突发长度≤ p 的所有突发错误，其漏检率要比垂直奇偶校验方法低，但实现水平奇偶校验时，一定要使用数据缓冲器。

例如，使用水平奇偶校验发送字符“Hello”，其编码如表 2.2 所示，发送序列为：

11010001100101110110011011001101111100010

表 2.2　水平奇偶校验

位	字　符	偶校验
	H e l l o	
C_1	0 1 0 0 1	0
C_2	0 0 0 0 1	1
C_3	0 1 1 1 1	0
C_4	1 0 1 1 1	0
C_5	0 0 0 0 0	0
C_6	1 1 1 1 1	1
C_7	1 1 1 1 1	1

3．垂直水平奇偶校验

垂直水平奇偶校验是垂直奇偶校验和水平奇偶校验的综合，即对字符块中每个字符做垂直奇（或偶）校验，再对整个字符块做水平奇（偶）校验。

（1）编码规则如下：

发送顺序↑

$$\begin{matrix} I_{11} & I_{12} & \cdots & I_{1q} & r_{1,q+1} \\ I_{21} & I_{22} & \cdots & I_{2q} & r_{2,q+1} \\ & \vdots & & & \vdots \\ I_{p1} & I_{p2} & \cdots & I_{pq} & r_{p,q+1} \\ r_{p+1,1} & r_{p+1,2} & \cdots & r_{p+1,q} & r_{p+1,q+1} \end{matrix}$$

若垂直水平都用偶校验，则

$$r_{i,q+1}=I_{i1} \oplus I_{i2} \oplus \cdots \oplus I_{iq}\ (i=1,2,\cdots,p)$$

$$r_{p+1,j}=I_{1j} \oplus I_{2j} \oplus \cdots \oplus I_{pj}(j=1,2,\cdots,q)$$

$$r_{p+1,q+1}=r_{p+1,1} \oplus r_{p+1,2} \oplus \cdots \oplus r_{p+1,q}=r_{1,q+1} \oplus r_{2,q+1} \oplus \cdots \oplus r_{p,q+1}$$

垂直水平奇偶校验的编码效率为：

$$R=pq/[(p+1)(q+1)]$$

（2）特点：垂直水平奇偶校验又称纵横奇偶校验，它能检测出所有 3 位或 3 位以下的错误、奇数个错、大部分偶数个错以及突发长度≤ $p+1$ 的突发错。可使误码率降至原误码率的百分之一到万分之一，还可以用来纠正部分差错，但有部分偶数个错不能测出，适用于中、低速传输系统和反馈重传系统。

例如，使用垂直水平奇偶校验发送字符“Hello”，其编码如表 2.3 所示，发送序列可为：

110100011100101011011000110110001101111011000101

表 2.3　垂直水平奇偶校验

位	字符					偶校验
	H	e	l	l	o	
C1	0	1	0	0	1	0
C2	0	0	0	0	1	1
C3	0	1	1	1	1	0
C4	1	0	1	1	1	0
C5	0	0	0	0	0	0
C6	1	1	1	1	1	1
C7	1	1	1	1	1	1
偶校验	1	0	0	0	0	1

2.5.3　循环冗余码（CRC）

1．CRC 的工作方法

在数据通信中得到广泛应用的循环冗余码 CRC（Cycle Redundancy Code）是另一种校验码，它以二进制信息的多项式表示为基础。一个二进制信息可以用系数为 0 或 1 的一个多项式来表示。例如，用一个多项式 $K(X)$表示一个 n 位的信息，可以表示为：

$$K(X)=a_{n-1}X^{n-1}+\cdots\cdots+a_2X^2+a_1X+a_0 \tag{2.18}$$

式中，a_i（i=0，1，…，n–1）为二进制信息 1 或 0。如二进制信息 11011，可用系数为 1、0、0、1、1 的多项式表示为 $K(X)=X^5+X^4+X+1$

CRC 校验码的基本思想是：给信息报文加上一些检查位，构成一个特定的待传报文，使之所对应的多项式能被一个事先指定的多项式除尽。这个指定的多项式称为生成多项式 $G(X)$。$G(X)$由发送方和接收方共同约定。接收方收到报文后，用 $G(X)$来检查收到的报文，如果用 $G(X)$除以收到的报文多项式，可以除尽就表示传输无误，否则说明收到的报文不正确。

设 $K(X)$表示信息报文的多项式，$G(X)$为指定的生成多项式，$T(X)$表示附加了检查位以后的实际传输报文的多项式。那么 $T(X)$应该被 $G(X)$除尽。如何得到 $T(X)$呢？步骤如下：

（1）构成多项式 $X^rK(X)$，即在信息报文低位端附加 r 个 0，使它包含 $n+r$ 位。其中 n 是 $K(X)$的位数，r 是 $G(X)$的最高次数。

（2）求余数 $R(X)=X^rK(X)/G(X)$。求余数的过程是进行异或运算，加法不进位，减法不借位。

（3）构成一个能被 $G(X)$除尽的 $T(X)$。显然 $T(X)=X^rK(X)+R(X)$一定能被 $G(X)$除尽。

2．循环冗余码的产生与码字正确性检验例子

例 2.4　已知信息码 110011，信息多项式 $K(X)=X^5+X^4+X+1$；生成码 11001，生成多项式 $G(X)=X^4+X^3+1(r=4)$，求循环冗余码和码字。

解：（1）$(X^5+X^4+X+1$ 的积是 $X^9+X^8+X^5+X^4$，对应的码是 1100110000

（2）$X^9+X^8+X^5+X^4/G(x)$（按异或运算）。由计算结果知冗余码是 1001，码字就是 1100111001

```
                100001 ← Q(X)
G(X) → 11001 ) 1100110000 ← K(X)×X^r
               11001
               ----------
                  10000
                  11001
                  ------
                   1001 ← R(X)(冗余码)
```

例 2.5 已知接收码 1100111001，多项式 $T(X)=X^9+X^8+X^5+X^4+X^3+1$；生成码 11001，生成多项式 $G(X)=X^4+X^3+1(r=4)$，求码字的正确性。若正确，则指出冗余码和信息码。

解：（1）用接收码除以生成码，余数为 01，所以码字正确。

```
                100001 ← Q(X)
G(X) → 11001 ) 1100111001 ← K(X)×X^r×R(X)
               11001
               ----------
                    11001
                    11001
                    -----
                        0 ← S(X)(冗余码)
```

（2）因 $r=4$，所以冗余码是 1001，信息码是 110011。

3．循环冗余码的工作原理

循环冗余码 CRC 在发送端编码和接收端校验时，都可以利用事先约定的生成多项式 $G(X)$ 来得到，k 位要发送的信息位可对应于一个$(k-1)$次多项式 $K(X)$，r 位冗余位则对应于一个$(r-1)$次多项式 $R(X)$，由 r 位冗余位组成的 $n=k+r$ 位码字则对应于一个$(n-1)$次多项式 $T(X)=Xr\times K(X)+R(X)$。

CRC 多项式的国际标准如下：

CRC-C CITT $G(X)=X^{16}+X^{12}+X^5+1$

CRC-16 $G(X)=X^{16}+X^{15}+X^2+1$

CRC-12 $G(X)=X^{12}+X^{11}+X^3+X^2+X+1$

CRC-32 $G(X)=X^{32}+X^{26}+X^{23}+X^{22}+X^{16}+X^{12}+X^{11}+X^{10}+X^8+X^7+X^5+X^4+X^2+X+1$

4．循环冗余校验码的特点

循环冗余校验的性能良好，它可以检测奇数个错误、全部的双比特错误以及全部的长度小于或等于生成多项式阶数的错误，而且它还能以很高的概率检测出长度大于生成多项式阶数的错误。

2.6 现代交换技术

数据经编码后在通信线路上进行传输，按数据传送技术划分，交换网络又可分为电路交换网、报文交换网和报文分组交换网。

2.6.1 电路交换

电路交换就像电话系统一样，在通信期间，发送方和接收方之间一直保持一条专用的物理通路，而通路中间经过了若干节点的转接。电路交换的通信过程包括 3 个阶段：电路建立、数据传输和电路拆除。

1．电路建立

在传输任何数据之前，要先经过呼叫过程建立一条专用的物理通路。在如图 2.39 所示的网络拓扑结构中，1、2、3、4、5 和 6 为网络的交换节点，而 A、B、C、D、E 和 F 为通信站点，若 A 站要与 D 站传输数据，需要在 A 与 D 之间建立一条物理连接。具体的方法是：站点 A 向节点 1 发出欲与站点 D 连接的请求，由于站点 A 与节点 1 已有直接连接，因此不必再建立连接。需要做的是在节点 1 到节点 4 之间建立一条专用线路。在图 2.20 中我们可以看到，从 1 到 4 的通路有多条，如 1-2-3-4、1-6-5-4、1-6-3-4 和 1-2-5-4 等，这时就需要根据一定的路由选择算法，从中选择一条，如 1-6-3-4。节点 4 再利用直接连接与站点 D 连通。至此就完成了 A 与 D 之间的线路建立。

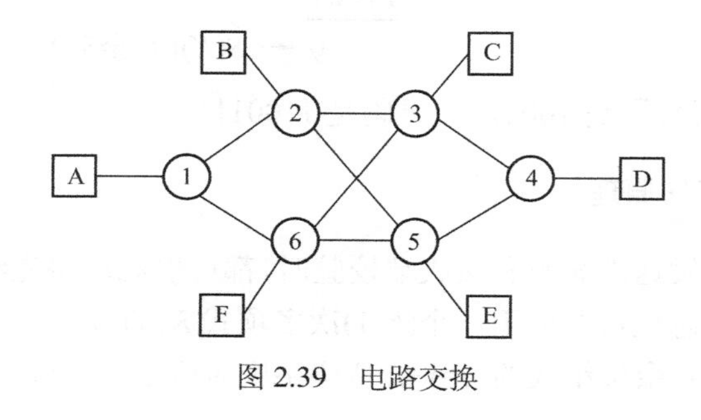

图 2.39　电路交换

2．数据传输

线路 1-6-3-4 建立以后，数据就可以从站点 A 传输到站点 D。数据既可以是数字数据，也可以是模拟数据，在整个数据传输过程中，所建立的线路必须始终保持连接状态。

3．电路拆除

数据传输结束后，由某一方（A 或 D）发出拆除请求，然后逐节拆除到对方节点。就像电话系统中，通话双方的任何一方都可以先挂机。

电路交换技术的优、缺点及其特点如下：

（1）优点：数据传输可靠、迅速，数据不会丢失且保持原来的顺序。

（2）缺点：在某些情况下，电路空闲时的信道容易被浪费，在短时间数据传输时电路建立和拆除所用的时间得不偿失。因此，它适用于系统间要求高质量地传输大量数据的情况。

（3）特点：在数据传送开始之前必须先设置一条专用的通路。在线路释放之前，该通路由一对用户完全占用。对于猝发式的通信，电路交换效率不高。

2.6.2　报文交换

当端点间交换的数据具有随机性和突发性时，采用电路交换方法的缺点是信道容量和有效时间的浪费。采用报文交换则不存在这种问题。

1．报文交换原理

报文交换方式的数据传输单位是报文，报文就是站点一次性要发送的数据块，其长度不限且可变。当一个站点要发送报文时，它将一个目的地址附加到报文上，网络节点根据报文上的目的地址信息，把报文发送到下一个节点，一直逐个节点地传送到目的节点。

每个节点在收到整个报文并检查无误后，就暂存这个报文，然后利用路由信息找出下一个节点的地址，再把整个报文传送给下一个节点。因此，端与端之间无须先通过呼叫建立连接。

一个报文在每个节点的延迟时间，等于接收报文所需的时间加上向下一个节点转发所需的排队延迟时间之和。

2．报文交换的特点

（1）报文从源点传送到目的地采用存储转发”方式，在传送报文时，一个时刻仅占用一段通道。

（2）在交换节点中需要缓冲存储，报文需要排队，故报文交换不能满足实时通信的要求。

3．报文交换的优点

（1）电路利用率高。由于许多报文可以分时共享两个节点之间的通道，所以对于同样的通信量来说，对电路的传输能力要求较低。

（2）在电路交换网络上，当通信量变得很大时，就不能接收新的呼叫。而在报文交换网络上，通信量大时仍然可以接收报文，不过传送延迟会增加。

（3）报文交换系统可以把一个报文发送到多个目的地，而电路交换网络很难做到这一点。

（4）报文交换网络可以进行速度和代码的转换。

4．报文交换的缺点

（1）不能满足实时或交互式的通信要求，报文经过网络的延迟时间长且不定。

（2）有时节点收到过多的数据而无空间存储或不能及时转发时，就不得不丢弃报文，而且发出的报文不按顺序到达目的地。

2.6.3　报文分组交换

报文分组交换是报文交换的一种改进，它将报文分成若干个分组，每个分组的长度有一个上限，有限长度的分组使得每个节点所需的存储能力降低了，分组可以存储到内存中，提高了交换速度。它适用于交互式通信，如终端与主机通信。分组交换有虚电路分组交换和数据报分组交换两种。它是计算机网络中使用最广泛的一种交换技术。

1．虚电路分组交换

在虚电路分组交换中，为了进行数据传输，网络的源节点和目的节点之间要先建一条逻辑通路，每个分组除了包含数据之外还包含一个虚电路标识符，在预先建好的路径上的每个节点都知道把这些分组引导到哪里去，不再需要路由选择判定。最后，由某一个站点用清除请求分组来结束这次连接。它之所以是“虚”的，是因为这条电路不是专用的。如图 2.40 所示显示了虚电路分组交换方式的传输过程。例如，站点 A 要向站点 D 传送一个报文，报文在交换节点 1 被分割成 4 个数据报，数据报 1、2、3 和 4，沿一条逻辑链路 1-6-3-4，按顺序发送。

虚电路分组交换的主要特点是：在数据传送之前必须通过虚呼叫设置一条虚电路。但并不像电路交换那样有一条专用通路，分组在每个节点上仍然需要缓冲，并在线路上进行排队等待输出。

2．数据报分组交换

在数据报分组交换中，每个分组的传送是被单独处理的，每个分组称为一个数据报，每个数据报自身携带足够的地址信息。一个节点收到一个数据报后，根据数据报中的地址信息和节点所储存的路由信息，找出一个合适的出路，把数据报原样地发送到下一节点。由于各数据报所走的路径不一定相同，因此不能保证各个数据报按顺序到达目的地，有的数据报甚至会中途丢失。整个过程中，没有虚电路建立，但要为每个数据报做路由选择。图 2.41 所示显示了数据报分组交换方式的传输过程。例如，站点A要向站点 D 传送一个报文，报文在交换节点 1 被分割成 4 个数据报，它们分别经过不同的路径到达站点 D，数据报 1 的传送路径是 1-6-3-4，数据报 2 的传送路径是 1-2-3-4，数据报 3 的传送路径是 1-2-6-5，数据报 4 传送的路径是 1-2-5-4。由于 4 个数据报所经的路径不同，从而导致它们的到达失去了顺序（2、1、4、3）

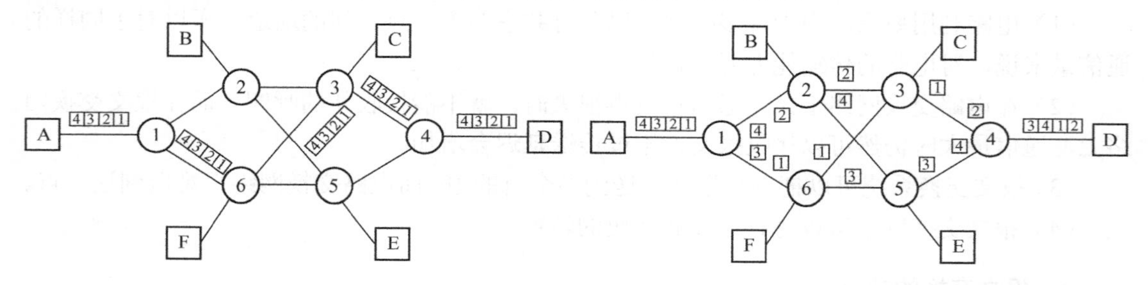

图 2.40　虚电路分组交换方式的传输过程　　　图 2.41　数据报分组交换方式的传输过程

2.6.4　各种数据交换技术的性能比较

（1）电路交换。在数据传输之前必须先设置一条完全的通路。在线路拆除（释放）之前，该通路由一对用户完全占用。电路交换效率不高。

（2）报文交换。报文从源点传送到目的地采用存储转发的方式，报文需要排队。因此，报文交换不适合于交互式通信，不能满足实时通信的要求。

（3）分组交换。分组交换方式和报文交换方式类似，但报文被分成分组传送，并规定了最大长度。在数据网中最广泛使用的一种交换技术是分组交换技术，它适用于中等或大量数据交换的情况。

习　题　2

2.1　模拟信号变换成数字信号需经哪几个过程？

2.2 试述抽样定理；若已知信号组成为 $f(t)=\cos\omega_1 t+\cos 2\omega_1 t$，用理想低通滤波器来接收抽样后的信号，试确定最低抽样频率。

2.3 对频率范围为 300～3400Hz 的话音信号进行均匀量化的 PCM 编码。

（1）求最低抽样频率 f_s；

（2）若量化电平数 L 为 256，求 PCM 信号的信息速率 R_b。

（3）若考虑防卫间隔，取 f_s=8kHz，则 PCM 信号的信息速率 R_b 为多少？

2.4 在 CD 光碟中，最高频率为 20kHz 的立体声音频信息是用 44.1kHz 抽样，16 比特量化的，试求此时的信息速率。

2.5 画出信息码 1011011100101 的双极性归零码、单极性非归零码、曼彻斯特码和传号差分码的波形。

2.6 试将如下信息码转换成空号差分码和曼彻斯特码：

1011011000110101111100101。

2.7 为什么在大多数通信系统中都要用到调制与解调技术？在模拟通信系统中有哪些调制方式？

2.8 若将话音调制信号的频率限制在 300～3400Hz，试问在 3～30MHz 的短波频段内可最大限度地传送多少路 AM 信号？可传送多少路 SSB 信号？

2.9 调频广播和电视伴音的音质要比中、短波广播的音质好，这是什么原因？

2.10 已知一个 AM 广播电台输出功率是 50kW，采用单频余弦信号进行调制，调幅指数为 0.707。

（1）试计算调制效率；

（2）载波功率为多少？

2.11 设信息码 1011000011011101，画出 2ASK、2FSK、2PSK、2DPSK 的波形，并说明为什么 2DPSK 没有倒π现象。

2.12 试比较频分复用和时分复用各有什么特点。

2.13 北美采用 PCM 24 路复用系统，每路的抽样频率 f_s=8kHz，每个样值用 8bit 表示，每帧共有 24 个时隙，并加 1bit 作为帧同步信号，求基群的信息速率。

2.14 试计算工作在 1200nm 到 1400nm 之间以及工作在 1400nm 到 1600nm 之间的光波的频带宽度。假定光在光纤中的传播速率为 2×10^8m/s。

2.15 要发送的数据为 101110，采用 CRC 的生成多项式 $P(X)=X^3+1$。试求应添加在数据后面的余数。

2.16 要发送的数据为 1101011011，采用 CRC 的生成多项式是 $P(X)=X^4+X+1$。试求应添加在数据后面的余数。

2.17 试比较电路交换、报文交换和报文分组交换的异同。

第3章　数字微波与卫星通信

内容提要

- 数字微波信道的时分复用和传输容量
- 数字微波通信的关键技术
- 数字微波信号最佳接收机的基本原理
- 数字微波接力信道的构成和各组成部分的作用
- 什么是卡塞格林天线的基本光学原理
- 馈线系统的作用和安装形式
- 分路系统的组成和各部分作用
- 菲涅尔区及其半径
- 频率选择性衰落的概念及其抗衰落措施
- 卫星通信的定义、分类、特点、工作频段及基本组成
- 通信卫星的技术指标
- 静止卫星的设置及主要观察参数的计算
- 卫星通信的多址技术
- VAST卫星通信系统的特点、构成形式及工作频段

3.1　数字微波通信系统概述

数字微波通信（Digital Microwave Communication）是基于时分复用技术的一类多路数字通信体制。可以用来传输电话信号，也可以用来传输数据信号与图像信号。与数字微波通信相对应的是它的前身——模拟微波通信，它是基于频分复用技术的一类多路通信体制，主要用来传输模拟电话信号和模拟电视信号。数字微波通信具有两大技术特征：

（1）它所传送的信号是按照时隙位置分列复用而成的统一数字流，具有综合传输的性质。

（2）它利用微波信道来传送信息，拥有很宽的通过频带，可以复用大量的数字电话信号，可以传送电视图像或高速数据等宽带信号。

由于微波电磁信号按直线传播，数字微波（模拟微波也如此）通信可以按直视距离设站（站距约50千米），因此，建设起来比较容易，特别在丘陵山区或其他地理条件比较恶劣的地区，数字微波通信具有一定的优越性。在整个国家通信的传输体系中，数字微波通信也是重要的辅助通信手段。

微波通信技术问世已半个多世纪，它是在微波频段通过地面视距进行信息传播的一种无线通信手段。最初的微波通信系统都是模拟制式的，它与当时的同轴电缆载波传输系统同为通信网长途传输干线的重要传输手段，例如，我国城市间的电视节目传输主要依靠的就是微波传输。上世纪70年代研制出了中小容量（如8Mb/s、34Mb/s）的数字微波通信系统，这是

通信技术由模拟向数字发展的必然结果。上世纪80年代后期，随着同步数字系列（SDH）在传输系统中的推广应用，出现了155Mb/s的SDH大容量数字微波通信系统。现在，数字微波通信和光纤、卫星一起被称为现代通信传输的三大支柱。随着技术的不断发展，除了在传统的传输领域外，数字微波技术在固定宽带接入领域也越来越引起人们的重视。工作在28GHz频段的LMDS（本地多点分配业务）已在发达国家大量应用，预示数字微波技术仍将拥有良好的市场前景。

本章将概要讲述数字微波通信系统中的有关问题。

3.1.1 时分多路复用原理

在一个信道同时传输多路信号，称为多路复用。在数字微波通信中，一般采用时分多路复用，如图3.1所示。我们以数字电话通信为例，简要说明时分多路复用原理。

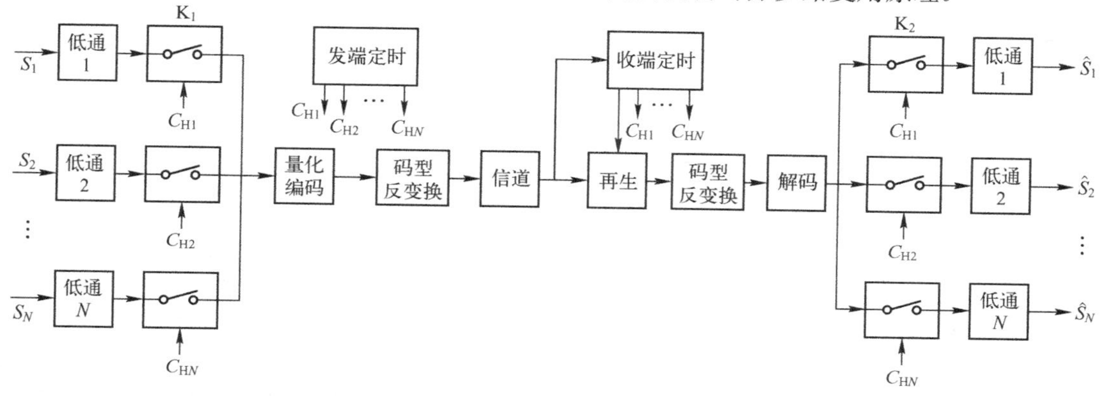

图3.1 时分多路复用原理

各路语音信号 S_1、S_2、$\cdots S_N$，通过低通滤波器，将其频带限制在3400Hz以内（这是防止由抽样产生频谱折叠所必须的），然后，由抽样开关对其抽样。各路抽样开关在发端定时控制下，以8000Hz速率对各路信号按一定时序轮流抽样，各路信号的抽样值（PAM信号）则在不同的时间被送到公共量化编码器，进行量化、编码，变换为PCM信号，再经过码型变换后，送往信道传输到接收端。

在接收端，首先将收到的各路信号进行再生、码型反变换和解码，将其还原为量化后的PAM信号，然后通过分路开关，把各路信号分离。在接收端定时控制下，各路分路开关与发端对应的抽样开关完全同步地工作。也就是说，两者不仅同帧，而且相位完全一致（即当解码器输出第 $n(n=1、2、\cdots N)$ 路信号的量化样值时，K_2 开关正好接通第 n 路低通滤波器），这样，即可保证各路信号能够被正确分路。分路后的各路信号经过重建模拟信号的低通滤波器，则可获得与发端基本相同（考虑到量化噪声的影响，故不会完全相同）的语音信号 $\hat{S}_1$、$\hat{S}_2$、$\cdots\hat{S}_N$。

综上所述，可知采用时分复用方法进行多路传愉时，各路信号占用公共信道的时间是互相错开的；而它们占用的信道带宽却是相同的。因此，时分复用的特点是：信道上的各路信号在时域上互相分开；在频域上互相重叠。

3.1.2 传输容量系列

数字微波接力系统的传输对象是数字终端设备（包括复接和复用设备）输出的数码流。

从微波传输的观点讲，我们不需要知道这一数码流具体代表什么消息（如电话、电视或数据信号等），只要知道它的速率和码型就足够了。关于其速率，通常是以 PCM 数字电话路数来度量的，一个 PCM 数字话路的比特速率为 64Kb/s。

根据国际无线电咨询委员会（CCIR）的建议，数字微波接力系统的标准传输容量系列应符合国际电报电话咨询委员台（CCITT）关于数字终端设备标准传输容量系列的建议，即要求其信息传输速率系列化。

根据各国现状，CCITT 推荐了两种标准容量系列：一是以 2.048Mb/s 作为一次群（又叫基群）速率的 30 路系列；二是以 1.544Mb/s 作为一次群速率的 24 路系列。如表 3.1 所列。30 路系列多为西欧各国所采用，而 24 路系列则多为日、美等国所采用。我国采用的是 30 路系列。

表 3.1　标准容量系列

系列类别	群路级别	标称电话路数	数码率（Mb/s）	备　注
30 路系列	一次群	30	2.048	=32×64（Kb/s）
	二次群	120	8.448	=4×2048+256（Kb/s）
	三次群	480	34.368	=4×8448+572（Kb/s）
	四次群	1920	139.264	=4×34368+1798（Kb/s）
	五次群*	7680	565.148	=4×139364+8092（Kb/s）
24 路系列	一次群	24	1.544	=24×64+8（Kb/s）
	二次群	96	6.312	=4×1544+136（Kb/s）
	三次群	480	32.064	=5×6312+504（Kb/s）
		670	44.736	=7×6312+552（Kb/s）
	四次群*	1440（日）	97.728	
		4032（美）	274.176	
	五次群*	5760（日）	397.2	

除了标准容量系列之外，考虑到具体业务量的需求，数字微波接力系统还使用了一些非标准的中间群级系列。例如，二个一次群系列（2×2.048Mb/s：60 路）；二个二次群系列（2×8.448Mb/s：240 路）；二个三次群系列（2×34.368Mb/s：960 路）等。

注意：在表 3.1 中，不同群次的数码率不成整数倍关系。例如，20 路系列的一次群数码率为 2.048Mb/s，但其二次群数码率不是 2.048Mb/s×4=8.192Mb/s，而是 2.048Mb/s+4+0.256Mb/s=8.448Mb/s。这是因为合群（即数字复接）时需要加入额外的码元。另外，表 3.1 中除标有*号的群级 CCITT 尚未形成建议外，其余的群级均已由 CCITT 正式建议。

根据其传输容量，CCIR 将数字微波接力系统分为三类：

（1）小容量（低速）系统：其传输速率小于 10Mb/s。

（2）中容量（中速）系统：其传输速率大于 10Mb/s 但小于 100Mb/s。

（3）大容量（高速）系统：其传输速率大于 100Mb/s。

3.1.3　数字微波通信的关键技术

大容量数字微波接力通信涉及到许多基础知识和应用知识，遇到的技术问题较多，现择其要点归纳如下。

1. 调制解调枝术

这是数字微波通信系统的核心技术，它包括码型变换、载波恢复、定时提取等过程。不同的调制、解调方式对于数字微波通信系统的频带利用率、误码性能和经济代价将产生不同的影响。

系统的频带利用率定义为其传输比特速率与实际信道带宽之比。采用不同的调制、解调方式，其数值不同。例如，对于 MPSK 和 MQAM（详见第 3 章）方式，其简单公式为：

$$\eta = \frac{1}{F}\log_2 M(\mathrm{b/s \cdot Hz}) \tag{3.1}$$

式中，η——频带利用率，

M——调制电平数，

F——设计因子，一般取值为 1、2 之间，理想情况下取位为 1。

由公式（3.1）可知，对于 2PSK，其η理论值为 1b/s • Hz；对于 16QAM，其η理论值为 4b/s.Hz。

对于小容量系统，多采用数字调相——相干解调方式，如 2PSK 方式。这种方式的主要优点是抗白高斯噪声能力强，因而误码性能最好，另外设备简单，容易实现；缺点是频带利用率较低。中容量系统多采用四相相移键控（QPSK）方式。大容量系统多采用多进制正交调幅（MQAM）或多进制正交部分响应（MQPR）方式。例如，16QAM 方式已被广泛用于速率为 140Mb/s 的大容量系统。虽然 MQAM 和 MQPR 方式频带利用率较高，但其技术难度大，设备较复杂。

2. 波形形成技术

这一技术直接影响着已调信号的传输带宽以及系统的码间干扰。波形形成的任务是在保证系统无码间干扰的条件下，使已调信号的传输带宽尽量小。要使系统无码间干扰，则要求系统接收端在再生之前的基带信号波形满足奈奎斯特准则（详见第 2 章）。波形形成既可在基带进行，也可在射频或中频进行；既可全部由发端形成，也可由发端和收端共同形成。

3. 信道特性设计

信道特性是指信道的传输带宽以及在此带宽内的线性、非线性指标，它主要由微波收、发信机决定。数字微波系统，特别是大容量数字微波系统，与模拟微波系统相比，对微波收、发信机指标要求偏严。例如，采用 MQAM 方式的大容量系统，因其已调信号对于信号带内信道幅频特性的一次失真十分敏感，故很容易引起正交干扰；另外，其已调信号的幅度是变化的，因而经不起信道非线性失真的影响。这二者都会导致系统性能恶化，使传输误码率增加。除此之外，信道的非线性失真还会导致已调信号频谱扩散，以至于干扰相邻波道。所以，大容量系统必须对信道的线性失真（包括幅频失真和相频失真）指标和非线性失真指标提出严格要求。这必然涉及到时域、频域均衡技术及线性微波功率放大技术的采用。

4. 抗衰落技术

采用高效调制技术的大容量数字微波系统对于空间传播的频率选择性衰落引起的系统性能恶化非常敏感。例如，在信号频带内 5～6dB 的振幅起伏变化会引起系统产生不能允许的高误码率。这是因为频率选择性衰落使接收信号中丢失了某些频率成份，使波形产生了严重失真。为了对付频率选择性衰落的影响，需要采用空间分集技术和自适应均衡技术，前者是利用衰落的空间无关性，优选接收信号，或将两路信号合成以加强总的接收信号或抵消衰落对接收信号造成的影响；后者则是对已经失真的信号波形进行校正补偿。实践表明，当采用空间分集和自适应均衡技术后，可使由频率选择性衰落引起的电路瞬断率显著下降，大大改善了数字微波系统的传输质量。例如，日本的一段46.3km跨海接力段，采用单一接收时，其瞬断率为7%，而采用空间分集和自适应均衡技术后，瞬断率降低到原来的I/14000，达到5×10^{-6}。

3.1.4 数字微波接力通信的主要特点

数字微波接力通信除了具有数字通信的所有优点外，还具有如下主要特点：

（1）传输容量大。这是由于微波射频带宽很宽。一个微波射频波道能够同时传输数百路以至数千路数字电话。因此，数字微波接力通信是一种有效的大容量数字传输手段。

（2）可与程控数字交换机直接接口，不需要模-数、数-模转换设备，即可组成传输与交换一体化的综合业务数字网（ISDN），有利于各种数字业务的传输。

（3）与电缆、光纤、卫星等通信系统相比，具有投资省、见效快、机动性好、抗自然灾害能力强等优点。

随着信息社会的到来，通信不只限于人与人之间进行。人与计算机、计算机与计其机之间的通信要求日趋迫切，而且业务量不断增加，数字微波接力通信正好能适应这一通信需要，人们预见，它与光纤、卫星通信一起将成为未来信息社会的三大主要信息传输手段。为了适应当前数字微波接力通信的发展形势，本书将向读者介绍数字微波通信的基本原理、主要技术以及总体设计方面的有关问题。

3.2 数字微波信号的最佳接收

前几节介绍了信号与通信系统的基本概念，曾提到，通信系统的任务就是有效可靠地将信号从一点传输到另一点。信号在通信系统中传输，不可避免地会受到各种噪声的干扰。给定信号与信道噪声，如何没计接收机才能使通信最为可靠，即失真或差错率最小，这就是最佳接收原理所要回答的问题。

对于数字通信来说，“最佳“的含义就是使接收误码率最小，所以，数字信号最佳接收原理就是在最小误码率准则下，根据信道噪声和发送信号形式，寻求最佳接收机结构及其极限性能。所谓最佳接收机的极限性能是指理论上它所能达到的最小误码率。寻求最佳接收机结构及其极限性能的重要性在于它不仅对于信号与系统设计具有指导意义，而且对于估计实际系统的抗噪声性能提供了比较标准.

本节先讨论一般二进制数字信号的最佳接收机结构及其极限性能，然后应用其结论，进一步推导三种常见二进制数字频带信号，即二进制幅移键控（2ASK）信号、二进制相移键控（2PSK）信号与二进制频移键控（2FSK）信号，在全频带传输时的最佳接收机结构及其极限性能。

3.2.1 最佳接收机结构

在数字通信中，不论是基带传输，还是频带传输（又称载波传输），接收机对于发送信号代码“1”、“0”所对应的发送波形是已知的。假定“1”码所对应的发送波形为$s_1(t)$，“0”码所对应的发送波形为$s_0(t)$；信道噪声是加性白高斯躁声，用$n(t)$表示。那么，由于$n(t)$的影响，接收机在一个码元时隙(0，T_s)内，收到的信号$y(t)$可写成：

$$y(t) = s(t) + n(t) \quad 0 < t < T_s \tag{3.2}$$

其中$s(t)$可能是$s_1(t)$或$s_0(t)$。

接收机的任务是根据(0，T_s)内收到的$y(t)$，判断发送信码是“1”还是“0”，这就是二元数字信号的检测问题。根据收到的$y(t)$，接收机一旦做出正确判断，则发送波形将被准确恢复，此时信道噪声对于信号传输没有任何影响。但是，由于信道噪声的存在，接收机会产生错误判断，即会出现误码。例如，当发送信码为“1”时，发送波形为$s_1(t)$，而接收信号$y(t) = s_1(t) + n(t)$，由于$n(t)$的影响，接收机会误认为发送波形为$s_0(t)$，从而错误判断发送信码为“0”。现在的问题是，接收机如何构成，才能使误码率最小?

可以设想，如果接收信号$y(t)$和$s_1(t)$比较“接近”，就判定为$s_1(t)$，否则就判定为$s_0(t)$。根据这一设想建立的一种“判决准则”称为最小均方差准则，它的数学表示式为：

$$\frac{1}{T_s}\int_0^{T_s}[y(t)-s_1(t)]^2\,\mathrm{d}t \underset{判为s_0}{\overset{判为s_1}{\lessgtr}} \frac{1}{T_s}\int_0^{T_s}[y(t)-s_0(t)]^2\,\mathrm{d}t \tag{3.3}$$

上式的物理意义是：在时隙(0，T_s)内，如果$y(t)$与$s_1(t)$的均方差小于$y(t)$与$s_0(t)$的均方差，则该时隙的波形判别为$s_1(t)$，否则判别为$s_0(t)$。

理论分析表明，如果噪声$n(t)$是高斯白噪声，那么对于“1”、“0”等概率的二进制数字信号来说，上述准则与最小误码率准则是一致的。也就是说，按照上述准则构成的接收机可以使误码率最小。

因此式（3.3）可简化为：

$$\int_0^{T_s}[y(t)-s_1(t)]^2\,\mathrm{d}t \underset{判为s_0}{\overset{判为s_1}{\lessgtr}} \int_0^{T_s}[y(t)-s_0(t)]^2\,\mathrm{d}t \tag{3.4}$$

由上式，可以得到最佳接收机结构如图 3.2 所示。

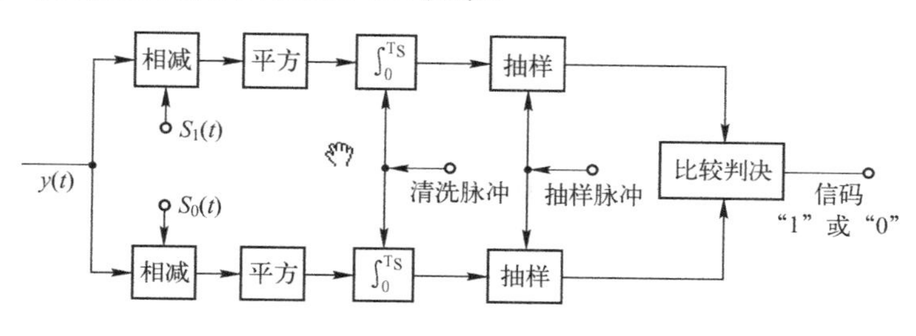

图 3.2　二进制信号最佳接收机

通常，信号$s_1(t)$与$s_0(t)$在(0，T_s)内每码元具有相等的能量E_{es}，即

$$\int_0^{T_s} s_1^2(t)\mathrm{d}t = \int_0^{T_s} s_0^2(t)\mathrm{d}t = E_{es} \tag{3.5}$$

由式（3.4）可简化为：

$$\int_0^{T_s} y(t)s_1(t)\mathrm{d}t \underset{判为s_0}{\overset{判为s_1}{\lessgtr}} \int_0^{T_s} y(t)-s_0(t)\mathrm{d}t \tag{3.6}$$

上式中，$\int_0^{T_s} y(t)s_1(t)\mathrm{d}t$ 称为 $y(t)$ 与 $s_1(t)(i=1,0)$ 的互相关系数。所以，根据最小均方差准则来判别信号，实质上是寻求与 $y(t)$ 相关性最强的信号。计算 $y(t)$ 和 $s_1(t)$ 互相关系数的装置，通常称为"相关器"。

根据式（3.6），可得图 3.2 所示最佳接收机的简化形式，即相关接收机，如图 3.3 所示。图 3.3 中，乘法器与积分器构成相关器，$s_1(t)$ 、$s_0(t)$ 是接收机必须产生的与发送波形相同的两个本地信号（又叫相干信号），它们分别与接收信号 $y(t)$ 相乘，在(0，T_s)内积分，并在 $t=T_B$ 时刻抽样，即得所要计算的互相关系数 $\int_0^{T_s} y(t)-s_1(t)\mathrm{d}t$ 。然后，根据求得的两个互相关系数，按照式（3.6）准则进行比较判决，即得到输出信码"1"或"0"。若判为 $s_1(t)$ ，则输出信码"1"；若判为 $s_0(t)$ ，则输出信码"0"。

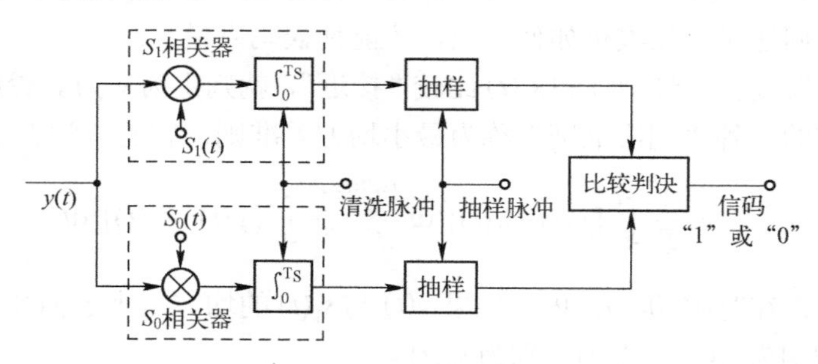

图 3.3　相关接收机

3.2.2　最佳接收原理的应用

现在，利用前面对于一般二进制数字信号得到的最佳接收机结构及其极限性能的结论进一步推导，2ASK 信号、2PSK 信号与 2FSK 信号，在加性白高斯噪声于扰下，进行全频带传输时的最佳接收机结构及其极限性能。

1．2ASK

不限带 2ASK 信号在(0，T_s)内可表示为：

$$\left.\begin{aligned} s_1(t) &= A\sin\omega_0 \\ s_0(t) &= 0 \end{aligned}\right\} \quad 0<t<T_s \tag{3.7}$$

现在来确定此信号的最佳接收机结构。将 $s_0(t)=0$ 代入式（3.4），并化简可得：

$$\int_0^{T_s} y(t)s_1(t)\mathrm{d}t \underset{\text{判为}s_0}{\overset{\text{判为}s_1}{\lessgtr}} \frac{1}{2}\int_0^{T_s} s_1^2(t)\mathrm{d}t_s \tag{3.8}$$

考虑到式（3.7），则有

$$\int_0^{T_s} s_1^2(t)\mathrm{d}t = \frac{A^2}{2}T_s$$

将上式代入式（3.8）并化简可得：

$$\int_0^{T_s} y(t)\sin\omega_0 t\mathrm{d}t \underset{\text{判为}s_0}{\overset{\text{判为}s_1}{\lessgtr}} \frac{A}{4}T_s \tag{3.9}$$

据上式，即可得到2ASK信号的最佳接收机结构，如图3.4所示，图中，比较判决器$t=T_s$时刻的抽样值与$AT_s/4$进行比较，并按式（3.9）进行判决。通常，我们把$AT_s/4$称为判决门限。

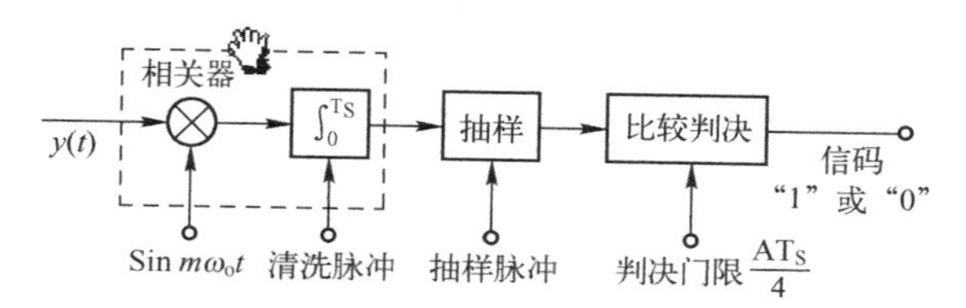

图3.4　2ASK信号最佳接收

2. 2PSK

不限带的2PSK信号在$(0,\ T_s)$内可表示为：

$$\left.\begin{aligned} s_1(t) &= A\sin\omega_0 t \\ s_0(t) &= A\sin(\omega_0 t+\pi) \end{aligned}\right\} \quad 0<t<T_s \tag{3.10}$$

现在来确定此信号的最佳接收机结构。将式（3.10）代入式（3.6），并化简可得：

$$\int_0^{T_s} y(t)\sin\omega_0 t\mathrm{d}t \underset{判为s_1}{\overset{判为s_1}{\lessgtr}} 0 \tag{3.11}$$

根据上式，可得2PSK信号最佳接收机结构如图3.5所示，由图可见，2PSK信号最佳接收机与2ASK信号最佳接收机结构完全相同，其区别仅在于判决器的判决门限不同，前者判决门限为0，后者判决门限为$AT_s/4$。

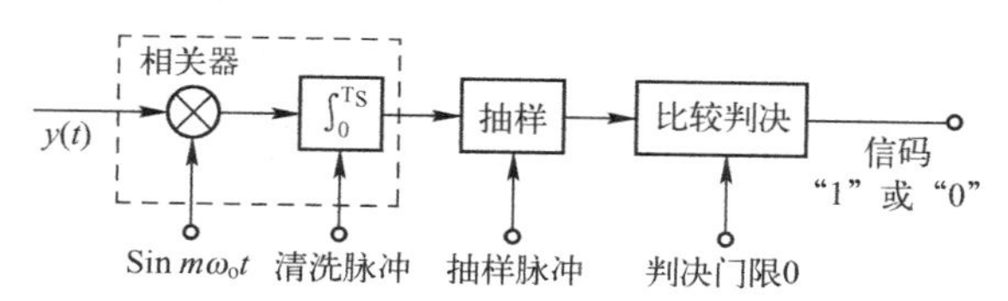

图3.5　2PSK信号最佳接收

3. 2FSK

不限带的2FSK信号在$(0,\ T_s)$内可表示为：

$$\left.\begin{aligned} s_1(t) &= A\sin(m\omega_0 t) \\ s_0(t) &= A\sin(n\omega_0 t) \end{aligned}\right\} \quad 0<t<T_s \tag{3.12}$$

式中，m，n为整数。

下面，我们来确定这种信号的最佳接收机结构。将式（3.12）代入式（3.6），并化简可得：

$$\int_0^{T_s} y(t)\sin(m\omega_0 t)\mathrm{d}t \underset{判为s_0}{\overset{判为s_1}{\lessgtr}} \int_0^{T_s} y(t)\sin(n\omega_0 t)\mathrm{d}t \tag{3.13}$$

根据上式，可得式（3.12）所示相位连续2FSK信号的最佳接收机结构，如图3.6所示。

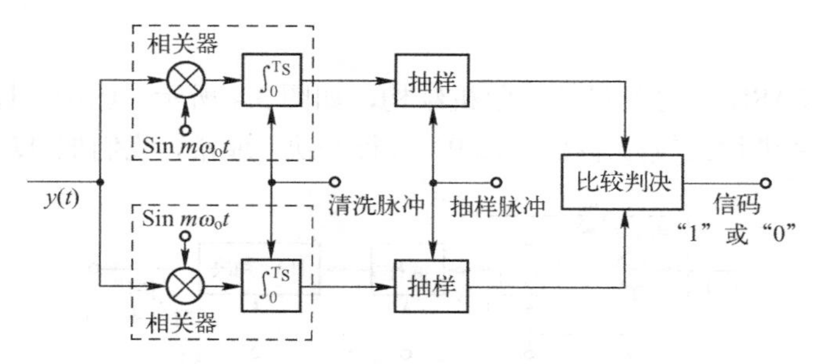

图 3.6　2FSK 信号最佳接收

理论推导表明，对于二进制载波键控传输，2PSK 信号应是最佳选择，因为不仅是最佳接收机结构简单，而且其极限性能好。这就是小容量数字微波系统，几乎毫无例外地采用 2PSK 信号进行传输的原因。

最后，我们将这三种信号最佳接收机的极限性能 P_e 与比值 E_s / N_D 的关系曲线示于图 3.7。需要指出，这三种信号最佳接收机的极限性能是在理想传输（即信道带宽不受限，传输无波形失真）条件下求得的。当信道带宽有限时，信号频带被限而产生失真，此时图 3.4、图 3.5 和图 3.6 所示的相关接收机将不是最佳的。

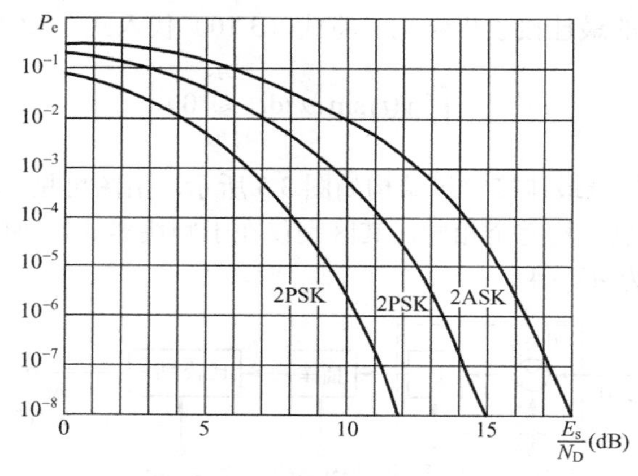

图 3.7　P_e 与 E_s/N_D 关系曲线

3.3　微波接力通信

3.3.1　微波接力频道的构成

微波接力信道由终端站、中间站、中间分支站及各站间的电波传播空间所构成，站距平均 50 km 左右。在长途微波接力信道上，工作频率一般在 2GHz 至 20GHz（详见国际无线电咨询委员会的建议和报告卷 IX-1 微波接力固定业务），通信距离依接力方式延伸，故称微波接力通信。

数字微波接力信道的微波站，常分为终端站和中间站，中间站又可细分为外差中继站、再生中继站、主站和分路站。

终端站设置在整个接力信道的两端（或支线的端站），它只有一个传输方向，是信道的始点和终点，两端的各路信号从终端站出入信道。在终端站设有微波发射机、微波接收机、天馈线系统，还有多路信号复用及分路的终端设备。在多波道应用时，每三个波道共用一副天馈线系统，收、发采用不同频率和不同极化并利用分路系统来减少发对收的干扰。如图 3.8 所示，发射部分包括基带处理设备、中频调制器（一般中频为 70MHz）、中频放大器及功率放大器；接收部分包括变频器、中频放大器、解调器及基带处理设备。

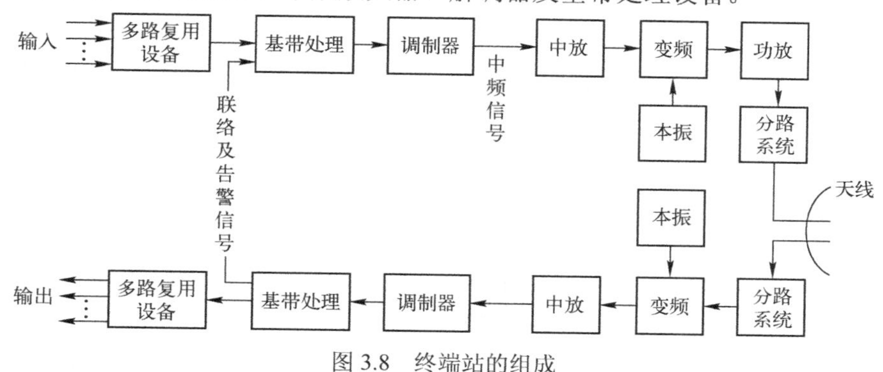

图 3.8 终端站的组成

中间站的作用，是将从前向接收的微弱微波信号进行功率放大，用功率增益补偿传输过程中的损耗，然后发往后向的下一个相邻微波站。对于双向电路，它要向两个方向转发信号，因此对于一个波道、双向传输的中间站，应该有两部发射机、两部接收机和两副天馈线系统（未考虑多波道共用天馈线系统）。在中间站，信号的转接方式有射频转接、中频转接和基带传接。对只有转接作用的中间站习惯又叫中继站。长距离数字微波接力信道一般不采用射频转接，中频转接中间站又称为外差中继站，基带转接中间站因为是将基带再生后转接又称为再生中继站，它们基本组成如图 3.9 所示。

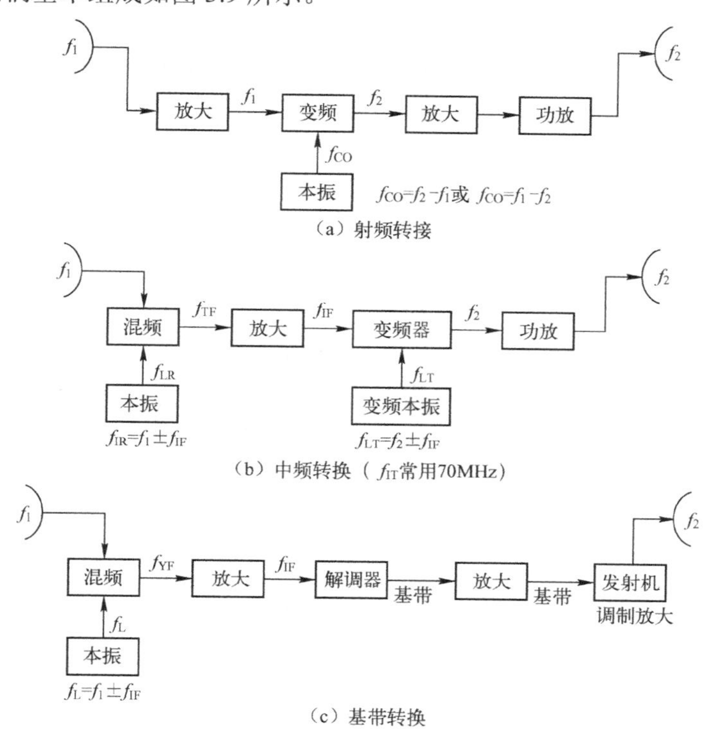

图 3.9 中间站的组成

分路站的作用。某些中间站除了转发信号外还具有分路的功能，可以从基带中取出和加入一些话路或向其他方向分出话路的站，这类中间站称为分路站。在分路站中必须采用基带转接。

主站的作用。主站一般指可以对前、后几个接力站进行直接控制的站。

从主站的作用看，它应设在沿线的大、中城市。从分路站的作用看，它应设在有上、下或分支话路的地方，而这种地方往往就是大、中城市。所以，常常把主站和分路站台建在一起。

多波道应用时，天馈线系统共用原理是一样的，详见分路系统及本章 3.5 节。

3.3.2 天馈线和分路系统

在微波通信中，天馈线系统一般是指天线口面至下密封节包括的天线和波导部件。分路系统指下密封节至收、发信机出口的波导部件，它包括了各波道的分路滤波器。因这种滤波器对每一波道来讲频率特性是固定的，因此，在工厂生产微波机时已把它安装在机架当中。这样，分路系统有时又指分路滤波器的出口（对发信）、入口（指接收）至下密封节的波导部件。

天馈线系统的作用，是把发射机发出的微波能量定向辐射出去或把定向接收下来的微波能量传输给接收机。当多波道双向传输时，天馈线系统中的一些部件又收、发兼用。

1. 微波天线

微波天线有多种形式，凡是能辐射或接收微波能量的天线都可叫微波天线，但用在通信中的微波天线除此之外还应考虑一些技术要求：如天线把能量集中辐射的程度，专业上叫天线增益或天线的方向性；此外，还有反射系数、极化去耦和机械强度等。

用在微波通信上的天线主要是具有双曲面副反射器的抛物面天线，一般叫它卡塞格林天线，另外还有喇叭天线、喇叭抛物面天线、潜望镜天线、标准抛物面天线等。由于卡塞格林天线用途最广，所以我们重点介绍这种天线。

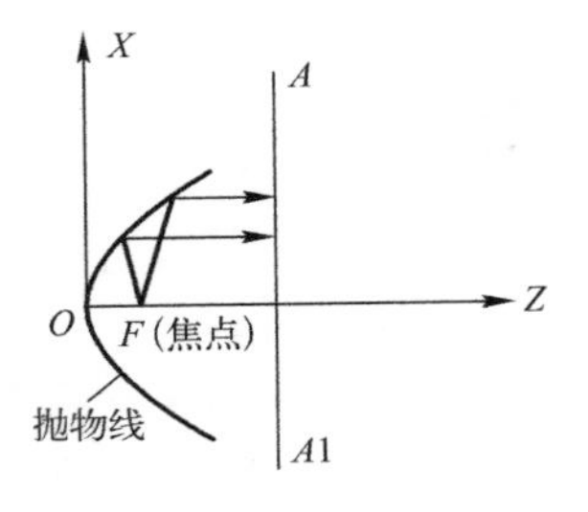

图 3.10　抛物线的几何关系

（1）卡塞格林天线的光学原理。

抛物顶的几何关系。对抛物线而言，由图 3.10 知，从其焦点 F 发射的电波经抛物线反射，这些反射波都将平行 OF 轴向 Z 的方向传播。同理，如果反射体是一个抛物面，则由其焦点射出的电波经抛物面反射之后，将成为圆柱形平行射束向 Z 的方向传播，而且这些反射波到达基准面 $AA1$ 的路径相等，即每条射线由 F 点算起至 $AA1$ 的行程相等。

可以这样说，置于焦点 F 的初级辐射器向抛物面发出的球面波，经反射后的波到抛物面天线口面上时，这些射线变为等相位的平面波，由于抛物面天线的这种聚焦作用，可把能量集中在一个方向发射出去，所以这种天线的方向性特别好。

双曲面的几何关系。在解析几何中，双曲线的标准方程为：

$$\frac{z^2}{a^2}-\frac{x^2}{b^2}=1$$

方程的几何关系如图 3.11 所示。图中表示一对双曲线，它们顶点位置 $z=\pm a$，$x=0$ 双曲线有两个焦点 C 和 C'，它们的关系是

$$c=\pm\sqrt{a^2+b^2}$$

$$e=\frac{c}{a}$$

式中，e 称为偏心率。

双曲线具有如图 3.12 所示的几何特性。在双曲线上任一点 $P(z,x)$ 的法线 PN 与 CP 延长线的夹角 α 等于 PN 与 PC' 的夹角 β；$PC'-PC$ 等于常数；$P_2-P_1=2a$。

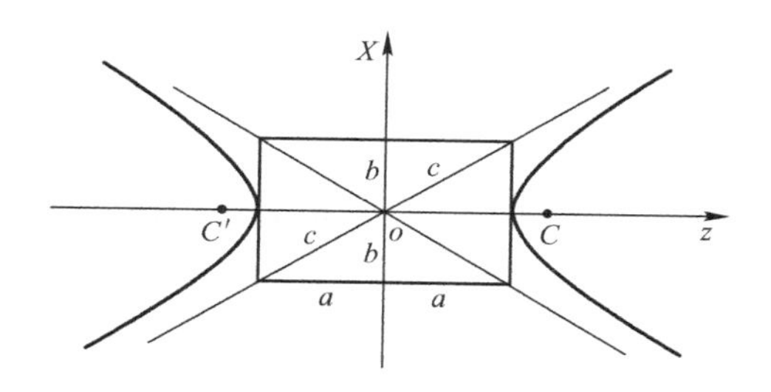

图 3.11 双曲线的几何关系

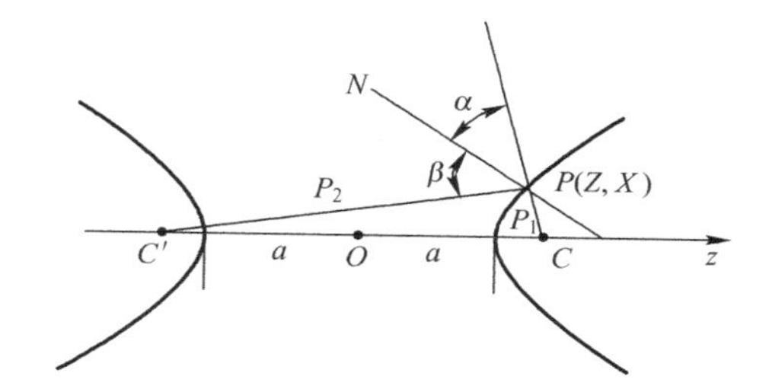

图 3.12 双曲线特性图解

卡塞格林天线的几何关系如图 3.13 所示。如果我们把双曲面的焦点 C 与抛物面的焦点 F 重合在一起，同时把辐射源放在 C' 上，则由辐射源发出的电波将按如下几何关系前进。

① 从辐射源发出的射线 $C'P$ 照在双曲面上，在双曲面上反射对角 $\alpha=\beta$。沿 CP 方向的反射线又照在抛物面上，由抛物面上的二次反射波将以平行射束沿 z 轴行进。

② 由于 $P_2=P_1+2a$，所有二次反射波都好像发自抛物面的焦点 F，只是全部增加了一段行程 $2a$。

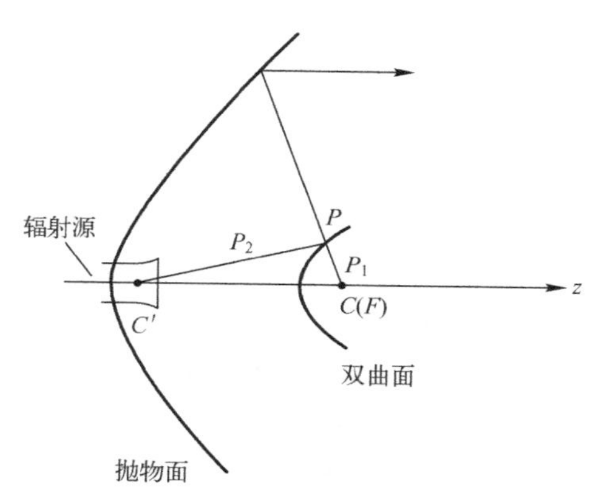

图 3.13 卡塞格林天线原理图

根据上述原理做出的天线称为卡塞格林天线。

（2）抛物面天线的基本参数。天线增益是一个重要参量，它表示抛物面天线把能量集中辐射的程度，用字母 G 表示。在对增益下定义时，一种是用场强概念定义的，另一种是用功

率概念定义的。

用场强概念定义为：

$$G=\frac{E^2}{E_0^2} \tag{3.14}$$

它表示某天线在空间某点产生的电场强度的平方 E^2 与一理想（无方向性）天线在同一点产生的电场强度平方 E_0^2 之比（两天线输入功率相等），称为某天线在该点的增益。

用功率概念定义为：

$$G=\frac{P_{10}}{P_1} \tag{3.15}$$

它表示某天线与无方向天线在某点产生相同电场强度的条件下（即电场强度平方相等），无方向性天线的输入功率 P_{10} 与某天线的输入功率 P_1 之比（两天线效率相等），也称为某天线在该点的增益。

对于同一天线，用两种方法表示的增益是相等的。

卡塞格林天线是面式反射的天线，对这种天线为了计算方便，常用天线口面积来计算天线增益（推导略）。此时，天线增益是卡塞格林天线口面积 A 与无方向性天线的等效面积 $\lambda^2/4\pi$ 之比。即

$$G=\frac{A}{\lambda^2/4\pi}=\frac{\frac{1}{4}\pi D^2}{\lambda^2/4\pi}=\left(\frac{\pi D}{\lambda}\right)^2 \tag{3.16}$$

式中，λ——工作波长；

D——抛曲面反射器的口面直径（简称口径）。

天线在工厂制做中与理论值相比要存在误差，使最终辐射出去的能量减少，为完整表达天线增益，还要在式（3.16）计算出的结果乘上一个小于 1 的系数 η，则有

$$G=\left(\frac{\pi D}{\lambda}\right)^2\cdot\eta \tag{3.17}$$

式中，η 称为口面利用系数，通常 $\eta=45\%\sim60\%$。

一般天线指标中给出的 G_{dB} 都是指最大辐射方向（称为主瓣的增益。从主辨向两边偏离时，功率的辐射要减少。当向左或向右偏离至功率下降一半的点，向右偏离至功率下降一半的点，这样的点叫半功率点，这两个半功率点之间的夹角叫半功率角，符号为 $\theta_{0\cdot B}$，用度数表示。功率下降一半正好是下降 3dB，所以半功率角又叫 3dB 波束宽度。半功率角的大小要从制造、安装调整、铁塔造价几方面权衡。太小并不好。

（3）极化去耦。微波接力通信，往往是多波道、收发共用一副天线，所以收发信号之间不能相串。解决这个问题，是采用不同的极化面，如水平极化和垂直极化。但由于天线结构的不均匀性，会引起不同极化波之间的相互转换。如一个接收水平极化波的天线，由于天线的结构不均匀，除收到水平极化波外，还能收到少量的垂直极化波，这两部分功率之比称为该天线的极化去耦，常用分贝表示为：

$$x_{\mathrm{dB}}=10\lg\frac{P_0}{P_{\mathrm{x}}}\,(\mathrm{dB}) \tag{3.18}$$

式中，P_0为一对正常极化波的接收功率；

P_z为一对异常极化波的接收功率。

极化去耦一般又称为交叉极化去耦。

（4）防卫度。天线防卫度指天线对某方向的接收能力相对于主瓣方向的接收能力的衰减程度。

一般常用的是90°（相对于主瓣方向）方向的防卫度和180°方向的防卫度。

对180°方向的防卫度也叫前后比，在微波通信中是一个很重要的指标。

（5）电压驻波比。天线与馈线连接要匹配得好，输入端驻波比一定要小。如驻波比大说明天线向馈线反射大，这样在我们传递的信号中就要产生杂音，对数字微波会引起误码。

以上这些主要指标在天线生产厂家都已测试好，在天线使用说明中列出。下边列出几种国产天线指标供参考，如表3.2所示。

表3.2 几种国产天线指标

频段	天线型式	口面直径（米）	增益（dB）	半功率角（度）	前后比（dB）	驻波比（dB）	极化去耦（dB）
2GHz	WT3.2–02	3.2	33.9	3.2	47	1.2	30
4GHz	WT3.2–04	3.2	39.5	1.6	52	1.1	30
4GHz	WT4–04	4	41.5	1.3	54	1.1	30
2GHz	WT4–02	4	35.9	2.5	49	1.2	30

2. 馈线系统

馈线系统是连接分路系统与天线的馈线和波导部件，它可以有多种安装形式。主要有五种形式：软同轴电缆系统、矩形硬波导系统、椭圆软波导系统、圆-矩硬波导系统和圆-椭圆回馈线系统。

硬波导系统是目前4GHz、6GHz常用的方式，其优点是不易损坏，但波导管短、接头多，要用弯头和波导扭转接头来转弯，安装不方便，钢材用量大。

同轴电缆和椭圆软波导系统在2GHz用的较多，这种电缆可以做的很长，接头少，泄漏少，反射少，运输方便，安装简单；但单位长度衰耗大，最好用于天线距收发信机较近的场合。这种电缆特别要注意在运输当中不要挤压损坏。

圆波导系统衰耗小，适宜作长馈线使用，目前在高塔上一般用圆波导作主馈线，引入机房后再变换为矩形波导。圆波导是非常有用的，但圆波导的安装、调整比较困难，其中高次模的滤除、极化去耦补偿是安装圆波导要特别注意的。

目前4GHz、6GHz大部分使用圆-矩波导系统；2GHz用同轴电缆或椭圆软波导；8GHz用矩形硬波导系统。随着椭圆软波导质量的提高，应用范围越来越大。

圆波导用的最多，且有一定代表性，圆波导系统理解清楚了，其他系统迎刃而解，所以重点讨论圆波导系统。该系统除圆波导外还有一些波导部件，下面讲述这些部件的作用。

（1）极化分离器。极化分离器的作用是用来分离两种不同的极化波，如水平极化波和垂直极化波。它可直接装在天线后边，或经圆波导与天线相连，将收到的两个极化波分开，然后分别送到相应的收发信系统。

（2）极化旋转器。圆波导中传输的主模是 H_1，在圆波导传输时容易使波场旋转一定角度，这种特性使极化去耦变坏。如在圆波导段内插入一介质板，可以使该器件的某一极化入射波与介质板成一夹角 θ。将该极化波分解为两个被，一个平行于介质板的 E_2 波（在介质中传播），另一个垂直于介质板的 E_1 波（在空气中传播）。所以同一频率两个分量的波导波长不同，相速也不等，平行介质板的波 E_2 的相速慢。利用两个分波相速的不同，使输出合成波比输入合成波旋转了一个角度，达到了极化旋转。

馈线安装完后，转动极化旋转器波导段，使其介质板改变方向，这时馈线另一端收到正常极化信号最强时，极化旋转器则属正确位置。它不是主观放在某个角度，而必须由测试确定。

（3）密封节。波导馈线中进入潮湿空气容易使波导生锈，使波导损耗增加。为此波导馈线要进行密封、充气，除波导连接处加橡皮垫圈封密外，在馈线系统上、下端还加有特制的波导小段——密封节。

（4）极化补偿器。当圆馈线做的不是理想圆时，会使极化去耦变坏，为校正极化去耦可使用极化补偿器。它实际是一个内壁圆度可以微调节的波导段。

如圆馈线变形，使之存在一定的椭圆度时，则调整极化补偿器成一反椭圆度的波导段加以校正，使其合成结果相当于一个正圆形波导。

适当改变极化补偿器的椭圆方向就能改变馈线的极化去耦。这种补偿与频率无关，在实用上是比较方便的。

（5）杂波滤除器。在圆馈线中传送的主模是 H_{11} 波，当波导存在弯头等不连续处时就要产生高次模，也叫杂波。杂波中特别是 E_{01} 模，与主模接近，不易分隔，因而采用一特制的波导段除去 E_{01} 模，这样的波导段叫杂波滤除器。

E_{01} 模最大场强集中在波导轴线上，在一波导段轴线上加一个细的介质棒吸收中心电场，这样就可滤去 E_{01} 模。

3. 分路系统

一般情况下，微波通信总是几个波道共用一套天馈线系统。多波道共用一套天馈线就会遇到一个问题，即如何把它们分开？为了便于理解，我们假设 4 个波道（双向）、收发采用不同极化。如这时一条馈线同时有 4 个收波道水平极化频率和 4 个发波道垂直极化频率，把不同极化的电波分开是用极化分离器。将收到的 4 个收波道频率的信号分开并送到各个接收机，将 4 个发波道的发射频率汇总后送到馈线和天线的任务就由分路系统完成。

分路系统由环形器、分路滤波器、终端负荷及连接用波导段组成。分路滤波器装在机架内。分路滤波器由带通滤波器构成，它只允许设计的某个频带通过，通频带以外的频率都不能通过。

图 3.14（a）为收信分路系统的原理图。天线收到多波道信号，经极化分离器将相同极化的 4 个波道信号 f_1、f_2、f_3、f_4 送到分路系统输入端，信号经过第一环形器时，分路滤波器让本机架的接收信号频率 f_1 通过，并进入接收机，其余 3 个信号被反射回去。余下的 3 个信号经过第二个环形器后，第二波道分路滤波器让本机架的接收频率 f_2 通过，余其又反射回去，就是这样将 4 个信号分别送到各自的机架中去。

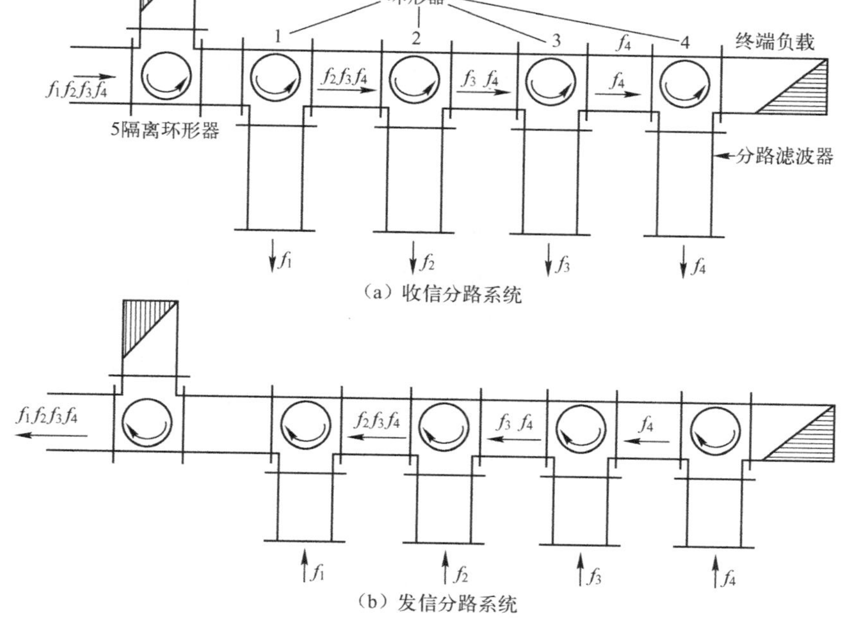

图 3.14 分路系统原理图

发信分路系统的工作原理和收信的基本相同。图 3.14（b）是发信分路系统原理图，第四个波道的信号发出后，进入第三个环形器，被第三个机架的分路滤波器反射回来，与第三个机架的发射信号一同进入第二个环形器，这两个信号同时被第二波道的分路滤波器反射回来，与第二波道信号一同进入第一个环形器，就是这样将 4 个波道的信号汇总在一起送到馈线和天线中去，发到下一站。

在安装分路系统时，要特别注意各环形器的环形方向。

（1）分路滤波器（高频机架）的排列。分路滤波器装在高频机架中，所以分路滤波器的排列也就是高频机架的排列，两者是一回事。对三个双向波道，现在微波站上的高频机架共有两种排列方式。第一种排列方式是从馈线波导往后按 2、6、4 波道排列；第二种排列方式是从馈线波导往后高站按 2、4、6 波道排列，低站按 5、4、4 波道排列。

按 2、6、4 波道排列主要是从分路系统的相位失真考虑的。如果机架按 2、 6、4 排列，群时延特性如图 3.15 所示，这时 4 波道在最后。其信号被 2、6 波道分路滤波器反射。4 波道信号被 2 波道分路滤波器反射时产生的时延是曲线 1 的$1'-1''$一段，被 6 波道反射时产生的时延是曲线 3 的$3'-3''$一段，假设$1'$和$3'$点的时延是 2 纳秒，$1''$和$3''$点的时延是 4 纳秒，将两次反射产生的时延相加，并取其时延差，则为 6−6=0，即因为 2、6 波道分路滤波器反射使 4 波道产生的群时延为零。实际工作中并没有这样理想，但是 2、6 波道

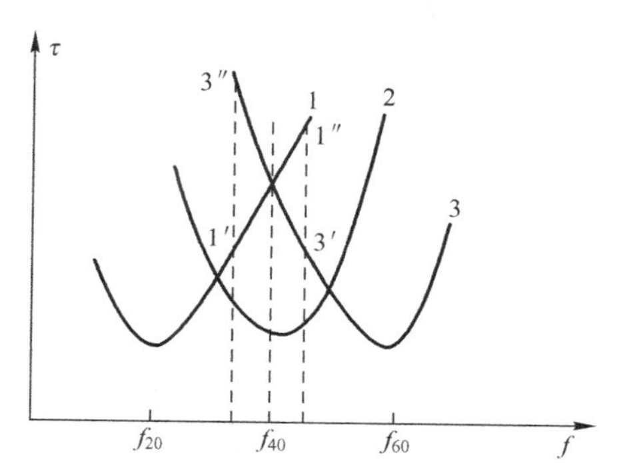

图 3.15 分路滤波器引起的群时延（2、6、4 波道排列）

分路滤波器对4波道信号反射产生的群时延斜率相反，互相抵消是肯定的。由此可以看出，按2、6、4波道排列机架是合理的。

既然2、6、4排列是合理的，为什么又出现了2、4、6和6、4、2的排列方式呢？这种排列方式是个临时措施，当接收机不太好，外差功率寄生辐射大时，会干扰其他波道，为了消除接收机外差干扰（查频率表可知），放弃了群时延的考虑，而将高站按2、4、6排列，低站按6、4、2排列。

（2）隔离环形器。隔离环形器就是分路系统中与馈线方向相接的环形器。它在分路系统中编为第五号。隔离环形器是用来消除反射波的，我们可以具体分析一下收发分路系统隔离环形器的工作原理。隔离环形器一个臂接馈线，一个臂接波导负荷，一个臂接分路系统的第一环形器。在收信分路系统中，如果没有隔离环形器，被分路系统反射的信号就要进入馈线，这个被反射的信号再经天线、馈线系统反射又进入接收机，影响对主信号的接收。加上隔离环形器之后，分路系统产生的反射波不能进入馈线，而进入隔离环形器的负荷中，被负荷吸收，可以大大减小反射影响。在发信分路系统中，隔离环形器是用来消除天线、馈线系统反射波的。如果没有隔离环形器，发射机发出的信号被天线、馈线系统反射回来一部分进入发射机，这个信号再被发射机反射又进入馈线，经天线发射到下一站。加上隔离环形器之后，被天线、馈线反射的信号将直接进入隔离环形器的负荷中，反射波被负荷吸收，不再进入馈线，可以大大减小这种反射影响。

（3）分路系统终端负荷。分路系统终端负荷也是用来消除反射波的。如果分路系统的终端不接负荷，而用波导短路片封住，将产生什么情况呢？在收信分路系统中，接收机输入场总要产生反射，各个接收机的反射波最后都要到达终端短路片位置，由短路片再反射就进入隔离环形器的负荷中，还有一小部分进入馈线中，再反射到接收机。终端接负荷时，反射波遇到两次被吸收，这个问题就基本解决了。在发信分路系统中，由于各个环形器隔离度只有 20dB，发射功率除了进入馈线以外，还有小部分功率往反方向传播进入分路系统的终端负荷中被吸收，如果没有终端负荷，这部分功率在终端被反射，再进入发射机，由发射机反射进入馈线、天线系统，被发射到下一站。有了终端负荷，这个问题也不存在了。

3.4 微波传播

微波接力通信的微波传播是研究相邻两微波站天线间一定空间范围内微波传播的规律。为研究它的规律，首先应该清楚平面波和自由空间传播的概念。

平面波是指电磁波的电场、磁场的等相面是在一个平面的电磁波。从无方向性天线辐射出去的电磁波，在近区场是球面波，但在远区场（如几十千米）的一个小面积看，可以视为平面被。为方便，研究微波接力通信的电波传播时，总是按平面波的传播来分析。

3.4.1 自由空间传播

在研究实际的电波传播时，总是将自由空间的传播情况作为分析实际传播问题时的参考。所谓自由空间是指充满均匀理想介质的空间，介质导电率 $\sigma=0$ 、介电系数 $\varepsilon=\varepsilon_0$ 、导磁

系数 $\mu=\mu_0$。在自由空间传播的电波，不产生反射、折射、吸收、散射及热损耗等。

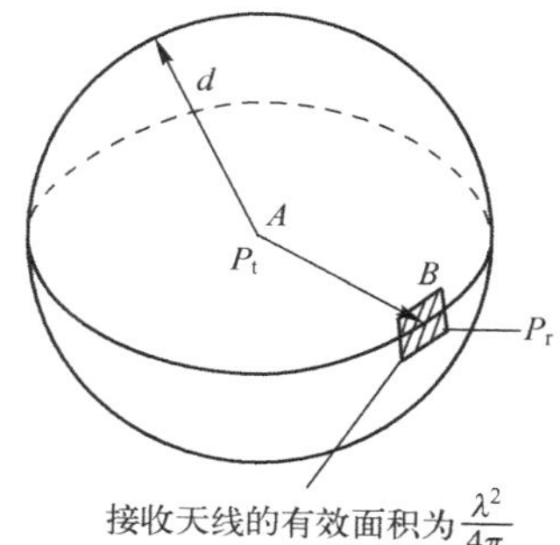

图 3.16 自由空间传播损耗的形成

假如把发信天线放在图 3.16 所示的 A 点上，收信天线放在 B 点上，假设发信天线辐射功率为 P_t，收、发信天线均为无方向性天线，则 P_t 功率经天线向空中辐射后，能量是均匀地分布在以 A 点为球心 d 为半径的球面上，因此 B 点的能量密度（单位面积上的功率）为 $P_t/4\pi d^2$。而接收天线也是无方向性的，由天线理论可知，其有效面积为 $\lambda^2/4\pi$，则经天线接收到的功率为 P_r：

$$P_r=\frac{P_t}{4\pi d^2}\cdot\frac{\lambda^2}{4\pi}=P_t\cdot\left(\frac{\lambda}{4\pi d}\right)^2=P_t\cdot\left(\frac{c}{4\pi df}\right)^2 \tag{3.19}$$

式中，d——收、发距离；

f——工作频率；

c——光速。

由上式知，接收的功率仅为发射功率的极小的一部分，从接收角度看，似乎是由于电波在自由空间传播产生了功率衰减，这种衰减我们称之为自由空间传播损耗，记为 L_g，它等于

$$L_B=\frac{P_t}{P_r}=\left(\frac{4\pi df}{c}\right)^2 \tag{3.20}$$

用分贝表示为：

$$L_{BdB}=10\lg\frac{P_t}{P_r}(\text{dB})=20\lg\left(\frac{4\pi df}{c}\right) \tag{3.21}$$

实际上完全符合自由空间传播的条件是不存在的，但是在实际的工程计算中，对于两个山头之间空隙很大的线路，可以先按自由空间计算，然后再考虑各方面的影响，这样不但简化了计算，而且结果也足够准确，可以满足工程要求。

3.4.2 菲涅耳区

如收发二点 T、R 相距 d，另一动点 P，并且 $PT+PR=d+\lambda/2$（λ 为工作波长），此动点在平面上的轨迹为一椭圆，它以 TR 为轴旋转便构成一椭球，这个椭球的内部空间称为第一菲涅耳区，如图 3.17 所示。P 点（椭球上的点）至 TR 垂直线段 PO 为路径 TR 上 O 点的第一菲涅耳区半径，记为 F_1。当 d 及 λ 一定时，在同一路径 TR 不同点上，F_1 的大小是不同的。

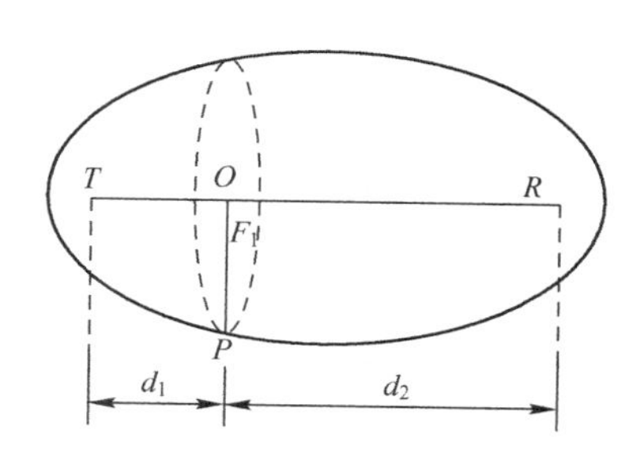

图 3.17 菲涅耳区半径

3.4.3 平坦地面的反射

平坦地反射如图 3.18 所示，设天线为强方向性天线，从 T 点发出的电波有很强的方向性，但经几千米之后，主瓣的一部分射束会照在一定范围的地面上，因地面的反射波有一定的散发性，这种散发的反射波中，又有一小部分反射波 OR，正好反射到接收天线，反射波 OR 对接收的直射波信号 TR 便产生干扰作用。

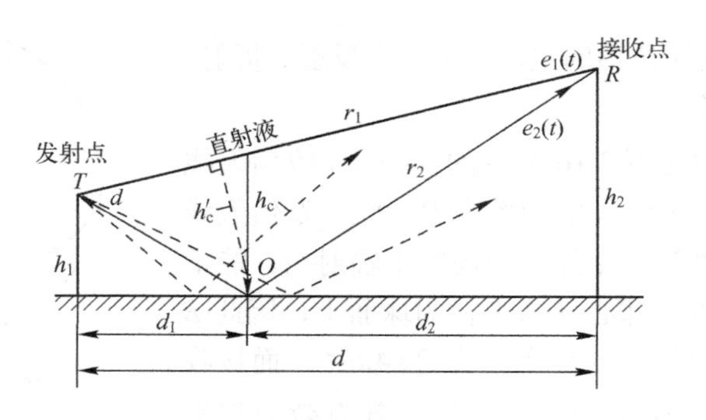

图 3.18　平坦地面的反射

为分析问题方便，不按实际比例画图，而是相对加大距离的比例关系。在实际线路中，天线高度 h 与距离相比要小得多，不像图 3.18 所画那样。把反射点 O 到 TR 线段的垂直距离 h_c' 称为路径上 O 点的余隙。由于线路上距离 d 很大，相比之下 h_c' 很小。为方便，总是用 O 点的垂直地面的线段 h_c 近似表示余隙 h_c'，因为 $h_c = h_c'$，所以就直接将 h_c 叫 O 点的余隙。如该点的第一菲涅耳区半径为 F_1，比值 h_c/F_1 称为该点的相对余隙。理论推导表明，当 $h_c/F_1=0.577$ 时，称为自由空间余隙，记为 $h_0=0.577F_1$。余隙在分析平坦地面的反射波时具有重要意义。

3.4.4　大气折射

大气折射是指在低空中大气对电波传播的折射。前边讲的平坦地面的反射是指空间环境为均匀的，因此，电波传播中不论是直射波还是反射波都不产生折射。实际上大气的成分、压强、温度和湿度都随高度而变化，因而它是不均匀的，它们的变化引起大气折射率也随高度而变化，致使电波传播方向发生变化，产生折射。

电波在自由空间以光速传播，表示为：

$$C = \frac{1}{\sqrt{\mu_0 \varepsilon_0}} = 3\times 10^8\ \text{(m/s)} \tag{3.22}$$

在真实大气中传播速度为：

$$V = \frac{1}{\sqrt{\mu_0 \cdot \varepsilon_0 \cdot \varepsilon_r}} = \frac{C}{\sqrt{\varepsilon_r}} \tag{3.23}$$

式中，ε_r——真实大气中相对介电常数。

大气折射率 n 定义为：电波在自由空间传播速度 c 与在真实大气中传播速度 v 之比：

$$n = \frac{c}{v} = \sqrt{\varepsilon_r} \tag{3.24}$$

可见大气折射率只与介质相对介电常数 ε_r 有关。因为 n 与 1 相差极小，为了方便，又定义折射指数 $N=(n-1)\times 10^6$，也可以用折射指数 N 表示大气折射程度。

大气可以认为是由折射率逐渐变化的许多薄层构成，在这样的大气层中传播的无线电波将因多次连续折射而使轨迹发生弯曲，轨迹弯曲之后给分析问题带来困难，为解决这个问题，引入等效地球半径的概念。引入这个概念之后，就可以将电波射线仍看成是直线。从概念上讲，这时电波不是在真实地球上传播，而是在等效地球上传播。等效的条件是：设大气折射随高度变化是线性的，使射线弯曲形状圆滑对称；等效前后，射线轨迹上各点与地面之间垂直距离处处不变。从几何知，如两组曲线的曲率之差相等，则它们的距离相等，换言之，电波路径与球形地面之间曲率差应保持不变。

3.5 微波线路的分类

3.5.1 按地区分类

数字微波接力通信线路接力段根据地形、气候、电波传播条件等，按地区划分为如下 4 种类型：

（1）A 型地区：其断面由山岭、城市建筑物或二者混合组成，中间无宽敞的河谷和湖泊。这种地区由地面的反射和大气不均匀层所引起的衰落概率很小。

（2）B 型地区：其断面由起伏不大的丘陵组成，中间无宽敞的河谷和湖泊。这种地区由地面反射所引起的衰落不可忽略，又不十分严重，但大气不均匀层引起的衰落概率较大。

（3）C 型地区：其断面由平地、水网较多的区域组成。这种区域由地面反射和大气不均匀层引起的衰落都比较严重。

（4）D 型地区：跨河路径、沿海路径和大部分跨越水面的路径。这种区域电波的衰落严重。

微波路径的选择应使接力段断面为 A 型或 B 型，避免或尽量减少处于 C 型和 D 型断面。对于 C 型和 D 型断面在技术上可采取一些补偿措施，如考虑分集接收和自适应均衡技术。

3.5.2 按余隙分类

如按断面上反射点（或绕射点）余隙大小又可将接力段分为三种线路。

（1）开路线路：这种线路的余隙 $h_{ce} = h_0 = 0.577F_1$。这种线路可等效为平地面反射的情况（见图 3.18）。

（2）半开路线路：这种线路的余隙 h_{ce} 处于 0 与 h_0 之间，即 $0 < h_{ce} < h_0 = 0.577F_1$ 这种线路障碍物对直射波束有部分阻挡，属于绕射传播状态。可查图求衰落因子，也可用绕射公式计算，工程中使用查曲线法，其精度已能满足要求。

（3）闭路线路：这种线路余隙 $h_{ce} \leqslant 0$，对直射波束全阻挡，也属绕射传播状态。

如再考虑雨、雾引起的衰耗，应在上述计算的结果再加上雨、雾衰耗成为线路总衰落因子。一般在 8GHz 以下，雨、雾衰耗很小，可以不计；对于较高频率，可根据雨、雾量、频率、距离查相应曲线求得衰耗量（略）。

3.6 衰落及抗衰落

电波传播路径的大气不可能总是混合的非常均匀， 因存在对流、平流、湍流，以及雾、雨等因素影响，加上地面反射波的干涉，会使收信点场强（或电平）不断起伏变化，这种变化称为信号的衰落，它具有随机性。抗衰落一般采用分集接收和自适应均衡技术。

3.6.1 衰落原因及分类

引起衰落的原因是多方面的，大体上可以归为两大类：第一类是气象条件的平稳变化引起的，如大气折射的慢变化、雨雾衰减、大气中不均匀体的散射等引起的衰落；第二类是多径传播引起的衰落，由于气象条件不平稳变化，使传播异常，可能出现多条传播路径，称为多径传播：这时到达接收天线的几条射线，在垂直面上的来波角度不同及它们相位的变化，相互干扰的结果使合成信号产生或深或浅的衰落。

对第一类相对平稳的衰落，使信号带内各频率分量的衰减无显著差别，这种衰落称为平坦衰落，简称平衰落。平衰落使收信电平降低，严重时也可使电路中断。

对第二类的多径传播又分两种情况：一是由地面反射引起的，在大气折射发生快而大的变化时引起的衰落叫 K 型衰落，当接收天线高度固定时，这种衰落具有频率选择性；另一种情况是电波在低空大气层传播时，由于大气波导层的折射或反射形成的多径传播，产生的衰落叫波导型衰落，也具有频率选择性。故多径传播衰落也叫频率选择性衰落。

在视距微波线路上，分析多径衰落时均可等效为由两条电波射线的干涉形成的。

大容量数字微波多路信号一般属宽带信号（信号带宽 $B=\frac{1}{\tau}$），宽带信号通过空间信道后，各频率分量经受不相关的衰减，在接收的合成信号中，表现在某个小频带内的频率衰减过大，使信号整个频带内，不同频率的衰落深度不同，这种现象称为多径衰落的色散特性。这种衰落就是频率选择性衰落，产生这种衰落时，接收的信号功率电平不一定小，但其中某一些频率成分幅度过小，使信号产生波形失真。数字微波对这种衰落反应敏感，由波形失真形成码间串扰，使误码率增加，所以对数字微波电路设计来说，克服频率选择性衰落是一个重要课题。解决频率选择性衰落仅考虑增加发射功率是不行的，最好的解决办法是采用分集接收和自适应均衡技术。

3.6.2 分集接收

为克服微波电路上的频率选择性衰落，可采用分集接收（常用二重分集），常用的分集方式是频率分集和空间分集。二重频率分集是用同一天线发射两个频率 f_1 和 f_2，两者载同一消息，在接收端，用同一天线接收的两个频率被两部接收机分别接收后，再通过组合电路输出。这种方式占用频带宽，在干线微波上很少采用。

二重空间分集是一个天线发射，两个在不同位置的天线接收，再通过组合电路输出。对频率选择性衰落更严重的电路，也可以两种分集同时采用，称为混合分集。

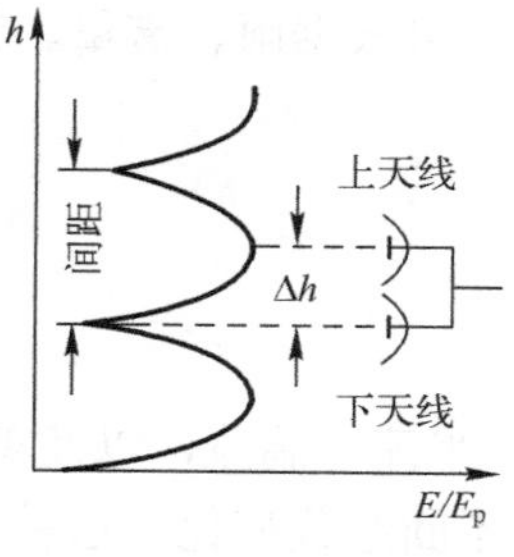

图 3.19 干涉场的空间分布和分集天线位置

当存在地面反射时，真空间分集等于天线高差的分析如下：由平坦地面反射知，发生地面反射而引起衰落时，衰落大小与行程差有关、与余隙有关，所以接收场强（或电平）随接收点高度的变化而变化，呈瓣状图形，见图 3.19 所示。气象条件变化时，引起余隙变化，瓣状结构会上下移动，如用一个固定高度的天线接收，这种变化无疑将引起信号的衰落；如果采用两个固定天线，使其高差等于场强分布相邻最大值与最小值的间距，这样两个天线可以互相补偿，使衰落大大降低。

3.6.3　自适应均衡技术

多径衰落引起传输信道的衰落和失真都是随地理环境和时间而随机变化的，因此各种抗多径衰落的均衡技术也必须具有实时适应能力，或称为自适应的。

对于抗信号平坦衰落，一般是在接收机的中放电路加入自动增援控制电路；对于频率选择性衰落，一般使用空间分集、中频自适应幅度均衡和基带时域均衡。它们可以单独使用，也可组合使用。

1．中频自适应均衡

这种均衡对小时延差的多径衰落能够获得满意的均衡效果。由于它结构简单、造价低廉、使用方便，因此，它可以与空间分集技术结合，应用在所有的线路上抗平坦衰落和频率选择性衰落，效果都十分显著。可以说，这种结合用于数字微被接力系统，是一种很好的综合措施。对于个别多径衰落特别严重的地段，如水面或地面反射大的地段，可以在上述综合利用基础上再加上基带时域均衡。

中频自适应均衡器的电路原理可用图 3.20 所示的方框图来表示，它包含频谱分析电路、控制系统和校正电路。

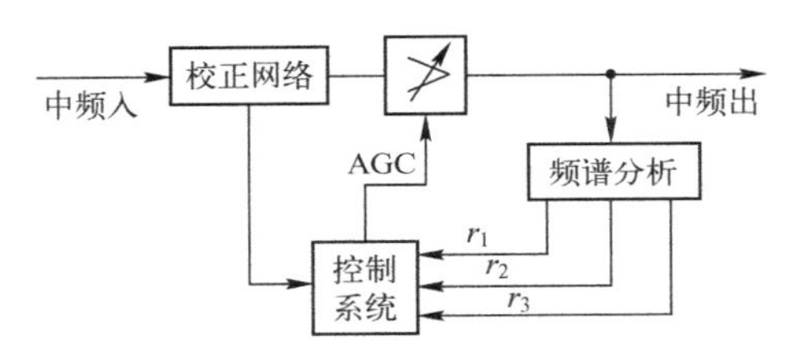

图 3.20　中频自适应均衡基本原理

2．频谱分析电路

数字微波接力通信的设备一般加有扰码电路，也就是说数字微波接力通信具有扰码功能。由于扰码作用，使传输的数字信号一般能够满足随机条件。随机数字序列的已调信号的频谱相对于载波是对称的，当存在频率选择性衰落时，频谱中某个（或几个）频率成份幅度变小，因而破坏了已调信号频谱的对称性；反之，这种对称一旦遭到破坏，就意味存在了频率选择性衰落。一般是在载频两边不同的对称位置安置窄带功率测量电路，以检测频谱的不对称性（畸变），实现这一测量的电路称为频谱分析电路。实用的频谱分析电路一般由几个窄带滤波器和检波电路组成。

3．控制电路

当出现频率选择性衰落即频谱不对称时，频谱分析电路便输出一组检测信号给控制电路，控制电路产生控制信号驱动校正电路，使校正后的信号频谱恢复完好的对称性。

控制系统的电路形式取决于均衡器的复杂程度。

4. 校正网络

校正网络是一个可以呈现各种预定的幅频特性的电路，其变化由控制系统来决定。校正网络的理想结构是与频率选择性衰落的幅频特性成对应互补的形状，以保证传输信道总的幅频响应特性恢复完好的平坦特性。

3.7 卫星通信概述

3.7.1 卫星通信的概念

1. 卫星通信的定义

卫星通信是指利用人造地球卫星作为中继站转发无线电信号，在两个或多个地球站之间进行的通信，如图 3.21 所示。图 3.21 表示在一颗通信卫星天线的波束所覆盖的地球表面区域内的各种地球站，都可以通过卫星中继转发信号来进行通信。因此可以说，卫星通信是地面微波中继通信的发展，是微波中继通信的一种特殊方式。

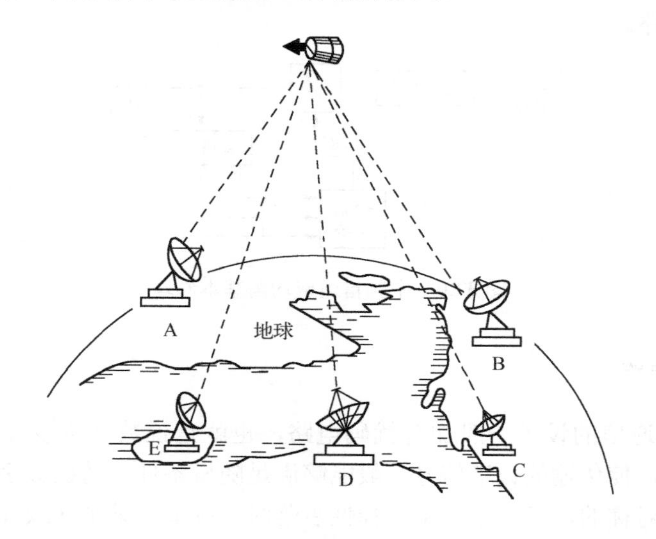

图 3.21 卫星通信示意图

1979 年世界无线电行政会议（WARC）规定宇宙无线电通信有三种基本形式：

（1）宇宙站与地球站之间的通信。

（2）宇宙站之间的通信。

（3）通过宇宙站的转发或反射而进行的地球站之间的通信。

卫星通信属于宇宙无线电通信中的第三种方式。这里，宇宙无线电通信是指以宇宙飞行体或通信转发体为对象的无线电通信。宇宙站是指设在地球的大气层以外的宇宙飞行体或其他行星、月球等天体上的通信站。地球站是指设在地球表面的通信站，包括陆地上、水面上、大气低层中移动的或固定的地球站。

2. 地球卫星的轨道

地球卫星的轨道有圆形和椭圆形两种形状，地心处在圆形轨道的圆心位置或椭圆轨道的一个焦点上。如果设卫星的轨道平面与地球的赤道平面之间的夹角为 i，则当 $i=0°$ 时，地球卫星的轨道叫做赤道轨道，如图 3.22 所示。当 $i=90°$ 时，卫星的轨道为极轨道。当 i 为 0° ～ 90° 之间时，卫星的轨道叫做倾斜轨道。如果卫星的轨道是圆形的，而且轨道平面与地球赤道平面重合，即 $i=0°$ 时，卫星离地球表面的高度为 35786.6km，卫星的飞行方向又与地球的自转方向相同。这时，卫星绕地球一周的时间恰好为 24h，如果从地球表面任何一点看卫星，卫星都是“静止”不动的。这种相对地球表面静止的卫星称为静止卫星或同步卫星，利用这种卫星来进行通信的系统称为静止卫星通信系统。

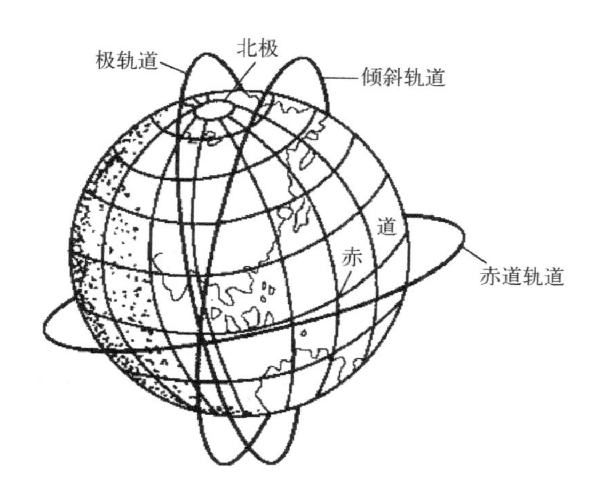

图 3.22　卫星轨道

3. 卫星通信系统的分类

卫星通信系统按不同的角度分，可以分成以下几类：

（1）按卫星运动方式分为
- 静止卫星通信系统
- 低轨道移动卫星通信系统

（2）按通信覆盖区域分为
- 国际卫星通信系统
- 国内卫星通信系统
- 区域卫星通信系统

（3）按用户分为
- 公用卫星通信系统
- 专用卫星通信系统（气象、军事等）

（4）按通信业务分为
- 固定地球站卫星通信系统
- 移动地球站卫星通信系统
- 广播业务卫星通信系统
- 科学实验卫星通信系统

（5）按多址方式分为 ｛频分多址卫星通信系统 / 时分多址卫星通信系统 / 空分多址卫星通信系统 / 码分多址卫星通信系统 / 混合多址卫星通信系统｝

- 频分多址卫星通信系统
- 时分多址卫星通信系统
- 空分多址卫星通信系统
- 码分多址卫星通信系统
- 混合多址卫星通信系统

（6）按基带信号分为

- 模拟卫星通信系统
- 数字卫星通信系统

4．卫星通信的发展与应用

利用人造地球卫星进行通信的设想是20世纪40年代中期提出的，历经了20年的探索、试验后，终于在20世纪60年代中期投入实用，并在应用与发展上取得了举世瞩目的伟大成就。今天，卫星通信已成为人们普遍使用的重要通信手段，并且它以信道稳定可靠、通信覆盖面积大、有多址通信能力、建设方便、组网灵活、见效快等优势，深受广大用户青睐。

（1）20世纪40年代提出构想及探索。1945年10月，英国科学家阿瑟·克拉克发表文章，提出利用同步卫星进行全球无线电通信的科学设想。最初利用月球反射进行探索试验，证明可以进行通信。但由于回波信号太弱、时延长、提供通信时间短、带宽窄、失真大等缺点，因此没有发展前途。

（2）20世纪50年代进入试验阶段。1957年10月，第一颗人造地球卫星上天后，卫星通信的试验很快就转入利用人造地球卫星试验阶段。主要试验项目是有源、无源卫星试验和各种不同轨道卫星试验。试验证明：

① 无源卫星不可取。主要缺点是要求地面大功率发射和高灵敏接收，通信质量差，不宜宽带通信，卫星反射体面积要大，且受流星撞击干扰，卫星只能是低轨道等。1964年后，无源卫星试验宣告终止。

② 通过对各种轨道高度的有源通信卫星的试验，证明了高轨道特别是同步定点轨道对于远距离、大容量、高质量的通信最有利。所以，试验及试用逐步集中到同步定点卫星方面。

（3）20世纪60年代中期，卫星通信进入实用阶段。1965年成立了国际通信卫星组织INTELSAT，相继发射了IS-Ⅰ、IS-Ⅱ、IS-Ⅲ通信卫星。一些国家建立了一批地球站，初步构成了国际卫星通信网络，开拓了国际卫星通信业务。限于当时的技术条件，地球站设备十分庞大，采用30m口径的大型天线、几千瓦速调管发射机、致冷参量放大器接收机，建设一座地球站耗资巨大。

（4）20世纪70年代初期，卫星通信进入国内通信阶段。1972年加拿大首次发射了国内通信卫星"ANIK"，率先开展了国内卫星通信业务，取得了明显的规模经济效益。地球站开始采用21m、18m、10m等较小口径的天线，用几百瓦级行波管发射机、常温参量放大器接收机，使地球站向小型化迈进一大步，成本也大为下降。此间还出现了海事卫星通信系统，通过大型岸上地球站转接，为海运船只提供通信服务。

（5）20世纪80年代，VSAT（Very Small Aperture Terminal）卫星通信系统问世，卫星通信进入了一个突破性的发展阶段。VSAT是集通信、电子、计算机技术于一体的、固态化、智能化的小型无人值守地球站。一般C频段VSAT站的天线口径约3m，Ku频段为1.8m、

1.2m 或更小。可以把这种小站建在用户的楼顶上或就近地方直接为用户服务。VSAT 技术的发展，为大量专业卫星通信网的发展创造了条件，开创了卫星通信应用发展的新局面。展望未来，卫星通信的发展方兴未艾，20 世纪 90 年代，VSAT 卫星通信更加普及；移动卫星通信发展迅速，随着 21 世纪信息时代的到来，人们对信息传输的可靠性、有效性及灵活性的要求越来越高，卫星通信将以它独特的优势具备广阔的发展前景。

卫星通信的应用如图 3.23 所示。

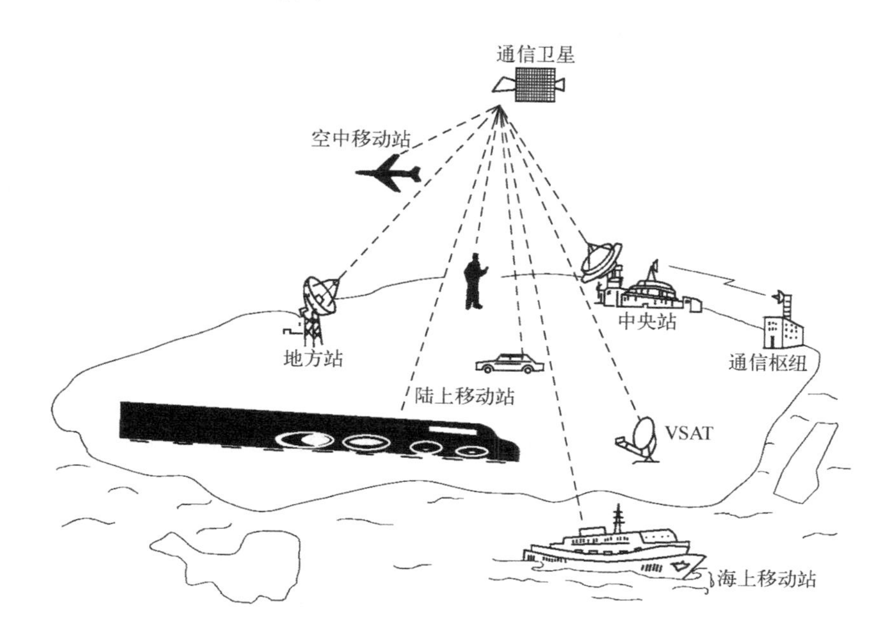

图 3.23　卫星通信的应用

3.7.2　静止卫星通信的特点

1. 静止卫星通信

目前，绝大多数通信卫星是地球同步卫星（静止卫星）。静止卫星的条件如下：

（1）卫星的运行轨道在赤道平面内。

（2）卫星运行的轨道形状为圆形轨道。

（3）卫星距地面的高度约为 35786.6km。

（4）卫星运行的方向与地球自转的方向相同，即自西向东。

（5）卫星绕地球运行一周的时间恰好是 24h，和地球的自转周期相等。

因此，从地球上看，卫星与地球的相对位置如同静止一般，故叫静止卫星。利用静止卫星作为中继站组成的通信系统称为静止卫星通信系统或同步卫星通信系统。

2. 静止卫星的特点

（1）静止卫星通信的优点。

① 由于卫星的高度较高，因而一颗卫星对地球表面的覆盖区域面积大。该区域的面积

达到全球表面的 42.4%，因此只需设置彼此间隔为 120° 的三颗卫星，就可以建立起除南、北两极地区以外的全球通信。

② 由于卫星相对于地球表面是静止的，因此地球站不需要复杂的跟踪系统就能使自己的天线对准卫星。

③ 多谱勒频移可以忽略。

④ 通信中不会因更换卫星而使通信中断。

⑤ 因大气层的厚度一般认为是 16km，因此，绝大部分的通信信道位于自由空间，信道特性稳定。

（2）静止卫星通信的缺点。

① 由于卫星的高度为 35786.6km，信号的传输损耗、传输时延和回波干扰都较大。在静止卫星通信系统中，从地球站发射的信号经过卫星转发到另一地球站时，单程传播时间约为 0.27s。进行双向通信时，一问一答往返传播延迟约为 0.54s，通话时给人一种不自然的感觉。此外，如果不采取特殊措施，由于混合线圈不平衡等因素还会产生“回波干扰”，即发话者在 0.54s 以后会听到反射回来的自己讲话的回声，成为一种干扰。

② 地球的两极存在“盲区”，高纬度地区通信效果不好。

③ 卫星发射和控制技术比较复杂。

④ 由于静止卫星轨道只有一条，因此，轨道上所能容纳的静止卫星数量有限。

3．影响静止卫星通信的因素

（1）摄动。在地球卫星轨道上运行的卫星主要受到地球的引力，还要受到其他一些较次要因素的影响，使卫星实际的运行轨道逐渐偏离开普勒定律规定的理想轨道，这就是所谓的摄动。卫星产生摄动的主要原因有：

① 太阳、月亮的引力。对于低高度的卫星，由于地球的引力占绝对优势，所以太阳、月亮以及其他行星的作用可以忽略不计。但对高高度的卫星，太阳、月亮的引力就较大了。例如，对静止卫星来说，太阳的引力约为地球引力的 1/37，月亮的引力约为地球引力的 1/6800。这些引力不断使卫星在轨道上的位置发生微小摆动，累计起来约使卫星轨道的倾角平均发生 0.85°/年的变化。

② 其他原因。如地球引力不均匀，地球大气层的阻力和太阳的辐射压力等也会引起卫星摄动。

对于静止卫星通信系统来说，必须采取卫星位置稳定技术，以便克服摄动的影响，从而使静止卫星的经度、纬度稳定在允许的误差范围内。

（2）星蚀。在每年的春分和秋分前后各 23 天中，当静止卫星和地心的连线在地球表面的交点（称为星下点）进入当地的午夜时间前后，太阳、地球和卫星处在一条直线上。此时卫星进入了地球的阴影区，即地球挡住了照射到卫星上的太阳光，发生了卫星的日蚀，这就是星蚀，如图 2.4 所示。在发生星蚀期间，卫星的主电池———太阳能电池因没有太阳光而无法工作，卫星只能依靠星载蓄电池来供给能源。星载蓄电池虽然能满足卫星运动的需要，但毕竟受卫星质量的限制，不能为全部转发器提供足够的电能。因此，要尽量把星蚀发生的时间调整到卫星服务区通信业务量最低的时间内。

（3）日凌中断。与星蚀原因相似的另一现象，是每年春分和秋分的前后几天中，当星下点进入当地中午前后的一段时间里，卫星处于地球与太阳之间的连线上。这时，对准卫星的地球站天线也就同时对准了太阳，强大的太阳噪声会使信噪比下降或信号被淹没而使通信中断，这种现象就是所谓的日凌中断，如图 3.24 所示。日凌中断每年在春分或秋分前后各发生一次，每次约持续 6 天，每天日凌中断的最长时间与地球站的天线口径、工作频率等有关。

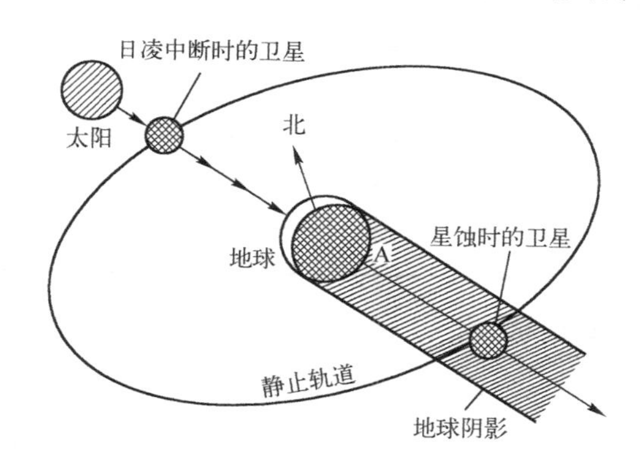

图 3.24　静止卫星发生星蚀和日凌中断的原理

3.7.3　卫星通信的工作频段

1．卫星通信工作频段的选择

卫星通信工作频段的选择十分重要，因为它会影响到系统的传输容量、质量、地球站与转发器的发射功率、天线尺寸的大小和设备的复杂程度以及成本的高低等。所以在选择卫星通信的工作频段时应考虑以下因素：

（1）频带足够宽，能满足所传输信息的要求。

（2）电波传播时产生的衰耗应尽可能小。

（3）天线系统接收到的外部噪声应尽可能小。

（4）尽可能利用现有的通信技术和设备。

（5）与其他通信或雷达等微波设备之间的干扰尽可能小。

归纳起来就是从容量大、信噪比大和成本低三个方面考虑。

2．卫星通信的工作频段

从选择卫星通信工作频段时应考虑的因素来看，卫星通信的频率范围应选在微波波段。因为微波波段的频谱很宽，并且可以利用现有的微波通信设备。至于在微波波段中具体采用哪个频段，就要综合考虑传输损耗、噪声、与其他通信业务之间的干扰等与频率有关的问题。

（1）从传输损耗、噪声方面考虑。当频率 f 小于 10GHz 时，大气层对电磁波的吸收小，但当频率 f 大于 10GHz 后，大气层对电磁波的吸收将猛增。另外，当频率 f 小于 1GHz 时，存在的外部噪声较大，但当频率 f 大于 1GHz 时，存在的外部噪声却很小。因此，综合以上分析，卫星通信的最佳工作频段应在 1～10GHz 之间。

（2）从与其他通信频段的干扰考虑。因为 4～6GHz 的频段已分配给地面微波中继通信使用，所以使用 C 频段的卫星地面站必须建在远离城市的地方（因微波中继线路一般集中在城市），以免发生干扰。从这个角度看，频率 f 选大些较好。目前，Ku 频段已广泛使用。卫星通信中使用的微波各频段列于表 3.3。

表 3.3 卫星通信的工作频段

频　段	范围（GHz）	频　段	范围（GHz）
UHF	0.3～1.12	Ku	12.4～18
L	1.12～2.6	K	18～26.5
S	2.6～3.95	Ka	26.5～40
C	3.95～8.2	毫米波	40～300
X	8.2～12.4		

3．卫星通信工作频段的现状

现在国际卫星通信中的商业卫星和国内区域卫星通信大多数都使用 6/4GHz 频段，上行线路用 5.925～6.425GHz，下行线路用 3.7～4.2GHz 的频率，卫星转发器的带宽可达 500MHz。为了和上述民用卫星通信系统互不干扰，许多国家的军用和政府卫星通信使用 8/7GHz 频段，上行线路为 7.9～8.4GHz，下行线路为 7.25～7.75GHz。

由于通信卫星的业务量不断增加，1～10GHz 的“电波窗口”日益拥挤，从而开发使用了 14/11GHz 频段即 Ku 频段。即上行线路采用 14～14.5GHz，下行线路采用 10.95～11.7GHz 或 11.7～12.2GHz 等频率，带宽可达 500MHz。另外，为了解决频段拥挤的现象，Ka 波段也开始使用，即上行线路采用 27.5～30GHz，下行线路采用 17.7～21.2GHz，带宽达到 2.5GHz。

由以上对卫星通信工作频段的分析可知，最佳工作频段应在 1GHz～10GHz，那么，Ku 频段的 14/11GHz 频段能否适合卫星通信的要求呢？与 6/4GHzC 频段频率相比，14/11GHzKu 频段具有以下特点：

（1）由于微波地面中继线路较少使用 Ku 频段，因此与卫星通信系统之间的干扰较小。这样地球站就可建在市内，并把地球站的天线安装在楼顶上，接收到的信号不需要较长距离的传输就可直接送到用户。因此传输设备较简单，费用也可降低。

（2）当地球站和卫星的天线尺寸不变时，14/11GHz 频段的主波束宽度还不到 6/4GHz 频段主波束宽度的一半，这样，在赤道上排列的卫星密度可以增大一倍，以缓解日益拥挤的赤道静止卫星轨道。天线的主波束宽度 $\theta_{1/2}$ 与天线直径 D 及电磁波波长 λ 之间的关系如下：

$$\theta_{1/2} \approx 70\frac{\lambda}{D} \tag{3.25}$$

由式（3.25）可以求出：C 频段时，主波束角度为 4°～6°；而 Ku 频段时，主波束角度为 2°。

（3）由于天线的增益 G 与电磁波频率平方成正比，即

$$G \propto f^2 \tag{3.26}$$

当卫星天线的尺寸相同时，在 14/11GHz 该天线的接收（上行）增益为 6/4GHz 情况的 5.44 倍，即

$$\left(\frac{14}{6}\right)^2 = 5.44$$

发射（下行）增益为 7.56 倍，即

$$\left(\frac{11}{4}\right)^2 = 7.56$$

两者合在一起可改善约 16dB，即总增益比为：

$$\frac{G_{\mathrm{Ku}}}{G_{\mathrm{c}}} 5.44\times7.56\approx41=16(\mathrm{dB})$$

这个改善可以用来补偿因降雨而增加的吸收损耗和噪声，或者用于补偿因采用低成本卫星或小口径天线地球站而出现的性能下降。

（4）用 14/11GHz 频段的主要缺点是在暴雨、密集的云雾情况下，地球站的接收系统增益值要比采用 6/4GHz 频段时下降很多。因此，采用 14/11GHz 频段工作的地球站，应位于天线仰角较大的地面区域内。

（5）自由空间的损耗 L 为：

$$L \propto f^2 \qquad (3.27)$$

可见，14/11GHz 频段比 6/4GHz 频段的自由空间损耗大得多。

综合以上分析，在晴天时，Ku 频段的增益比 C 频段的增益大；在雨天，Ku 频段的增益与 C 频段的增益差不多。但 Ku 频段还具有与地面微波通信、雷达等其他无线系统间的相互干扰小、天线尺寸小、容纳的卫星数量多等优点，因此，Ku 频段更适合于卫星通信。

在上述频段内，尽管采用了频段重复使用技术，使卫星通信系统的有效带宽成倍增加，但已使用的卫星通信频段仍然显得越来越拥挤。因此 30/20GHz 频段也开始试验使用，即上行线路频率为 27.5～31GHz，下行线路频率为 17.7～21.2GHz。

3.7.4 卫星通信的优点

卫星通信与其他通信手段相比，具有以下一些优点：

（1）通信距离远，且费用与通信距离无关。利用静止卫星，最大通信距离达 18000km 左右，而且建站费用和运行费用不因通信站之间的距离远近及两站之间地面上的自然条件恶劣程度而变化。这在远距离通信上，比地面微波中继、电缆、光缆、短波通信等有明显的优势。

（2）覆盖面积大，可进行多址通信。许多其他类型的通信手段，通常只能实现点对点通信。而卫星通信由于是大面积覆盖，因而在卫星天线波束覆盖的整个区域内的任何一点都可设置地球站，这些地球站可共用一颗通信卫星来实现双边或多边通信，即进行多址通信。

（3）通信频带宽，传输容量大，适用于多种业务传输。由于卫星通信通常使用 300MHz 以上的微波频段，所以信号所用带宽和传输容量要比其他频段大得多。目前，卫星带宽已达 3000MHz 以上。一颗卫星的通信容量已达到 30000 路电话，并可同时传输 3 路彩色电视以及数据等其他信息。

（4）通信线路稳定可靠，传输质量高。由于卫星通信的无线电波主要是在大气层以外的宇宙空间中传输，而宇宙空间是接近真空状态的，可看做是均匀介质，所以电波传播比较稳定。同时它不受地形、地貌如丘陵、沙漠、丛林、沼泽地等自然条件的影响，且不易受自然或人为干扰以及通信距离变化的影响，故通信稳定可靠，传输质量高。

（5）机动灵活。卫星通信不仅能作为大型地球站之间的远距离通信干线，而且可以在车载、船载、机载等移动地球站间进行通信，甚至还可以为个人终端提供通信服务。卫星通信还做到了在短时间内将通信网延伸至新的区域，使设施遭到破坏的地域迅速恢复通信。

3.7.5 卫星通信系统的组成

利用卫星进行通信，除应有通信卫星和地球站以外，为了保证通信的正常进行，还需要对卫星进行跟踪测量并对卫星在轨道上的位置及姿态进行监视和控制，完成这一功能的就是跟踪遥测和指令系统。而且为了对卫星的通信性能及参数进行通信业务开通前和开通后的监测与管理，还需要监控管理系统。所以，卫星通信系统由通信卫星、地球站群、跟踪遥测及指令系统和监控管理系统等四大功能部分组成，如图 3.25 所示。

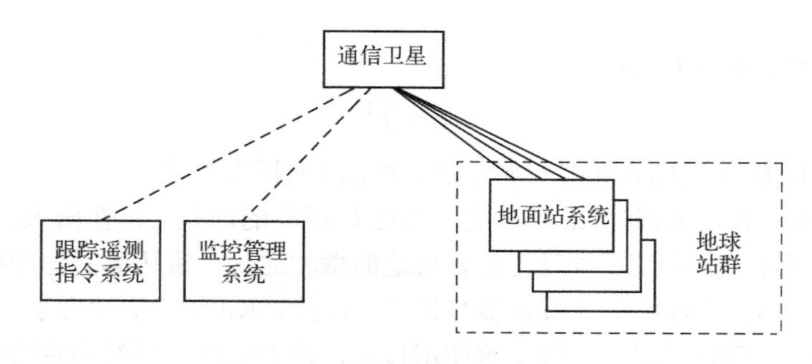

图 3.25 卫星通信系统的组成

由发端地球站、上行线传播路径、卫星转发器、下行线传播路径和收端地球站组成卫星通信线路，直接用于通信。其构成方框图如图 3.26 所示。

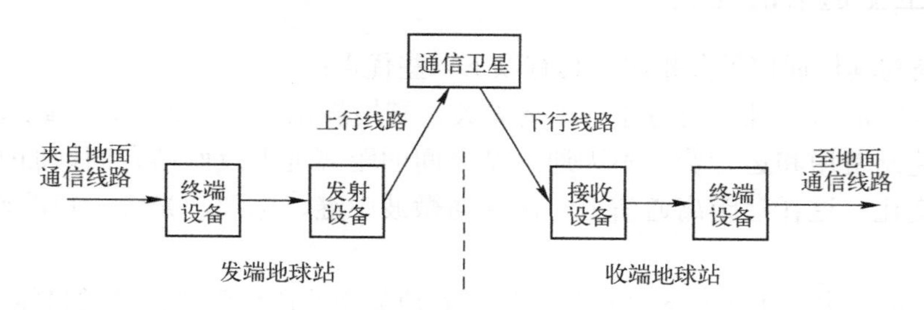

图 3.26 卫星通信线路的组成

3.8 卫星通信的多址技术

3.8.1 多址方式概述

1. 多址方式与多路复用

在卫星通信中，多个地球站可以通过同一颗卫星，同时建立各自的信道，从而实现各地球站相互间的通信称为多址方式。多址方式的出现大大提高了卫星通信线路的利用率和通信连接的灵活性，只要有地球站设备，就能从卫星覆盖范围内的任何地方加入这个卫星通信网。

多址方式和多路复用两者的相同点是利用一条信道同时传输多个信号；两者的不同点是，多路复用是指一个地球站把送来的多个（基带）信号在群频信道（即频带信道）上进行复用，而多址方式则是指多个地球站发射的（射频）信号在卫星转发器中进行射频信道的复用。它们在通信过程中都包含有多个信号的复合、传输和分离这三个过程。其中最关键的是如何实现信号的分割，在接收端从复合的信号中取出所需要的信号。

如图 3.27 所示为卫星多址通信的示意图，在卫星天线波束覆盖区内的任意两点之间都可以进行双边或多边通信，可用多种多址技术来实现这一功能。目前常用的多址技术有频分多址（FDMA）、时分多址（TDMA）、码分多址（CDMA）和空分多址（SDMA）以及它们的组合形式。此外，还有利用空间分割和极化隔离技术的多址连接方式，即所谓的频率再用技术。数据通信网中普遍采用随机多址的 ALOHA 方式。随着计算机和通信技术的结合与日益发展，多址技术将得到进一步的发展。

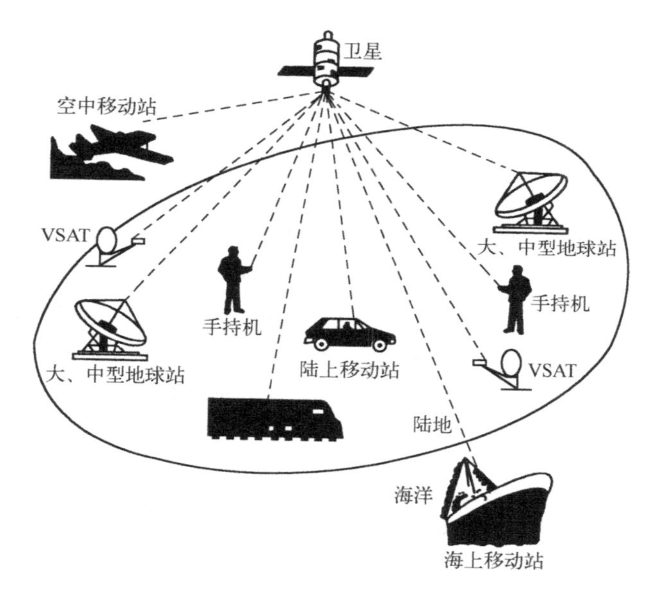

图 3.27　卫星多址通信示意图

2. 多址方式的信道分配技术

在信道分配技术中，“信道”一词的含义在 FDMA 方式中指的是各地球站所占用的转发器的频段；在 TDMA 方式中指的是各地球站所占用的时隙；在 CDMA 方式中指的是各站所使用的码型。目前，信道分配方式大致可分为预分配（PA）方式和按需分配（DA）方式两种。

（1）预分配方式。在预分配的卫星通信系统中，卫星信道是预先分配给各地球站的。其中，特别把在使用过程中不再变动的预分配称为固定预分配方式。相反，对应于每日通信业务量的变化而在使用过程中不断改变的预分配称为动态预分配方式。对于业务量大的地球站，分配的信道数目多，而业务量小的地球站分配的信道数目就少。例如，在时分多址方式中，事先把转发器的时帧分成若干分帧，并分配给各地球站使用。业务量大的地球站分配的分帧长度长，而业务量少的地球站分配的分帧长度就短。这种预分配方式的优点是通信线路的建立和控制非常简便，缺点是信道的利用率低。所以，这种分配方式只适用于通信业务量大的系统中。

（2）按需分配方式。为了克服预分配方式的缺点而提出了按需分配方式，也叫做按申请分配方式。这种方式是把所有信道归各地球站所公有，信道的分配是根据各地球站提出申请，再根据当时的各站通信业务量而临时安排的。可以用一句话来描述其特点，即“信道公有，按需申请，分配使用，用完归还”。例如，地球站 A 要与地球站 B 通信，A 站首先要向中心站提出申请，要求与 B 站通信，中心站则根据“信道忙闲表”，临时分配一对信道给 A、B 两站使用。一旦通信结束，这对信道又归公有。按需分配方式的优点是信道利用率高，特别是在地球站数目多而每站业务量小的场合更是如此。按需分配方式又分为全可变、分群全可变及随机分配方式三种。

3.8.2 频分多址（FDMA）方式

FDMA（FrequencyDivisionMultipleAccess/Address）是一种常见的多址方式。它利用各个发送端发射信号的不同频率，将它们在发送端组合起来，在同一个信道中传送，而接收端则根据各发送信号的频率不同，把它们分离开来。为了使信道中各信号互不干扰，其信号频谱排列必须互不重叠，且应留有保护频带。

FDMA 是模拟载波通信、微波通信和卫星通信中最基本的技术之一。典型的频分多址方式还有北美 800MHz 的 AMPS 体制以及欧洲与我国 900MHz 的 TACS 体制。

如图 3.28 所示为频分多址 FDMA 方式的示意图。设有 4 个地球站，将卫星转发器的整个带宽划分为 4 个互不重叠的频带，分配给相应的地球站作为其发射频带。各站接收时，可根据载波的不同频率来识别发射站。例如，当 A 站收到 f'B 时，就知道是 B 站发来的信号；而收到 f'C 时，则可知该信号来自 C 站。接收端利用相应频段的带通滤波器即可分离出这些信号。但是，如果 B 站发出的信号中有给 A 站的、给 C 站的和给 D 站的，那么 A 站、C 站、D 站如何才能取出 B 站发给自己的信号呢？根据 B 站发射载波方式的不同，常有以下两种处理方式。

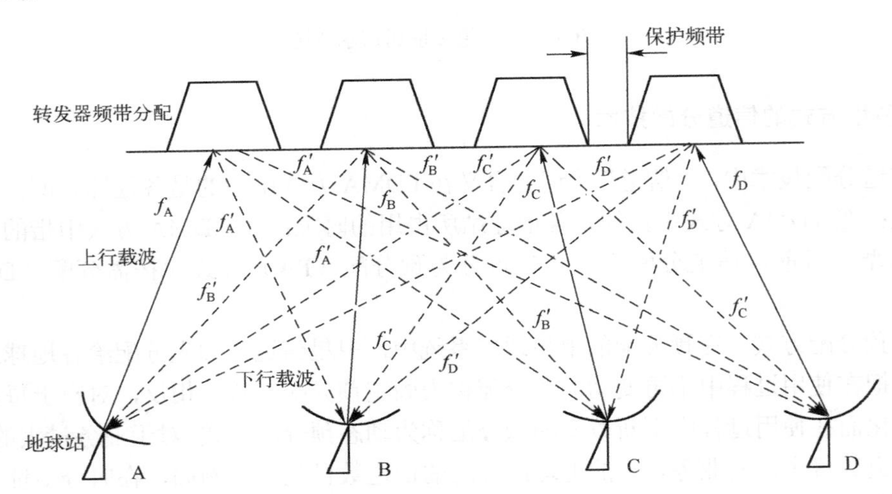

图 3.28 FDMA 方式示意图

1. 群路单载波（MCPC）方式

发送端地球站将要发送给其他各站的多个信号按某种多路复用方式组合在一起后，再去进行载波调制。接收地球站将收到的信号通过载波解调（利用预先分配给该站的载波频率），选出送给该站的基群信号。常用的有 FDM/FM/FDMA/PA 和(AD)PCM/TDM/(Q)PSK/FDMA 两种体制。

只有当每个载波所传输的全部话路都工作时，该 MCPC 方式才经济合理，否则就会造成信道和发射功率的双重浪费。因此，这种系统主要用于大、中容量的通信系统。

2. 单路单载波（SCPC）方式

很多情况下，往往只有部分话路在工作，针对业务量较小时上述群路单载波方式存在的缺点，在频分多址的基础上又发展了单路单载波（SCPC）方式。它在每一载波上只传送一路话路信号或相当于一路话路的数据或电报，并且通过“语音激活”技术使转发器容量提高 2.5 倍。设信道的效率为 40%，若采用话音激活技术之前能够同时工作的话路最多可有 40 条，则采用了话音激活技术后，允许同时使用的话路将可达到 100 条。因此，对于通信站址多但各站之间通信容量小、总通信业务量又不太大的卫星系统而言，最适合的工作方式就是 SCPC 方式。

采用频分多址方式的卫星通信系统中最难解决的就是交叉调制干扰，简称交调干扰。当卫星转发器和地球站的行波管、速调管等功率放大器同时放大多个不同频率的载波时，由于各器件输入、输出特性中的非线性和调幅/调相转换过程的非线性，输出信号中必将出现多种频率的组合成分。当这些组合频率与信号频率完全或部分重合时，就产生交调干扰。通常克服交调干扰的办法是：禁用某些干扰严重的频带；控制地球站发射功率及其稳定度；增加能量扩散信号等。但是它们都只能在一定程度上减轻干扰，而不能从根本上解决这个由调制方式和器件特性导致的问题。要想从根本上解决此问题，只能采用其他的多址方式。

频分多址方式的最大优点是建立通信线路较为方便，可以直接利用地面微波中继通信的成熟技术和设备，且与地面微波系统接口的直接连接也很方便。因此，尽管该方式存在一些缺点如交调干扰，它仍然是卫星通信中较多采用的多址方式之一，常用于国际卫星通信和一些国家的国内卫星通信。

3.8.3 时分多址（TDMA）方式

时分多址技术 TDMA（TimeDivisionMultipleAccess/Address）依靠极其微小的时差，把信道划分为若干不相重叠的时隙，再把每个时隙分配给一个用户专用，在收端就可根据发送各个用户信号的不同时间顺序来分别接收不同用户的信号。TDMA 是数字数据通信中的基本技术，我国的 GSM900 就是采用这一体制。

卫星通信中，时分多址方式分配给各地球站的不是不同的载波，而是不同的时间片段即时隙。各地球站的信号只在规定的时隙内通过卫星转发器。从卫星转发器的角度来看，各地球站发来的信号是按时间顺序排列的，各站的信号在时间上互不重叠，因此，各地球站可以使用相同的载波频率。也就是说，任一时刻，卫星行波管功率放大器放大的都只有一个地球站的一个射频载波信号，这就从根本上克服了频分多址方式产生的交调干扰。而且卫星转发器的行波管功率放大器可以工作在饱和状态，相当于增加了卫星的发射功率和容量。为了实现各地球站的信号按照规定的时隙通过卫星转发器，必须有一个统一的时间基准。因此，必须安排某地球站作为基准站，周期性地向卫星发射脉冲射频信号，经过卫星“广播”给其他各地球站，作为系统内各地球站之间的共同时间基准，控制各站射频载波信号的发射时间，使其在分配的时隙内通过卫星转发器。

如图 3.29 所示为时分多址系统的简化方框图。图中，地球站 1、2、3、…、K 发射的射频载波依次通过卫星转发器，各站通过的时间段即时隙分别是 ΔT_1、ΔT_2、ΔT_3、…、ΔT_K。为了有效地利用卫星的信道，同时又必须保证各站信号互不干扰，各地球站在卫星转发器中所占用的时隙安排应该紧凑而又不互相重叠。在时分多址卫星通信系统中，每个地球站在卫星转发器中占用的时隙即如图 3.29 所示的 ΔT_1、ΔT_2、ΔT_3、…、ΔT_K 等叫做分帧。而所有各站的分帧之和叫做“帧”，如图 3.29 所示 ΔT_1、ΔT_2、ΔT_3、…、ΔT_K 之和就是一帧的时间 T_S，即帧长

$$T_S=\Delta T_1+\Delta T_2+\Delta T_3+\cdots+\Delta T_K$$

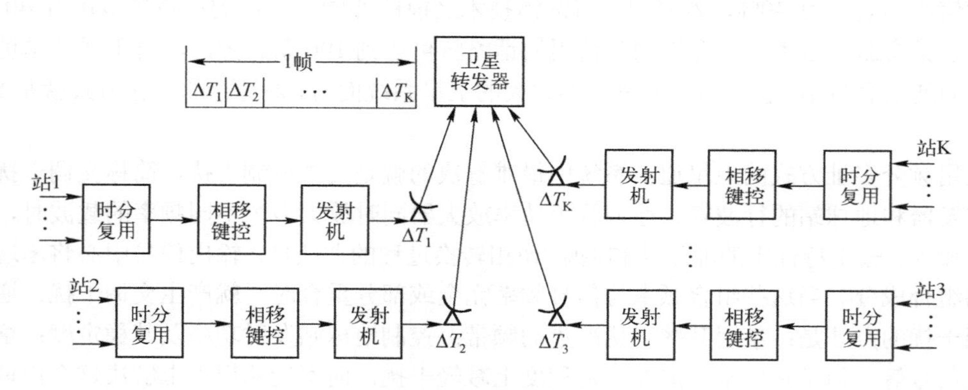

图 3.29　时分多址系统的组成

时分多址（TDMA）方式主要用来传输 TDM 数字话音信号。典型的方式是 TDM/PCM/PSK/TDMA。TDMA 系统信息传输能力强，易于实现按需分配的信道分配技术，对各种业务的适应能力强，一般大容量的卫星通信系统都采用此工作方式。

3.8.4　空分多址（SDMA）方式

空分多址是指在卫星上安装多个天线，这些天线的波束分别指向地球表面上的不同区域，使各区的地球站所发射的电波不会在空间出现重叠，这样即使同时、同频率工作，不同区域的地球站信号之间也不会形成干扰。即利用天线波束的方向性来分割不同区域的地球站的电波，使同一频率能复用，从而容纳更多的用户。当然，这一多址方式对天线波束指向的准确性要求是极高的。

空分多址（SDMA）一般都要与频分多址（FDMA）或时分多址（TDMA）或码分多址（CDMA）结合起来使用，从而形成混合多址的形式。

一种典型的混合多址形式是空分多址方式和时分多址方式相结合而构成的空分多址/卫星转换/时分多址方式，即 SDMA/SS/TDMA 方式。在这种方式中，卫星转发器相当于一台自动电话交换机。下面以三个不同波束区域内的地球站为例来说明空分多址方式的原理和特点。

SDMA/SS/TDMA 方式的系统组成如图 3.30 所示，图中表示在卫星上安装了 3 个收发两用的窄波束天线，用来形成 3 个互相分离的波束，以覆盖 3 个不同的通信区域，系统内的各地球站分别在这 3 个不同的区域内。系统工作时，各地球站发射的上行时分多址信号按要求到达卫星，卫星转发器要按照通信的对方所属的波束区域，将接收到的信号重新进行编排、组合。这一工作是由转发器内所安装的时分开关矩阵网络来完成的。

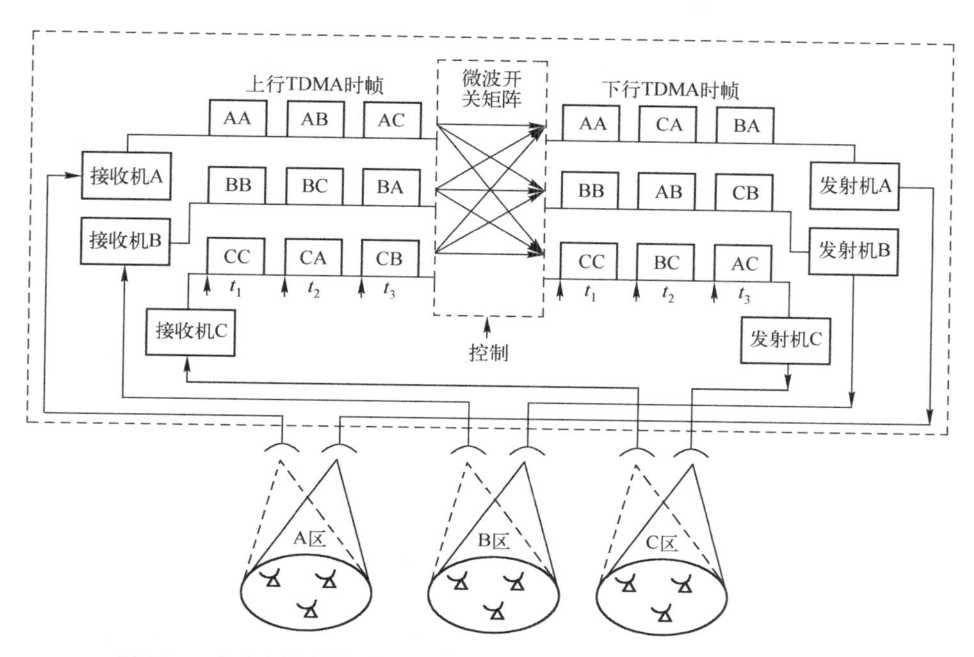

图 3.30 空分多址/星上转换/时分多址（SDMA/SS/TDMA）方式的组成

如果波束区域 A 内某地球站的用户要与区域 B、C 内某地球站的用户通信，区域 A 内的该地球站应先在自己的终端设备中把要向 B、C 区域传送的信号数字化，而且分别编入上行 TDMA 方式一帧中的 AB、AC 两个分帧。当通信的对方站 A'也在 A 波束区域内时，则应把发送到 A'站的信号编入 AA 分帧中。与此相似，B 波束区域的地球站所发送的 TDMA 信号中，第一个分帧 BC 是发向 C 波束区域的，BA 是发向 A 区域的，BB 则是发向同在 B 区域内的其他地球站。C 波束区域内的某地球站发出的 TDMA 一帧中的三个分帧应为 CA、CB 和 CC。

上述所有上行 TDMA 信号进入卫星转发器的开关矩阵网络后就被重新组合，编排成新的 TDMA 的下行帧。发往波束 A 的一帧由 CA、BA、AA 等分帧组成；发往 B 区的一帧由 AB、CB 和 BB 等组成；发往 C 区的一帧则由 BC、AC 和 CC 等组成。接着，根据控制信号的指示，开关矩阵网络把各区的帧信号接通到发往各相应波束区所用的放大器和天线，并且在重新编排的时隙内，把各分帧信号分别转发给相应波束区内的指定地球站。至于同一波束区内的各地球站的通信，则是在波束区的分帧内又分成若干个时隙，按时分多址方式进行安排的。由此可见，要保证混合多址方式的系统能正常工作，必须完成以下几个同步过程：

（1）空分多址是在时分多址的基础上进行工作的，所以各地球站的上行 TDMA 帧信号进入卫星转发器时，必须保证帧内各分帧的同步，这点与时分多址方式的帧同步一样。

（2）在卫星转发器中，接通收、发信道和窄波束天线的转换开关的动作分别与上行 TD-MA

帧和下行 TDMA 帧保持同步，即每经过一帧，天线的波束就要相应转换一下。这是空分多址方式特有的一种同步关系。

（3）每个地球站的相移键控调制和解调必须与各个分帧同步，这与数字微波中继通信系统的载波同步相同。

3.8.5 码分多址（CDMA）方式

码分多址（CodeDivisionMultipleAccess）技术是靠编码的不同来区别各个用户的。它将各用户信号用一组两两正交的序列编码来调制，使得调制后的信号可以同时在同一个信道载频上传输而互不干扰。在接收端，利用编码的正交性，使得只有具有完全相同的地址码的接收机才能正确解调恢复出原始信号。

卫星通信系统使用 CDMA 技术时，各站使用相同的载波频率并占用整个信道的射频带宽，发射信号的时间也是任意的，也就是说，各站发射信号的射频频率和时间可以互相重叠。这时，各个站址的区分完全是根据各站调制使用的地址码的不同来实现的，一般选择伪随机（PN）码作为地址码。在接收端采用相关接收方式，即一个站发出的信号只能用具有与它相同 PN 码的相关接收机才能检测输出。

CDMA 的基础是频谱扩展，即扩频技术，其研究和应用已有数十年的历史。扩频技术有直接序列（DS）扩频技术、跳频（FH）扩频技术、线性调频（chirp）技术、跳时（TH）技术等基本类型，其中 DS 和 FH 技术用得较多，而 chirp 技术主要用于雷达系统。此外，上述四种方法的一些组合如 DS/FH、DS/TH、FH/TH 及 DS/TH/FH 等混合扩频系统也常被采用。

所谓扩频通信是指用来传输信息的信号带宽远远大于信息本身带宽的一种通信方式。扩频通信属于宽带通信，系统带宽一般为信息带宽的 100～1000 倍。扩频码用正交码或准正交码，以此作为地址码来实现码分多址。

3.9 VSAT 卫星通信系统

3.9.1 VSAT 概述

一般的卫星通信用户在利用卫星进行通信的过程中，都必须通过地面通信网汇接到地球站后才能进行，这对于某些用户，如银行、航空、汽车运输公司、饭店旅店、百货公司等就显得很不方便，这些用户希望自己组成一个通信网，并且各自能直接利用卫星来进行通信。这就产生了 VSAT 系统。

VSAT 是英文“VerySmallApertureTerminal”（甚小口径终端）的缩写，简称小站。它是国外 20 世纪 80 年代发展起来的一个卫星通信新领域。所谓 VSAT，是指一类具有甚小口径天线的智能化小型或微型地球站。VSAT 系统是由天线尺寸小于 2.4m 的，G/T 值低于 19.7dB/K，设备紧凑、全固态化、功耗小、价格低廉的卫星用户小站和一个主站组成的通信网，主要用来进行 2Mbps 以下低速数据的双向通信。VSAT 系统中的用户小站对环境条件要求不高，不需要设在远郊，可以直接安装在用户屋顶，不必汇接中转，由用户直接控制电路，安装组网方便灵活。因此，VSAT 系统非常迅速地发展起来。

VSAT 系统工作在 14/11GHz 的 Ku 频段或 C 频段。系统中综合了如分组信息传输与交换、多址协议、频谱扩展等多种先进技术，可以进行数据、语音、视频图像、传真、计算机信息等多种信息的传输。

VSAT 是先进技术的综合运用，主要体现在：

（1）大规模和超大规模集成电路技术。

（2）微波集成和固态功率放大技术。

（3）高增益、低旁瓣的天线小型化技术。

（4）高效多址连接技术。

（5）微机软件技术。

（6）高效、灵活的网络控制和管理技术。

（7）分组传输和分组交换技术。

（8）扩频、纠错和调制解调技术。

（9）数字信号处理技术。

（10）卫星大型化技术等。

作为这些先进技术综合而成的 VSAT 卫星通信网具有许多其他通信网不可比拟的优点。其中主要特点有：

（1）设备简单，体积小，重量轻，耗电省，造价低，安装、维护和操作简便。根据使用条件的不同，小站天线的直径可以为 0.3～2.4m，发射机功率在 1～2W 左右，终端部分也很小，安装只需简单的工具和一般基地。因此可以直接放在用户室内外，设备易于操作、使用和维护。目前用户年通信费用比地面线路可节省 40%～60%，建站费用比建一个微波中继站费用的 1/2 还少。

（2）组网灵活，接续方便。网络部件模块化，易于扩展和调整网络结构；可以适应用户业务量的增长以及用户使用要求的变化；开辟新通信点所需时间短。

（3）通信效率高，性能质量好，可靠性高，通信容量可以自适应，适于多种数据率和多种业务型，即能够传输综合业务，便于向 ISDN 过渡。

（4）可建立直接面对用户的直达电路，它可以与用户终端直接接口，避免了一般卫星通信系统信息落地后还需要地面线路引接的问题。

（5）集成化程度高，智能化（包括操作智能化、接口智能化、支持业务智能化、信道管理智能化等）功能强，可无人操作。

（6）VSAT 站很多，但各站的业务量较小。

（7）有一个较强的网管系统。

（8）独立性强，一般用作专用网，用户享有对网络的控制权。

（9）互操作性好，可使采用不同标准的用户跨越不同地面网而在同一个 VSAT 网内进行通信。

VSAT 的发展可以划分为三个阶段：

第一代 VSAT 是以工作于 C 频段的广播型数据网为代表。

第二代 VSAT 具有双向多端通信能力，但系统的控制与运行还是以硬件实现为主。

第三代 VSAT 以采用先进的计算机技术和网络技术为特征。系统规模大，有图形化面向用户的控制界面；有由信息处理器及相应的软件操控的多址方式；与用户之间实现多协议、智能化的接续。

3.9.2 VSAT 网的组成及工作原理

1. VSAT 网的组成

典型的 VSAT 网是由主站、卫星和许多远端小站（VSAT）三部分组成。通常采用星形网络结构。如图 3.31 所示。

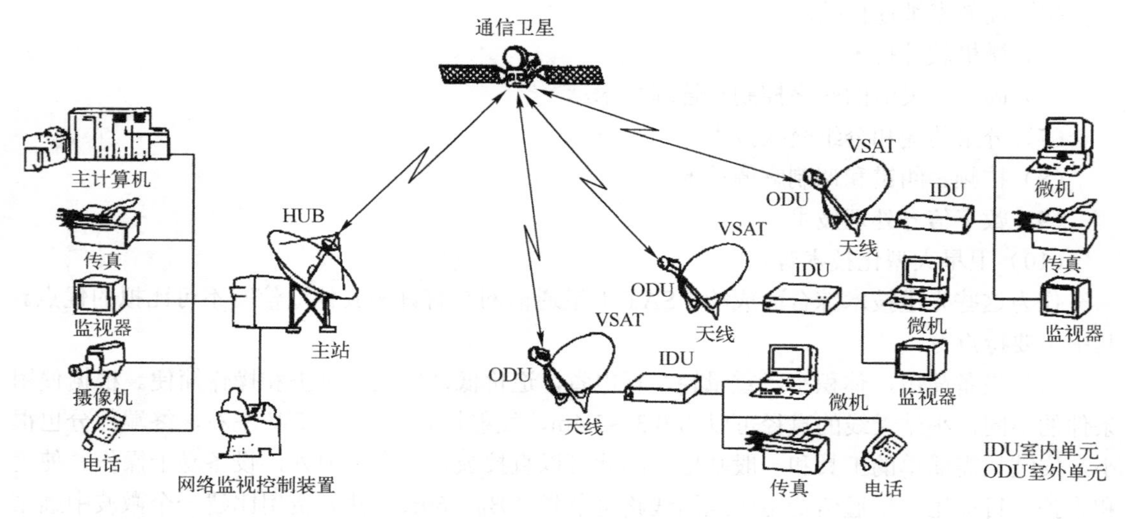

图 3.31 VSAT 网构成示意图

（1）主站（中心站）。主站又称中心站（中央站）或枢纽站（HUB），它是 VSAT 网的心脏。它与普通地球站一样，使用大型天线，其天线直径一般约为 3.5～8m（Ku 频段）或 7～13m（C 频段），并配有高功率放大器（HPA）、低噪声放大器（LNA）、上/下变频器、调制解调器及数据接口设备等。主站通常与主计算机放在一起或通过其他（地面或卫星）线路与主计算机连接。为了对全网进行监测、管理、控制和维护，一般在主站内（或其他地点）设有一个网络控制中心，对全网运行进行监控和管理。

（2）小站（VSAT）。VSAT 小站由小口径天线、室外单元和室内单元组成。VSAT 天线有正馈和偏馈两种形式，正馈天线尺寸较大，而偏馈天线尺寸小，性能好（增益高，旁瓣小），且结构上不易积冰雪，因此常被采用。室外单元主要包括固态砷化镓场效应管 GaAsFET 功放、低噪声场效应放大器、上/下变频器和相应的监测电路等。整个单元可以装在一个小金属盒子内直接挂在天线反射器背面。室内单元主要包括调制解调器、编译码器和数据接口设备等。室内外两单元之间以同轴电缆连接，整套设备结构紧凑，造价低廉，全固态化，安装方便，环境要求低，可直接与其数据终端（微计算机、数据通信设备、传真机、电传机等）相连，不需要中继线路。

（3）空间段。VSAT 网的空间部分是 C 频段或 Ku 频段同步卫星转发器。C 频段电波传播条件好，降雨影响小，可靠性高，小站设备简单，可利用地面微波成熟技术，开发容易，系统费用低。但由于有与地面微波线路干扰问题，功率通量密度不能太大，限制了天线尺寸进一步小型化。而且在干扰密度强的大城市选址困难。C 频段通常采用扩频技术降低功率谱密度，以减小天线尺寸。但采用扩频技术限制了数据传输速率的提高。通常 Ku 频段与 C 频段相比具有以下优点：

（1）不存在与地面微波线路相互干扰问题，架设时不必考虑地面微波线路而可随地安装。

（2）允许的功率通量密度较大，天线尺寸可以更小，传输速率可更高。

（3）天线尺寸一样时，天线增益比 C 频段高 6～8dB。

虽然 Ku 频段的传播损耗受降雨影响大，但实际上线路设计时都有一定的余量，线路可用性很高，在多雨和卫星覆盖边缘地区，使用稍大口径的天线即可获得必要的性能余量。因此目前大多数 VSAT 系统主要采用 Ku 频段。

2. VSAT 系统工作原理

图 3.31 所示的 VSAT 网中，VSAT 小站和主站通过卫星转发器连成“星型”网络结构。其中主站发射 EIRP 高，接收 G/T 值大，故所有小站均可直接同主站互通。但若需要小站之间进行通信时，则因小站天线口径小，发射的 EIRP 低和接收 G/T 值小，必须首先将信号发送给主站，然后由主站转发给另一个小站。即必须通过小站→卫星→主站→卫星→小站，以“双跳”方式完成。

为了进一步说明 VSAT 星形网络的基本概念，下面以 RA/TDMA 系统为例，简要介绍一下 VSAT 网的工作过程。在 VSAT 网中，一般采用分组传输方式，任何进入网中的数据，在网内发送之前首先进行格式化。即每份较长的数据报文分解成若干固定长度的“段”，每段报文再加上必要的地址和控制信息，按规定的格式进行排列作为一个信息传输单位，通常称之为“分组”（或包）。在通信网中，以分组作为一个整体进行传输和交换，到达接收点后，再把各分组按原来的顺序装配起来，恢复原来的长报文。

（1）外向传输。在 VSAT 网中，主站向外方向发射的数据，也即从主站通过卫星向小站方向传输的数据称为外向传输，外向信道通常采用时分复用（TDM）或统计 TDM 技术连续性地向外发射。即从主站向各远端小站发送的数据，由主计算机进行分组格式化，组成 TDM 帧，通过卫星以广播方式发向网内所有远端小站。为了各 VSAT 站的同步，每帧（约 1s）开头发射一个同步码，同步码特性应能保证各 VSAT 小站在未纠错误比特率为 1×10^{-3} 时仍能保证可靠地同步。该同步码还应向网中所有终端提供 TDMA 帧的起始信息（SOF）。TDM 帧结构如图 3.32 所示。在 TDM 帧中，每个报文分组包含一个地址字段，标明需要对通的小站地址。所有小站接收 TDM 帧，从中选出该站所要接收的数据。利用适当的寻址方案，一个报文可以发送给一个特定的小站，也可发送给一群指定的小站或所有小站。

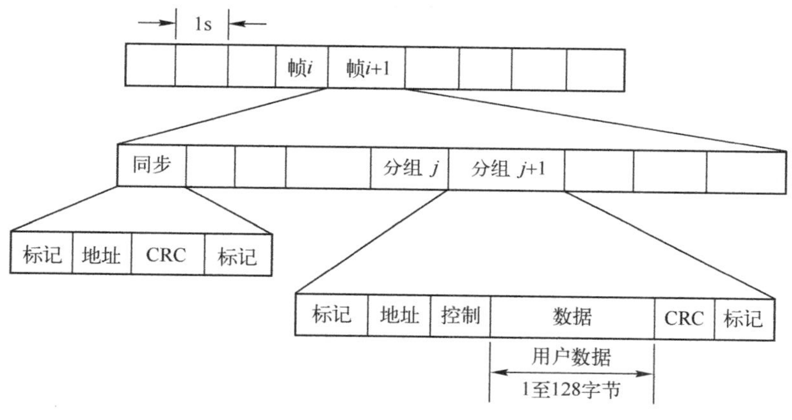

图 3.32　TDM 帧结构

当主站没有数据分组要发送时，它可以发送同步码组。

（2）内向传输。各远端小站通过卫星向主站传输的数据叫做内向传输数据库。在 VSAT 网中，各个用户终端可以随机地产生信息，因此内向数据一般采用随机方式发射突发性信号。采用信道共享协议，一个内向信道可以同时容纳许多小站。所能容纳的最大站数主要取决于小站的数据率。

许多分散的小站，以分组的形式，通过具有延迟 τs 秒的 RA/TDMA 卫星信道向主站发送数据库。由于 VSAT 本身一般收不到经卫星转发的小站发射信号，因而不能用自发自收的方法监视本站发射信号的传输情况。因此利用争用协议时需要采用肯定应答（ACK）方案，以防数据的丢失。即主站成功接收到小站信号后，需要通过 TDM 信道回传一个 ACK 信号，宣布已成功接收到数据分组。如果由于误码或分组碰撞造成传输失败，小站接收不到 ACK 信号，则分组失败，需要重传。

RA/TDMA 信道是一种争用信道，可以利用职权争用协议（例如，S-ALOHA）由许多小站共享 TDMA 信道。TDMA 信道分成一系列连续性的帧和时隙、每帧由 N 个时隙组成，如图 3.33 所示。各小站只能在时隙内发送分组，一个分组不能跨越时隙界限，即分组的大小可以改变，但其最大长度绝不能大于一个时隙的长度。各分组要在一个时隙的起始时刻开始传输，并在该时隙结束之前完成传输。在一个帧中，时隙的大小和时隙的数量取决于应用情况，时隙周期可用软件来选择。在网中，所有共享 RA/TDMA 信道的小站都必须与帧起始（SOF）时刻保持同步。这种统一的定时就由主站在 TDM 信道上广播的 SOF 信息获得。

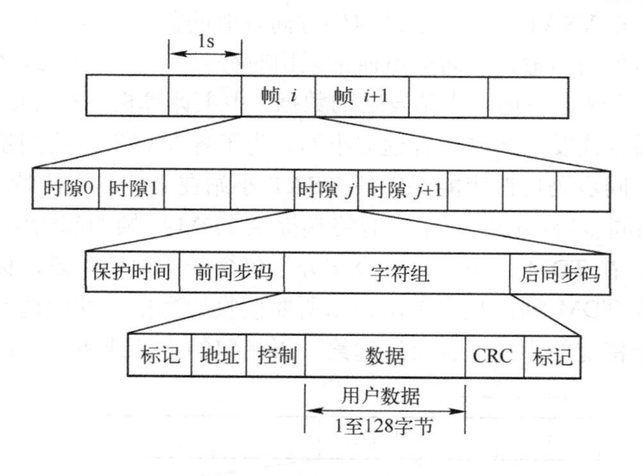

图 3.33　TDMA 帧结构

TDMA 突发信号由前同步码开始，前同步码由比特定时、载波恢复信息、FEC（前向纠错）、译码器同步和其他开销（当需要时）组成。接下去是起始标记、地址字段、控制字段、数据字段、CRC（循环冗余校验）和终止标记。如果需要，后同步码可包括维特比译码删除移位比特。小站可以在控制字段发送申请信息。

综上所述，可以看出，VSAT 网与一般卫星网不同，它是一个典型的不对称网络。即链路两端设备不相同；执行的功能不相同；内向和外向业务量不对称；内向和外向信号强度不对称，主站发射功率大得多，以便适应 VSAT 小天线的要求。VSAT 发射功率小，主要利用主站高的接收性能来接收 VSAT 的低电平信号。因此，在设计系统时必须考虑到 VSAT 网的上述特点。

3.9.3 VSAT 分类及特点

VSAT 可按其性质、用途、网络结构和某些特性来进行分类。

（1）按安装方式可分为固定式、墙挂式、可搬移式、背负式、手提式、车载式、机载式、船载式等。

（2）按主要业务类型可分为小数据站、小通信站和小电视接收站（TVRO）等。

（3）按 VSAT 网采用的网络结构来分，可分为三类：

- 星形结构的 VSAT 系统，如 PES。
- 网状结构的 VSAT 系统，如 TES。
- 星形和网状混合结构的 VSAT 系统。

它在传送实时性要求不高的业务（如数据）时采用星形结构，而在传送实时性要求较高的业务（如话音）时采用网状结构；当需进行点对点通信时采用网状结构，进行点对多点通信时采用星形结构。这种网络结构可充分利用前两种网络结构的优点，同时能最大限度地满足用户的要求。由于此结构中允许两种网络结构并存，因此，可采有两种完全不同的多址方式，如星形结构时采用 TDM/TDMA 方式，而网状结构时采用 SCPC 方式等。

（4）按收发方式可分为单收站、单发站和双向站。

（5）按业务性质可分为固定业务的 VSAT 和移动业务的 VSAT 两种。

（6）按 VSAT 支持的主要业务类型来区分，还可概括为：

①“透明信道 VSAT”。这是一种点-点的“热线”，类似于 IDR、IBS 业务，传送速率从几十千比特到上兆比特，灵活可调，根据两点间经常的固定业务量确定其传输参数，适用于两点间经常的固定业务需求模式（话音、数据或混合的）。

②“话音 VSAT”。这是一种以传送话音为主要业务的系统，当然也可用于传送“话音基带数据”。如果是数字编码话音 VSAT 系统，甚至可以“绕过”（或叫“释放”）语音译码器，实现两点间中等速率的数据传送。但因其系统是以话音传送为主设计的，“能”用于传送数据，但若用于以传送数据为主则就不太经济合理。

③“数据 VSAT”。这是一种以传送数据为主要业务的系统工程，也“能”用于传送数字编码的话音。其系统是以传送数据为主的，把它用于话音业务占据很大份额的业务系统就不尽经济合理。

④“单收 VSAT”。这是一种单向广播的系统，“单收 VSAT”站只具有接收信息的能力。传送的业务内容从占有很宽带宽或很高数据率的高分辨率电视到普通电视节目、到声音广播节目……，直到数十比特的金融信息、期货信息、气象、交通信息、科学信息以及图文广播等业务。

⑤“单发 VSAT”。这是一种数据收集系统，用于水文、气象等数据收集平台系统。

⑥“综合 VSAT”。在一个 VSAT 站上包容了上述两种或两种以上的业务类型的系统，特别是包容了上述三种类型的业务系统。

3.9.4 VSAT 网络结构及组网形式

VSAT 通信网的基本结构有星形、网形及两者的混合形式。在星形网中，外围各远端小站与中心站直接联系，它们互相之间不能通过卫星直接互通。如有必要，各小站可以经中心站转接方能建立联系（形成逻辑上的网型网）。星形网络拓扑如图 3.34（a）所示。它是目前 VSAT 网中应用最广泛的网络形式。这种卫星数据网，特别适用于全国性或全球性的分支机构，并有大量数据信息需要传送。适用于信息需集中处理的行业或企事业建立专用的数据通信网来改善自动人管理，或发布、收集行情和信息，如新闻、银行、民航、交通、联营旅馆和商店、供应商的销售网、股票行情、气象、地震预报以及政府计划、统计等部门。在网型网中，各站彼此可经卫星直接沟通，如图 3.34（b）所示。在以话为主的小站网中，为了避免双跳延时，需要采用这种网络结构。这种类型的 VSAT，其数据率可增大到传输数字电视信号所需要的 1.54Mb/s。如果使用一般的卫星，则地球站就需要有较高的功率或有较大的天线。

图 3.34（c）所示为星型和网型混合结构网，它在传输实时要求高的业务（如话音）时，采用网型结构；而在传输实时性要求不高的业务（如数据）时，采用星型结构。当进行点对点通信时采用网型结构；当进行点对多点通信时采用星型结构。需要指出的是：在话音 VSAT 网中，网络的信道分配，网络监测、管理、控制等由网控中心负责，而控制信道是星型网（图中虚线所示），话音信道是网型网（图中实线所示）。

VSAT 通信网是用大量模块化网络部件实现的，使用灵活，易于扩展，能适应各种用户需要，能将传输和交换功能结合在一起。因此它能为各种网络业务提供预分配和按需分配窄带和宽带链路，并能在任意网络结构中应用。

VSAT 系统组网形式十分灵活，可以组成各种复杂的网络，以满足不同用户的需求。

VSAT 网既可组成独家用户使用的专用网，也可组成中心站共用网，即几家用户独立共用一个中心站，但彼此之间并不相通。

图 3.34（d）所示为一种点-点或卫星单跳结构。

图 3.34（e）中 VSAT 作为远端终端，用来向一组末端用户终端或局域网收集/分配数据。

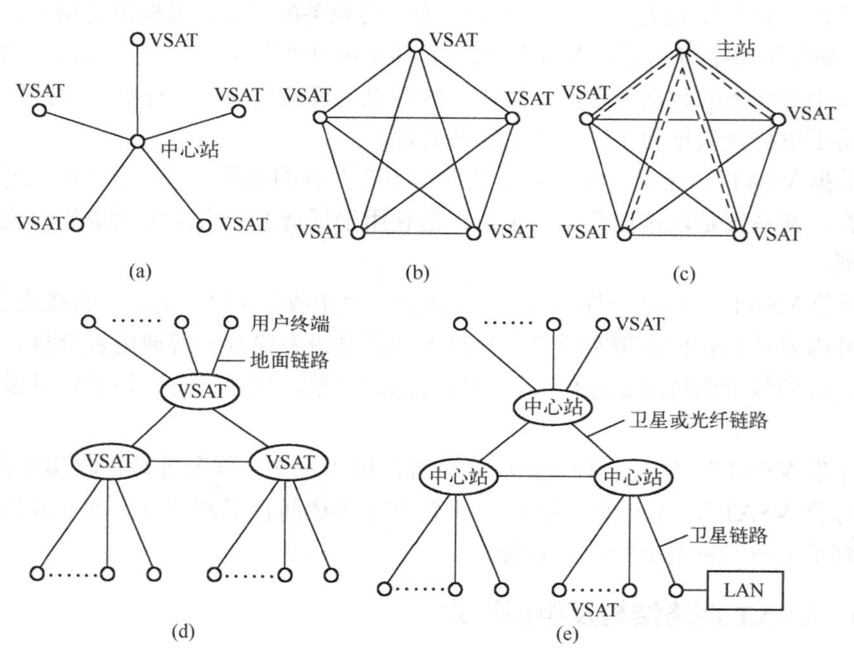

图 3.34　VSAT 网络结构

3.9.5 VSAT 系统的工作频段

20 世纪 80 年代初期，由美国赤道通信公司建立了第一个民用的 VSAT 系统，该系统使用 C 频段（6/4GHz）。为了避免对 C 频段的其他卫星通信系统和地面微波系统进行干扰，采用了扩频技术，以减小发送信号的功率通量密度。扩频技术可以使天线的口径减小到 0.6m（非扩频时要求 2～3m），但这时利用卫星容量的平均效率要降低（低于 0.03bps/Hz），而且线路中传输数据的速率也降低（平均数据速率低于 9.6～32Kbps）。

在 Ku 频段（14/12GHz）工作的 VSAT 系统，因为对地面微波系统的干扰不存在，所以允许发送信号的功率通量密度较高。因此，当使用天线口径为 1.2～1.8m 时，传送数据的速率可以提高到 56～512Kbps。而且相同口径的天线增益，在 14/12GHz 时比在 6/4GHz 时要高 7.4～9.5dB。但是 Ku 频段因大雨引起的衰减比 C 频段严重得多。因此，应在 VSAT 系统的设计中留有必要的衰减余量，以使系统的可靠性符合要求。由于目前 Ku 频段还不太拥挤，而且天线口径小，便于安装，所以工作在 Ku 频段的 VSAT 系统比工作在 C 频段的增长速度快。

3.9.6 VSAT 网络体系结构

1. 数据 VSAT 网的特点

与地面数据通信网相比，VSAT 卫星数据通信网具有如下特点：

（1）通信的无层次性，即无用户接口和结点间接口之分，所有小站均以相同身份连接到同一个网上。

（2）VSAT 网是一个单结点的交换网络，整个 VSAT 网中只有一个交换结点（卫星+主站）。

（3）点-点通信与端-端通信合二为一。地面网中一个端-端链路是由许多点-点链路组成的，而卫星单结点的网络结构使得两者合二为一。

（4）信道传输时延大。一条地面信道的传输时延一般在 1ms 以下，而 VSAT 网中信道的传播时延约为 300ms 左右。

（5）信道的共享使用。地面网中一条信道由一个交换结点专用，而 VSATM 网中同一条内向信道由许多站按照一定的多址访问方式来共享。

2. 用户接口协议

从网络功能看，VSAT 网是一个通信子网，它可以是全国范围通信网的补充和延伸，或是大量分散的低速路由用户的专用通信网；它还必须与众多用户设备或计算机等组成的资源子网一起构成完整的资源共享网络。VSAT 地球站和主站（中心站）是这个通信子网与外部通信网或资源子网的结合部。在 VSAT 网内，根据其业务类型、复用/多址方式和交换手段而制订了相应的数据通信协议，而用户、计算机和外部通信网也有各自的数据通信协议。因此，网络结合部必须实现通信协议之间的转换。

在星形 VSAT 网中，VSAT 站的用户终端设备通过接口设备同 VSAT 信号处理单元连接进入卫星信道，然后和中心站的终端设备实现通信，其过程如图 3.34 所示，图中物理接口指终端设备和 VSAT 站的物理连接。协议接口有以下两种功能：

（1）允许终端设备按照特定的用户协议与网络连接。

（2）使用用户协议和网络多址协议进行转换。

因此，VSAT 网络不仅能支持常规的标准用户协议，也能支持特别开发的专用协议，所涉及的更改只限于网络接口的更改，而不涉及到整个网络。

数据终端设备发出的数据一般为非固定长度数据，在进入 VSAT 信道以前应按照用户协议形成规定的数据格式。一般 VSAT 站或计算机的前端处理器经数据分组装配/拆卸后再经过群控器连接到几个用户数据终端。

为了使 VSAT 网实现正常通信，必须有统一的约定（协议）来解决下列问题：

（1）通信双方所交换的数据和其他信息必须彼此理解，必须有统一的编码方法和数据分组方法。

（2）要有一致的操作步骤，如交互式通信的操作协调。

（3）规定在异常情况下（如误码、数据之间碰撞等）的处理办法。由于终端设备种类繁多，接口关系和操作方式多种多样，这就需要在终端与通信信道之间规定统一的接口标准。无论终端如何变化，只要遵守这些标准，它们的数据就可以在信道中有效地传输。

3．卫星时延的补偿

VSAT 网络的第二层提供主站与远端站之间以及 VSAT 站与用户接口之间的可靠数据传输。其主站与远端小站之间的链路控制协议是为卫星链路专门设计与优化，以保证在长传输时延的环境下能有效工作。为达到这一要求采用了协议仿真技术。

VSAT 站与用户之间的地面网络在与主站及小站接续时进行协议转换。在转换过程中，本端 VSAT 模仿远端用户端口向本端用户发出确认或响应信号，以避免这此信号通过卫星链路的长时延传送。因为大部分多结点网络均采用轮询方式（轮询协议如 BISYNC，SDLC 和轮询选择等）在结点之间建立起通信信道，由于卫星链路的长时延，将使轮询的响应时间增长，延缓信道的建立时间，仿真可以减少响应时间。

关于在 VSAT 网络中克服卫星信道长时延导致的传输效率降低问题，在链路控制上还可采用如下技术措施：

（1）选择最佳差错控制方式。链路级差错控制方式不选用等待重发（SAW-ARQ）方式，而选择返回 N 自动重发（GBN-ARQ）、选择性自动重发（SR-ARQ）和多帧选择重发（MN-SRE）等方式。返回 N 自动重发方式在信道误码率较低（$\leqslant 1\times10^{-6}$）的情况下，传输效率可达 90%以上。选择性自动重发方式允许只重发出错的分组，而不必重发后面的正确接收的分组，因此传输效率更高。但是在 HDLC 协议中，对选择性重发规定在一个循环内只能执行一次选择性重发动作，因此限制了它的使用。目前，国际上从事 VSAT 网研制的各大公司都在努力开发效率更高的链路控制协议。如休斯公司的 ODLC 协议和 NEC 公司的 MN-SREJ 协议。

（2）选择最佳的数据分组长度。数据分组长度的选择对系统传输效率也有很大影响。目前大多数 VSAT 系统中都采用分组长度可变的帧格式。研究表明，在卫星链路中当使用 GBN-ARQ，SR-ARQ 或 MN-SREJ 等差错控制方式时，在误码率 $P_e\leqslant 1\times10^{-7}$ 时，最佳分组长度应取 1000～5000bit 之间。

（3）选择最佳窗口尺寸。窗口尺寸指的是在采用 GBN-ARQ，SR-ARQ 或 MN-SREJ 等差错控制方式时，系统允许连续发送未确认帧的最大值。当采用模 8 计数时，其最大值为 7；当采用模 128 计数时，其最大值为 127。窗口尺寸过小，将增大传输等待时间。而窗口尺寸过大，则一是增加了收、发数据缓冲区的容量，给缓冲区的管理和分组排序造成困难；二是在返回 N 重发场合时，造成不必要的多余重发，降低传输效率。研究表明，对卫星链路综合考虑各种因素，窗口尺寸一般取≥20 为佳。

3.9.7 VSAT 数据网多址协议

1. 卫星数据网的主要特点

卫星数据网多址协议是发展 VSAT 数据网的关键技术。

研究卫星多址技术的主要目标是使得信道容量或吞吐量（通过量）达到最大，而且都是面向少量的大型地球站共享高速卫星信道。这种环境下，信道共享效率和不延迟是最重要的要求，而且可以用复杂的设备来实现，因为站小，每个地球站的成本对整个系统影响不大。这时主要的多址技术是 FDMA 和 TDMA，信道分配可以采用固定分配或利用某种控制台算法的按需分配。FDMA 和 TDMA 对于话音和某些成批数据传输业务是有效的多址方案。但是交互型或询问/应答型数据传输与话音传输具有许多不同的特点。概括起来有如下几点：

（1）随机地、间断地使用信道，峰值和平均传输速率之比值很大。

（2）网络中能容纳从低速到高速多种速率。

（3）可以进行分组传输。

（4）利用卫星信道广播性质进行数据传输的卫星通信网，一般拥有大量低成本的地球站。

从以上特点可以看出，除数据传输业务十分繁忙或数据很长之外，若一般数据传输仍沿用电话业务中使用的 FDMA 或 TDMA 预分配方式，则其信道利用率都很低，即使使用按需分配方式也不会有很大改善，因为如果发送数据的时间远小于申请分配信道的时间，则按需分配也不是很有效的。

2. 选择多址协议时主要考虑原则

对于 VSAT 网来说，大量分散的小型 VSAT 站共享卫星信道与中心站沟通。由于这种方式有别于目前通用的卫星通信系统，因此选择有效、可靠，而且易于实现的多址协议是保证系统性能的重要问题。因此，对于这种情况选择多址协议时主要考虑的原则是：

（1）要有较高的卫星信道共享效率，即信道通过效率（即吞吐量，在多址信道上传送有用业务的时间部分）要高。

（2）有较短的延迟（包括平均值和峰值）。

（3）在可能出现信道拥挤情况下具有稳定性。

（4）具有承受信道误码和设备故障的坚韧性。

（5）运行方面建立和恢复时间短，易于使用等。

（6）实现简单，价格低。

3. VSAT 网多址协议应用概况与用户选择

目前卫星通信常用的多址方式有 FDMA、TDMA、CDMA 和 RA 等，它们在 VSAT 系统中均得到应用。有时在一个 VSAT 系统中同时采用多种多址方式，以提高信道利用率。

（1）频分多址（FDMA）。FDMA 是一种传统的多址方式，FDM/FDMA 和 TDM/QPSK/FDMA 一般用在业务量大的卫星通信系统中。在 VSAT 系统中一般采用 SCPC/FDMA 多址方式，尤其在以传输话音为主的 VSAT 系统中大量采用 SCPC 方式，与按需分配（DAMA）技术相结合，可以大大提高卫星信道利用率。SCPC 方式的另一个优点是各个地球站发射功率大小仅与本站发射载波数（即信道）有关，与整个 VSAT 系统的信道数（即系统总通信量）无关。业务量较小的地球站可以发射较小的功率，从而降低了小站成本。

（2）时分多址（TDMA）。TDMA 是一种适用于大容量通信的多址方式，适用于站少容量大的系统。对于像 VSAT 这样一种站数十分多的系统，单纯使用 TDMA 是不合理的。但 TDMA 是一种很有吸引力的多址方式，尤其在数字传输系统中，为 TDMA 的实现创造了技术基础。在 VSAT 系统中，TDMA 是与 FDMA 及频率跳变（FH）结合在一起发挥其优点的。系统占用的带宽先按频率划分成各个载波，然后在每个独立载波的基础上采用 TDMA 方式。每个站指定的载波在所分配的时隙内发射。这种多载波的 TDMA 方式避免使用较大的 TDMA 载波，降低了小站发射功率和成本，在 VSAT 系统中广泛应用，并与 DAMA 技术结合。常用的形式有：

① 预分配 TDMA（TDMA/PA）：是最基本的 TDMA 方式。但一般可以做到按时重分配。由网络控制中心设定各站信道数及路由，在指定的时刻切换改变。

② 按需（动态）分配（TDMA/DA）：各站仅在有业务要发送时向控制中心申请时隙，由控制中心实时分配时隙。

- 比特流方式：系统通过配置，设定用户固定地使用某一段固定时隙进行透明传输。这是在有协议支持的系统中为用户提供无需协议支持的透明信道的一种方式。比特流时隙的分配可以是按需分配，也可以是预分配。在实际应用中这一时隙的安排通常是在内向载波和外向载波中同时对应设置的。对于具有均匀输入比特速率且要求实时传送的用户数据（如数字话音业务），这种方式是最佳的。
- 组合访问 TDMA（CA/TDMA）：此方式是一种同时包括争用方式和固定分配方式的多址访问协议，它由上述 S-ALOHA 和固定分配 TDMA（FA/TDMA）两种方式组成。它主要用于信道内各 VSAT 的异型混合，其中有些需要低延时的交互式应用，有些则要求分配专用信道来传输大业务量交互式数据和/或批文件。
- 自适应多址方式：目前在大型 VSAT 网中，采用的最为先进的多址方式为自适应多址方式。它综合了几种多址方式的优点，根据 VSAT 网中实际业务的特点动态地选取适合的多址方式。对于大量的低业务量、短数据突发的用户，为保证短的响应时间，宜采用 S-ALOHA 方式，而当需要传输偶尔出现的长数据报文时，可采用预约方式，通过 SALOHA 信道预约或拆除预约，预约用户得到批准后，可长时间独占预约得到的信道时隙，直到传输完毕拆除预约为止。对于传输数字话音和要求透明传输用户数据的场合，可采用比特流方式，将一定时隙固定分配给用户独用。用户究竟采用哪种方式可以在系统组建时预先设置好，也可以在系统运行过程中根据需要通过主站的控制进行自适应调整。可以做到自动控测、自动调节，协议之间可智能转换。

（3）码分多址（CDMA）方式。码分多址（CDMA）方式中各站信息以编码正交性来区分站址，其优点是抗干扰性强。常用的 CDMA 实现方案是直接序列扩频（DS）。采用

CDMA 方式的系统中各站在同一时间、使用同一频率、且发射功率不需进行严格监控，因此整个系统不需要复杂的网络控制。CDMA 的主要缺点是频带利用率低，一般仅为百分之十几。因此适用于传输速率较低的业务，用于较小的系统，尤其是军用通信系统，也可用于广播式系统中。

（4）随机多址（RA）方式 ALOHA。ALOHA 系统是基于 TDMA 和信道按需分配基础上的一种新的信道分配技术，它可使卫星信道得到充分利用。它是一种争用多址方式，是 VSAT 系统中应用最广泛的多址协议。

4. 提出 ALOHA 系统的背景

随着卫星通信的不断发展，数据传输和交换也在静止卫星通信中进行。与卫星信道中进行话音传输和交换相比，数据的传输与交换有以下几个特点：

（1）发送数据的时间是随机的，间断的，信道利用率很低。

（2）由于数据业务的种类繁多，网络中应能同时传送速率相差很大的多种不同数据。

（3）由于要传送的数据长短不同，各种数据又可以非实时传送。可以把长数据分成几个数据分组，分开传送。对于较短的数据，只需占用一个数据分组。

（4）利用卫星信道进行数据传输和交换的卫星通信网中，通常包含大量低成本的地球站。

由以上特点可知，除了数据业务非常繁忙或被传送的数据很长外，如果仍然使用适合于传送具有电话业务“长流水”特点的卫星 FDMA 或 TDMA 方式来传送具有“突然发生”特点的数据业务时，信道的利用率会很低。即使采用按申请分配方式，也不会有多少改进。因为许多所发送的数据的时间甚至还小于申请分配信道所需的时间。

例如，有几千个独立的用户，需要通过一个卫星的转发器与一台计算机对话。其中一个用户用电传打字机与计算机对话的过程如图 3.35 所示。由图中可以看到，人—机对话的过程是一个相互反应的过程。但真正有数据通过信道的时间很短促，而且是间断的，即用户在键盘上按动按键以便输入消息所占用的时间却很长。用户输入的数据先要存放在储存器中，等发射时间一到，储存器中的数据立即发射出去，并且只占用卫星转发器的很短时间，其他大部分时间是空闲的，通信处于暂停状态，即用户阅读计算机响应的消息、考虑如何回答以及按键输入的时间等。为了解决以上问题，出现了分组通信这一新技术。

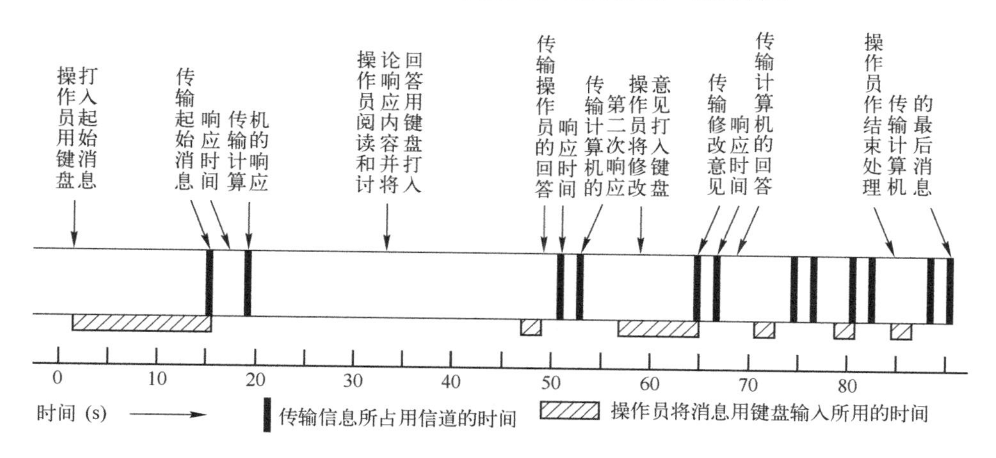

图 3.35　人机对话过程

ALOHA 系统是利用卫星进行数据传输与分组交换的系统。它是在时分多址（TDMA）基础上对卫星信道进行按需分配中的随机信道分配方式。它的工作特点是："信道无需申请，数据分组随机发送，发生碰撞随机延时发送。"适用于非实时性的数据业务传输。

在 ALOHA 系统中，根据随机占用卫星信道的时间不同可分为：纯 ALOHA 方式、时隙 ALOHA 方式和预约 ALOHA 方式三种。

5. 纯 ALOHA 方式

（1）纯 ALOHA 方式的工作过程。卫星数据传输网中，各地球站把待发的数据分成若干个段，并在每个数据段的前面加一个分组报头，报头中包括收方、发方的地址以及一些控制用的比特；每个数据段的后面加上检错码。这样就形成一个数据分组，如图 3.36 所示。这个数据分组一方面由发射控制单元调制后向卫星发射，另一方面要由存储器储存起来以作碰撞或传错重发时备用。

报头 32b	数据 640b	检错码 32b

图 3.36　数据分组结构

数据分组的发射时间是随机的，全网不需要同步。经卫星转发后，所有地球站都能接收到这个数据分组的射频信号，但只有与报头中地址相符的地球站才能检测出这个数据分组。在检测之后如果没有发现错误，接收方地球站就要发出一个应答信号；如果检测后发现错误，就不发应答。

发射方地球站在发射之后要等待接收方地球站的应答信号。如果在规定的时间里没有收到应答信号，发射方地球站就要把存储器中储存的原数据分组重新发射，直到接收到接收方地球站的应答信号表示发送成功为止。这时存储器所储存的内容就可以删除。因为各地球站发射数据分组的时间是随机的，如果两个以上的数据分组同时通过转发器，即产生信号的重叠，也叫做碰撞，这时，接收方地球站不能正确接收信号，接收方就不会应答，发射方必须重发。

例如，一个纯 ALOHA 系统发生碰撞与重发的情况如图 3.37 所示。图中表示 $1^{\#}$、$2^{\#}$、… $K^{\#}$等地球站发射的信号正在通过转发器。其中 $2^{\#}$站发射的第一个分组信号与 K # 地球站发射的第三个分组信号发生了碰撞，于是这两个地球站就要分别等待不同的时间重发。如果没有发生再碰撞，当然就不再重发。

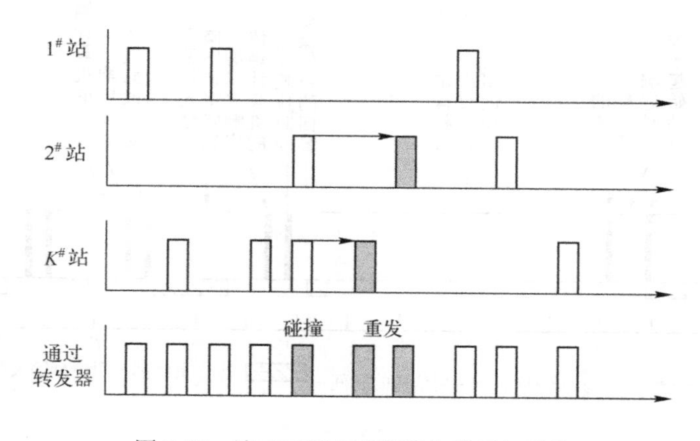

图 3.37　纯 ALOHA 系统发生碰撞与重发

从以上过程可以看到，每个地球站的发射控制单元必须安装随机的延迟电路，以便得到不相同的随机的等待时间。所以，重发的分组信号再次发生碰撞的概率是很小的。但是再次发生碰撞的可能性仍存在，这主要出现在与别的地球站所发射的分组信号发生碰撞。至于原来碰撞的两个分组信号经随机时延后重发时，发生再碰撞的概率是极微小的。因此，发生第三次碰撞的概率更是微乎其微了。如果发生了第二次甚至第三次碰撞而进行重发产生的全部信号时延，比要求收方响应的时间短得多的话，那么对数据传输业务就不会发生明显的影响。

发射站可以从卫星转发的信号中接收到自己发射的数据分组信号，如果以此来判断这个分组信号是否发生碰撞，从而决定是否需要重发，这个过程只需 270ms 左右。而发射站从接收站的应答信号中判断是否需要重发，则要耗费双跳的时延，即 540ms。但发送站仍必须主要以接收站应答信号为主。因为有时尽管通过卫星转发器时没有发生碰撞，但由噪声引起接收站的接收信号产生差错时，发射站也需要重发分组信号。

（2）纯 ALOHA 的信道利用率。由以上工作过程中可知，纯 ALOHA 系统的主要特点是不需要全系统的定时和同步，各地球站发射分组信号的时间是任意的、随机的，在需要发射的分组信号数目不太多时，纯 ALOHA 系统的信道利用率甚至比按需分配的 TDMA 方式还好，而且具有一定的抗干扰能力。

但是在数据业务繁忙，发生碰撞的概率增大时，重发的分组也就增多。于是就会形成碰撞次数增多→重发次数增多→碰撞次数更多→重发次数更多→……→直至发展到无法控制的状况。这就是所谓纯 ALOHA 系统的不稳定现象。

纯 ALOHA 方式是早期的 ALOHA 方式。利用概率论对纯 AL0HA 方式进行理论分析可以求得这种方式的最大信道利用率 ρ_{max}=18.4%。这个利用率仍不是很高。为了提高信道利用率和系统稳定性，又提出了时隙 ALOHA 协议（S-ALOHA）和预约 ALOHA（RALOHA）等一些改进的 ALOHA 方式。

6. S-ALOHA 方式

这种方式中的 S 表示时隙。它的主要特点是，把信号进入卫星转发器的时间分成许多时隙，各地球站发射的数据分组信号必须进入某一时隙内，并且每个分组信号的时间应几乎填满一个时隙，而不是像纯 ALOHA 方式那样可以任意随机发射。时隙的定时要由全系统的时钟来确定，各地球站的发射控制单元必须与系统的时钟同步。这种方式的碰撞概率将比纯 ALOHA 方式的概率明显要小，因为 S-ALOHA 方式避免了部分碰撞的情况。因此最大信道利用率较高，可达到 ρ_{max}=36.8%，即比纯 ALOHA 方式的 ρ_{max} 要大一倍。但 S-ALOHA 方式因要有定时和同步，以及分组信号的时间长短也是固定的，从而设备较复杂。同时，信道仍存在不稳定的现象。

7. R-ALOHA 方式

（1）概述。这种方式中的 R 表示预约。由于在一个传输数据的网中，各地球站的业务类型和业务量是很不相同的，因此所传送的内容长短的差别很大。对于长消息，如果采用纯 ALOHA 或 S-ALOHA 方式，就需要分成许多个数据分组信号，并逐一发送出去，加上传送过程中遇到的碰撞和重发，接收站就需要更长的时间才能收全，收全传输过程时延很长。如果在接收站收全消息后，还需要向发射站回答长的消息，所谓进行相互问答方式通信时，传输中所需的时延会超过正常的应答时间，由此引起通信混乱。

R-ALOHA 方式就是当数据网内的地球站要发送长消息时，先提出申请预约一段包括连续几个时隙的时间，以便一次发送成批的数据。对于短的消息则仍按非预约的 S-ALOHA 方式进行传送。这样就可以在传送短消息信道利用率高的 S-ALOHA 方式中兼容传输长的消息。

R-ALOHA 系统的工作过程如图 3.38 所示，图中表示 A 站发出申请信号，预约三个长数据的时隙。这个申请信号是通过非预约的 S-ALOHA 时隙来进行传送的。假设没有发生碰撞，那么经过 270ms 后，包括 A 站在内的所有地球站都已接到了这个申请信号，并且按照排队的情况，计算出 A 站要占用的三个时隙应该是哪几个时隙，其他地球站就不占用这几个时隙。而 A 站还要计算出应该发射信号的时间，以便准时发射出去。

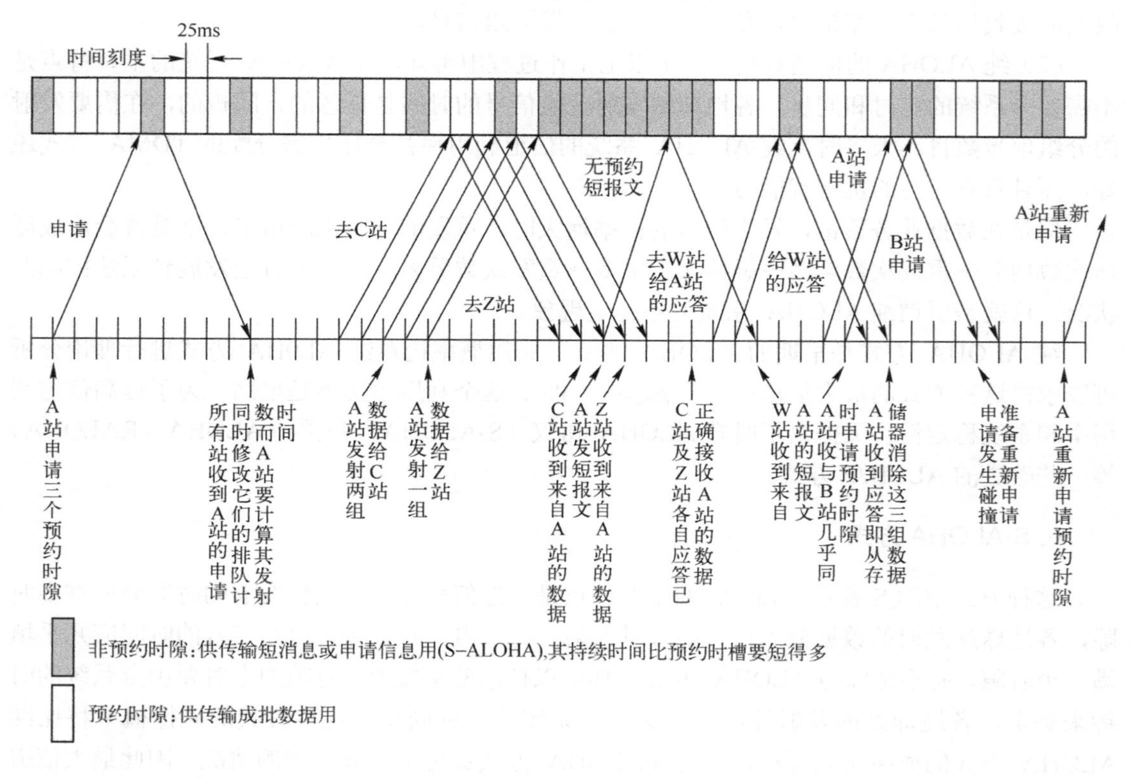

图 3.38　R-ALOHA 系统的工作过程

系统中的各地球站都接收到 A 站发射的通信信息后，图 2.31 中的 C、Z 两站由于地址相符，就能检测出分别发送给 C 站和 Z 站的数据，经过 C、Z 站差错检验确认信号无误后，就可以利用 S-ALOHA 方式向 A 站发送应答信号。A 站收到正确接收的应答信号后，就可以清除存储器中所保存的以上已发射的消息信号。

图 3.38 中也画出了 A 站发射短的信息的情况。即把数据进行分组，占用 S-ALOHA 信道中的非预约时隙。当所发射的信号发生碰撞时再进行重发。

如果在进行申请预约时发生了碰撞，就仍要在 S-ALOHA 信道中经随机延时后，重新发出申请信号。

（2）信道利用率。由理论分析可知，R-ALOHA 系统的优点是解决了长、短消息的兼容，从而使最大信道利用率可以达到 83.3%，这个利用率比 S-ALOHA 的利用率大很多。但缺点是平均的传输时延较长，大约为 270×3ms，这主要是因为需要申请排队而引起的。而且信道稳定性问题仍然没有解决，有待于继续进行研究和试验。

8. 几种 ALOHA 方式的比较

上面分别对纯 ALOHA、S-ALOHA、R-ALOHA 的工作原理、适用场合、信道利用率等多方面进行了分析。这三种 ALOHA 方式的比较如表 3.4 所示。

表 3.4　三种 ALOHA 方式的比较

比较项目 \ ALOHA 类型	纯 ALOHA	S-ALOHA	R-ALOHA
适用场合	短数据	短数据	长数据
同步情况	不需同步	需同步	需同步
多址方式	TDMA	TDMA	TDMA
最大信道利用率	18.4%	36.8%	83.3%
控制复杂程度	简单	中	复杂
系统稳定性	差	一般	一般
数据交换方式	分组交换	分组交换	分组交换
总体性能	差	一般	好

随着卫星通信的不断发展，ALOHA 技术必将得到进一步的完善，ALOHA 技术的应用前景也将愈来愈广阔。

习　题　3

3.1　数字微波通信的关键技术是什么？

3.2　数字微波接力通信的主要特点有哪些？

3.3　简述数字微波信号最佳接收机的基本结构。

3.4　数字微波接力信道由哪几部分构成？各有什么作用？

3.5　什么是卡塞格林天线？其基本光学原理是什么？

3.6　馈线系统的作用是什么？有哪几种安装形式？

3.7　分路系统由哪些部分组成？各有什么作用？

3.8　什么是菲涅尔区？什么是菲涅尔半径？

3.9　平坦地面反射和大气折射对微波信号的接收会造成什么影响？

3.10　微波线路按地区和按余隙可分为哪些类型？

3.11　为克服微波电路上的频率选择性衰落，可采取哪些措施？试简述其原理。

3.12　宇宙无线电通信有哪几种形式？卫星通信属于哪一种？

3.13　静止卫星通信的优、缺点是什么？

3.14　影响静止卫星通信的因素有哪些？请说明。

3.15　卫星通信的工作频段怎样？请对 C 频段与 Ku 频段进行比较。

3.16 卫星通信系统由哪些部分组成?

3.17 已知我国某地的地理位置为 88° 24'E，44° 13'N，现欲接收定点于 100.5° E 的亚卫 2 号卫星的信号。求该站的观察参数。

3.18 通信卫星是由哪几个分系统组成的?

3.19 试分析单变频、双变频及处理转发器的方框图工作原理。

3.20 通信卫星的主要技术指标有哪些?

3.21 信道的分配方式有哪几种？各有什么特点?

3.22 什么是频分多址？它有哪些主要特点?

3.23 常见的频分多址方式有哪几种？它们之间有什么不同?

3.24 什么是时分多址？它有哪些主要特点?

3.25 什么是空分多址？为什么空分多址需与其他的多址方式相结合才能发挥其作用?

3.26 什么是码分多址？它有哪些主要特点?

3.27 试述 VSAT 系统的基本工作原理和特点。

3.28 为什么要提出 ALOHA 多址方式?

3.29 纯 ALOHA 方式有什么特点？叙述其工作过程。

3.30 S-ALOHA 方式有什么特点？叙述其工作过程。

3.31 R-ALOHA 方式有什么特点？叙述其工作过程。

第4章 光纤通信

内容提要

- 光纤通信的工作波长、特点及光纤通信的基本组成。
- 光纤的结构与分类。
- 阶跃型光纤的导光原理及主要特性参数。
- 光纤的损耗特性及色散特性。
- 光纤的连接。
- 光缆的基本结构及光缆的敷设。
- 光源的发光机理。
- 半导体发光二极管（LED）和激光器（LD）的结构及其工作特性。
- 半导体的光电效应及光电检测器（PIN、APD）的工作特性。
- 光发射机、光接收机的基本组成及各部件的主要作用。
- 掺铒光纤放大器的结构、工作原理、特点及应用。
- 光波分复用的基本概念、系统结构及特点。
- 密集波分复用的基本概念。

4.1 光纤通信概述

光纤即为光导纤维的简称，它是一种能够通过光的直径很细的透明玻璃丝。光纤通信是以光波作为载波，以光纤作为传输媒质所进行的通信。随着科学技术的发展，人们对通信的要求越来越高。为了扩大通信的容量，有线通信从明线到电缆，无线通信从短波到微波和毫米波，它们都是通过提高载波频率来扩大通信容量的。光波也是一种电磁波，频率在 10^{14}Hz 数量级，比微波（10^{10}Hz）高 10^4～10^5 倍，因此具有比微波大得多的通信容量。所以光纤通信一经问世，就以极快的速度发展，它将是未来信息社会中各种通信网的主要传输方式。

4.1.1 光纤通信的发展历史

人类利用光波传递信息的历史可以追溯到几千年前，如古代的烽火接力通信。但利用光导纤维作为光的传输介质，真正实现光纤通信，只有三十多年的历史。1960 年，美国科学家梅曼（Maiman）发明了红宝石激光器。1966 年英籍华人高锟提出利用带有包层材料的石英玻璃纤维作为传输媒介，传输损耗有可能降至 20dB/km。1970 年，美国康宁公司首先研制出损耗为 20dB/km 的光纤，与此同时 GaAlAs-GaAs 双异质结半导体激光器实现了室温下连续运转，从而光通信进入了光纤通信的新时代。国际上一般都把 1970 年看做是光纤通信的开元之年。此后世界各国纷纷开展研究，光纤的发展十分迅速。在这短短的 30 多年的时间里，光纤通信已发展了四代：

第一代为短波长（0.85μm）多模光纤通信。

第二代为长波长（1.3μm）多模光纤通信。

第三代为长波长（1.3μm）单模光纤通信。

第四代为长波长（1.55μm）单模光纤通信。

随着光电集成、光纤放大器、光复用等新技术的开发、使用，光纤通信将成为通信领域的主力军。

4.1.2 光纤通信的工作波长

光波的波长在微米级，通常将紫外线、可见光、红外线都归入光波范畴，如图 4.1 所示为光的波谱图。光纤通信使用的波段位于近红外区，波长范围为 0.8～1.8μm，其中 0.8～1.0μm 称为短波长波段区，1.0～1.8μm 称为长波长波段区。目前光纤通信使用的波长选择在两个波段区的低损耗点，即 0.85μm、1.31μm、1.55μm，通常称它们为当前光纤通信的三个窗口。

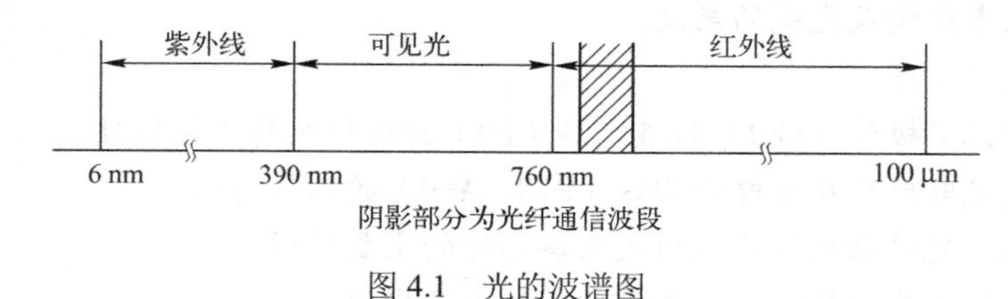

图 4.1 光的波谱图

4.1.3 光纤通信的特点

光纤通信与电通信的主要差异有两点：一是以很高频率的光波作为载波传输信号；二是用光导纤维构成的光缆作为传输线路。因此，在光纤通信中起主导作用的是产生光波的激光器和传输光波的光导纤维。

光纤通信之所以能够飞速发展，是由于它具有以下的突出优点所决定：

（1）传输频带宽，通信容量大。由信息理论知道，载波频率越高通信容量越大，因目前使用的光波频率比微波频率高 10^4～10^5 倍，所以通信容量约可增加 10^4～10^5 倍。

（2）损耗低，中继距离远。目前使用的光纤均为 SiO_2（石英）光纤，要减少光纤损耗，主要是靠提高玻璃纤维的纯度来达到。由于目前制成的 SiO_2 玻璃介质的纯度极高，所以光纤的损耗极低，在光波长 λ=1.55μm 附近，损耗有最低点，为 0.2dB/km，已接近理论极限值。由于光纤的损耗低，因此中继距离可以很长，在通信线路中可以减少中继站的数量，降低成本并且提高了通信质量。例如，对于 400Mbit/s 速率的信号，光纤通信系统无中继传输距离达到 50～70km 以上，而同样速率的同轴电缆通信系统，无中继距离仅为几千米（中同轴电缆为 4.5km，小同轴电缆为 2km）。

（3）不受电磁干扰。因为光纤是非金属材料，因此它不受电磁干扰。

（4）保密性强。光纤内传播的光几乎不辐射，因此很难窃听，也不会造成同一光缆中各光纤之间的串扰。

（5）线径细、质量轻。由于光纤的直径很小，只有 0.1mm 左右，因此制成光缆后，直径要比电缆的直径细，而且质量轻，这样在长途干线或市内干线上空间利用率高，而且便于制造多芯光缆与敷设。

（6）资源丰富。由于光纤的原材料是石英，地球上是取之不尽、用之不竭的，而且用很少的原材料就可以拉制很长的光纤。虽然光纤通信具备上述一系列优点，但光纤本身也有缺点，如光纤质地脆、机械强度低；要求用比较好的切断、连接技术；分路、耦合比较麻烦等。但这些问题随着技术的不断发展，都是可以克服的。

4.1.4 光纤通信系统的基本组成

光纤通信系统的基本组成框图如图 4.2（a）所示，它主要由光发射机、光纤、光接收机三个基本部分组成，如果进行远距离传输，则还应在线路中间插入光中继器。实用光纤通信系统一般都是双向的，因此其系统的组成包含了正、反两个方向的基本组成，并且每一端的发射机和接收机做在一起，称为光端机。同样，光中继器也有正、反两个方向，如图 4.2（b）所示。

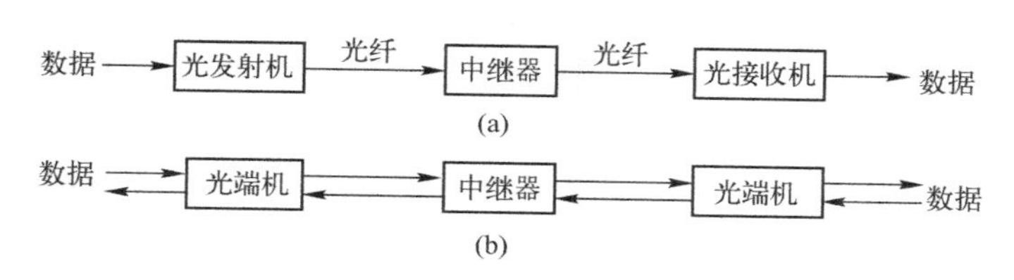

图 4.2　光纤通信系统的基本组成

光发射机将电信号变换成光信号，是通过发光器件来实现的。调制的方式原则上可以使用振幅、频率和相位调制，但由于目前激光器等光源的频谱不纯，频率也不稳定，使调频或调相方式难以实现。因此，现有实用系统采取控制光功率的调幅方法，通常又称为直接强度调制（IM）。经调制后的光功率信号耦合入光纤，经光纤传输后，光接收机的光电检测器采用直接检测方式（DD）将光信号变换成电信号，再经放大、解调（或解码）后还原为原信号输出。这种光纤通信系统称为强度调制/直接检测（ID/DD）光纤通信系统。

光纤通信既可用于数字通信，也可用于模拟通信。光纤通信系统中的模拟信号或数字信号是指将信息变换成电信号时所采取的调制方式，用这种经过调制的电信号再去改变光的强度以获得光信号。因此，如果电信号连续变化（模拟调制），光信号的强度也连续变化；如果电信号是脉冲信号（数字调制），相应的光信号的强度也以脉冲形式变化（有光无光）。但最终光信号还是强度调制。

4.2 光纤与光缆

4.2.1 光纤的结构及其分类

1. 光纤的结构

光纤一般由纤芯和包层组成，其基本结构如图 4.3 所示。内层为纤芯，纤芯直径为 $2a$，折射率为 n_1，作用是传输光信号；外层为包层，包层直径为 $2b$，折射率为 n_2，作用是使光信号封闭在纤芯中传输。目前使用光纤的包层外径 $2b$ 一般为 125μm。为了保证光信号在纤芯中传播，要求纤芯的折射率 n_1 稍大于包层的折射率 n_2。介质的折射率表示光在空气中的传播速度与光在某一介质中的传播速度之比，一般用 n 表示，即

$$n=c/v$$

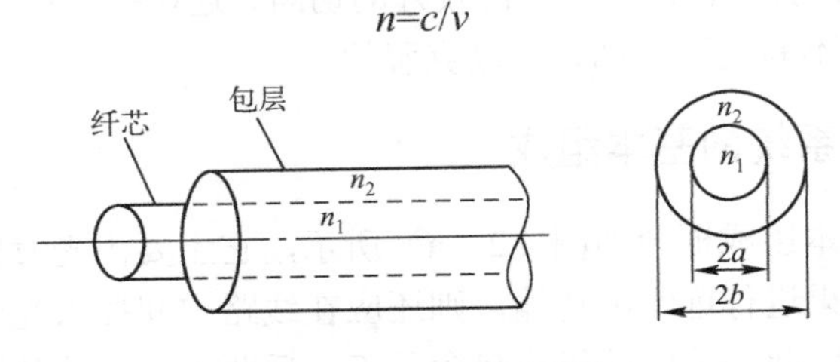

图 4.3　光纤的基本结构

如图 4.3 所示的光纤实际上是我们平时说的裸光纤，它的强度较差。为了提高它的抗拉强度，在包层外面还要附加两层涂覆层。一次涂覆层（预涂覆）大多采用环氧树脂、聚氨基甲酸乙酯或丙烯酸树脂等材料，缓冲层一般采用硅树脂；二次涂覆层大多采用尼龙、聚乙烯或聚丙烯等套塑层。通常所说的光纤是指涂覆后的光纤，称光纤芯线。如图 4.4 所示是目前使用最为广泛的两种光纤结构，图 4.4（a）所示为紧套光纤（光纤不能在套管中活动），图 4.4（b）所示为松套光纤（光纤能在套管中活动）。

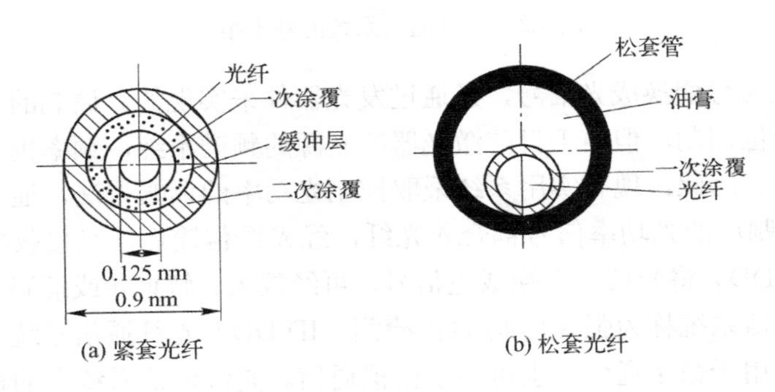

图 4.4　光纤芯线结构

2. 光纤的分类

光纤可以根据不同的方法进行分类。

（1）按光纤的材料来分，通常有石英玻璃光纤和全塑光纤。石英玻璃光纤主要材料是 SiO_2，并添加 GeO_2、B_2O_2、$P2O_3$ 等。这种光纤有很低的损耗和中等程度的色散，目前通信用光纤绝大多数是石英玻璃光纤。全塑光纤具有损耗大、纤芯直径大及制造成本低等特点，目前全塑光纤适合于较短距离的应用，如室内计算机连网等。

（2）按折射率分布来分，通常可分为阶跃型光纤和渐变型光纤。阶跃型光纤（SI）又称突变型光纤。它的纤芯和包层的折射率是均匀的，纤芯和包层的折射率呈阶跃形状，如图 4.5（a）所示。

渐变型光纤（GI）的纤芯折射率随着半径的增加而按一定的规律减小，到纤芯与包层的交界处为包层的折射率，即纤芯中折射率的变化呈抛物线形，如图 4.5（b）所示。

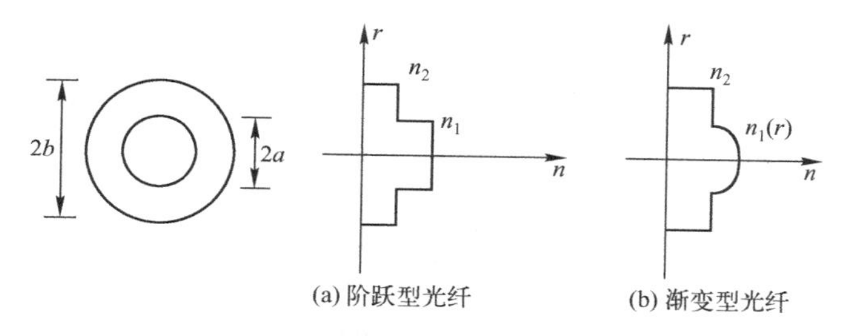

图 4.5　光纤的折射率分布

（3）按传输光波的模式来分。所谓模式，实质上是电磁波的一种分布形式。模式不同，其分布不同。根据光纤中传播模式数量来分，可分为单模光纤和多模光纤。多模光纤是一种传输多个光波模式的光纤。按多模光纤截面折射率的分布可分为阶跃型多模光纤和渐变型多模光纤。其光射线轨迹如图 4.6（a）和（b）所示。阶跃型多模光纤的纤芯直径一般为 50～75μm，包层直径为 100～200μm，由于其纤芯直径较大，所以传输模式较多。这种光纤的传输性能较差，带宽较窄，传输容量也较小。渐变型多模光纤的纤芯直径一般也为 50～75μm，这种光纤频带较宽，容量较大，是 20 世纪 80 年代采用较多的一种光纤形式。所以一般多模光纤指的是这种渐变型多模光纤。单模光纤是只能传输一种光波模式的光纤。单模光纤只能传输主模，不存在模间时延差，具有比多模光纤大得多的带宽。单模光纤的直径很小，约为 4～10μm，其带宽一般比渐变型多模光纤的带宽高一两个数量级，因此，它适合于大容量、长距离通信，其光射线轨迹如图 4.6（c）所示。

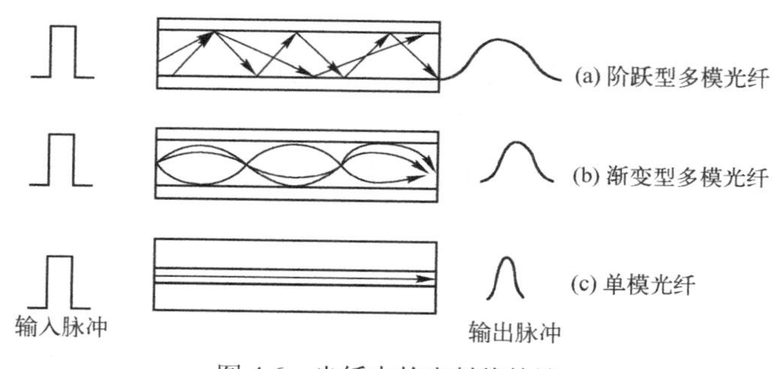

图 4.6　光纤中的光射线轨迹

4.2.2　光纤的导光原理

当光在远大于光波长的介质中传播时，光可用一条表示光传播方向的几何直线来表示，这条几何直线就称为光射线。用光射线理论来研究光波传输特性的方法称为射线法。

1．光波在两介质交界面的反射和折射

如图 4.7 所示，有两个半无限大的均匀介质，其折射率分别为 n_1、n_2，x=0 的平面为两介质的交界面，x 轴为界面的法线。

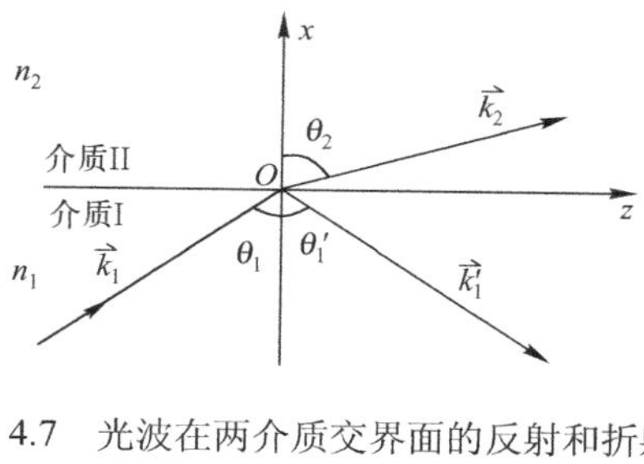

图 4.7　光波在两介质交界面的反射和折射

光射线从 $\vec{k}_1$ 方向由介质 I 投射到界面上，这时将

发生反射和折射，一部分光波沿 $\vec{k}_1'$ 方向返回介质Ⅰ，称为反射波；另一部分光波沿 $\vec{k}_2$ 方向进入到介质Ⅱ，称为折射波。图中 $\vec{k}_1$、$\vec{k}_1'$、$\vec{k}_2$ 分别表示入射线、反射线和折射线的传输方向，它们和法线之间的夹角分别为入射角、反射角和折射角，用 θ_1、θ_1' 和 θ_2 表示。

由菲涅尔定律可知：

$$\theta_1=\theta_1' \tag{4.1}$$

$$n_1\sin\theta_1=n_2\sin\theta_2 \tag{4.2}$$

式（4.1）为反射定律，它确定了反射角和入射角的关系；式（4.2）为折射定律，它确定了折射角和入射角的关系。

2．光波的全反射

由图 4.7 可以看出，当光射线由介质Ⅰ射向介质Ⅱ时，若 n_1 大于 n_2，则介质Ⅱ中的折射线将离开法线而折射，此时的 θ_2 必大于 θ_p，如果入射角增加到某一值而正好使得 $\theta_2=90°$ 时，折射线将沿界面传输，我们将此时的入射角称为临界角，用 θ_c 表示。根据折射定律

$$n_1\sin\theta_1=n_2\theta_2$$

将$\theta_2=90°$，$\theta_1=\theta_c$ 代入上式，则

$$\sin\theta_c=\frac{n_2}{n_1} \tag{4.3}$$

这时如果再继续增大入射角，即$\theta_1>\theta_c$，则折射角 θ_2 必大于 90°，此时光射线不再进入介质Ⅱ，而由界面全部反射回介质Ⅰ，这种现象称为全反射。

由此可见，产生全反射的条件是：

（1）光纤纤芯的折射率 n_1 一定要大于光纤包层的折射率 n_2，即 $n_1>n_2$。

（2）进入光纤的光线向纤芯-包层界面射入时，入射角 θ_1 应大于临界角 θ_c，即

$$90°>\theta_1>\theta_c$$

3．用射线法分析光纤的导光原理

以阶跃型光纤为例来说明光纤的导光原理。

当光波射入光纤的纤芯时，一般都会出现两种情况。一种是光线在通过轴心的平面内传播，这种光线称为子午线；另一种是光线在光纤中传播时不通过轴心。为了简化分析，下面仅对子午线光线传播过程进行讨论。

由前面分析可知，要使光信号能够在光纤中长距离传输，必须使光线在纤芯和包层交界面上形成全反射，即入射角 θ 必须大于临界角θ_c。

如图 4.8 所示表示出光线从空气中以入射角 θ 射入光纤端面的情况（空气折射率 $n_0=1$，而纤芯石英折射率 $n_1=1.5$），此时，光从低折射率介质向高折射率介质传播，根据折射定律，入射角 θ 大于折射角 θ_i。

图 4.8（a）是一种特殊的情况，即进入光纤纤芯中的光射入纤芯与包层界面的入射角 θ 等于临界角θ_c，由图可知，折射角 θ_i 可以表示为：

$$\theta_i=\frac{\pi}{2}-\theta_c$$

根据折射定律可得：

$$n_0 \sin\theta = n_1 \sin\left(\frac{\pi}{2} - \theta_c\right)$$

因 n_0=1，并对上式进行简单的代数变换可得：

$$\sin\theta = \sqrt{n_1^2 - n_2^2} \approx n_1\sqrt{2\Delta} \tag{4.4}$$

式中，$\Delta = \frac{n_1 - n_2}{n_1}$，称为纤芯与包层相对折射率差。

当光从空气中射入光纤端面的入射角大于 θ，折射光线射向纤芯与包层界面的入射角应小于临界角，不能满足全反射条件，这种光将很快在光纤中衰减，不能远距离传输。如图 4.8（b）所示。当光从空气中射入光纤端面的入射角小于 θ，折射光线射向纤芯与包层界面的入射角应大于临界角，满足全反射条件，这种光就能以全反射的形式在光纤中进行远距离传输。如图 4.8（c）所示。

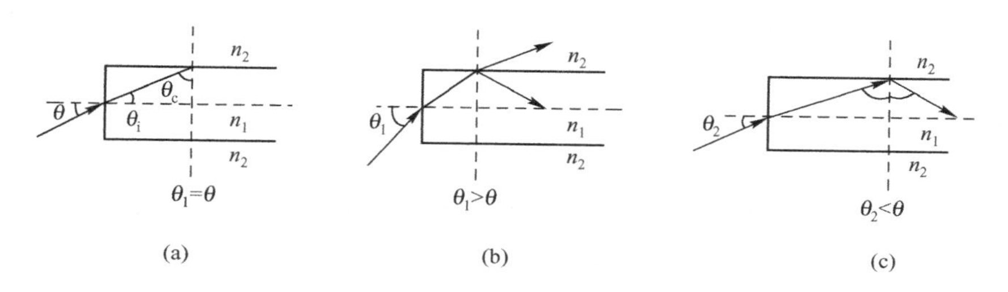

图 4.8　光纤的最大入射角

由此可见，只有端面入射角小于 θ 角的光线才在光纤中以全反射的形式向前传播。此 θ 角称为光纤波导的孔径角，通常用 θ_{max} 表示，而把其正弦函数定义为光纤的数值孔径，用 N_A 表示，即

$$N_A = \sin\theta_{max} = n_1\sqrt{2\Delta} \tag{4.5}$$

光纤的数值孔径表示光纤接收入射光的能力。N_A 越大，即 θ_{max} 越大，光纤接收光的能力也越强。作为通信使用的多模光纤波导的 Δ 值通常约为 1%，如果 n_1 为 1.5，则 N_A=0.2。

以上分析的是光波在阶跃型光纤中的传播情况，对于渐变型光纤，我们可以将纤芯分割成无数个同心圆，每两个圆之间的折射率可以看成是均匀的，那么光在这种介质中传播时，将会不断发生折射，形成弧线波形的轨迹。

4.2.3　光纤的损耗特性及色散特性

1. 光纤的损耗特性

光波在光纤中传输，随着传输距离的增加而光功率逐渐下降，这就是光纤的传播损耗。假定光纤长 L（km），输入光功率 P_i（mW），输出光功率 P_o（mW），光纤损耗常数 α 为：

$$\alpha = \left(10\lg\frac{P_i}{P_o}\right)/L\text{（dB/km）} \tag{4.6}$$

不同波长的光在光纤中传输损耗是不同的，在 0.85μm、1.31μm、1.55μm 附近，损耗有较小值，所以称这三个波长为光纤的三个窗口。0.85μm 的损耗常数最大，为 2.5dB/km；1.31μm

的损耗常数居中，为 0.35dB/km；1.55μm 的损耗常数最小，为 0.25dB/km。形成光纤损耗的原因很多，主要由光纤材料的吸收、散射性能以及光纤结构不完善（弯曲、微弯等）引起的，下面我们仅对吸收损耗和散射损耗进行简单分析。

（1）吸收损耗。吸收损耗是光波通过光纤材料时，有一部分光能变成热能，造成光功率的损失。引起吸收损耗的主要原因有两个：一是材料固有因素引起的本征吸收；二是因材料不纯引起的杂质吸收。

① 本征吸收。本征吸收是光纤基础材料（如 SiO_2）固有的吸收，对于石英系光纤，本征吸收有两个吸收带，分别为紫外吸收带和红外吸收带。紫外区的波长范围是 0.006μm～0.39μm。紫外吸收是光纤材料电子跃迁所产生的，所谓电子跃迁是指电子所处能级的变化。石英玻璃中电子跃迁产生的吸收峰在紫外区的 0.12μm 附近，它影响的区域很宽，其吸收带的尾部可拖到 1μm 以上的波长。此外，当在石英玻璃中掺入 GeO_2 时，紫外吸收峰将移至 0.165μm 左右，吸收峰的尾端将移至 0.363μm。由此可见，紫外吸收对于石英光纤在红外区工作的影响不大。例如，对于 0.6μm 以上的可见光区，紫外吸收损耗高达 1dB/km，在 1.2μm 波长大约是 0.1dB/km，当波长为 1.31μm 和 1.55μm 时，其损耗就可以忽略不计了。红外吸收的波长范围是 0.76μm～300μm。红外吸收损耗是由于在红外区材料的分子振动而产生的吸收。石英分子是四面体结构，有伸缩振动和曲线振动两种。振动的吸收损耗峰值高达 1×10^{10}dB/km，振动的基波波长分别为 9.1μm、12.5μm、21μm 和 36.4μm。所以石英玻璃在这四个基波波长处有吸收峰，吸收带的尾部可延伸到 1μm 左右，将影响到目前使用的石英系光纤通信的长波波段。

② 杂质吸收。它是由于光纤材料不纯净而引起的吸收损耗。光纤内的金属杂质（如 Fe、Cu、V、Mn 等）、OH 离子及 H_2 是造成杂质吸收的主要原因。它与制作工艺水平密切相关，随着技术水平的提高，已使这些金属杂质的浓度低于 1ppb（即十亿分之一）以下，基本解决了金属离子的吸收问题。但 OH 离子的吸收峰对光通信的长波长窗口的影响比较大，当 OH 离子的含量降到 1ppb 时，则在 1.38μm 处的吸收峰为 0.04dB/km，其尾部影响就更小了。

（2）散射损耗。散射是指光通过密度或折射率等不均匀的物质时，除了在光的传播方向以外，在其他方向也可以看到光，这种现象称为散射。例如，一玻璃杯清水，在侧面用手电筒照射，光会透过水杯。如果是一杯掺杂的浊水，情况就不同了，在用手电筒照射时，浊水中将出现亮点，光也不能透射到水杯的另一侧。其原因是由于光受到浊水中悬浮粒子的散射，光将发生严重衰减。

散射损耗是由于光纤的材料、形状、折射率分布等的缺陷或不均匀，使光纤中传播的光发生散射，由此产生的损耗称为散射损耗。散射损耗对光纤通信影响较大的是瑞利散射和结构缺陷散射。

① 瑞利散射。由于透明材料中分子级大小粒子的不均匀引起密度变化而造成的折射率变化，这种不均匀的微粒大小比光波长小时，产生的散射现象称为瑞利散射。瑞利散射的大小与波长的四次方成反比，所以光波长越长，瑞利散射损耗就越小；反之光波长越短，瑞利散射损耗就越厉害。因此在短波长 0.85μm 处，瑞利散射损耗的影响最大。

② 结构缺陷散射。光纤在制造过程中，由于结构缺陷将会产生散射损耗。结构缺陷包括气泡、未发生反应的原材料、纤芯和包层交界面的不完整、芯径的变化和光纤的扭曲等。

2．光纤的色散特性

光纤的色散是导致传输信号的波形畸变的一种物理现象。光脉冲在光纤中传播时，由于光脉冲信号存在不同频率成分或不同的模式，在光纤中传播的途径不同，达到终点的时间也就不同，产生了时延差，互相叠加起来，使信号波形畸变，表现为脉冲展宽。光纤色散限制了带宽，而带宽又直接影响通信容量和传输速率，因此光纤色散特性也是光纤的另一个重要性能指标。

光纤色散主要有材料色散、波导色散和模式色散。

（1）材料色散。材料色散是由于光纤纤芯的折射率随传输的光波长变化而造成的。光源不是发出一个波长的光，而是同时发出若干个不同波长的光。由于光纤纤芯对不同的光波长有不同的折射率，因而有不同的传播速度，这样造成光脉冲展宽现象，称为材料色散。对于石英材料制作的光纤，光波长在 1.31μm 附近，其色散趋于零，即在这个波长上没有脉冲展宽现象，通常称 1.31μm 为零色散波长。

（2）波导色散。波导色散是光纤的几何结构决定的色散，故也称为结构色散。光在纤芯内传播时，实际上由于光纤的几何结构、形状等方面的不完善会有部分光进入包层，由于纤芯和包层的折射率不同，这样造成脉冲展宽的现象，称为波导色散。

（3）模式色散。由于在多模光纤中存在很多模式，不同模式有不同的传播途径与不同的群速度，所以它们到达终端的时间也就不同，引起了时延差，从而产生脉冲展宽的现象，称为模式色散。单模光纤中只有传输基模，因此不存在模式色散，只有材料色散和波导色散。

4.2.4　光纤的连接

光纤的连接分为固定连接和活动连接两种形式。固定连接类似于电缆中的焊接，活动连接类似于插头和插座的连接。

1．光纤的固定连接

光纤的固定连接是光缆工程中使用最普遍的一种，其特点是光纤一次性连接后不能拆卸，主要用于光缆线路中光纤之间的永久性连接。光纤连接必须满足以下几点要求：

- 连接损耗要小（0.3dB 以下）。
- 连接损耗的稳定性好，在-20℃～60℃范围温度变化时不应有附加的损耗产生。
- 具有足够的机械强度和使用寿命。
- 接头体积小，密封性好。
- 便于操作，易于放置和保护。

目前光纤的固定连接有熔接法和非熔接法。

（1）非熔接法。它是利用简单的夹具夹固光纤并用黏合剂固定，从而实现光纤的低损耗连接。非熔接法主要包括：V 形槽拼接法、套管连接法及三芯固定法等。如图 4.9 所示是 V 形槽拼接法接头的侧面示意图。首先在 V 形槽中，对接光纤端面进行调整，使轴心对准之后黏结，再在上面放置压条，使两端光纤紧紧地被压在 V 形槽中，然后由套管将 V 形槽和压条一起套住。非熔接法的特点是操作方便简单，不需要价格昂贵的熔接机，但在连接处损耗较大，一般为 0.2dB 左右。非熔接法使用于有特别要求的场合，如油田、仓库等防火的地方。

（2）熔接法。熔接法是将光纤两个端头的芯线紧密接触，然后用高压电弧对其加热，使两端头表面熔化而连接。熔接法的特点是熔接损耗低，安全可靠，受外界影响小，但需要价格昂贵的熔接机。它是目前光缆线路施工和维护的主要连接方法。

2. 光纤的活动连接

光纤的活动连接是通过光纤连接器实现的。连接器有对接连接器和扩展光线连接器两大类。

（1）对接连接器。在这种连接中，两个要连接的光纤端面互相靠紧并对准，以便两根光纤的轴线重合。如图 4.10 所示是套管结构的对接连接器，这种连接器由插针和套筒组成。插针为一精密套管，光纤固定在插针里面。套筒也是一个加工精密的套管，两个插针在套筒中对接并保证两根光纤的对准。

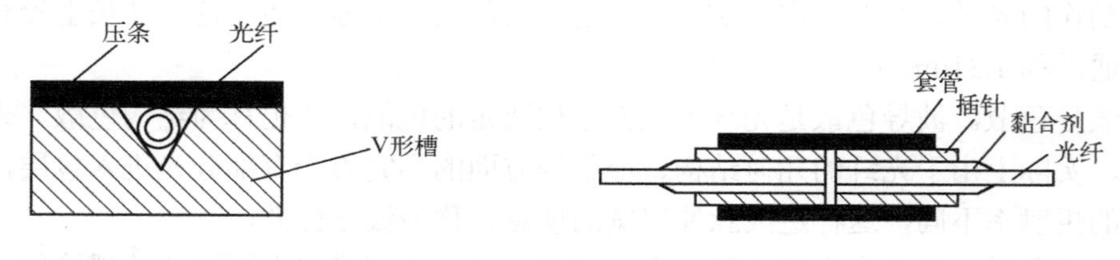

图 4.9　V 形槽接头（侧面）　　图 4.10　套管结构的对接连接器

由于这种结构设计合理，加工技术能够达到要求的精度，因而得到了广泛应用。

（2）扩展光线连接器。在这种连接中，发射光束由半个连接器增大，再由另外半个连接器缩小到与接收光纤的芯线尺寸一致。如图 4.11 所示为透镜耦合结构连接器的原理图，用透镜将一根光纤的发射光变成平行光，再由另一透镜将平行光聚焦导入到另一光纤中去。由于光束被展宽，因此即使连接过程中存在两边轴线不一致的情况，其影响也会大大减小。

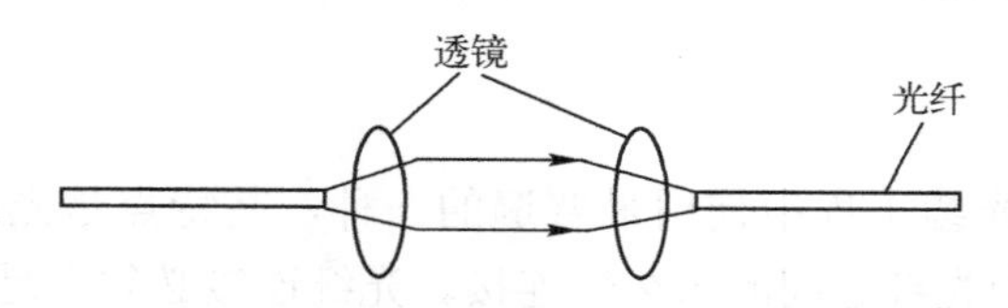

图 4.11　透镜耦合结构连接器的原理图

这种连接器的优点是降低了机械加工精度要求，使耦合更加容易实现。缺点是结构复杂，体积大，调整元件多，连接损耗大。在光通信中，尤其是干线上很少使用这类连接器，但在某些特殊场合，如在野战通信中这种结构仍有应用，因为野战通信距离短，环境尘土较大，可以容许损耗大一些，但要求快速接通。透镜能将光斑变大，接通更容易，正好满足这种需求。

4.2.5　光缆和光缆的敷设

前面所述的经过二次涂覆（套塑）的光纤芯线具有一定的抗拉强度，但还是比较脆弱，不能经受弯曲、扭曲、侧压力等的作用，所以只能用于实验室中，不能满足工程安装的要求。为了能使光纤用于多种环境条件下，并能顺利完成敷设施工，必须将光纤和其他元器件组合在一起制成不同结构的光缆。

1. 光缆的基本结构

为了满足不同的用途和不同的使用环境，光缆的结构形式多式多样，但不管其具体结构形式如何，光缆大体上都是由缆芯、加强元件和护层三部分组成。

（1）缆芯。缆芯是光缆的主体，是光纤芯线的组合。当前缆芯的基本结构大体上分为层绞式、骨架式、束管式和带状式四种类型，如图 4.12 所示，我国及欧亚各国用得最多的是层绞式和骨架式两种。

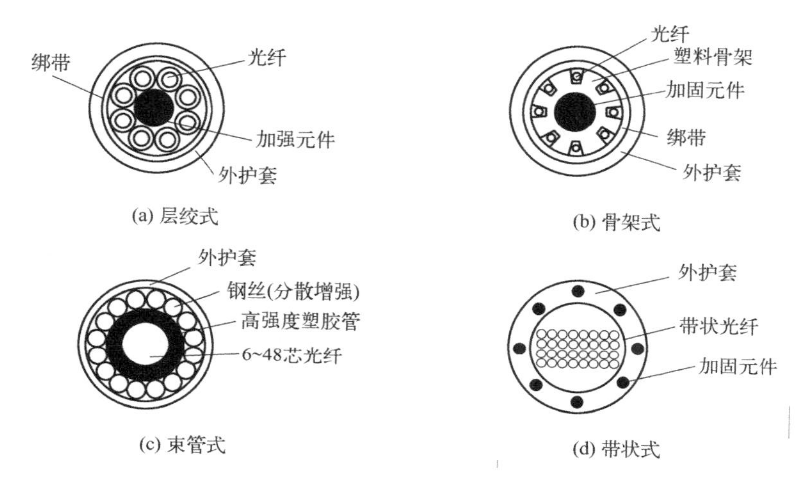

图 4.12　光缆的典型结构示意图

① 层绞式结构。它是将若干光纤芯线以加强元件为中心排成一层，隔适当的距离进行一次绞合的结构，光纤芯线有紧套光纤也有松套光纤。随着光纤数的增加，出现单元式绞合，即一个松套管就是一个单元，其内有多根光纤，也称单元式光缆。生产时先绞合成单元，再挤至松紧套，然后再绞合成缆。目前这种结构的光缆得到了大量的使用。

② 骨架式结构。这种结构是将光纤置放于塑料骨架的槽中，骨架的中心是加强元件，骨架上的沟槽可以是 V 形、U 形或其他合理的形状，槽纵向呈螺旋形。早期一个空槽只放置一根光纤，可以是一次涂覆光纤也可以是紧套光纤。现在的趋势是放置一次涂覆光纤，且一个槽内放置 5～10 根光纤。

由于光纤在骨架沟槽内具有较大的空间，因此当光纤受到张力时，可在槽内做一定的位移，从而减少了光纤芯线的应力应变和微变。这种光缆具有耐侧压、抗弯曲、抗拉的特点。

③ 束管式结构。束管式光缆结构近年来得到较快发展。它相当于把松套管扩大为整个缆芯，成为一个管腔，将光纤集中在其中。管内填充油膏，改善了光纤在光缆内受压、受拉、受弯曲时的受力状态，每根光纤都有很大的活动空间。相应的加强元件由缆芯的中央移至缆芯外部的护层中。

④ 带状式结构。它是将经过一次涂覆的光纤放入塑料带内做成光纤带，然后将几层光纤带按一定方式排列在一起构成光缆。这种光缆的结构紧凑，可以容纳大量的光纤（一般在 100 芯以上），满足作为用户光缆的需要。

（2）加强元件。光缆与电缆结构上最大的区别在于：由于光纤对任何拉伸、压缩、侧压等的承受能力很差，因而必须在光缆的中心线或四周配置加强元件。加强元件的材料可用钢丝或非金属合成纤维-增强型塑料（FRP）等。

（3）护层。如同电缆一样，光缆护层也是由内护层和外护层构成的多层组合体。护层的作用是进一步保护光纤，避免受外部机械力和环境损坏。因此要求护层不但具有抗拉、抗压、抗弯曲等机械性能，而且具有防潮、防水、耐化学腐蚀等性能。

目前，常用的光缆护层材料有聚乙烯（PE）、铝箔-聚乙烯黏结护层（PAP）、双面涂塑皱纹钢带（PSP）等。架空、管道光缆使用 PAP 内护层较多，直埋光缆用 PSP 较多，大多数光缆外护层均为 PE 材料。

2．光缆的敷设

（1）光缆敷设注意事项。光缆敷设是光缆线路工程中的关键步骤，为保证光缆的使用寿命和正常工作，光缆敷设应遵守下列规定：

① 光缆的弯曲半径不应小于光缆外径的 15 倍，施工过程中应不小于 20 倍。

② 用牵引方式布放光缆时，牵引力不应超过光缆最大允许张力的 80%，瞬间最大牵引力不超过允许张力的 100%，而且主要牵引力应加在光缆的加强元件上。

③ 布放光缆时，光缆必须由缆盘上方放出并保持松弛的弧形。光缆布放过程中应无扭转、严禁浪涌现象发生。

④ 机械牵引敷设时，牵引速度应保持在每分钟 20m 左右，牵引张力可以调节，当牵引力超过规定值时，应能自动报警停止牵引。

⑤ 人工牵引敷设时，速度要均匀，一般控制在每分钟 10m 左右，且牵引长度不宜过长，若光缆过长，可以分几次牵引。

⑥ 为了使光缆在发生意外断掉时能够接续，应每隔几百米留一定的余长，余长的长度一般可在 5%～10%范围内，也可以根据该地面未来可能造成的损坏预留一定的余长。为了使两根光缆的接头便于在地面操作，在接头处至少应留 10m 的余长。

⑦ 为了确保光缆敷设的质量和安全，施工过程中必须严密组织并有专人指挥。

（2）光缆敷设方式。常用的光缆敷设方式有架空、管道、直埋和水下等几种。

① 架空敷设。架空光缆要求电杆具有一定的机械强度，并应符合通信线路的建设标准。架空光缆的吊线一般采用 7/2.2mm（钢绞线股数/线径）的镀锌钢绞线，并采用挂钩进行固定，挂钩间距应使光缆所受的张力在允许范围之内，一般为 50cm。

使用滑轮架挂光缆时，在电杆和吊线上预先挂好滑轮（一般每 10～20m 挂一个滑轮），在光缆引上滑轮和引下滑轮处要减少垂度，以减小光缆所受的张力。然后在滑轮间穿好牵引绳，牵引绳系住光缆的牵引头，用一定的牵引力（不超过光缆的允许拉力）让光缆爬上电杆，吊挂在吊线上。

② 管道敷设。为了提高管道的利用率，常在管道中布放 3～4 根子管，每根子管穿入 1 根光缆。光缆穿入管道或子管时用牵引绳将其拉入，牵引力不宜过大，光缆进、出入孔和管道处要加设导向或喇叭口装置，避免尖棱角对牵引光缆造成阻力和伤害。对于不光滑的管道，在光缆表面应涂一些润滑剂。对于市内光缆敷设，主要采用管道、架空敷设。

③ 直埋敷设。直埋敷设是通过挖沟、开槽，将光缆直接埋入地下的敷设方式。一般情

况下光缆沟的深度为1.2m，沟底平坦清洁，决不允许石块等坚硬物留在沟中。光缆放入沟中，确认无异常后开始回填并在每隔 1000m 处设立标石，某些位置上还需设一定的标志，如光缆连接装置、穿越河床的位置、弯曲段位置等。目前长途干线光缆工程大多采用直埋敷设。

④ 水底敷设。水底光缆是指用于穿越河流、湖泊、岸滩等地形的光缆。敷设方法是用光缆船等机具将光缆布放水底后，在堤岸上进行固定。水底光缆的埋深应根据水深及土质情况确定，一般来说，水深不足8m（指枯水季节）的区段，埋深可分为0.5m、1.2m、1.5m 等档次。水深超过8m 的区段，一般可将光缆直接放在河床而不加掩埋。掩埋方法可采用水下冲挖机或人工冲挖机。不允许光缆在水中腾空，在堤岸上须设置“禁止抛锚”的水线标志牌。

4.3 光源和光电检测器

光纤、光源和光电检测器是光通信中不可缺少的三个部件，它们的并行发展是光纤通信发展的重要保证。前一节介绍了光纤的导光原理及光纤的传输特性等，在这一节主要介绍光源和光电检测器。

4.3.1 光源

光源的主要作用是将电信号变成光信号。目前光纤通信系统中常用的光源主要有半导体激光器（LD）和半导体发光二极管（LED）两种。在光纤通信中，占主导地位的是半导体激光器，它主要用于长距离、大容量的光纤通信系统中。

1. 光源的发光机理

光可被物质吸收，也可从物质中发射。光与物质相互作用存在三种不同的基本过程，即光子的自发辐射、受激吸收及受激发射。在物质的原子中存在一系列的能级，原子处于最低能级时称为基态 E_1，处于比基态大的能量状态时，称为激发态 E_i（i=2，3，…）。原子从低能级到高能级或从高能级返回到低能级的过程称为跃迁。下面以两能级系统（$E_1<E_2$）来说明三个过程。

（1）自发辐射。当原子处于高能级 E_2 时，不靠外界作用自发地返回到低能级 E_1，并发射出光子，这一过程称为自发辐射，如图 4.13（a）所示。发射出的光子频率 f_{12} 由发生跃迁的两能级差 E_2-E_1 决定，即

$$f_{12}=\frac{E_2-E_1}{h}=\frac{E_g}{h} \tag{4.7}$$

式中，h 为普朗克常数，等于 $6.626\times10^{-34}\,\mathrm{J\cdot s}$

$E_g=E_2-E_1$，称为能隙。

自发辐射产生的是非相干光波。

（2）受激吸收。在正常状态下，原子处于低能级 E_1 上，当有入射光子照射时，它会吸收光子能量而跃迁到高能级 E_2 上，这一过程称为受激吸收，如图 4.13（b）所示。

（3）受激发射。当原子处于高能级 E_2 时，若受到能量为 $hf_{12}=E_2-E_1$ 的外来光子照射而跃迁到低能级 E_1 时，就发射出光子，此时释放出的光子是与外来光子同频、同相、同偏振方向

的相干光，这一过程称为受激发射，如图 4.13（c）所示。

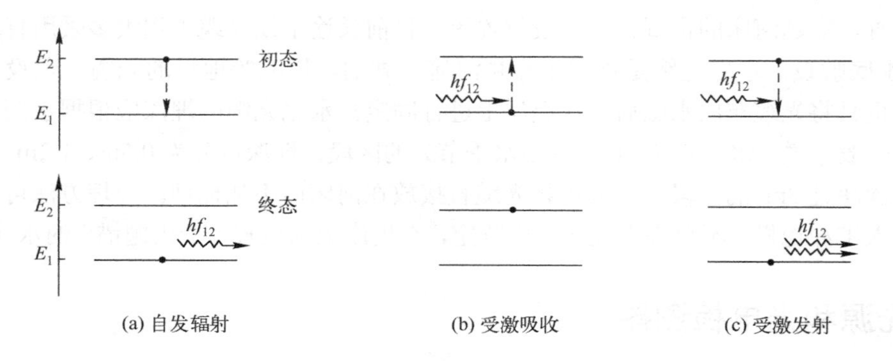

(a) 自发辐射　　(b) 受激吸收　　(c) 受激发射

图 4.13　光源的发光机理

发射出的光波的波长 λ 为：

$$\lambda=\frac{hc}{E_2-E_1}=\frac{1.24}{E_g}（\mathrm{m}）\tag{4.8}$$

半导体光源就是通过电子在能级间的跃迁而发光的。半导体发光二极管是因自发辐射而发光，发射的光子频率、相位、偏振状态及传播方向是无规律的，输出具有较宽频率范围的非相干光。半导体激光器是因受激发射而发光，发射的光子与外来的光子同频、同相、同偏振、同方向，输出相干光。

2．半导体激光器（LD）

（1）半导体激光器的结构。激光器属于激光自激振荡器，它通常由能够产生激光的工作物质、光学谐振腔和泵浦源三部分组成。工作物质在泵浦源的作用下，成为激活物质，从而具有光的放大作用；光学谐振腔提供反馈及进行频率选择。用半导体材料作为工作物质的，称为半导体激光器，它具有体积小、质量轻等特点。半导体激光器从结构上可分为同质结半导体激光器、单异质结半导体激光器及双异质结半导体激光器。它们都是采用电注入式的泵浦源，正偏压加到 PN 结上，利用半导体作为反射镜构成光学谐振腔。同质结半导体激光器的核心部分是一个由同一种半导体材料构成的 PN 结，由结区发出激光。它属于早期研制的激光器，主要缺点是阈值电流太高。异质结半导体激光器的“结”是由不同的半导体材料制成的。相对于发光区来说，如果一侧为不同半导体材料，则称为单异质结半导体激光器；如果两侧均为不同半导体材料，则称为双异质结半导体激光器。这种激光器的优点是降低了阈值电流，增加了发光强度。

（2）半导体激光器的主要工作特性

① *I-V* 特性。对于半导体激光器，当加上正向电压后，并不是立刻产生电流，而是当电压增加到某一值后激光器中才有电流通过，以后电流随着所加电压的增加而增大，如图 4.14 所示。通常要求在阈值电流附近的正向电压小于 2V，激光器串联电阻小于 5Ω。

② *P-I* 特性。*P-I* 特性是表示注入电流与激光器输出光功率之间的关系曲线，如图 4.15 所示。当注入电流小于阈值电流 I_t 时，输出荧光，功率很小；当注入电流增大，超过阈值电

流 I_t 时 P 值急剧增加，输出激光。由此可见，阈值电流 I_t 是曲线的转折点。

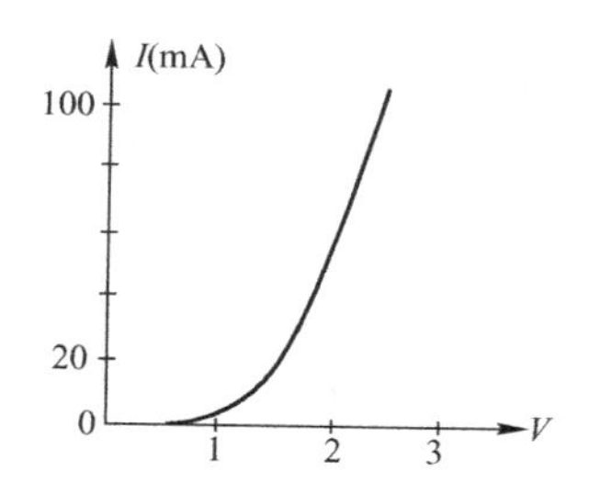

图 4.14　半导体激光器的 I-V 特性图

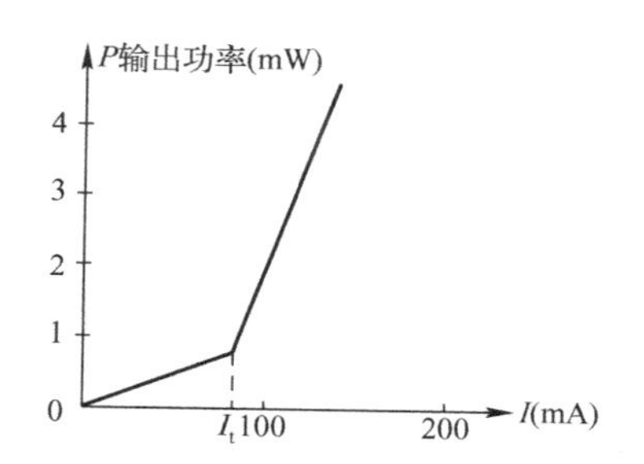

图 4.15　半导体激光器的 P-I 特性

为了使光纤通信系统稳定可靠地工作，希望阈值电流越小越好。半导体激光器是把电功率转换成光功率的器件。通常衡量激光器转换效率的是功率转换效率 η_P，它的定义是输出光功率与消耗的电功率之比，即

$$n_p = \frac{P}{I^2 R_s + IV} \tag{4.9}$$

式中，P 是输出光功率；

V 是 PN 结上加的正向电压；

I 是工作电流；

R_s 为串联电阻（包括半导体材料的体电阻和接触电阻）。

一般用于光通信的激光器的功率转换效率约为 5%～10%。

③ 光谱特性。半导体激光器的光谱随着注入电流变化。当 $I<I_t$ 时，输出的是荧光，因此光谱很宽，如图 4.16（a）所示，其宽度常达数百埃。当 $I>I_t$ 后，光谱突然变窄，谱线中心强度急剧增加，表明输出的是激光，如图 4.16（b）所示。

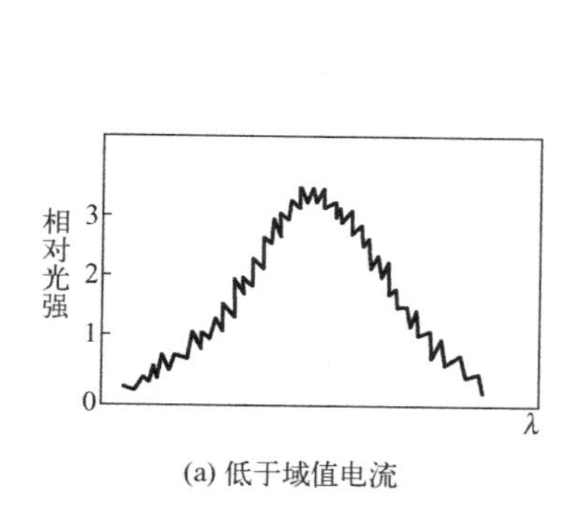

(a) 低于域值电流

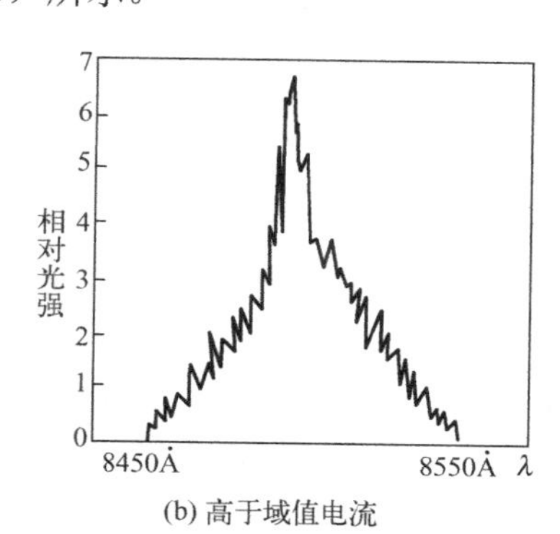

(b) 高于域值电流

图 4.16　GaAs 激光器的光谱

一般在观测激光器的光谱特性时，光谱曲线最高点所对应的波长为中心波长，而比最高点光功率低 3dB 时，曲线所占的宽度为谱线宽度。

④ 温度特性。激光器的阈值电流和光输出功率等随温度变化的特性称为温度特性。阈值电流随温度的升高而增大，其变化情况如图 4.17 所示。由图可以看出，温度对激光器的阈值电流影响很大，所以，为了使光纤通信系统稳定可靠地工作，一般都是采用各种自动温度

控制电路来稳定激光器的阈值电流和输出光功率。

⑤ 可靠性。半导体激光器的寿命是确定光纤通信系统可靠性的关键指标之一。激光器的寿命有两种定义：一种是在最大许可电流条件下激光器仍不能输出规定的光功率，则认为激光器寿命中止；另一种是在正常工作电流情况下输出光功率下降 3dB 时，则认为激光器寿命中止。

根据激光器退化的机理，可通过高温加速寿命试验来推算寿命，目前的 AlGaAs 激光器在室温条件下推算寿命达 130×10^4h，在 40℃时推算寿命为 27×10^4h。一般认为 AlGaAs 激光器实际寿命大于 10×10^4h，如果能再降低阈值电流，其寿命可进一步提高。

3. 半导体发光二极管（LED）

（1）半导体发光二极管的结构。半导体发光二极管是一种非相干光源。它的材料与半导体激光器一样，已实用的有 Al-GaAs 和 InGaAsP 等材料制成的半导体发光二极管。

半导体发光二极管大多采用双异质结芯片制成面发光型和边发光型。面发光型 LED 是在电极部位开孔，通过透明窗口射出光，发出的光的直径和多模光纤芯径差不多，以便与光纤（直径约 50μm 左右）匹配达到最佳耦合状态。而边发光型 LED 从边上发光，光发出的方向性、耦合效率都比面发光型好，因此发光亮度比面发光型高 5～10 倍。

（2）半导体发光二极管的工作特性。

① *P-I* 特性。*P-I* 特性是表示注入电流与发光二极管输出光功率之间的关系曲线，如图 4.18 所示。由于 LED 是无阈值电流器件，它随着注入电流的增加，输出光功率近似地呈线性增加。因此在进行调制时，其动态范围大，信号失真小。

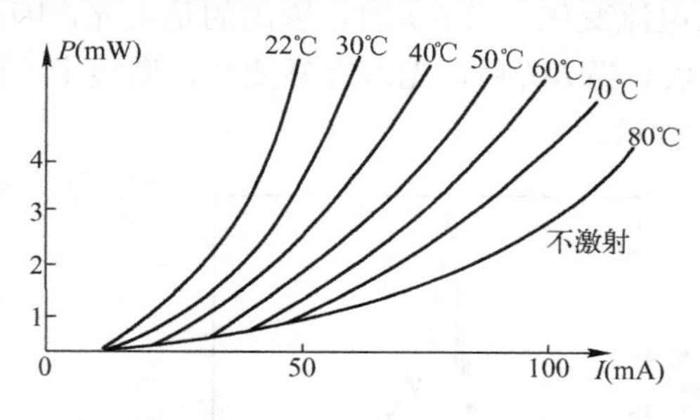

图 4.17　激光器阈值电流随温度的变化

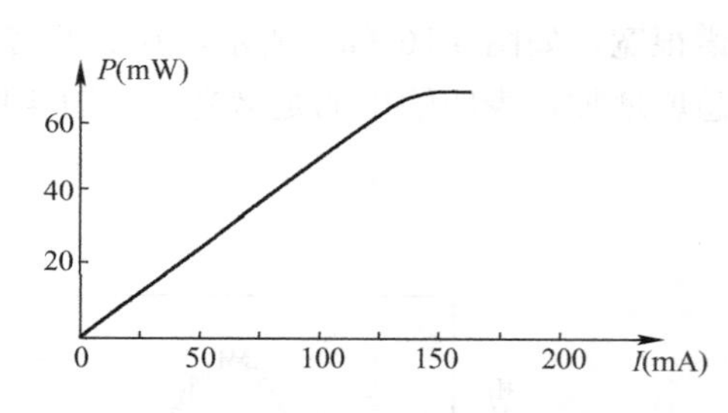

图 4.18　发光二极管的 *P-I* 特性

② 光谱特性。由于 LED 是属于自发辐射发光，因此，其谱线宽度要比 LD 宽得多，这对于高速率信号的传输是不利的。

③ 与光纤的耦合效率。半导体发光二极管发射出来的光的方向性比激光器差，它发射出的光束的发散角约在 40°～120°范围内，因此与光纤的耦合效率较低。一般它只适用于短距离传输。

④ 温度特性。由于激光器的阈值电流随温度变化而变化，而 LED 是无阈值器件，因此温度特性较好，一般不需加温控电路。

⑤ 可靠性。发光二极管的驱动电流密度尽管比激光器高，但寿命比激光器长。有关厂家对表面型发光二极管（AlGaAs 和 InGaAsP）进行高温通电试验，推算寿命为 10^7～10^8h。

从以上分析可以看出，尽管半导体发光二极管的输出光功率较低，光谱较宽，但由于光输出特性的线性好、使用简单、寿命长等优点，在中、低速率短距离光纤通信中还是得到广泛的应用。

4．光源的直接调制

直接调制是指电信号直接作用在光源上，对光源进行调制，这是目前广泛采用的调制方式。常用的直接调制方式有模拟信号的直接调制和数字信号的直接调制，下面分别予以介绍。

（1）模拟信号的直接调制。现以半导体发光二极管为例进行说明。所谓模拟信号直接调制就是直接让 LED 的注入电流跟随语音或图像等模拟量变化，从而使 LED 管的输出光功率跟随模拟信号变化，如图 4.19 所示。由图可知，为了使已调制的光波信号减小非线性失真，应适当选择直流偏置电流。

如图 4.20 所示是一个简单的模拟信号的调制电路。图中 VT 是提供 LED 管注入电流的晶体管，当信号从 A 点输入后，晶体管放大器集电极电流就跟随模拟量而变化，于是 LED 的输出光功率就跟随模拟量变化，就这样实现了对光源的调制。

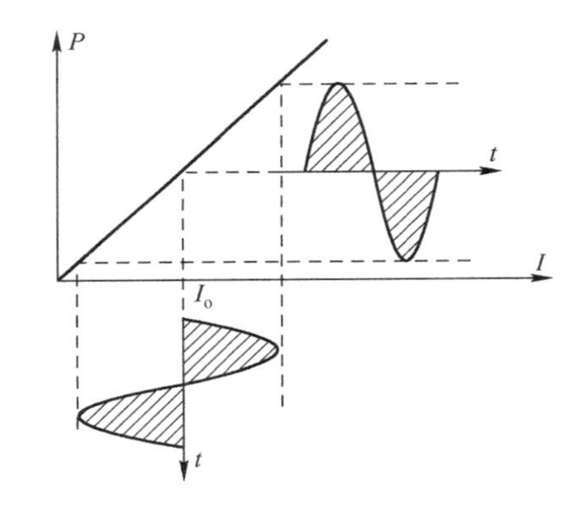

图 4.19　LED 模拟信号直接调制原理图

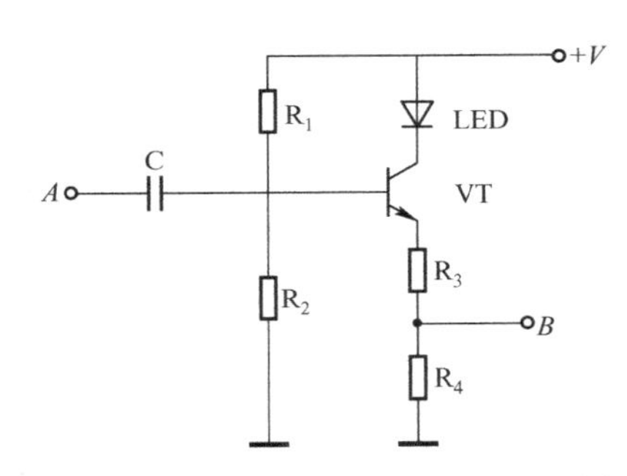

图 4.20　一种简单的模拟信号直接调制电路

（2）数字信号的直接调制。如果光纤通信系统所传的信号是 0、1 这种数字信号，用 LED 管进行数字信号直接调制的原理如图 4.21（a）所示。因 LD 是有阈值电流的器件，所以用 LD 管进行数字信号直接调制的原理如图 4.21（b）所示。图中 I_D 为调制电流，I_t 为阈值电流，I_B 为偏置电流，其中 I_B 比 I_t 稍小。

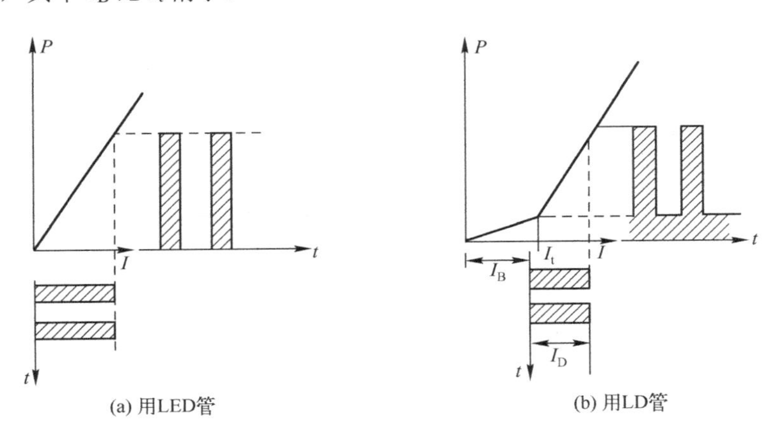

图 4.21　数字信号直接调制原理

如图 4.22 所示是一个简单 LED 的数字信号的调制电路，它是只有一级共发射极的晶体管调制电路，晶体管用做饱和开关。晶体管的集电极电流就是 LED 的注入电流，信号由 A 点接入。

0 码时晶体管不导通，LED 管没有注入电流而不发光；1 码时晶体管导通，注入电流注入到 LED 管，使得 LED 管发光，从而实现了数字信号调制。

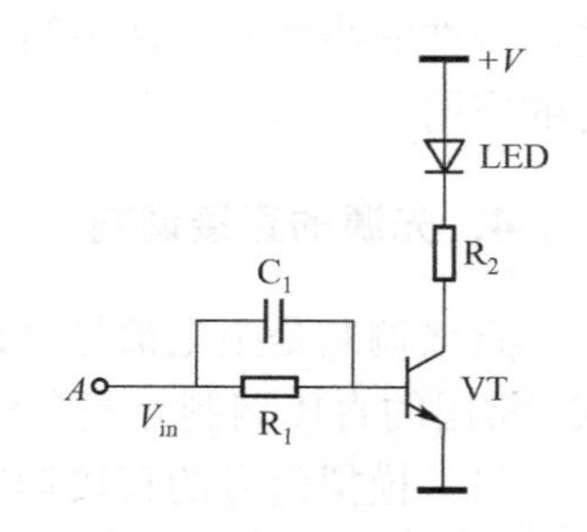

图 4.22　一种简单的 LED 数字信号直接调制电路

4.3.2　半导体光电检测器

光电检测器是将光信号变成电信号的器件。目前光纤通信系统中常用的是半导体激光器 PIN 光电二极管和 APD 雪崩光电二极管。它们都是基于半导体材料的光电效应来实现光/电转换的。

1．半导体的光电效应

当光照射到半导体的 PN 结上，若光子能量足够大，便发生受激吸收，即价带的电子吸收光子的能量跃迁到导带，形成电子–空穴对（光生载流子），这种现象称为半导体的光电效应。

光生载流子在外加负偏压和内建电场的作用下，电子向 N 区漂移，空穴向 P 区漂移，形成光生电流 I_P，从而在电阻 R_L 上有信号电压输出，如图 4.23 所示。这样，就实现了输出电压跟随输入光信号变化的光电转换作用。

2．PIN 光电二极管

利用上述光电效应可以制造出简单的 PN 结光电二极管。为了提高它的响应速度和转换效率，一般在制造工艺上做一些改进，即在 P 型材料和 N 型材料之间加入一层轻掺杂的 N 型材料，称为 I（Intrinsic 本征的）层。由于是轻掺杂，故电子浓度很低，经扩散作用后可形成一个很宽的耗尽层，人们将这种结构的光电二极管称为 PIN 光电二极管，如图 4.24 所示。制造这种晶体管的本征材料可以是 Si 和 InGaAs，通过掺杂后形成 P 型材料和 N 型材料。

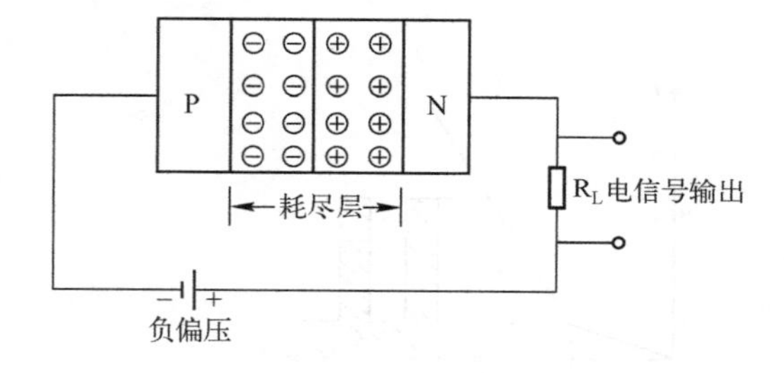

图 4.23　半导体材料的光电效应

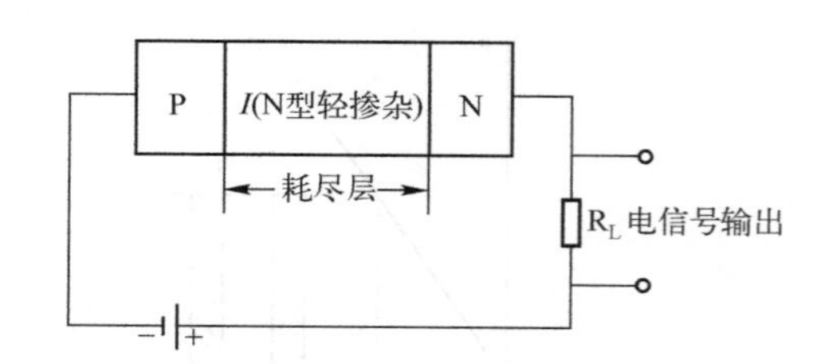

图 4.24　PIN 光电二极管图

当 PIN 结加上负偏压后，入射光主要在耗尽层内被吸收并产生电子–空穴对，在耗尽层反电场作用下，电子以极快的速度向 N 区漂移，空穴以极快的速度向 P 区漂移，形成了漂移电流。电子和空穴载流子通过两边的 P 层和 N 层区内时，因没有电场作用，是以较慢的速度做扩散运动的，但由于 P 层和 N 层都很薄，所以总的说来，载流子通过 PIN 结的时间很短，因而提高了它的响应速度，可以检波出高调制频率的光信号。

由于 PIN 管具有结构简单、可在 20V 左右的低电压下工作等优点，所以被广泛地应用于光接收机灵敏度要求不太高的中、短距离的光纤通信系统中。

3. APD 雪崩光电二极管

APD 雪崩光电二极管与 PIN 光电二极管一样，是通过吸收入射光产生电子−空穴对，在 PN 结上加反偏压后取出信号的。它与 PIN 管不同之处是 PN 结上加上高负偏压（一般为几十伏或几百伏），使耗尽层产生很强的电场。在高电场区内光生载流子被强电场加速，获得高的动能，与晶格的原子发生碰撞，使晶格原子电离，产生新的电子−空穴对。新产生的电子−空穴对在强电场中又被加速，再次碰撞，又激发出新的电子−空穴对。如此多次碰撞，产生连锁反应，从而使光电流雪崩式倍增。如图 4.25 所示。

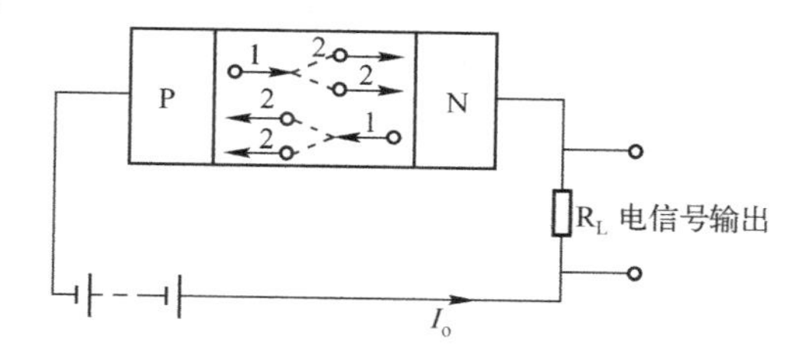

图 4.25　APD 载流子雪崩式倍增示意图

由于 APD 雪崩光电二极管是一个高灵敏度的光电检测器，它的响应度高，且器件的体积小，工作电压不太高（约为 100V 左右），所以常常被用于长距离的光纤通信系统中。

4. 半导体光电检测器的特性

衡量光电检测器 PIN 和 APD 性能的主要技术指标有以下几项。

（1）响应度 R_0。响应度是描述器件光电转换能力的一种物理量。响应度 R_0 定义为：

$$R_0 = \frac{I_p}{P_o}\text{（A/W）} \tag{4.10}$$

式中，I_p 为光电检测器的平均输出电流；

P_o 为光电检测器的平均输出光功率。

（2）响应特性。响应特性是指光电二极管产生的光电流跟随入射光信号变化的能力，一般用脉冲响应时间来表示。脉冲响应时间可以是脉冲上升时间或脉冲下降时间。把光生电流脉冲前沿由最大幅度的 10%上升到 90%的时间定义为脉冲上升时间；而把光生电流脉冲后沿由最大幅度的 90%下降到 10%的时间定义为脉冲下降时间。

响应时间主要决定于半导体光电二极管的结电容、光生载流子在耗尽区内的渡越时间和耗尽层外载流子扩散引起的延迟。显然，一个快速响应的光电检测器，它的响应时间一定是短的。

（3）暗电流 I_D。暗电流是指没有光入射时的反向电流。暗电流主要包括反向饱和电流、在耗尽层内产生的复合电流以及表面漏电流等。

由于暗电流直接引起光接收机噪声增大，因此人们总是希望器件的暗电流越小越好。

（4）雪崩倍增因子 G。雪崩倍增因子 G 是描述 APD 发光二极管的倍增程度，定义为：

$$G = \frac{I}{I_p} \tag{4.11}$$

式中，I 为雪崩时的光电流；

I_p 为无雪崩倍增的光电流。

现有 APD 管的 G 已达到几十甚至上百，它随反向偏压、光波长和温度而变化。

4.4 光纤通信系统

光纤通信系统主要由光发射机、光纤、光接收机和光中继器四部分组成。目前广泛使用的是强度调制-直接检波数字光纤通信系统。在这一节主要介绍这一系统的光发射机、光接收机和光中继器的基本组成及主要性能指标。

4.4.1 光发射机

光发射机是由信道编码电路、光源及光源驱动与调制电路三部分组成，如图 4.26 所示。光源已在上一节予以介绍，本节主要介绍信道编码和光源驱动与调制电路。

1. 信道编码电路

信道编码电路的功能是对基带信号的波形和码型进行转换，使其适于作为光源的控制信号。

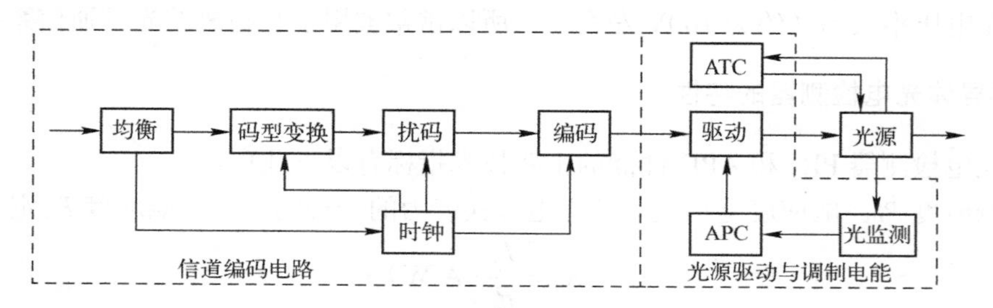

图 4.26 光发射机组成框图

（1）均衡器。由于在实际的系统中总是存在不同程度的码间干扰，往往在系统中加入均衡器，用以校正这些失真。本系统中由 PCM 端机送来的 HDB3（三阶高密度双极性码）或 CMI（传号反转码）码流，首先需要经过均衡，用于补偿由电缆传输产生的衰减和畸变，以便正确译码。

（2）码型变换。由均衡器输出的是 HDB3 或 CMI 码，HDB3 码是三值双极性码（即+1、0、-1），CMI 码是归零码。由于光源不能发射负脉冲，因此要通过码型变换电路，将其变换成适合于光纤传输的单极性的非归零的 0、1 码（即 NRZ 码）。

（3）扰码。若信息码流中出现长连 0 和长连 1 的情况，将会给时钟信号的提取带来困难。为了避免出现这种情况，需要附加一个扰码器，将原始的二进制码序列加以变换，使之达到 0、1 等概率出现。相应地，在光接收机的判决器后加一个解扰器，以恢复原始序列。扰码改变了 1 码与 0 码的分布，从而改善了码流的一些特性。例如，

扰码前：1100000001000…

扰码后：1101110110011…

（4）编码。经过扰码后的码流，尽量使得 1、0 的个数均等，便于接收机提取时钟信号，但扰码后的码流仍具有一些缺点，如没有引入冗余，不能进行在线误码检测，信号频谱中接近于直流的分量较大，不能解决直流分量的波动等问题。因此，在实际的光纤通信系统中，

对扰码后的码流再进行编码，以便满足光纤通信对线路码型的要求。

（5）时钟提取。由于码型变换、扰码和编码的过程都需要以时钟信号为依据，因此，在均衡电路之后，由时钟提取电路提取时钟信号，供码型变换、扰码和解码电路使用。

2. 光源驱动与调制电路

光源驱动电路功能是将电信号转换成光信号，并将光信号送入光纤。

（1）光源驱动电路。经过编码以后的数字信号控制光源发光的驱动电流。若驱动电流为零（信码为 0）则不发光，若驱动电流为预先规定的值（信码为 1）则发光，从而完成了电/光转换任务。

（2）自动光输出功率控制电路（APC）。由于光源经过一段时间使用将出现老化，使输出光功率降低，另外，激光器的光输出功率随温度的变化而变化，因此为了使光源的输出功率稳定，在实际使用的光发射机中常使用自动功率控制（APC）电路。它一方面使光输出功率保持稳定，另一方面防止光源因电流过大而损坏。

（3）自动温度控制电路（ATC）。对激光二极管而言，结温升高时光输出功率会明显下降，在 APC 电路的作用下控制发光的驱动电流就会自动增加，使得结温进一步升高，这样就造成恶性循环，从而导致激光二极管损坏，所以在光发射电路中使用 ATC 电路来控制光源的温度。

4.4.2 光接收机

光接收机由光电检测器、光信号接收电路及信道解码电路三部分组成，如图 4.27 所示。光电检测器已在上一节予以介绍，本节主要介绍光信号接收电路和信道解码电路。

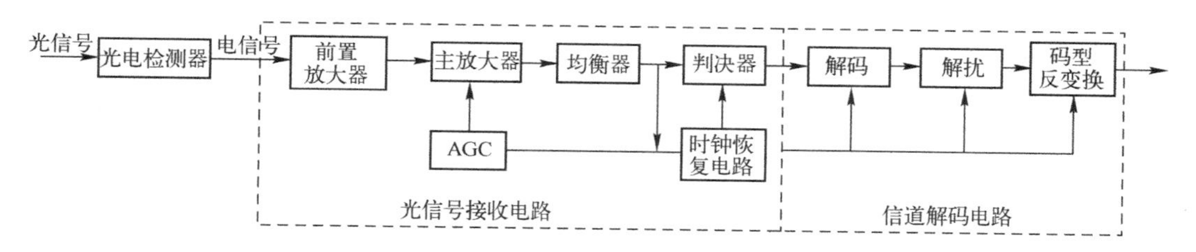

图 4.27 光接收机组成框图

1. 光信号接收电路

（1）前置放大器。由于从光电检测器出来的电信号非常微弱，在对其进行放大时要经过多级放大器进行放大。第一级放大必须考虑抑制放大器的内部噪声，因此它必须是低噪声、高增益的低噪声放大器，一般输出为毫伏数量级。

（2）主放大器。将低噪声放大器输出的信号电平放大到判决电路所需要的信号电平。另外，它还必须具有增益可调的功能。当光电检测器输出的信号出现起伏时，通过光接收机的自动增益控制电路对主放大器的增益进行调整，使主放大器的输出信号幅度在一定范围内不受输入信号的影响。一般输出电平的峰-峰值是几伏的数量级。

（3）均衡器。经过均衡器，补偿由光缆传输光电转换和放大后产生的衰减和畸变，使输出信号的波形适合于判决，以消除码间干扰，减少误码率。

（4）判决器和时钟恢复电路。判决器是由判决电路和码型形成电路构成的。判决器和时钟恢复电路合起来构成脉冲再生电路的作用是将均衡器输出的信号恢复为0或1的数字信号。

（5）自动增益控制电路（AGC）。光接收机的自动增益控制电路是主放大器的反馈环路，当信号强时，则通过反馈环路使主放大器的增益降低；当信号弱时，则通过反馈环路使主放大器的增益提高，从而使送到判决器的信号稳定，有利于判决。显然，自动增益控制电路的作用是增加了光接收机的动态范围。

2. 信道解码电路

信道解码电路是与发送端的信道编码电路相对应的，由解码、解扰和码型反变换电路组成。

因为光发射机输出的信号是经过码型变换、扰码和编码处理的，这种信号经过光纤传输到接收机后，必须由信道解码电路对信号进行一系列的“复原”处理，将它恢复成原始信号才能送入 PCM 系统。

4.4.3 光中继器

光脉冲信号经过若干距离后，由于光纤损耗和色散的影响，将使光脉冲信号的幅度受到衰落，波形出现失真。这样，就限制了光脉冲信号在光纤中做长距离的传输。为此就需要在光波信号经过一定距离的传输后，加一个光中继器，用以放大衰减的信号，恢复失真的波形，使光脉冲得到再生。

目前所使用的光中继器主要有半导体光放大器和光纤放大器两类。

1. 半导体光放大器

半导体光放大器组成如图 4.28 所示，它是由一个没有信道解码的光接收机和没有信道编码的光发射机相接构成的，是光/电/光转换形式的中继器。

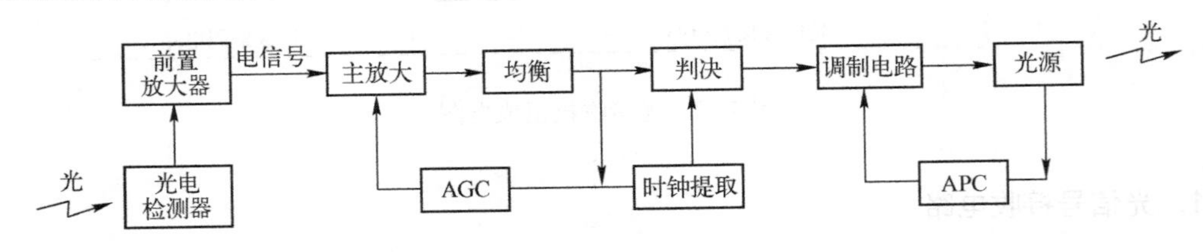

图 4.28 半导体光放大器组成框图

显然，一个幅度受到衰减、波形发生畸变的信号经过半导体光放大器放大、再生之后，就可以恢复为原始的形状。

2. 光纤放大器

光纤放大器是直接对光信号进行放大的光中继器，它无须经过光/电/光的转换过程。目前掺铒光纤放大器得到了广泛的应用。20 世纪 80 年代末期，波长为 1.55μm 的掺铒光纤放大器（EDFA，Erbium-DopedFiberAmplifier）研制成功并投入使用，解决了全光通信的关键问题，成为光纤通信发展史上一个重要的里程碑。

（1）掺铒光纤放大器（EDFA）的结钩。如图 4.29 所示为 EDFA 的基本结构示意图，它主要由掺铒光纤、泵浦光源、光耦合器、光隔离器以及光滤波器等组成。

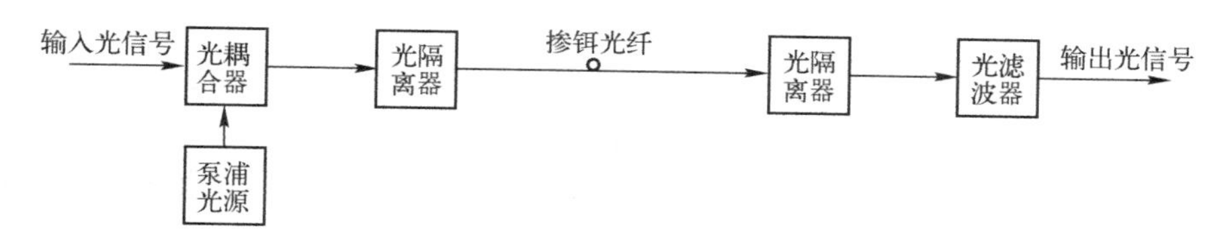

图 4.29 掺铒光纤放大器结构示意图

掺铒光纤是一段长度大约为 10～100m 的石英光纤，纤芯中注入稀土元素铒离子 Er^{+3}，浓度为 25mg/kg。

泵浦光源为半导体激光器，输出功率约为 10～100mW，工作波长为 0.98μm。光耦合器是将输入信号和泵浦光源输出的光波混合起来的无源光器件。光隔离器是防止反射光影响光放大器的工作稳定性，保证光信号只能正向传输的器件。光滤波器的作用是滤除光放大器的噪声，降低噪声对系统的影响，提高系统的信噪比。

（2）掺铒光纤放大器（EDFA）的原理。由理论分析知道，在掺铒光纤（EDF）中的铒离子（Er^{+3}）有三个能级：其中能级 E_1 代表基态，能量最低；能级 E_2 代表亚稳态，处于中间能级；能级 E_3 代表激发态，能量最高，如图 4.30 所示。

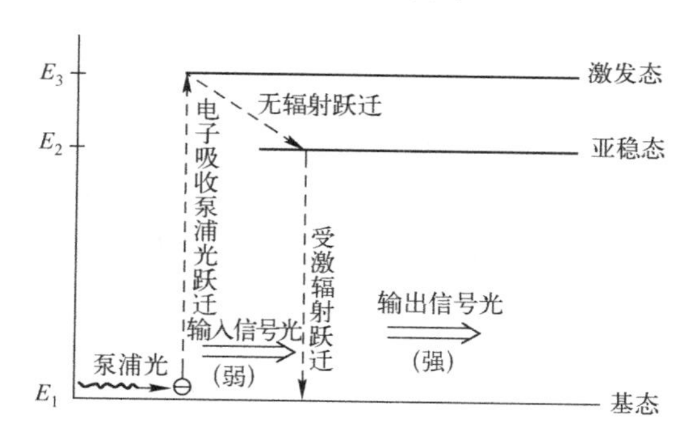

图 4.30 铒离子能带图

在未受任何光激励的情况下，铒离子处在最低能级 E_1 上。当泵浦光源的激光不断地激发光纤时，由于泵浦光的光子能量等于铒离子的能级 E_3 和能级 E_1 的能量差，铒离子吸收泵浦光从基态跃迁到激发态（$E_1 \rightarrow E_3$）。但是激发态是不稳定的，Er^{+3} 很快返回到亚稳态 E_2 能级。如果输入的信号光的光子能量等于能级 E_2 和能级 E_1 的能量差，则处于能级 E_2 的 Er^{+3} 将跃迁到基态 E_1（$E_2 \rightarrow E_1$），产生受激发射，因而信号光得到放大。由此可见，这种放大是由于泵浦光的能量转换为信号光的结果。一般泵浦光功率转换为信号光功率的效率很高，可达到 92.6%。

（3）掺铒光纤放大器（EDFA）的优点和应用。EDFA 的主要优点如下：

① 工作波长正好落在 1.53～1.56μm 范围，与光纤的最小损耗窗口一致。

② 增益高，约为 30～40dB；饱和输出光功率大，约为 10～15dBm（若平均光功率为 PμW，dBm 为 $10l_g$（$P \times 10^3$）的单位）。

③ 噪声指数小，一般为 4～7dB；用于多信道传输时，隔离度大，无串扰，使用于波分复用系统。

④ 频带宽，在 1.55μm 窗口，频带宽度为 20～40nm，可进行多信道传输，有利于增加容量。

⑤ 连接损耗低，因为是光纤型放大器，因此与光纤连接比较容易，连接损耗可低至 0.1dB。1.55μm EDFA 在各种光纤通信系统中得到广泛应用，应用形式归纳起来有三种：

a. 光中继器。用 EDFA 代替半导体光放大器，对线路中的光信号直接进行放大，使得全光通信技术得以实现，如图 4.31 所示。

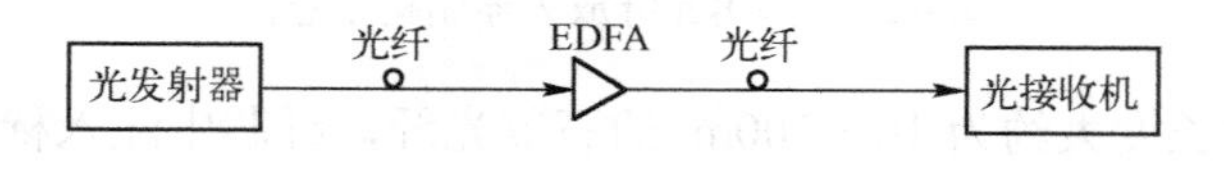

图 4.31　EDFA 作为光中继器使用

b. 前置放大器。由于 EDFA 的低噪声特点，如将它置于光接收机的前面，放大非常微弱的光信号，可以大大提高接收机灵敏度，如图 4.32 所示。

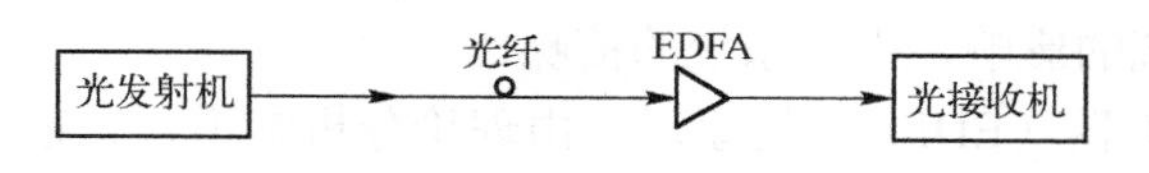

图 4.32　EDFA 作为前置放大器使用

c. 后置放大器。将 EDFA 置于光发射机的输出端，则可用来提高发射光功率，增加入纤光功率，延长传输距离，如图 4.33 所示。

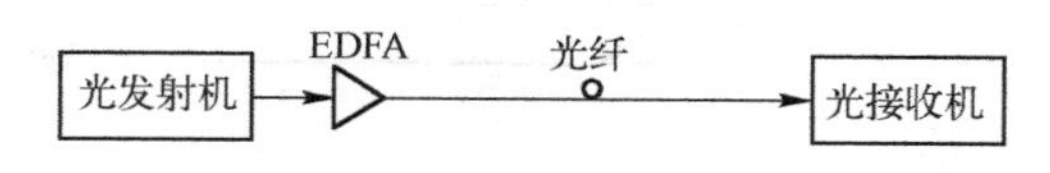

图 4.33　EDFA 作为后置放大器使用

4.5　光的波分复用

在一根光纤中同时传输多个不同波长的光载波信号称为光波分复用（WDM，Wavelength Division Multiplexing）。类似于无线信道中的频分复用，其基本原理是在发送端将不同波长的光信号组合起来，并耦合到光缆线路上的同一根光纤中进行传输，在接收端又将组合波长的光信号分开并做进一步处理，恢复出原信号后送入不同的终端。

4.5.1　光波分复用系统的结构

光波分复用（WDM）技术的关键部件是复用器和解复用器。将不同波长的信号结合在一起经一根光纤输出的器件称为复用器；而将同一传输光纤送来的多波长信号分离为各个波长分别输出的器件称为解复用器。光波分复用传输系统有单向传输和双向传输两种结构形式。

1. 单向传输结构

单向传输结构是指将不同波长的光载波信号结合在一起，经一根光纤沿同一方向进行传输的结构形式，如图 4.34 所示。由图可见，采用单向传输结构的 WDM 系统可以很方便地扩大系统的传输容量，其总容量为各不同波长信道传输容量之和。反向传输可通过另一根光纤实现，传输结构与此相同。

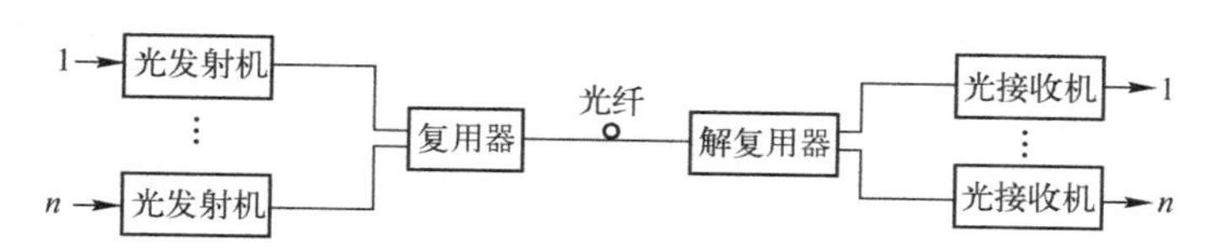

图 4.34 单向结构 WDM 传输系统

2. 双向传输结构

双向传输结构是指在一根光纤中，光信号可以在两个方向传输，即某几个波长的光载波沿一个方向传输，而另几个波长的光载波沿相反方向传输的结构形式。如图 4.35 所示。由于使用波长互不相同，从而实现将不同方向的信息混合在一根光纤上，达到全双工通信的目的。

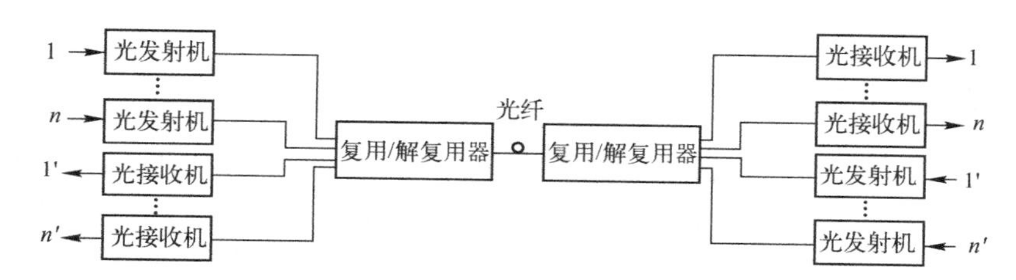

图 4.35 双向结构 WDM 传输系统

4.5.2 光波分复用的主要特点

光波分复用技术之所以得到世界各国的普遍重视和迅速发展，是因为它具有突出的技术特点。

（1）充分利用光纤的巨大带宽。光纤的带宽很宽，例如，在一根光纤的两个低损耗窗口的总带宽计算如下：

波长为 1.31μm（1.25～1.35μm）的窗口，相应的带宽 B_1 为：

$$B_1 = \frac{C}{\lambda_1} - \frac{C}{\lambda_2} = 17700\text{（GHz）}$$

式中，C 为真空中的光速；

λ_1、λ_2 分别为低损耗窗口的临界波长。

波长为 1.55μm（1.50～1.60μm）的窗口，相应的带宽 B_2 为：

$$B_2=12500\text{（GHz）}$$

两个窗口合在一起，总带宽超过 30THz。如果信道频率间隔为 10GHz，在理想情况下，一根光纤可以容纳 3000 个信道。

在目前实用的光纤通信系统中，多数情况仅是传输一个光波长的光信号，其只占据了光纤频谱带宽中极窄的一部分。因此利用光波分复用技术可充分利用光纤的巨大带宽。

（2）同时传输多种不同类型的信号。由于 WDM 技术使用的各波长的信道相互独立，因而可以传输特性和速率完全不同的信号，完成各种电信业务的综合传输，如声音、图像、数据等均可兼容传输。

（3）降低器件的超高速要求。随着传输效率的不断提高，许多光电器件的响应速度已明显不足，使用 WDM 技术可降低对一些器件在性能上的极高要求，同时又可实现大容量传输。

（4）复用/解复用器结构简单、体积小、可靠性高。复用/解复用器是一个无源纤维光学器件，由于不含电源，因而器件具有结构简单、体积小、可靠、易于和光纤耦合等特点。另外，由于它是双向可逆的，即只要将解复用器的输出端和输入端反过来使用，就是复用器，因此便于在一根光纤上实现双向传输的功能。

（5）提高通信组网的灵活性。由于使用 WDM 技术，可以在不改变光缆设施的条件下，调整光通信系统的网络结构，因而在光纤通信组网设计中极具灵活性和自由度，便于对系统功能和应用范围的扩展。

（6）存在插入损耗和串光问题。由于复用/解复用器件的使用，会引入插入损耗，这将降低系统的可用功率。此外，一根光纤中不同波长的光信号会产生相互影响，造成串光的结果，从而影响接收灵敏度。

4.5.3 密集波分复用技术

当光载波波长间隔小于 0.8μm 时的复用技术称为密集波分复用（DWDM，Dense Wave length Division Multiplexing）。在 1.55μm 低损耗窗口，相对频率间隔小于 100GHz。使用密集波分复用技术，各信道之间的光载波间隔比光波分复用情况下的信道间隔窄很多，因而大大增加了复用信道数量，提高了光纤频带利用率，当然也增加了其技术的复杂程度。随着调制、复用、传输等方面技术的进步，该技术已经开始进入应用阶段。

4.6 同步数字体系 SDH

根据 ITU-T 的建议定义，SDH（Synchronous Digital Hierarchy，同步数字体系）是为不同速度的数字信号的传输提供相应等级的信息结构，包括复用方法和映射方法，以及相关的同步方法组成的一个技术体制。SDH 是一种将复接、线路传输及交换功能融为一体、并由统一网管系统操作的综合信息传送网络，是美国贝尔通信技术研究所提出来的同步光网络（SONET）。国际电报电话咨询委员会（CCITT）（现为 ITU-T）于 1988 年接受了 SONET 概念并重新命名为 SDH，使其成为不仅适用于光纤也适用于微波和卫星传输的通用技术体制。它可实现网络有效管理、实时业务监控、动态网络维护、不同厂商设备间的互通等多项功能，能大大提高网络资源利用率，降低管理及维护费用，实现灵活可靠和高效的网络运行与维护，是当今世界信息领域在传输技术方面的发展和应用的热点。

现代通信网早已不是仅有话音这一种业务，还包括视频、图像和各种数据业务，因此需要一种能承载来自其他各种业务网络数据的传输网络。在数字化的同时，光纤开始成为长途干线最主要的传输媒体。光纤的高带宽适用于承载今天的高速率数据业务（如视频会议）和大量复用的低速率业务（如话音），基于这个原因，当前光纤和要求高带宽传输的技术还在共同发展。但早先的数字传输系统存在着许多缺点，其中最主要的是以下两个：

（1）速率标准不统一。由于历史的原因，多路复用的速率体系有两个互不兼容的国际标准，北美和日本的 T1 速率（1.544Mb/s），欧洲的 E1 速率（2.048Mb/s）。但是再往上复用，日本又使用了第三种不兼容的标准。这样，国际范围的基于光纤的高速率传输就很难实现。

（2）不是同步传输。在过去相当长的时间，为了节约经费，各国的数字网主要是采用准同步方式，在准同步系统中由于各支路信号的时钟频率有一定的偏差，给时分复用和分用带来很多麻烦。当数据传输的速率很高时，收、发双方的时钟同步就成为很大的问题。

为了解决上述问题，美国在 1988 年首先推出了一个数字传输标准，称为同步光纤网 SONET（Synchronous Optical Network）。整个同步网络的各级时钟都来自一个非常精确的主时钟（通常采用昂贵的铯原子钟，其精度优于$\pm 1\times 10^{-11}$）。SONET 为光纤传输系统定义了同步传输的线路速率等级结构，其传输速率以 51.84Mb/s 为基础，大约对应于 T3/E3 的传输速率，此速率对电信号称为第 1 级同步传送信号（Synchronous Transport Signal），即 STS-1；对光信号则称为第 1 级光载波（Optical Carrier），即 OC-1，现在已定义了从 51.84Mb/s（即 OC-1）一直到 9954.280Mb/s（即 OC-192/STS-192）的标准。

ITU-T 以美国标准 SONET 为基础，制定出国际标准同步数字系列 SDH，一般可认为 SDH 与 SONET 是同义词，但其主要不同点是：SDH 的基本速率为 155.52Mb/s，称为第 1 级同步传递模块（Synchronous Transport Module），即 STM-1，相当于 SONET 体系中的 OC-3 速率。表 4.1 为 SDH 和 SONET 的比较。为方便起见，在谈到 SDH/SOBNET 的常用速率时，往往不适用速率的精确值而使用表中第二列给出的近似值作为简称。

表 4.1　SDH 与 SONET 的速率对应关系

北美标准			ITU-T 符号
电信号符号	光信号符号	数据数率（Mb/s）	电信号符号
STS-1	OC-1	51.84	-
STS-3	OC-3	155.52	STM-1
STS-12	OC-12	622.08	STM-4
STS-48	OC-48	2488.32	STM-16
STS-192	OC-192	9953.28	STM-64
STS-768	OC-768	39813.12	STM-256

SDH/SONET 定义了标准光信号，规定了波长为 1310nm 和 1550nm 的激光源，在物理层定义了帧结构，SDH 的帧结构是以 STM-1 为基础的，更高的等级是用 *N* 个 STM-1 复用组成 STM-N。

SDH 作为新一代理想的传输体系，具有路由自动选择能力，上下电路方便，维护、控制、管理功能强，标准统一，便于传输更高速率的业务等优点，能很好地适应通信网飞速发展的需要。迄今，SDH 得到了空前的应用与发展。在标准化方面，已建立和即将建立的一系列建议已基本上覆盖了 SDH 的方方面面，在干线网和长途网、中继网、接入网中开始广泛应用；且在光纤通信、微波通信、卫星通信中也积极地开展研究与应用。

习　题　4

4.1　光纤通信有哪些优点？

4.2 阶跃型光纤和渐变型光纤的重要区别是什么?

4.3 试述光纤的导光原理。

4.4 弱导波阶跃型光纤纤芯和包层的折射率分别为 n_1=1.5、n_2=1.45，试计算：

（1）纤芯和包层的相对折射率差；

（2）光纤的数值孔径 N_A。

4.5 什么是光纤的损耗？造成光纤损耗的主要原因是什么?

4.6 什么是光纤的色散？有哪几种类型?

4.7 光纤的连接有哪几种方式?

4.8 光缆由哪几部分组成？常用的缆芯结构有哪几种?

4.9 在光纤通信系统中，光发射机和光接收机的作用分别是什么?

4.10 简述光源的发光机理。

4.11 什么是激光器的阈值条件?

4.12 试比较 PIN 光电二极管和 APD 雪崩光电二极管的优缺点。

4.13 试画出强度调制数字光纤通信系统光发射机的方框图，并简述各部分的主要作用。

4.14 试画出直接检波数字光纤通信系统的光接收机的方框图，并简述各部分的主要作用。

4.15 什么是掺铒光纤放大器？其主要优点是什么?

4.16 画出掺铒光纤放大（EDFA）的结构示意图，并简述各部分的作用。

4.17 什么是波分复用？试简述主要特点。

4.18 为什么光纤通信系统有很高的传输速率？如果在 1531.70～1564.07nm 的波长范围内采用波分复用技术，最大限度能传输多少路电视信号？（一路电视信号的带宽为 8MHz）

第5章 移动通信

内容提要

- 移动通信的概念、特点、分类、工作频段、工作方式及移动通信的基本组成。
- 移动通信的组网技术，主要包括频率复用、区群的组成、中心激励和顶点激励、小区分裂、等频距频率配置等。
- 移动通信的信令。
- GSM 移动通信系统的组成和网络结构。
- GSM 移动通信系统的编号方式和频率配置。
- GSM 系统的移动管理及路由选择。
- CDMA 移动通信系统特点。
- 扩频通信原理。
- CDMA 数字蜂窝系统的正向信道和反向信道组成。
- CDMA 系统的结构。
- 第三代移动通信的主要目标、技术要求、提供的业务及其系统结构。
- 第三代移动通信的网络标准。
- WCDMA 移动通信系统概述。
- CDMA2000 移动通信系统概述。
- TD-SCDMA 技术。

5.1 移动通信概述

移动通信是指通信双方或至少其中一方在运动状态中进行信息传递的通信方式，这包括移动体和移动体之间的通信、移动体和固定点之间的通信。移动通信不受时间和空间的限制，交流信息灵活、机动、高效。它被认为是实现在任何时候、任何地方与任何人都能及时通信的理想目标的重要手段。

5.1.1 移动通信的特点

与其他通信方式相比，移动通信由于是无线方式，而且是在移动中进行通信，所以具有如下特点。

1. 衰落现象

在移动通信尤其是陆地移动通信中，电波不仅会受到地形、地物的遮蔽而发生“阴影效应”，而且经过多点反射，移动台接收到的是多径信号，即信号通过各种途径到达接收天线，如图 5.1 所示，移动台接收到基站的直射波 W_1、地面反射波 W_2 及障碍物所引起的散射波

W_3。这种多径信号的幅度、相位和到达时间都不一样，它们相互叠加会产生电平衰落。另外，由于移动台处于不断运动中，也导致接收信号的幅度和相位随地点、时间不断变化，因此要求移动台具有良好的抗衰落技术指标。

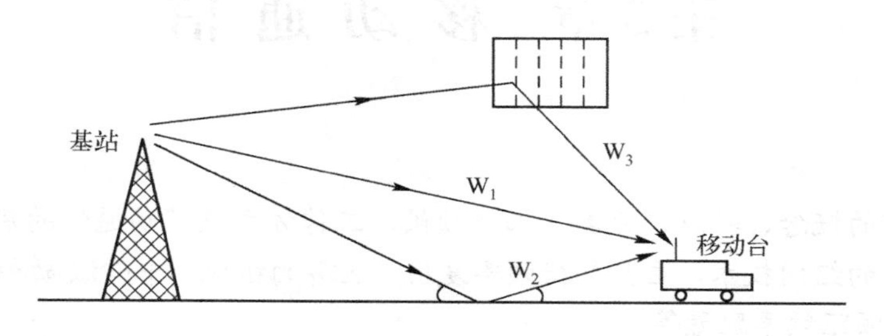

图 5.1　移动通信的传播路径

2．远近效应

当两个移动台和基站的距离不同，而以相同的频率和相同的功率发送信号时，则基站接收来自远端移动台的有用信号将被淹没在近端移动台所发送的信号之中，这种由于接收点位置不同，使得发信机与基站之间的路径不同，从而引起的接收功率下降被称为远近效应。因此，首先在进行频率分配时，应尽量加大同一频道组频率间隔以提高隔离度；其次，一般要求移动台的发射功率具有自动调整的能力，同时移动台的接收机需要具有自动增益控制的能力，当通信距离改变时能自动进行信号强度的调整。

3．干扰和噪声

在移动通信中，基站一般设置若干个收、发信机，服务区内各移动台很可能同时在邻近的频率上工作，其位置和地区分布密度也随时变化，这些因素往往导致严重干扰，最常见的干扰有邻道干扰、互调干扰、共道干扰等。同时，还可能受到城市噪声、各种车辆发动机点火噪声等的影响。因此，必须采取相应的措施来抵消这些干扰。

4．多普勒效应

由于移动台处于运动中，因而接收载频将随运动速度的变化产生不同的频移，这种频率变化就是多普勒效应，从而给系统引入附加的调频噪声。当运动速度越高，工作频率越高时，则多普勒效应越大。

5．频率资源珍贵

随着移动通信用户数量的不断增加，使得可利用的频道资源更可贵，因此，除开发新的频段外，还采取了各种有效利用频谱的措施，如缩小波道间隔、压缩带宽、多波道公用等技术。

6．组网技术复杂

在整个移动通信区域内移动台是自由运动的，因而交换中心必须采用位置登记技术和漫游技术快速地确定哪些基站可与之进行联系，并可为其进行波道分配。在进行不间断通信时，必须采用相应的域区切换和跟踪交换技术。

7. 移动台必须适用于移动环境

对手机的主要要求是体积小、重量轻、省电、操作简单和携带方便。车载台除要求操作简单和维修方便外，还应保证在震动、冲击、高低温等恶劣的环境中能够稳定、可靠地工作。

5.1.2 移动通信的分类

随着移动通信技术的发展，移动通信系统类型越来越多，其分类方法也多式多样。按使用环境可分为陆地、海上、航空三种移动通信；按服务对象可分为专用移动通信和公用移动通信；按多址方式可分为频分多址、时分多址和码分多址等；按系统组成结构主要分为如下几种。

1. 蜂窝移动通信系统

蜂窝移动通信系统是移动通信的主体，是全球用户容量最大的移动通信网。蜂窝通信网络把整个服务区域划分成若干个较小的区域，各小区均用小功率的发射机进行覆盖，各小区像蜂窝一样布满任何形状的服务地区。

2. 集群移动通信系统

集群移动通信系统属于调度性专业网，将各种业务部门所需的基站及控制设备集中建站、统一管理、统一使用，每个部门只须建立各自的调度中心台，做到共享频率资源、共享通信设施、共享通信业务、共同分担费用，是一种高效而又廉价的移动通信系统。

3. 无中心选址个人通信系统

无中心选址个人通信系统的体制与蜂窝网和集群网的体制不同，它将中心集中控制转为电台分散控制，通话所需的信道由主呼台选择，经被呼台确认后双方在该信道上进行通话，这样频率利用率高。系统采用数字选呼，用共同信道传送信令，使接续速度快，一般为3s。由于不设置中心控制，所以建网容易、投资低、性价比高，它适用于个人业务和小企业的单区组网分散小系统。

4. 无绳电话系统

简单的无绳电话机是把普通的电话机分成座机和手机两部分，座机与有线电话网连接，手机与座机之间用无线电波连接，用户拿着手机在座机周围的一定范围内进行移动通信，如图5.2所示。

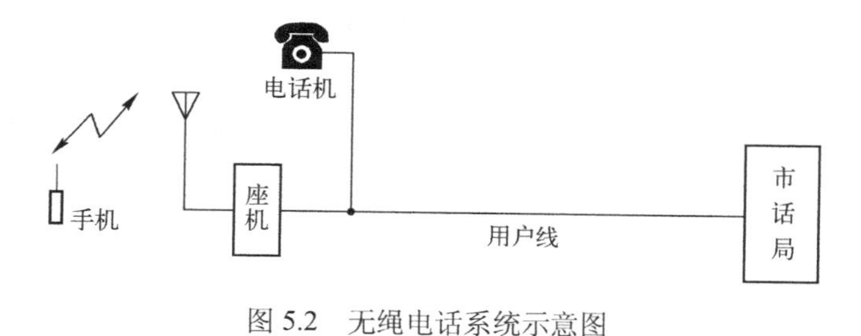

图5.2 无绳电话系统示意图

随着通信技术的发展，无绳电话也朝着网络化发展。在服务区内设置若干个“电信点”，所谓“电信点”是一种像无绳电话座机那样的无线转接设备。此“电信点”与有线电话网连接，并有若干个频道提供给用户共用。用户可在“电信点”的无线覆盖区域内，选用空闲频道，进入有线电话网，与有线电话网的固定用户进行通话，也可以实现双向呼叫。由于无绳电话的发射功率小、设备简单、价格低廉等优点，因而发展十分迅速，如曾经广泛应用的小灵通。

5．无线寻呼系统

无线寻呼系统是一种单向通信系统，由寻呼中心向寻呼网络内各寻呼接收机传送信息，寻呼中心是公用交换电话网（PSTN）中的一个终端。主呼用户通过电话向寻呼中心寻呼请求，并由寻呼中心的发射机向被呼的寻呼机转发简单的信息，如主呼的电话号码等，寻呼机收到信息时会发出振铃声，并在液晶屏上显示出来。由于振铃声近似于“B...B ...”的声音，故通常称之为 BP 机。无线寻呼系统虽然双方不能直接通话，但由于 BP 机小巧玲珑，价格低廉，携带方便，曾在国内外深受用户欢迎。

6．移动卫星通信系统

移动卫星通信系统是利用卫星中继实现全球范围的移动通信。为了使地面用户只借助手机实现卫星移动通信，主要使用中、低轨道卫星移动通信系统。这类卫星相对地球是缓慢移动的。在地球上空设置多条卫星轨道，每条轨道上均有多颗卫星顺序地运行，在卫星与卫星之间通过星际链路相互连接，这样就构成了环绕地球上空、不断运动但能覆盖全球的卫星中继网络。目前发展最快的有低轨道的铱星系统和全球星系统、中轨道的国际移动卫星通信系统和奥德赛系统。

5.1.3 移动通信的工作方式

无线通信的传输方式分为单向传输和双向传输，单向传输只用于无线寻呼系统，双向传输分为单工制、半双工制和双工制。

1．单工制

所谓单工制是指通信双方收信机、发信机轮流工作。A 方发话时，B 方受话；B 方发话时，A 方受话。通常在话机上装有发话按键，需发话时，则按下按键开启发信机将信号发出去，松开按键则发信机关闭，话机处于收信状态。单工制又分为同频单工和异频单工两种情况。

同频单工指通话双方使用相同的频率。如图 5.3 所示，A 发 B 收时，使用频率 f_1；B 发 A 收时也使用频率 f_1，由开关 S、S'同步切换。

异频单工指通信双方使用两个频率。如图 5.4 所示，A 发 B 收时，使用频率 f_1；B 发 A 收时使用频率 f_2，由开关 S、S'同步切换。

单工方式适合于简单的对讲通信和小范围的移动通信。例如，铁路部门使用的对讲机是同频单工方式，只要一打开机器，就能听到本无线覆盖区内所有机器发来的语音号。

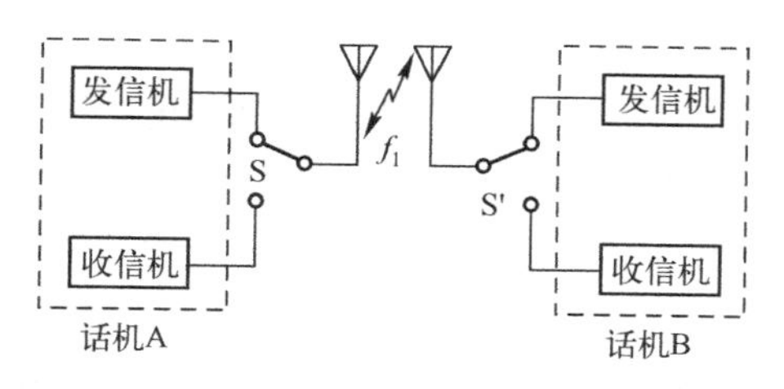

图 5.3　同频单工通信

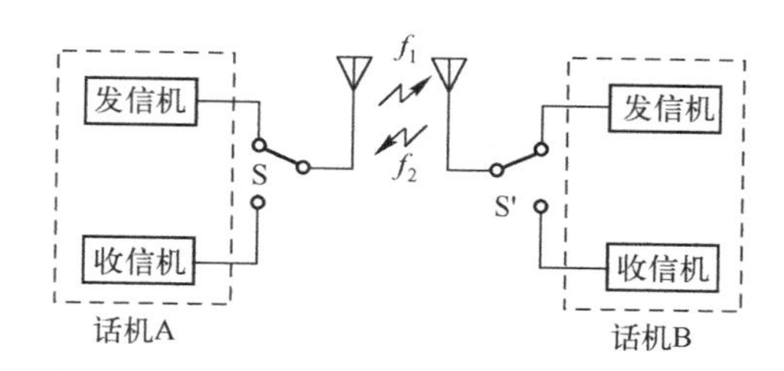

图 5.4　异频单工通信

2. 半双工制

半双工制的组成如图 5.5 所示，移动台采用异频单工的“按讲”方式，它通常处于守听状态，仅在发话时按下开关 S 使发信机工作，基站是双工方式，收发信机各用一副天线。这种方式收与发使用两个不同的频率。

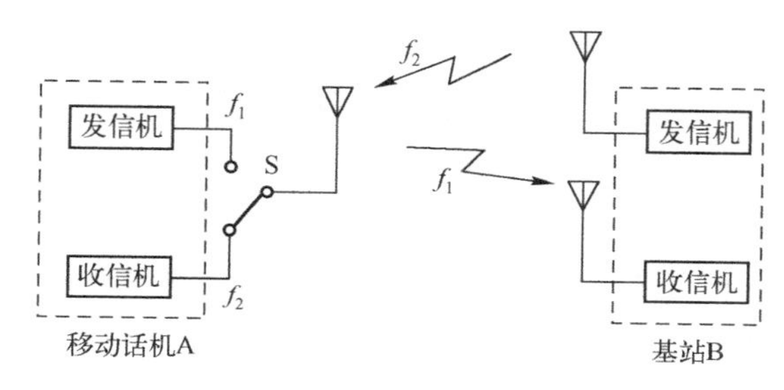

图 5.5　半双工通信

集群移动通信系统大多采用半双工方式。

3. 双工制

所谓双工制是指基站、移动台双方能同时工作，任一方发话的同时也能收听对方的话音，无须发话按键。如图 5.6 所示，基站的发射机和接收机分别使用一副天线，移动台通过双工器共用一副天线。发与收使用两个不同的频率，这两个频率通常称为一个“波道”。

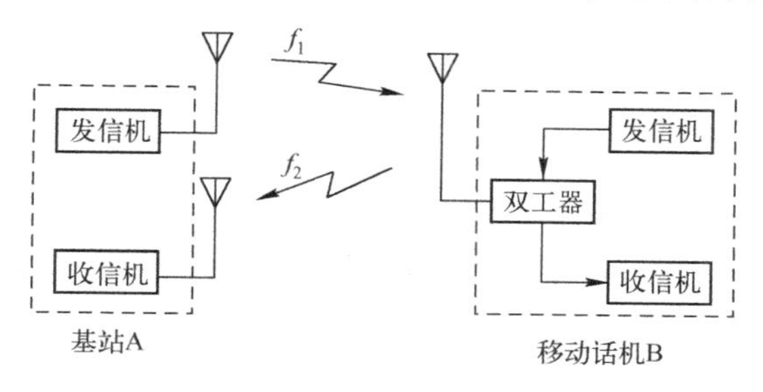

图 5.6　双工通信

现在风靡全球的蜂窝移动通信就是采用双工制。

5.1.4　移动通信的工作频段

频率是宝贵的资源，为了能够有效地使用有限的频率资源，对频率的分配和使用必须服从国际和国内的统一管理，否则便会造成互相干扰和资源的浪费。

根据国际电信联盟（ITU）的规定，1980 年我国国家无线电管理委员会制定出陆地移动通信使用的频段，其中将 900MHz 频段中心的 806～821MHz 和 851～866MHz 分配给集群移动通信；825～845MHz 和 870～890MHz 分配给部队使用，大容量公用陆地移动通信频段为 890～915MHz 和 935～960MHz。

原邮电部根据规定，在《移动电话网络技术体制》中做出规定，选取 160MHz、450MHz、900MHz 频段作为移动通信工作频段，即

160MHz 频段：138～149.9MHz
　　　　　　　150.05～167MHz
450MHz 频段：403～420MHz
　　　　　　　450～470MHz
900MHz 频段：890～915MHz
　　　　　　　935～960MHz

由此可见，在陆地移动通信系统中，主要采用甚高频（VHF）频段（30～300MHz）和特高频（UHF）频段（300～3000MHz）作为无线通信频率。

为支持个人通信发展，在 1992 年召开的世界无线电行政大会（WARC-92）上，为第三代移动通信业务划分出 230MHz 带宽，1885～2025MHz 作为国际移动通信-2000（IMT-2000）的上行频段，2110～2200MHz 作为下行频段。其中 1980～2110MHz 和 2170～2200MHz 分别作为移动卫星业务的上下行频段。

5.1.5　移动通信系统的组成

移动通信系统一般由移动台（MS）、基站（BS ）、移动业务交换中心（MSC）及连接基站与交换系统的中继线等组成，如图 5.7 所示。

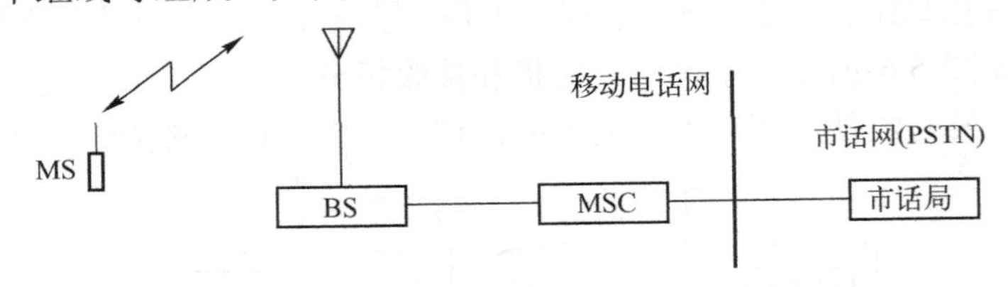

图 5.7　移动通信系统的组成

移动台包括车载台、便携台和手机。就目前情况看，便携台已不复存在，为手机所取代。车载台曾是移动通信起步时的产物，移动台很笨重，装在汽车里，因而得名。现在，车载台虽然存在，但在社会上的拥有量很少，主要用于通信部门和军事上。因此，移动台泛指手机。

基站是一个能够接收和发送信号的固定电台，负责与移动手机进行通信。

移动业务交换中心主要是处理信息和对整个系统的集中控制管理。

5.2　移动通信系统的组网技术

随着移动通信用户数量的不断增加，业务范围的不断扩大，频率资源和可用频道数之间的矛盾日益突出。为了解决这一矛盾，移动通信系统按一定的规范、采取相应的技术组成移

动通信网络，以保障网内所有用户有序的通信。

5.2.1 大区制移动通信网

早期的移动通信采用大区制，大区制是指一个基站覆盖整个大的无线区域。所谓无线覆盖区是指当基站采用全向天线时，在无障碍物的开阔地，以通信距离为半径所形成的圆形覆盖区。为了增大基站的无线覆盖区，基站天线架设得很高，可达几十米至百余米；发射功率很大，一般为 50～200W；实际覆盖半径达 30～50km，这就能保证移动台接收到基站的信号。但当移动台发射时，由于受到移动台发射功率的限制，就无法保证通信了。为了解决这个问题，可在服务区内设若干个分集接收点 R_d 与基站相连，如图 5.8 所示。利用分集接收，保证了上行链路的通信质量。

大区制方式的优点是网络结构简单、成本低，一般借助市话交换局设备，如图 5.9 所示。将基站的收发设备与市话交换局连接起来，借助很高的天线，为一个大的服务区提供移动通信业务。

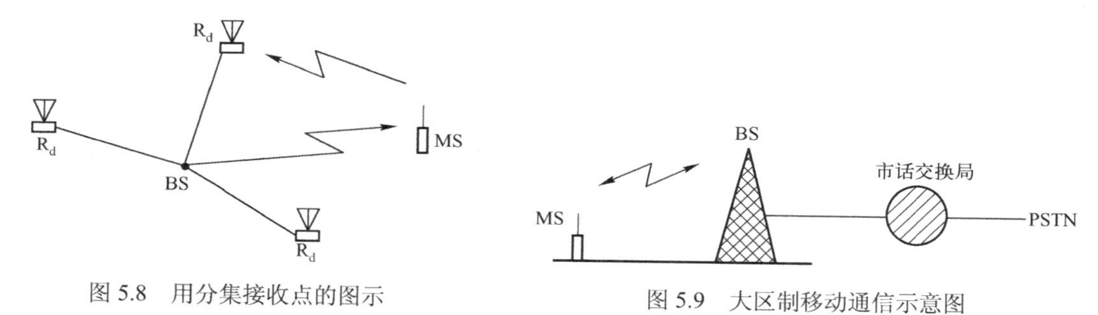

图 5.8 用分集接收点的图示

图 5.9 大区制移动通信示意图

一个大区制系统的基站频道数是有限的，容量不大，不能满足用户数目日益增加的需要，一般用户数只能达几十至几百个。这种移动通信方式只适用于小城市、工矿区以及专业部门等业务量不大的地区或专用移动网。

5.2.2 小区制移动通信网

小区制是指整个无线通信区域分为若干个半径为 2～20km 的小无线通信区，每个小无线通信区分别设置了一个基站负责本区的移动台的联络和控制，每个小无线区使用一个频道，邻近的小无线区使用不同的频道。因此，小区制是集中控制的多基站小区域覆盖。

划分无线通信区域，会涉及到无线区域的形状。对于由多个无线小区组成的通信网而言，通常有带状网和蜂窝网。

1. 带状网

带状网主要用于覆盖公路、铁路、海岸等，如图 5.10 所示。图 5.10（a）是铁路上由多个无线通信小区组成的带状网，图 5.10（b）给出了各小区的频点。

由图 5.10（b）可知，每个小无线区的频点 f_1、f_2 反复使用，例如 A 和 B 之间通信使用频率 f_1，B 和 C 之间通信使用频率 f_2，C 和 D 之间通信又使用频率 f_1，依此类推（双频制）。由于相邻小区的频率不同，因此不会产生同频干扰。基站天线一般采用定向天线，使每个小区呈扁圆形。

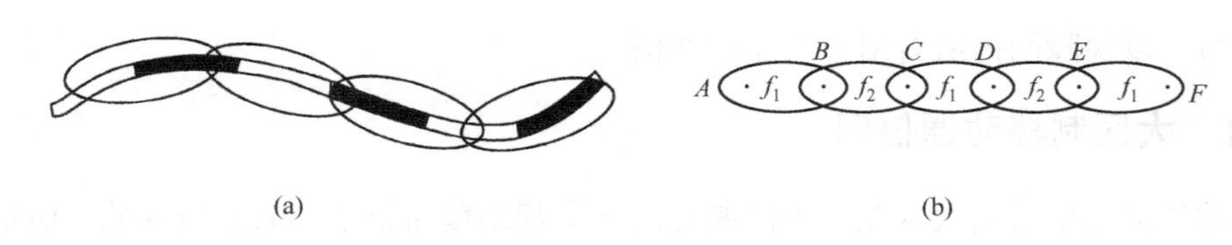

图 5.10　带状小区

2. 蜂窝网

当基站天线采用全向天线，它覆盖的面积可视为一个以基站为圆心、以通信距离为半径的圆。为了不留空隙地覆盖整个平面的服务区，一个个圆形辐射区之间一定含有很多的重叠。在考虑了重叠之后，实际上每个辐射区是一个多边形。从几何图形上看，规则的多边形不外乎正三角形、正四边形和正六边形。欲使正多边形互相邻接，且尽可能不相互重叠和产生空隙，又能和圆形的近似程度最好，正六边形最为理想。因此，用正六边形彼此邻接来覆盖整个无线通信区域时所需的基站个数最少，而覆盖的面积达到最大。由于正六边形构成的网络形同蜂窝，因此把小区形状为六边形的小区制移动通信网称为蜂窝网。蜂窝小区的结构如图 5.11 所示。

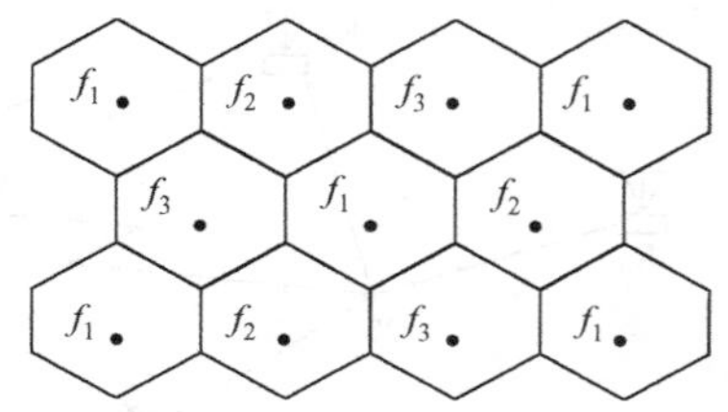

图 5.11　蜂窝小区的结构图

（1）频率复用。由于微波是直线传播的，因而其传输损耗已经提供了足够的隔离度。这样在相隔一定距离的两个基站可以使用相同的工作频率，这就是频率复用。由此可见，频率复用可大大缓解频率资源紧缺的矛盾，增加用户数目和系统的容量。由图 5.11 可知，每个基站分配有一组频率（信道），f_1、f_2、f_3 是基站的公用信道频点，这三个频率交错使用而不互相邻接。由于发信机功率小因而传输半径小，可实现频率复用而不产生干扰。

（2）区群的组成。相邻小区显然不能用相同的信道，为了保证同频小区有足够的距离，附近的若干个小区不能用相同的信道，这些不同信道的小区组成一个区群。如图 5.11 中的频点为 f_1、f_2、f_3 的三个小区组成一个区群。

（3）中心激励和顶点激励。在每个小区中，基站可设在小区的中央，用全向天线形成圆形覆盖区，这就是“中心激励”方式，如图 5.12（a）所示。也可以将基站设计在每个六边形的三个顶点上，每个基站采用三副 120° 扇形辐射的定向天线，分别覆盖三个相邻小区的各三分之一区域，每个小区由三副 120° 扇形天线共同覆盖，这就是“顶点激励”方式，如图 5.12（b）所示。

（4）小区分裂。以上均认为整个服务区中每个小区面积都是相同的，每个基站的信道数也是相同的。这只是适应于用户密度均匀的情况。事实上服务区内的用户密度是不均匀的，例如，城市中心商业区的用户密度高，居民区和市郊区的用户密度低。为了适应这种情况，在用户密度高的地方应使小区的面积小一些，在用户密度低的地方可使小区的面积大些，如图 5.13 所示。另外，对于已设置好的蜂窝通信网，随着城市建设的发展，原来的低用户密度区变成了高用户密度区。这时相应地在该地区设置新的基站，将小区面积划小。解决以上问题可用小区分裂方法。

以 120° 扇形辐射的顶点激励为例，如图 5.14 所示，在原小区内分设三个发射功率更小一些的新基站，就可以形成几个面积更小些的正六边形小区，如图中虚线所示。应该注意将原基站天线有效高度适当降低，发射功率减小，努力避免小区间的同频干扰。

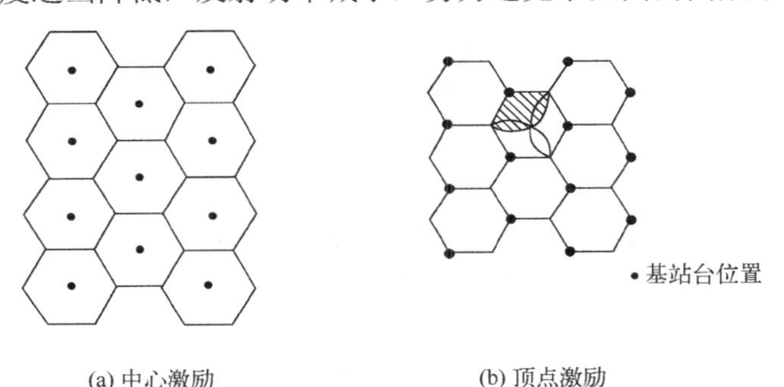

(a) 中心激励　　(b) 顶点激励

图 5.12　激励方式

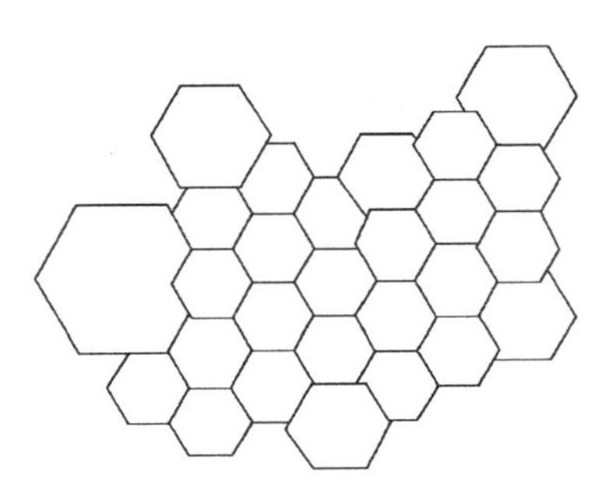

图 5.13　用户分布密度不等时的蜂窝结构

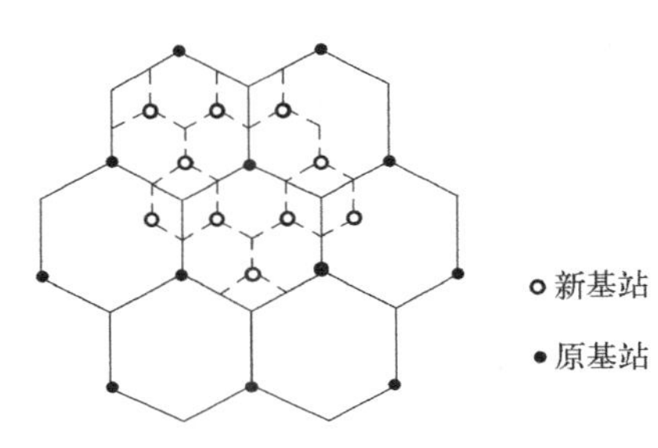

图 5.14　小区分裂

这种蜂窝状的小区制是目前大容量公共移动通信网的主要覆盖方式。

5.2.3　信道配置

信道（频率）配置主要解决将给定的频率如何分配给在一个区群的各个小区。在 CDMA 系统中，所有用户使用相同的工作频率，因而无需进行频率配置。频率配置主要针对 FDMA 和 TDMA 系统。

信道配置的方式主要有两种：分区分组配置法与等频距配置法。下面就等频距配置法进行介绍。

等频距配置法是按等频率间隔来配置信道的方式，只要频距选得足够大，就可以有效地避免邻道干扰。这样的频率配置可能正好满足产生互调的频率关系，但正因为频距大，干扰易于被接收机输入滤波器滤除而不易作用到非线性器件，这也就避免了互调的产生。

等频距配置时可根据群内的小区数 N 来确定同一信道组内各信道之间的频率间隔，例如，第一组用（1，$1+N$，$1+2N$，$1+3N$，…），第二组用（2，$2+N$，$2+2N$，$2+3N$，…）等。若 $N=7$，则信道的配置为：

第一组 1、8、15、22、29、

第二组 2、9、16、23、30、

第三组 3、10、17、24、31、

第四组 4、11、18、25、32、

第五组 5、12、19、26、33、

第六组 6、13、20、27、34、

第七组 7、14、21、28、35、

这样同一信道组内的信道最小频率间隔为 7 个信道间隔，若信道间隔为 25kHz，则其最小频率间隔可达 175kHz，这样，接收机的输入滤波器便可有效地抑制邻道干扰和互调干扰。

5.2.4 信令

在移动通信网中，除了传输话音信号以外，为使全网有秩序地工作，还必须在正常通话的前后传输很多非话音信号，诸如一般电话网中必不可少的摘机、挂机、空闲音、忙音、拨号、振铃、回铃以及无线通信网中所需的频道分配、用户登记和管理、越区切换、功率控制等信号。我们把这些话音信号以外的信号及指令系统称为信令。在现有的各种蜂窝公用移动电话系统中都设立了专用的控制信道，专门用以传送信令。例如，在 TACS 制式的模拟公用移动网中，A、B 频段中各有 21 个信道指定为控制信道，其信道号分别为 23～43 和 323～343。在一个小区中通常有一个控制信道和一组话音信道（通常为 15～30 个）。

移动通信的信令按功能分类，可分为如下三类。

1．控制信令

基站向移动台方向：

（1）指令通话信道的信令，由基站控制移动台工作在指定的信道上。

（2）空闲信令，表示专用的呼叫信道未被占用。

（3）拆线信令（可与空闲信令兼用），表示通话结束，线路复原。

移动台向基站方向：

（1）回铃信令，移动台表示接收到了信号。

（2）发信信令（可兼做回铃信令），即表示移动台发射的信号。

（3）拆线信令（同上）。

2．选呼信令

选呼信令实际上是移动台的地址码，基站按照主呼移动台拨打的号码（相应的地址码）选呼，即可建立与被呼叫移动台的联系。

3．拨号信令

拨号信令是移动用户通过移动通信网呼叫一般市话局用户而使用的信令。

按信号形式分类，信令又可分为模拟信令和数字信令。在 TACS 制式中为了与市话网相连而保留许多模拟信令，而在第二代和第三代移动通信网中都采用数字信令信号，如 GSM 和 CDMA 系统。

5.3 GSM 移动通信系统

5.3.1 概述

在 20 世纪 70 年代至 80 年代，模拟蜂窝移动通信发展迅速，获得很大成功。当时由于欧洲各国采用多种不同模拟蜂窝系统造成了互不兼容而无法提供漫游服务。针对这一现状，1982 年北欧四国向欧洲邮电行政大会提交了一份建议书，要求制定 900MHz 频段的欧洲公共电信业务规范，建立全欧统一的蜂窝网移动通信系统，同年成立了欧洲移动通信特别小组，简称 GSM（GroupSpecialMobile），开始制定一种泛欧数字移动通信系统的技术规范，经过 6 年的研究、实验和比较，于 1988 年确定了主要技术规范并且制定出实施计划。1992 年 GSM 系统重新命名为全球移动通信系统（GlobeSystemForMobileCommunication），1993 年 GSM 系统已覆盖泛欧及澳大利亚等地区在内的六、七十个国家，特别是在 GSM 第二期规范得到进一步扩展之后，其功能更强，可提供的业务更多、应用更广。具有代表性制式的数字蜂窝移动通信系统除 GSM 外，还有美国的 ADC 和日本的 PDC。GSM 系统具有如下特点：

（1）标准化程度高，接口开放，连网能力强。GSM 的网络采用 7 号信令作为互连标准与 ISDN 用户网络接口一致的三层分层协议，这样易于与 PSTN、ISDN 等公共电信网实现互通，同时便于功能扩展和引入各种 ISDN 业务。另外，移动台与基站间的 Um 无线接口及基站与移动交换中心的 A 接口都有公开的标准。

（2）保密安全性能好，具有鉴权、加密功能。在 GSM 系统中，采用了若干种特征号码来进行用户注册，即进行用户入网权验证，因此 GSM 系统的用户均可获得一张 SIM 卡（客户识别卡），它存储着用于认证的用户身份特征信息和网络操作、安全管理和保密相关的信息，因而移动台只有插入 SIM 卡才能进行网络操作。

（3）支持各种电信承载业务和补充业务。电信业务是 GSM 的主要业务，它包括电话、传真、短消息、可视图文以及紧急呼叫等业务。由于 GSM 中所传播的是数字信息，因此无需采用 Modem 就能提供数字承载业务。

（4）容量增大，频谱利用率提高，抗干扰能力得到加强。与模拟移动系统相比，通信容量增大 3～5 倍，另外由于在系统中使用了窄带调制、语音编码等技术，使频率可重复利用，从而提高了频率利用率，同时便于灵活组网。又因为在 GSM 系统中采用了数字处理技术，因而系统的抗干扰能力得到加强。

5.3.2 GSM 系统的组成

GSM 系统主要由交换网络子系统（NSS）、基站子系统（BSS）和移动台（MS）三大部分组成，如图 5.15 所示。由图可知，NSS 与 BSS 之间存在一个接口——A 接口，而 BSS 与 MS 之间也存在一个空间接口——U_m 接口。由于 GSM 采用与 ISDN 一致的开放式三层分层协议，因而 A、U_m 接口均为开放式标准接口。

1. 交换网络子系统

交换网络子系统主要具有交换功能以及进行客户数据与移动管理、安全管理等所需数据库功能，因此 NSS 由一系列功能实体构成，具体介绍如下。

（1）移动业务交换中心（MSC）。它是用于对覆盖区域中的移动台进行控制和话音交换的功能实体，同时也是移动台能与其他公用通信网中的固定用户进行通话的必要通信接口，因而它应完成计费功能、网络接口功能和公共信道信令系统功能，还应能够完成 BSS 和 MSC 之间的切换以及无线资源管理、移动性能管理等功能。除此之外，为了能与移动台建立呼叫路由，每个 MSC 还应能够完成位置信息查询功能。

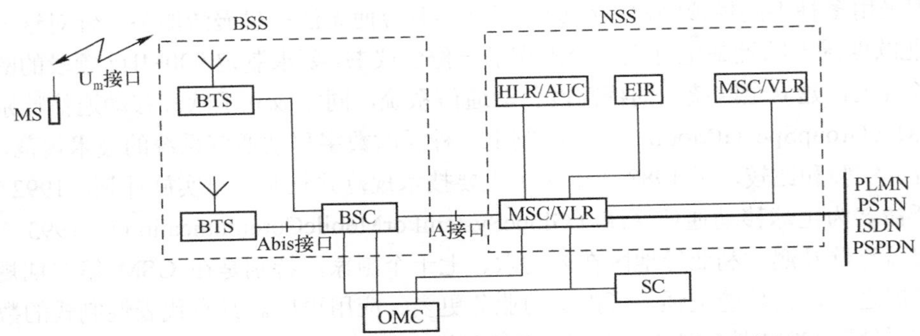

MS：移动台；BTS：基站收发信台；BSC：基站控制器；OMC：操作维护中心；
MSC：移动业务交换中心；HLR：归属位置寄存器；AUC：鉴权中心；
VLR：访问位置寄存器；EIR：设备识别寄存器；SC：短消息中心；
PLMN：公用陆地移动网；PSTN：公用交换电话网；ISDN：综合业务数字网；
PSPDN：分组交换公用数据网

图 5.15　GSM 系统结构

（2）归属位置寄存器（HLR）。它是 GSM 系统的中央数据库，存储着 HLR 管辖区的所有移动用户的有关数据，包括静态数据和动态数据。静态数据有移动用户号码（如 MSISDN、IMSI 等）、访问能力、用户类别和补充业务等。动态数据主要为有关用户目前所处的位置信息，如 MSC、VLR 地址等。

（3）访问位置寄存器（VLR）。它是一个动态用户数据库，用于存储当前位于该 MSC 服务区域内所有移动台的动态信息，即存储与呼叫处理相关的一些数据，如移动用户号码、所处位置区的识别、向用户提供的服务等参数。一旦移动用户离开该 VLR 的控制区域，则重新在另一个 VLR 登记，原 VLR 将删除临时记录的该移动用户的数据。

（4）鉴权中心（AUC）。在确定移动用户身份和对呼叫进行鉴权、加密处理时，提供所需的三个参数（随机号码、符合响应、密钥）的功能实体。

（5）移动设备识别寄存器（EIR）。移动设备识别寄存器也是一个数据库，用于存储有关移动台的设备参数，主要完成对移动设备的识别、监视、闭锁等功能，以防止非法移动台的使用。

（6）操作维护中心（OMC）。操作维护中心主要是负责对整个 GSM 网络进行管理和监控。通过此中心，可以实现 GSM 网络子系统的监测并做出状态报告，当出现故障时及时进行故障诊断。

2．基站子系统

基站子系统包括基站收发信台（BTS）和基站控制器（BSC）。该系统是由 MSC 控制，与 MS 进行通信的系 统，主要负责无线信号的发送和接收以及无线资源管理等。

（1）基站收发信台（BTS）。BTS 主要是由 BSC 控制，能够完成无线信号与有线信号的转换以及无线传输功能的无线接口设备。

（2）基站控制器（BSC）。基站控制器是一个业务控制点，它可以控制一个或多个 BTS，并完成无线网络资源管理、小区配置数据管理、功率控制和切换等功能。

3．移动台

移动台包括移动终端（MS）和客户识别卡（SIM）两部分，其中移动终端可完成话音编码、信道编码、信息加密、信息调制和解调以及信息发射和接收功能；客户识别卡则存有确认客户身份所需的信息以及网络和客户有关的管理数据。只有插入 SIM 卡后移动终端才能入网，但 SIM 卡不能作为代金卡。

5.3.3 GSM 系统的网络结构

我国采用 GSM 数字移动通信系统组建 900MHzTDMA 数字公用陆地蜂窝移动通信网，该网能够与 PSTN、ISDN、PSPDN 等公用通信网互连。

由于一个 MSC 可以管辖若干个蜂窝式小区，同时又因为移动台可以随意移动，因此我们称无须进行位置更新的区域为位置区。它可以由一个或多个小区构成，而一个 MSC 则可以包括一个或几个位置区。

1．移动业务本地网的网络结构

全国划分若干个移动业务本地网，原则上长途编号区为二位、三位的地区建立移动业务本地网。每个移动业务本地网可以设立一个或几个移动业务交换中心（MSC，移动端局），每个 MSC 与局所在地的长途局相连，并与局所在地的市话局相连，同时应相应设立 HLR，必要时可增设 HLR，用于存储归属该移动业务本地网的所有用户的有关数据，如图 5.16 所示。

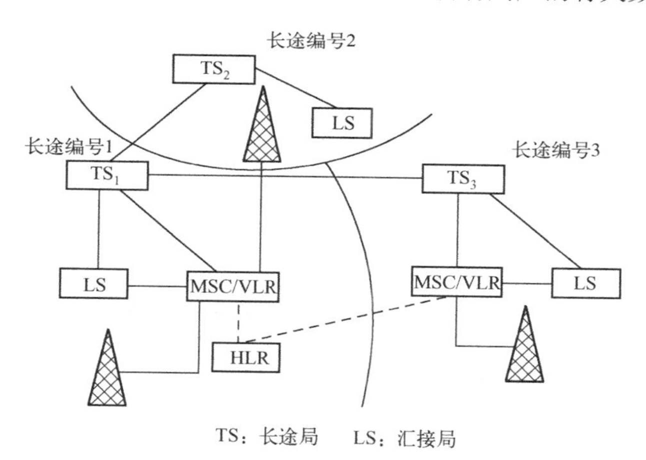

图 5.16　移动业务本地网由几个长途编号区组成

2．省内 GSM 移动通信网络结构

省内 GSM 移动通信网由省内的各移动业务本地网构成，通过设立若干个移动业务二级汇接中心，移动端局便可以与这些二级汇接中心实现连接。省内的各二级汇接中心之间为网状网，移动端局与二级汇接中心之间为星形网。如果任意两个移动端局有较大的业务时，可申请建立话音专线，如图 5.17 所示。

3．全国 GSM 通信网的网络结构

全国 GSM 移动通信网按大区设立一级汇接中心，各省的二级汇接中心与其相应的一级汇接中心相连，一级汇接中心之间为网状网。它与 PSTN 的连接关系如图 5.18 所示。

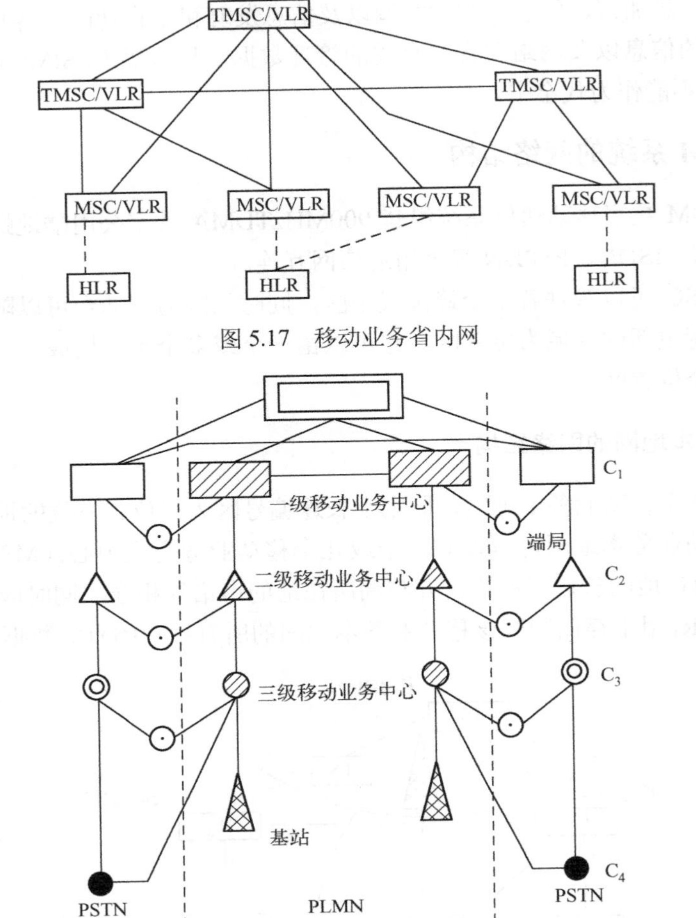

图 5.17　移动业务省内网

图 5.18　全国数字蜂窝 PLMN 网络结构及其与 PSTN 网连接示意图

5.3.4　编号方式与频率配置

1. 编号方式

（1）移动用户的 ISDN 号码（MSISDN）。此号码是指主叫用户为呼叫 GSM 移动通信用户所需的号码（相当于电话号码）。

① 号码的组成格式如下：

国家号	国内目的地址	用户号码
CC	NDC（$N_1N_2N_3$+$H_1H_2H_3H_4$）	SN

国家号 CC：我国国家号码为 86

$N_1N_2N_3$：数字蜂窝移动业务接入号为 139、138、137、136、135、130 等。

$H_1H_2H_3H_4$：HLR 识别号。

SN：移动用户号 $X_1X_2X_3X_4$ 组成。

② 拨号程序：

移动→固定　　　0+XYZ（长途区号）+市内电话号码

移动→移动	$139H_1H_2H_3H_4X_1X_2X_3X_4$
固定→本地移动	$139\ H_1H_2H_3H_4X_1X_2X_3X_4$
固定→外地移动	$0139\ H_1H_2H_3H_4X_1X_2X_3X_4$
移动→特服业务	0+XYZ（长途区号）$+1X_1X_2$
移动→火警	119
移动→匪警	110
移动→急救中心	120

（2）国际移动用户识别码（IMSI）。在数字公用陆地蜂窝移动通信网中，能唯一识别一个移动用户号码的为一个15位数字组成的号码。号码由如下三部分组成：

移动国家号（MCC）	移动网号（MNC）	移动用户识别码（MSIN）

① 移动国家号（MCC）：由3位数字组成，能唯一识别一个移动台用户所属的国家，中国为460。

② 移动网号（MNC）：识别移动用户所归属的移动网，我国GSM数字公用蜂窝移动通信网为00。

③ 移动用户识别码（MSIN）：唯一地识别国内的 GSM数字蜂窝网移动通信用户。

（3）移动用户漫游码（MSRN）。当移动台漫游到一个新的服务区时，由 VLR给它分配一个临时性的漫游号码，并通知该移动台的HLR，用于建立通信路由。一旦该移动台离开该服务区，此漫游号码即被收回，并可分配给其他来访的移动台使用。

（4）临时移动用户识别码（TMSI）。为了对IMSI保密，VLR 可给来访移动用户分配一个唯一的 TMSI号码，它只在本地使用，为一个4字节的BCD编码。移动用户的TMSI与IMSI是对应的，在呼叫建立和位置更新时，空中接口传输使用TMSI。

（5）国际移动台识别码（IMEI）。国际移动台识别码用于唯一识别一个移动台设备，为一个15位的十进制数字，其构成如下：

TAC（6位数字）	FAC（2位数字）	SNR（6位数字）	SP（1位数字）

TAC（型号批准码）：由欧洲型号认证中心分配。

FAC（工厂装配码）：由厂家编号，表示生产厂家及其装配地。

SNR（序号码）：由厂家分配。

SP（备用）。

2. 频率配置

（1）工作频段分配。900MHzTDMA数字公用陆地移动通信网采用900MHz作为其工作频段。

移动台发送、基站接收的上行频段为905～915MHz。

基站发送、移动台接收的下行频段为950～960MHz。

由此可见，在数字蜂窝移动通信网中，可用频带为10MHz。但随着业务的不断扩展，将向1.8GHz频段的DCS1800过渡。

（2）频道间隔。相邻频道间隔为 200kHz，每个频道采用时分多址接入方式共分为 8 个时隙，即 8 个信道，那么每个信道占用带宽为 200kHz/8=25kHz。

（3）双工收发间隔。双工收发间隔为 45kHz。

（4）频道配置。在 900MHz 频段的数字蜂窝移动通信系统中，采用了等间隔频道配置方式。频道序号为 76～124，共 49 个频道，频道序号（n）与其标称中心频率（f）的关系如下：

移动台发、基站收之间的工作频段：$f_1(n)$=890.200MHz+（n−1）×0.200MHz。

基站发、移动台收之间的工作频段：$f_2(n)$=$f_1(n)$+45MHz。

通常我们将 49 个频道分成 12 个频道组，如表 5.1 所示。从表中可以看出，大多数频道组中的频率数为 4 个，只有第一个频道组数为 5 个，若采用全向天线，一般建议采用 N=7 的复用方式，即采用 7 组频道来实现蜂窝组网。如图 5.19（a）所示，这 7 组频道是从 12 组中选出的，其频道组分别为 1、3、5、6、7、9、11 。

表 5.1　900MHz 频段 TDMA 数字蜂窝移动通信网频道配置

频道组号	1	2	3	4	5	6	7	8	9	10	11	12
各频道组的频道号	76	77	78	79	80	81	82	83	84	85	86	87
	88	89	90	91	92	93	94	95	96	97	98	99
	100	101	102	103	104	105	106	107	108	109	110	111
	112	113	114	115	116	117	118	119	120	121	122	123
	124											

若采用定向天线，则建议使用 4×3 复用方式，即 N=4，每个基站分成 3 个 120° 的扇形小区，如图 5.19（b）所示，从图中可以看出，共使用了 12 组频率。

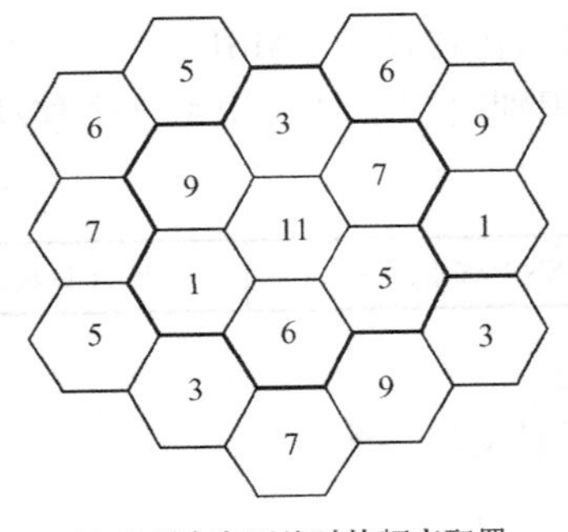

(a) 采用全向天线时的频率配置

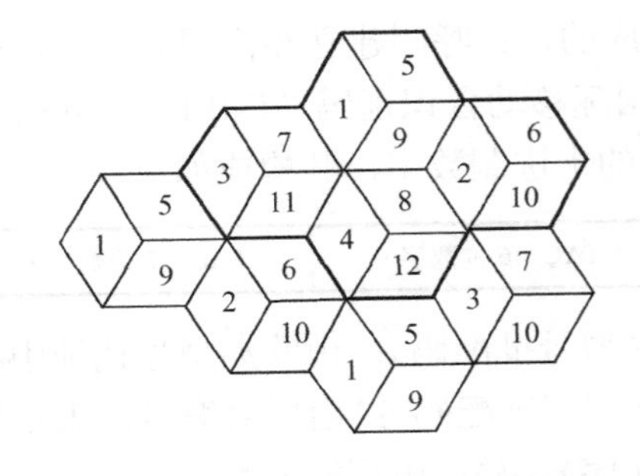

(b) 4×3复用方式的频率配置

图 5.19　频率配置示意图

5.3.5　GSM 系统移动管理

1．位置登记

所谓位置登记是通信网为了跟踪移动台的位置变化，而对其位置信息进行登记、删除和更新的过程。位置信息存储在归属位置寄存器（HLR）和访问位置寄存器（VLR）中。

当一个移动用户首次入网时，它必须通过移动交换中心（MSC），在相应的位置寄存器

（HLR）中登记注册，将其有关的参数（如移动用户识别码、移动台编号及业务类型等）全部存放在这个位置寄存器中，于是网络就把这个位置寄存器称为归属位置寄存器。

移动台的不断运动将导致其位置的不断变化，这种变动的位置信息由另一种位置寄存器，即访问位置寄存器（VLR）进行登记。

当移动台从一个位置区移到另一个位置区时则会发现所接收到的位置区识别符（LAI）与其寄存器中的 LAI 不符，因而此时必须立即进行登记，此过程称为“位置更新”。位置更新总是由移动台启动的。在同一个 VLR 服务区中的不同位置区之间移动，或者在不同 VLR 服务区之间移动等情况下，移动台都要进行位置更新。

2. 越区切换

所谓越区切换是指在通话期间，当移动台从一个小区进入另一个小区时，网络进行实时控制，把移动台从原小区所用的信道切换到新小区的某一信道，并保证通话不间断。越区切换主要有 BSC 控制区内不同小区间的切换、MSC 内不同 BSC 间的切换和 MSC 间的切换等。下面将前两种情况分别予以介绍。

（1）MSC 控制区内不同小区间的切换。同一个 BSC 区、不同 BTS 之间切换如图 5.20 所示，由 BSC 负责切换过程。首先由 MS 向 BSC 报告原基站和周围基站的信号强度，由 BSC 发出切换命令，MS 切换到新的业务信道 TCH 后告知 BSC，由 BSC 通知 MSC/VLR 某移动台已完成此次切换。若 MS 所在的位置区也不一样，则在呼叫完成后还需要进行位置更新。

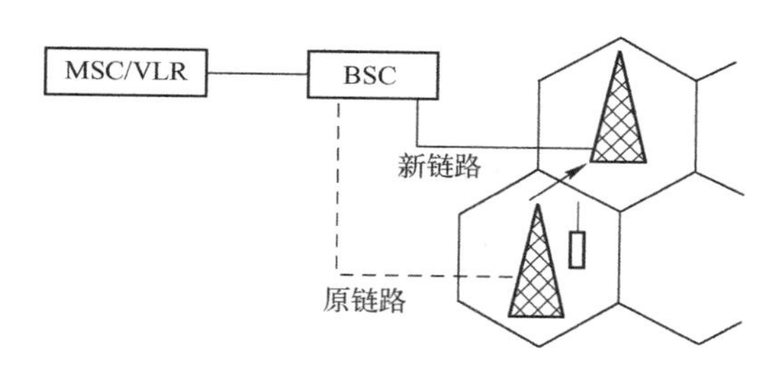

图 5.20　同一个 BSC 的越区切换

（2）MSC 内不同 BSC 间的切换。同一个 MSC/VLR 业务区，不同 BSC 间的切换如图 5.21 所示，由 MSC 负责切换过程。首先由原基站控制器（BSC_1）报告测试数据，BSC_1 向 MSC 发送“切换请求”，再由 MSC 向新基站控制器（BSC_2）发送“切换指令”，BSC_2 向 MSC 发送“切换证实”消息。然后 MSC 向 BSC_1、MS 发送“切换命令”，待切换完成后，MSC 向 BSC_1 发“清除命令”，释放原占用的信道。切换流程如图 5.22 所示。

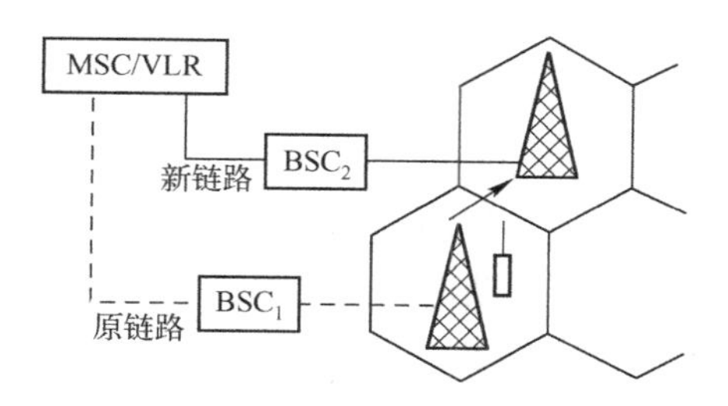

图 5.21　同一个 MSC 内不同 BSC 间的越区切换

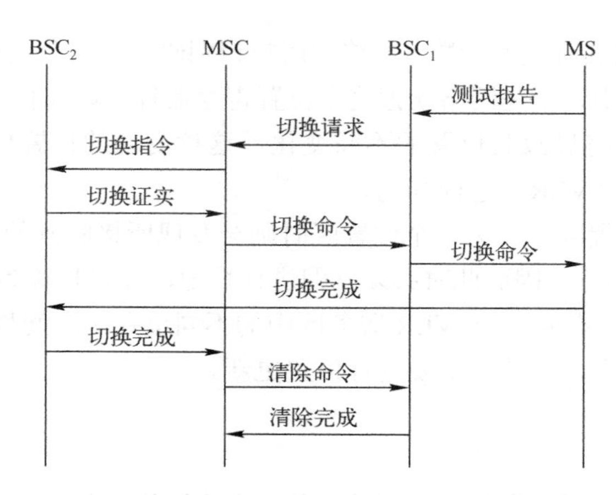

图 5.22　同一个 MSC 内不同 BSC 间的切换流程

3．漫游

在连网的移动交换局之间，移动用户离开其归属交换服务区，进入其他交换局（被访交换局）控制区以后，仍然能获得移动业务服务的网络功能称为漫游业务。漫游业务包括位置更新、呼叫转移和呼叫建立三个过程。

（1）位置更新。如图 5.23 所示。当 MS 从其归属交换局控制区进入新的交换局控制区时①，通过新的 BSS 公共广播信息检测到位置区识别符（LAI）与 MS 寄存器中 LAI 不符②，这时 MS 通新的 BSS 向新的交换局发送位置更新请求③、④；新的 MSC/VLR 收到请求后向该移动台的本地移动交换局 MSC/HLR 发出位置更新请求⑤；本地局收到请求后进行位置更新，并通知新的 MSC/VLR，请求位置更新接受⑥；新的 MSC/VLR 通过其基站向移动台发送位置更新证实⑦、⑧。本地局还要通知原 MSC/VLR 进行位置删除，原 MSC/VLR 将 VLR 中该移动台的位置信息删除后，通知本地局位置删除接受⑩。

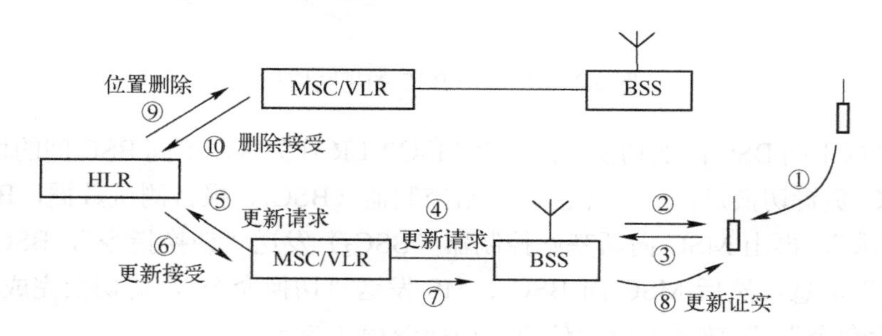

图 5.23　位置更新

（2）呼叫转移。当一个固定用户呼叫处于漫游状态移动用户时，将呼叫转换到漫游移动用户的过程称为呼叫转移过程，具体过程如下：

如果处于 PSTN/ISDN 的固定用户拨叫移动用户号码，那么可通过公众固定网转移到被被呼用户归属交换局附近的 GMSC（移动电话入口局）。由 GSMC 向 HLR 查出被呼 MS 当前 MSC/VLR 位置，然后向 VLR 索取该 MS 的漫游号码（MSRN），VLR 将此 MSRN 送到 HLR 并转发给 GMSC，然后 GMSC 根据 MSRN 进行重新接续路由，这个重选路由可以由 GMSC

直接经 PSTN/ISDN 长途局与新的被访交换局进行接续，被访交换局再使用移动用户临时号码（TMSI）与 MS 接续。其流程如图 5.24 所示。

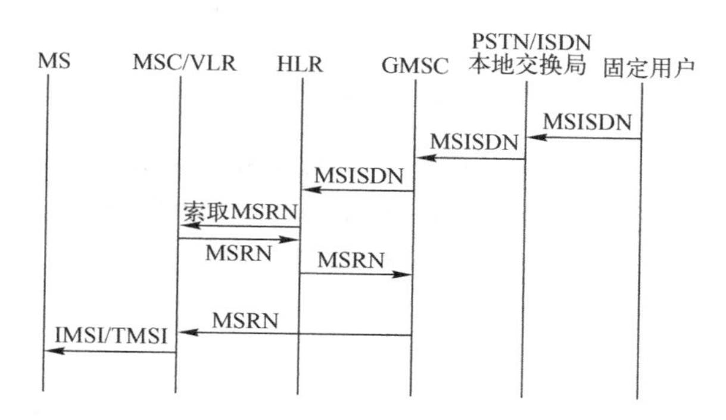

图 5.24　固定用户对漫游用户的呼叫转移流程

（3）呼叫建立。呼叫被转移到被访交换局后，被访交换局在其控制区内登记位置区发出寻呼，当移动台应答后，便可实现固定用户对漫游用户的通信。

5.3.6　路由选择

1．移动用户呼叫固定用户

（1）移动用户呼叫 MSC 所在地固定用户。移动用户（包括漫游用户）呼叫 MSC 所在地的固定用户时，始呼 MSC 分析（0） XYZ，若 XYZ 与 MSC 所在地的 XYZ 相同，则经 MSC 至当地市话局（LS），接至固定用户，如图 5.25 所示。

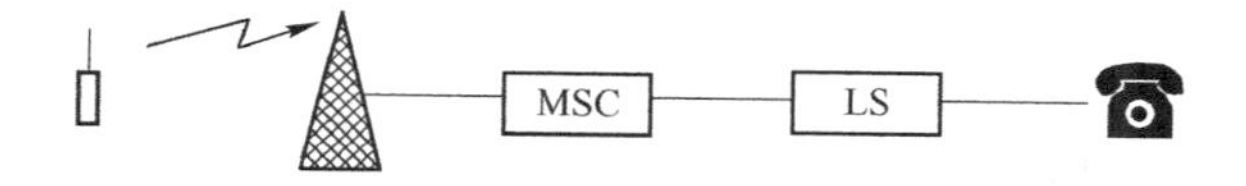

图 5.25　移动用户呼叫 MSC 所在地固定用户

（2）移动用户呼叫外地固定用户。移动用户（包括漫游用户）呼叫外地的固定用户时，始呼 MSC 分析（0）XYZ，若 XYZ 与 MSC 所在地的 XYZ 不同，则经 MSC 至长途局（TS），由 PSTN 网接至外地固定用户，如图 5.26 所示。

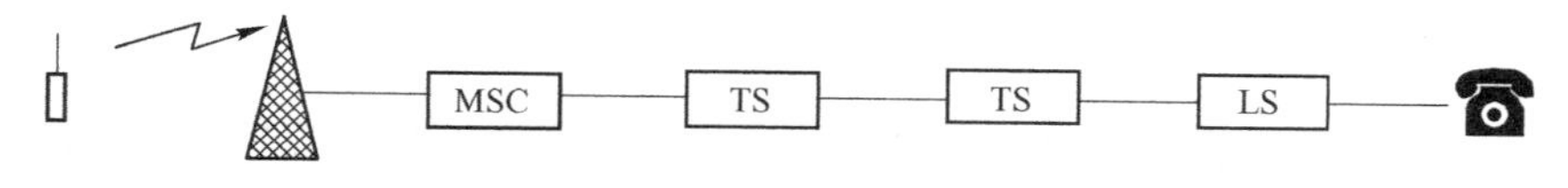

图 5.26　移动用户呼叫外地固定用户

2．固定用户呼叫移动用户

（1）固定用户呼叫本地移动用户（拨 139H1H2H3H4X1X2X3X4）。根据移动用户业务接入号（139），将呼叫就近接入当地的一个入口移动交换中心（GMSC），GMSC 分析 $H_1H_2H_3H_4$，若是本地 HLR，通过 No.7 信令网，从 HLR 得到目前移动用户的路由信息，即 MSRN，在移动网中寻找路由，进行接续；若是外地 HLR，则回送忙音，不予接续，如图 5.27 所示。

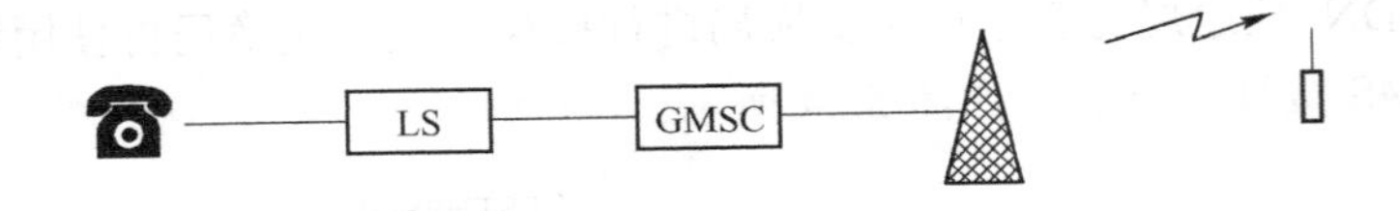

图 5.27 固定用户呼叫本地移动用户

（2）固定用户呼叫外地移动用户（拨 0139H1H2H3H4X1X2X3X4）。若呼叫当地有 MSC，则将呼叫接至长途局转至当地入口移动局 GMSC，当地 MSC 分析 $H_1H_2H_3H_4$ 号码，导出被叫移动用户的 HLR 地址信息，通过 No.7 信令网，从 HLR 得到该用户目前位置信息，即 MSRN，在移动网中寻找路由，进行接续，如图 5.28 所示。

图 5.28 固定用户呼叫外地移动用户（当地有 MSC）

若呼叫当地没有 MSC，则先将呼叫通过本地电话局接至归属长途局，然后归属长途局就近接入 GMSC，当地 MSC 分析 $H_1H_2H_3H_4$ 号码，导出被叫移动用户的 HLR 地址信息，通过 No.7 信令网，从 HLR 得到该用户目前位置信息，即 MSRN，在移动网中寻找路由，进行接续，如图 5.29 所示。

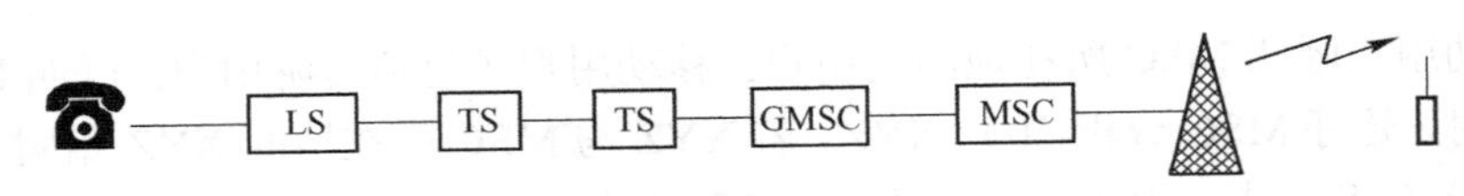

图 5.29 固定用户呼叫外地移动用户（当地没有 MSC）

3．移动用户呼叫移动用户

始发 MSC 即为 GMSC，查询被叫移动用户的路由信息 MSRN，在移动网中选择路由。

5.4 CDMA 移动通信系统

5.4.1 概述

CDMA（码分多址）是由多个码分信道共享载频频道的多址连接方式，自从 20 世纪 80 年代末期以来，人们将 CDMA 技术应用于数字移动通信领域。由于其频率利用率高，抗干扰能力强，因此是一种富有生命力和应用前景的移动通信机制。1993 年 7 月，美国 Qual-comm 公司开发的 CDMA 蜂窝体制被采纳为北美数字蜂窝标准，定名为 IS-95。IS-95 标准定义的 CDMA 系统（亦称 Q-CDMA）是具有双模式（移动台既能以调频方式工作，又能以扩频码分方式工作）运行能力的窄带码分多址（N-CDMA）数字蜂窝系统。1995 年 11 月，第一个 CDMA 系统在香港开通使用。中国联通在 2001 年底建成了覆盖全国 330 多个城市超 1500 万户的 CDMA 网络，到 2003 年将累计建成容量达 3000 万户。CDMA 系统主要具有以下特点。

1. 高系统容量

由于码分数字蜂窝移动通信系统的频率复用系数远远超过其他制式的蜂窝系统，并且它使用语音激活和扇区划分等技术，CDMA 系统的信道容量是模拟系统的 10～20 倍，是 GSM 系统的 4 倍。

2. 软容量

在模拟频分系统和数字时分系统中，当小区服务的用户数达到最大信道数时，满载的系统就无法再增添一个信号，此时若有新的呼叫，该用户只能听到忙音。而在 CDMA 系统中，用户数目和服务质量之间可以相互折中，灵活确定。例如，系统经营者可在话务量高峰期将误码率稍微提高，从而增加可用信道数。同时，当相邻小区的负荷较轻时，本小区受到的干扰减少，容量就可以适当增加。

3. 软切换

在 CDMA 系统中，由于所在小区都可以使用相同的频率，小区之间是以码型的不同来区分的，当移动用户从一个小区移到另一个小区时，不需要移动台的收、发频率切换，只需在码序列上做相应的调整，称之为软切换。软切换的优点在于首先与新的基站接通新的通路，然后切断原通话链路，这种先通后断的切换方式切换时间很短，提高了通话质量。另外，由于 CDMA 系统有“软容量”的优点，越区切换的成功率远大于模拟 FDMA 系统和数字 TDMA 系统，尤其是在通信的高峰期。

4. 高语音质量和低发射功率

由于 CDMA 系统中采用有效的功率控制、强纠错能力的信道编码以及多种形式的分集技术，可使基站和移动台的发射功率大大降低，延长手机电池的使用时间，同时获得优良的话音质量。

5. 良好的保密能力

码分数字移动通信系统的体制本身就决定了它有良好的保密能力。首先，在 CDMA 数字移动通信系统中必须采用扩频技术，发射信号的频谱被扩展得很宽，从而发射信号完全隐蔽在噪声、干扰中，不易被发现和接收；其次，在通信过程中，各种移动用户所使用的地址码各不相同，在接收端只有与之完全相同（包括码型和相位）的用户才能接收到相应的发送数据，对非相关的用户来说是一种背景噪声，所以 CDMA 系统可以防止有意或无意的窃取，具有很好的保密性能。

6. 频率分配和管理简单

在模拟频分多址和数字时分多址移动通信制式中，频率分配和管理是一种比较复杂的技术，而动态频率分配就更加复杂。在码分数字移动通信体制中，所有移动用户可以只用一个频率，不需要动态分配，其频率分配和管理都很简单。

5.4.2 扩频通信原理

通常我们将已调信号带宽与调制信号的带宽之比大于 100 的信息传输方式称为扩频通信，否则只能是宽带或窄带通信。

如图 5.30 所示给出了扩频通信系统的基本组成框图，从图中可以看出输入数字信号 $a_k(t)$ 首先经过信息调制（如 PSK 调制），从而获得窄带已调信号 $b_k(t)$，然后该信号再与高速的随机序列（PN 码）$c_k(t)$ 进行调制，此时输出信号 $s_k(t)$ 的带宽将远大于传输信息的频谱宽度，因而称此过程为扩频，最后 $s_k(t)$ 信号送到上变频器中，将其转换成射频信号进行发射。

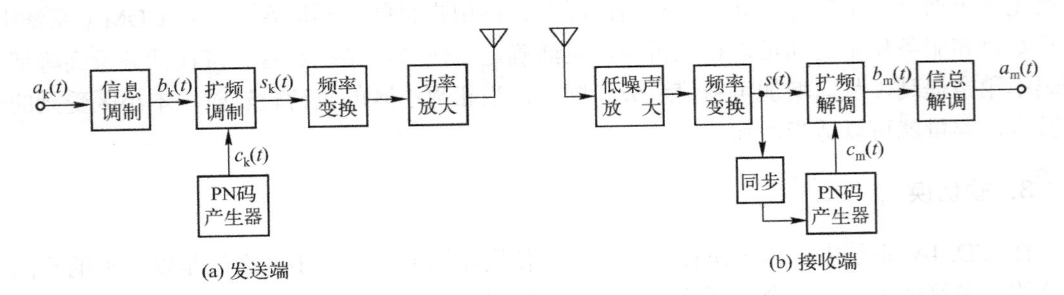

图 5.30 扩频通信系统的基本组成框图

在接收端，则将接收下来的射频信号送到下变频器，其输出为中频信号 $s(t)$，此信号中夹杂着干扰和噪声信号，此时将其中频信号与发端 PN 码序列相同的本地 $c_m(t)$ 进行扩频解调。将中频信号 $s(t)$ 变为窄带 $b_m(t)$ 信号，当它经过信息解调器之后，将恢复原数字信号 $a_m(t)$。

信息数据经信息调制器调制后输出的是窄带信号 $b_k(f)$，如图 5.31（a）所示，经过扩频调制后功率谱被展宽 $s_k(f)$，如图 5.31（b）所示。在接收机的输入信号中混入干扰信号，其功率谱 $s(f)$ 如图 5.31（c）所示。经过扩频解调后有用信号变成窄带信号，而干扰信号变成宽带信号，其功率谱 $b_m(f)$ 如图 5.31（d）所示；再经窄带滤波器，滤掉有用信号带外的干扰信号，其功率谱 $b'_m(f)$ 如图 5.31（e）所示。从而降低了干扰信号的强度，改善了信噪比，这就是扩频通信系统抗干扰的基本原理。

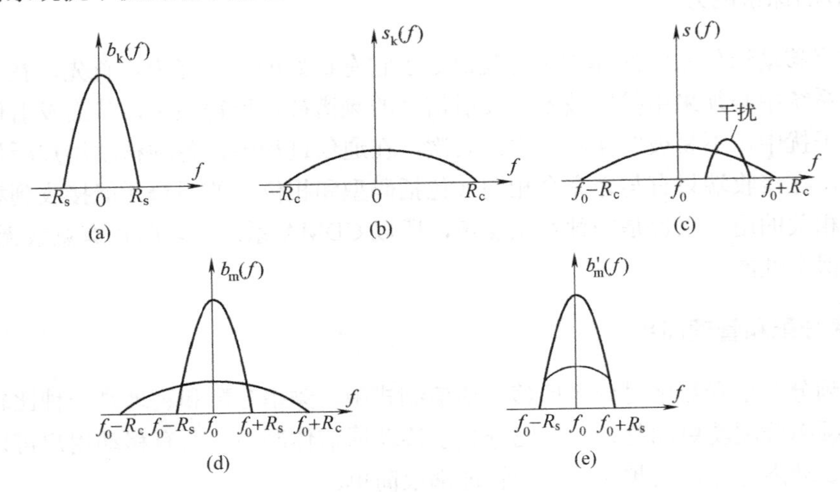

图 5.31 扩频通信系统抗频谱变换图

5.4.3 CDMA 数字蜂窝系统的信道组成

CDMA 是采用 FDMA/CDMA 混合多址技术，将使用的频段分成许多 1.25MHz 间隔的频道，一个蜂窝服务区开出一个频道。当通信业务量很大时，一个蜂窝服务区内可以占有按 FDMA 方式划分的多个 CDMA 频道。

在一个 CDMA 蜂窝系统内则是采用码分多址的，即对不同的小区（或扇区）分配不同的码型。在 IS-95 中，这些不同的码型是由一个 PN 码序列生成的，PN 序列周期为 2^{15} =32768 切普（chips），并将此周期序列的每 512chip 移位序列作为一个码型，共得到 64 个码型。也就是说，在 1.25MHz 带宽的 CDMA 蜂窝系统中，最多可建立 64 个基站（或扇区站）。

在一个小区（或扇区）内，基站与移动台之间的信道是在 PN 序列上再采用正交信号进行码分的信道。

信道包括基站到移动台方向的正向信道，移动台到基站方向的反向信道。正向信道设置了导频信道、同步信道、寻呼信道和正向业务信道；反向信道设置了接入信道和反向业务信道，如图 5.32 所示。

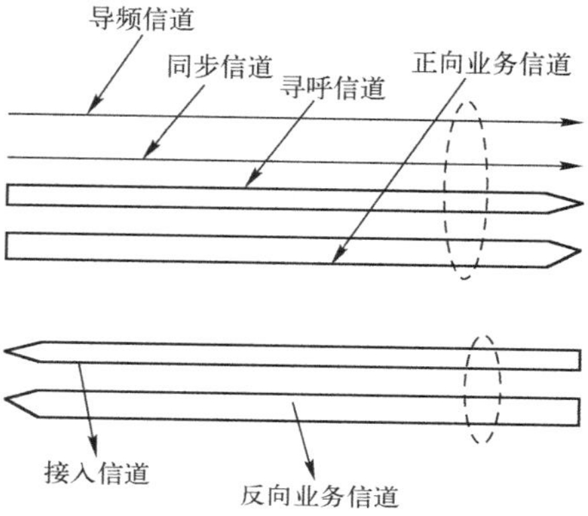

图 5.32 CDMA 蜂窝系统的信道示意图

1. 正向信道

正向信道的物理信道用 Walsh 函数码作为地址码来建立码分信道。Walsh 序列有 64 个正交码型，记做 W_0、W_1、W_2、…、W_{63} ，可提供 64 个码分物理信道。

一个 CDMA 信道可以划分 64 个码分逻辑信道。正向信道包括一个导频信道、一个同步信道、7 个寻呼信道和 55 个（最多可达 63 个）正向业务信道，如图 5.33 所示。

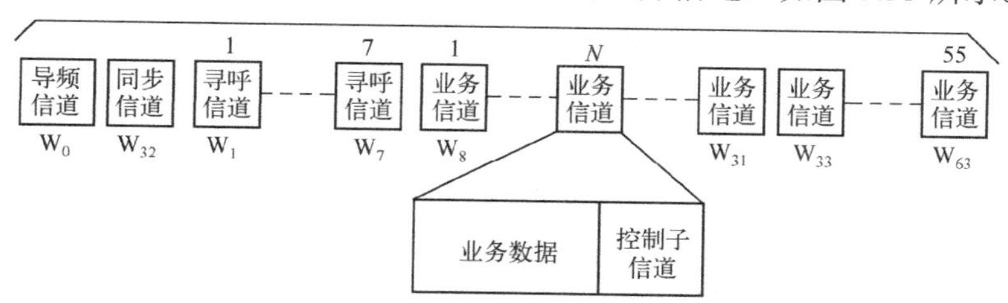

图 5.33 CDMA 正向信道构成

（1）导频信道。在导频信道中，所传递的是包含引导 PN 序列相位偏移量和频率基准信息的扩频信息，这其中不含数据信息，并且导频信道时刻不停地发送信号。这样移动台就可以很容易地获取定时信息，并提取相干载波进行信号的解调。移动台通过对周围不同基站的导频信号进行检测和比较，可以决定什么时候需要进行过境切换。

（2）同步信道。同步信道主要传输同步信息报文，供移动台定时和帧同步之用。在同步期间，移动台利用此同步信息进行同步调整。一旦同步完成，它通常不再使用同步信道，但当设备关机后重新开机时，还需要重新进行同步。当通信业务量很多，所有业务信道均被占用时，同步信道可临时改做业务信道使用。

（3）寻呼信道。寻呼信道在呼叫接续阶段传输寻呼移动台的信息。移动台通常在建立同步后，接着就选择一个寻呼信道来监听系统发出的寻呼信息的其他指令。在需要时，寻呼信道可以改做业务信道使用，直至全部用完。

（4）正向业务信道。在业务通信工作期间，基站在正向业务信道中给移动台发送报文（消息）。正向业务信道共有四种传输速率（9600bit/s、4800 bit/s、2400 bit/s、1200bits）。业务速率可以逐帧改变，以动态地适应通信者的话音特征。例如，发音时传输速率提高，停顿时传输速率降低。这样，有利于减少 CDMA 系统的多址干扰，以提高系统的容量。在业务信道中，还要插入其他的控制信息，如链路功率控制的过区切换指令等。

2．反向信道

反向信道的物理信道是用具有不同偏移量的周期为 $2^{42}-1$ 的长 PN 序列（长码）构成的。

一个 CDMA 反向信道包括接入信道和反向业务信道。接入信道最多 32 个，最少 0 个；反向业务信道最多可达 64 个，最少 32 个。这样在反向 CDMA 信道上，基站和用户使用不同的长码相位偏移量来区分每个接入信道和反向业务信道，如图 5.34 所示。

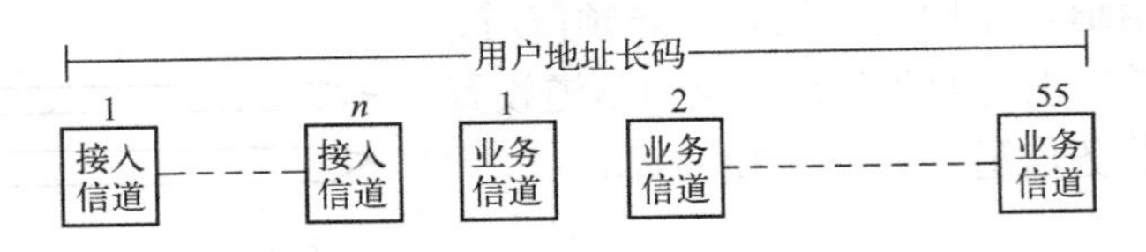

图 5.34　CDMA 反向信道构成

（1）接入信道。当移动台没有使用业务信道时，提供移动台到基站的传输通路，在其中发起呼叫、对寻呼进行响应以及传送登记注册等信息。接入信道和正向信道中的寻呼信道相对应，以相互传送指令、应答和其他有关的信息。不过，接入信道是一种分时隙的随机接入信道，允许多个用户同时抢占同一接入信道。每个寻呼信道所支撑的接入信道最多可达 32 个，而每个接入信道对应一个寻呼信道。

（2）反向业务信道。反向业务信道与正向业务信道相对应。

3．用户掩码

掩码是一个 42 位的序列，它随信道的不同而不同。

（1）接入信道的掩码。接入信道的掩码格式如图 5.35（a）所示，M_{41} 到 M_{33} 要置成"110001111"，M_{32} 到 M_{28} 要置成选用的接入信道号码，M_{27} 到 M_{25} 要置成对应的寻呼信道号码（范围是 1 到 7），M_{24} 到 M_9 要置成当前的基站标志，M_8 到 M_0 要置成当前的 CDMA 信道的引导偏置。

（2）正向（反向）业务信道的掩码。在正向（反向）业务信道，移动台可使用公用掩码或专用掩码。公用掩码格式如图 5.35（b）所示，要置成"1100011000"，M_{31} 到 M_0 要置成移动台的电子序号(ESN)。ESN 是制造厂家给移动台的设备序号，为 32 位。由于电子序号(ESN)是顺序编码，为了减少同一地区移动台的 ESN 带来的掩码间的高相关性，在掩码格式中的 ESN 是要经过置换的。所谓置换就是对出厂 32 位的 ESN 重新排列，其置换规则如下：

出厂的序列：ESN=（E_{31}，E_{30}，E_{29}，…，E_3，E_2，E_1，E_0）

置换后的序列：ESN=（E_0，E_{31}，E_{22}，E_{13}，E_4，E_{26}，E_{17}，E_8，E_{30}，E_{21}，E_{12}，E_3，E_{25}，E_{16}，E_7，E_{29}，E_{20}，E_{11}，E_2，E_{24}，E_{15}，E_6，E_{28}，E_{19}，E_{10}，E_1，E_{23}，E_{14}，E_5，E_{27}，E_{18}，E_9）

专用掩码是用于用户的保密通信，其格式由（TIA 美国电信工业协会）规定。

（3）寻呼信道的掩码。对于正向链路，寻呼信道规定为一种掩码码型，其掩码格式如图 5.35（c）所示。

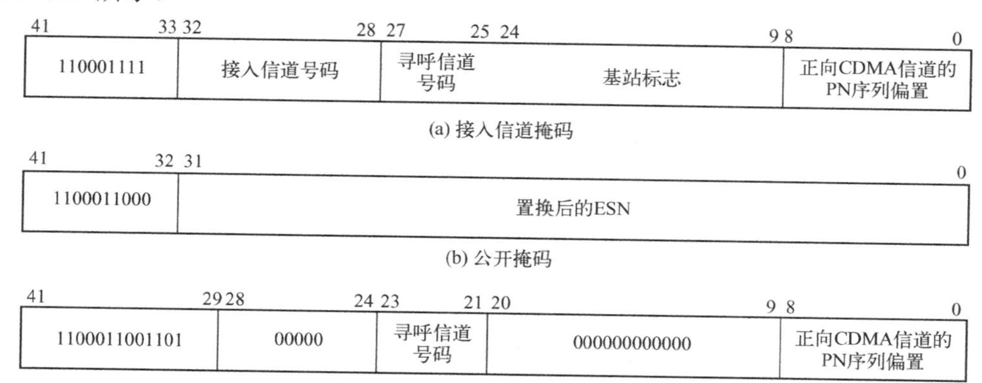

图 5.35　用户掩码格式

4．链路的多址技术

（1）正向链路采用频分、扩频码分、正交信号多址技术。具体功能介绍如下。

频分区域：可用间隔 1.25MHz 多载波工作，将不同频率的载波指配给不同的区域。

码分基站：用一种 PN 码，以 PN 码的偏移量不同区分不同的基站站址。

码分信道：用 Walsh 函数码区分信道。

用户识别：以用户掩码和长 PN 码对用户话音信号帧的数据加扰，以识别用户。

（2）反向链路采用与正向链路相同的频分、扩频码分多址技术。具体功能介绍如下。

频分区域：采用与正向链路相对应的频率。

码分基站：采用与正向链路相同偏移量的 PN 码。

码分信道：用不同的长 PN 码进行码分信道，以识别接入信道和业务信道。

用户识别：以用户掩码和长 PN 码对用户话音信号帧的数据加扰，以识别用户。

5.4.4　CDMA 的系统结构

CDMA 系统由三大部分组成，即网络交换子系统（NSS）、基站子系统（BSS）和移动台（MS），如图 5.36 所示。

1．网络交换子系统（NSS）

网络交换子系统由 CDMA 系统的移动交换中心（MSC）、归属位置寄存器（HLR）、拜访位置寄存器（VLR）、鉴权中心（AUC）、短消息中心（MC）、短消息实体（SME）和操作系统中心（OMC）构成，其主要功能介绍如下。

（1）移动交换中心（MSC）。MSC 是完成对位于它所服务的区域中的移动台进行控制、交换的功能实体，也是与其他 MSC 或其他公用交换网之间的用户业务的自动接续设备。

（2）归属位置寄存器（HLR）。HLR 存储着与移动用户有关的数据，如国际移动台识别号码（IMSI）、移动用户号码（DN）、电子序号（ESN）、用户的服务项目信息以及当前位置、批准有效的时间段等有关数据。

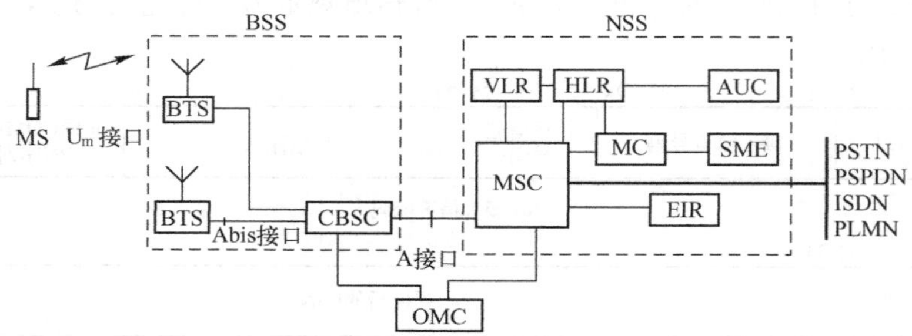

MS：移动台；BTS：基站收发信台；BSC：基站控制器；OMC：操作维护中心；
MSC：移动业务交换中心；VLR：访问位置寄存器；HLR：归属位置寄存器；
AUC：鉴权中心；MC：消息中心；SME：短消息实体；EIR：设备识别寄存器；
PSTN：公用交换电话网；PSPDN：分组交换公用数据网；
ISDN：综合业务数字网；PLMN：公用陆地移动网

图 5.36 CDMA 系统结构

（3）访问位置寄存器（VLR）。VLR 中存储着其控制区域内所有访问的移动用户信息，这些信息含有 MS 建立和呼叫以及提供漫游和补充业务管理的全部数据。

（4）鉴权中心（AUC）。AUC 是一个管理与移动台相关的鉴权信息的功能实体。

（5）消息中心（MC）。MC 是一个存储和转送短消息的实体。

（6）短消息实体（SME）。SME 是合成和分解短消息的实体，SME 可以位于 MSCHLR 或 MC 内。

（7）设备识别寄存器（EIR）。EIR 是为了记录的目的而分配给用户设备身份的寄存器，用于对移动设备的识别、监视、闭锁等。

（8）操作维护中心（OMC）。操作维护中心（OMC）是用于蜂窝网络日常管理以及为网络工程和规划提供数据库的集中化设备。通常，OMC 同时管理移动交换中心 MSC 和各基站系统 BSS，也可配置为只负责管理由许多 BSS 构成的无线子系统或配置为只用于管理移动交换中心 MSC。

2. 基站子系统（BSS）

基站子系统由一个集中控制器（CBSC）和若干个基站收发信台（BTS）组成，是在一定的无线覆盖区域内由移动交换中心（MSC）控制，与移动台进行通信的设备。

3. 移动台（MS）

移动台是用户终端接无线信道的设备，通过空中无线接口（U_m），给用户提供接入网络业务的能力。

5.5 第三代移动通信系统

第一代移动通信系统（如 AMPS 和 TACS 等）是采用 FDMA 制式的模拟蜂窝系统，其主要缺点是频谱 利用率低、系统容量小、业务种类有限，不能满足移动通信飞速发展的需要。

第二代移动通信系统（如采用 TDMA 制式的欧洲 GSM/DCS1800，采用 CDMA 制式 GSM DCS1800 的美国 IS-95 等）则是数字蜂窝系统。虽然其容量和功能与第一代移动通信系统相比有了很大的提高，但其业务主要限于话音和低速率数据（9.6Kbit/s），远不能满足新业务和高传输速率的需要。

人们对高速数据业务和多媒体业务的需求日益增加，而第二代移动通信系统所固有的局限性，促使了第三代移动通信系统的出现。鉴于全球第二代移动通信体制和标准的不尽相同，第二代移动通信技术和第三代移动通信技术将会在今后相当长的时间内共存。

5.5.1 概述

1. ITM-2000 的主要目标

第三代移动通信系统最早于 1985 年由国际电信联盟（ITU）提出，当时称为未来公众陆地移动通信系统（FPLMTS），1996 年更名为国际移动通信-2000（IMT-2000），意为该系统工作在 2000MHz 频段，最高业务速率可以达到 2000Kbit/s，当时预期在 2000 年左右开始商用。简单地说，第三代移动通信系统（3G，The 3d Generation Mobile Telecommunication）就是指 ITM-2000。

第三代移动通信系统主要目标是全球化、综合化和个人化。全球化就是提供全球海陆空三维的无缝隙覆盖，支持全球漫游业务；综合化就是提供多种话音和非话音业务，特别是多媒体业务；个人化就是有足够的系统容量、强大的多种用户管理能力、高保密性能和服务质量。

2. IMT-2000 的技术要求

为实现上述目标，对 IMT-2000 无线传输技术提出了以下要求：

（1）高速传输以支持多媒体业务。

① 室内环境至少 2Mbit/s。

② 室外步行环境至少 384Kbit/s。

③ 室外车辆运动中至少 144Kbit/s。

（2）传输速率能够按需分配。

（3）上下行链路能适应不对称业务的需求。

移动通信从第二代过渡到第三代的主要特征是网络必须有足够的频率，不仅能提供话音、低速率数据等业务，而且具有提供宽带数据业务的能力。

3. IMT-2000 提供的业务

根据 ITU 的建议，IMT-2000 提供的业务类型分为 6 种：

（1）话音业务：上下行链路的信息速率都是 16Kbit/s，属电路交换，对称型业务。

（2）简单消息：是对应于短信息 SMS 的业务，它的数据速率为 14Kbit/s，属于分组交换。

（3）交换数据：属于电路交换业务，上下行数据速率都是 64Kbit/s。

（4）非对称的多媒体业务：包括中速多媒体业务，其下行数据速率为 384Kbit/s、上行为 64Kbit/s。

（5）高速多媒体业务：其下行数据速率为 2000Kbit/s，上行为 128Kbit/s。

（6）交互式多媒体业务：该业务为电路交换，是一种对称的多媒体业务，应用于高保真音响、可视会议、双向图像传输等。

3G 的目标是支持尽可能广泛的业务，理论上 3G 可为移动的终端提供 384Kbit/s 或更高的速率，为静止的终端提供 2.048Mbit/s 的速率。这种宽带容量能够提供现在 2G 网络不能实现的新型业务。未来也许会出现一些现在无法想象的业务。

4. IMT-2000 的系统结构

IMT-2000 系统构成如图 5.37 所示，它主要由四个功能子系统构成，即核心网（CN）、无线接入网（RAN）、移动台（MT）和用户识别模块（UIM）。分别对应于 GSM 系统的交换子系统（NSS）、基站子系统（BSS）、移动台（MS）和 SIM 卡。

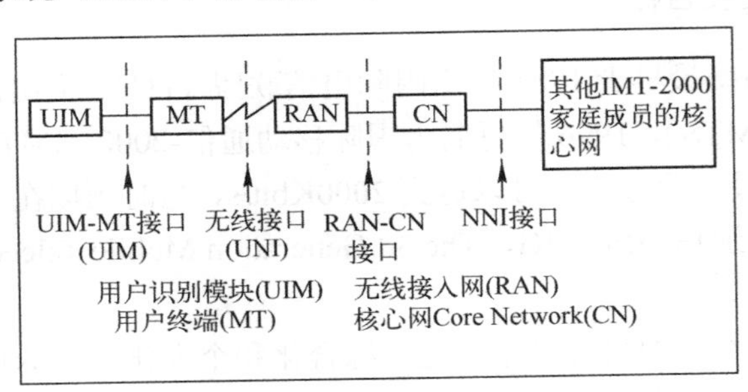

图 5.37　IMT-2000 系统构成

从图 5.37 中可以看出，ITU 定义了 4 个标准接口，如下所述。

（1）网络与网络接口（NNI ）：由于 ITU 在网络部分采用了 “家族概念”，因而此接口是指不同家族成员之间的标准接口，是保证互通和漫游的关键接口。

（2）无线接入网与核心网之间的接口（RANCN），对应于 GSM 系统的 A 接口。

（3）无线接口（UNI ）。

（4）用户识别模块和移动台之间的接口（UIMMT）。

5.5.2　第三代移动通信的网络标准

1. IMT-2000 的技术标准

IMT-2000 技术主要分为无线传输技术（RTT）和网络技术两大部分。无线传输技术的标准化工作主要由国际电联–无线电通信部门（ITU-R）的 SG8-TG8/1 工作组完成，而国际电联–电信标准化部门（ITU-T）的 SG11WP3 工作组则负责网络部门的标准化。

国际电联 ITU 自 1997 年 7 月开始征集 IMT-2000 无线传输技术方案，截止到 1998 年 6 月 30 日，提交到 ITU-R 的无线传输技术共有 16 种，其中包括 10 种地面技术和 6 种卫星技术。在 10 种 IMT-2000 地面无线传输技术中，包括原中国邮电部电信技术研究院（CATT）1998 年 6 月向 ITU 提交的第三代移动通信建议标准 TD-SCDMA。

在 10 种提案中，以 TDMA 为基础的有两种，以 CDMA 为基础的有八种，这表明宽带 CDMA 技术是第三代移动通信的主要技术。其中主流技术为以下三种 CDMA 技术：

（1）IMT-2000CDMA-DS（直接序列码分多址）。即 WCDMA，是以欧洲的 UTAR FDD

和日本WCDMA为代表，它是在带宽达5MHz的频带内直接对信号进行扩频通信。

（2）IMT-2000CDMA-MC（多载波码分多址）。即CDMA2000，是以北美CDMA2000为代表，由IS-95标准发展而来的。它是由多个1.25MHz的窄带直接扩频系统组成的一个宽带系统。

（3）IMT-2000CDMA TDD（时分双工码分多址）。包括中国的TD-SCDMA和欧洲的UTAR TDD。

2000年5月5日，TD-SCDMA被ITU正式批准为国际标准，与欧洲和日本提出的WCDMA以及由美国提出的CDMA2000标准同列三大标准的行列。之后，TD-SCDMA又被3GPP（第三代合作伙伴）组织正式接纳，成为全球第三代移动通信网络建设的选择方案之一。

现经国际电联（ITU）确认的三大3G主流标准分别为：由GSM延伸而至的WCDMA；由CDMA演变发展的CDMA2000；中国大陆大唐电信和德国西门子合作开发的全新标准TD-SCDMA。

2. IMT-2000的关键技术

（1）初始同步与Rake多径分集接收技术。CDMA通信系统接收机的初始同步包括PN码同步、符号同步、帧同步和扰码同步等。CDMA2000系统采用与IS-95系统相类似的初始同步技术，即通过对导频信道的捕获建立PN码同步和符号同步，通过同步（Sync）信道的接收建立帧同步和扰码同步。WCDMA系统的初始同步则需要通过“三步捕获法”进行，即通过对基本同步信道的捕获建立PN码同步和符号同步，通过对辅助同步信道的不同扩频码的非相干接收，确定扰码组号等，最后通过对可能的扰码进行穷举搜索，建立扰码同步。

移动通信是在复杂的电波环境下进行的，如何克服电波传播所造成的多径衰落现象是移动通信的另一基本问题。在CDMA移动通信系统中，由于信号带宽较宽，因而在时间上可以分辨出比较细微的多径信号，对分辨出的多径信号分别进行加权调整，使合成之后的信号得以增强，从而可在较大程度上降低多径衰落信道所造成的负面影响。这种技术称为Rake多径分集接收技术。

为实现相干形式的Rake接收，需发送未经调制的导频（Pilot）信号，以使接收端能在确知已发数据的条件下估计出多径信号的相位，并在此基础上实现相干方式的最大信噪比合并。WCDMA系统采用用户专用的导频信号，而CDMA2000下行链路采用公用导频信号，用户专用的导频信号仅作为备选方案用于使用智能天线的系统，上行信道则采用用户专用的导频信道。

Rake多径分集技术的另外一种极为重要的体现形式是宏分集及越区软切换技术。当移动台处于越区切换状态时，参与越区切换的基站向该移动台发送相同的信息，移动台把来自不同基站的多径信号进行分集合并，从而改善移动台处于越区切换时的接收信号质量，并保持越区切换时的数据不丢失，这种技术称为宏分集和越区软切换。WCDMA系统和CDMA2000系统均支持宏分集和越区软切换功能。

（2）高效信道编译码技术。第三代移动通信的另外一项核心技术是信道编译码技术。在第三代移动通 信系统主要提案中（包括WCDMA和CDMA2000等），除采用与IS-95CDMA系统相类似的卷积编码技术和交织技术之外，还建议采用Turbo编码技术及RS-卷积级联码技术。

Turbo 编码器采用两个并行相连的系统递归卷积编码器，并辅之以一个交织器。两个卷积编码器的输出经并串转换以及凿孔（Puncture）操作后输出。相应地，Turbo 解码器由首尾相接、中间由交织器和解交织器隔离的两个以迭代方式工作的软判输出卷积解码器构成。虽然目前尚未得到严格的 Turbo 编码理论性能分析结果，但从计算机仿真结果看，在交织器长度大于 1000、软判输出卷积解码采用标准的最大后验概率（MAP）算法的条件下，其性能比约束长度为 9 的卷积码提高 1 至 2.5dB。目前 Turbo 码用于第三代移动通信系统的主要困难体现在以下几个方面：

① 由于交织长度的限制，无法用于速率较低、时延要求较高的数据（包括语音）传输。

② 基于 MAP 的软输出解码算法所需计算量和存储量较大，而基于软输出 Viterbi 的算法所需迭代次数往往难以保证。

③ Turbo 编码在衰落信道下的性能还有待于进一步研究。

RS 编码是一种多进制编码技术，适合于存在突发错误的通信系统。RS 解码技术相对比较成熟，但由 RS 码和卷积码构成的级联码在性能上与传统的卷积码相比较提高不多，故在未来第三代移动通信系统采用的可能性不大。

（3）智能天线技术。从本质上来说，智能天线技术是雷达系统自适应天线阵在通信系统中的新应用。由于其体积及计算复杂性的限制，目前仅适应于在基站系统中的应用。智能天线包括两个重要组成部分，一是对来自移动台发射的多径电波方向进行到达角（DOA）估计，并进行空间滤波，抑制其他移动台的干扰。二是对基站发送信号进行波束形成，使基站发送信号能够沿着移动台电波的到达方向发送回移动台，从而降低发射功率，减少对其他移动台的干扰。智能天线技术用于 TDD 方式的 CDMA 系统是比较合适的，能够起到在较大程度上抑制多用户干扰，从而提高系统容量的作用。其困难在于由于存在多径效应，每个天线均需一个 Rake 接收机，从而使基带处理单元复杂度明显提高。

（4）多用户检测技术。在传统的 CDMA 接收机中，各个用户的接收是相互独立进行的。在多径衰落环境下，由于各个用户之间所用的扩频码通常难以保持正交，因而造成多个用户之间的相互干扰，并限制系统容量的提高。解决此问题的一个有效方法是使用多用户检测技术，通过测量各个用户扩频码之间的非正交性，用矩阵求逆方法或迭代方法消除多用户之间的相互干扰。

从理论上讲，使用多用户检测技术能够在极大程度上改善系统容量。但一个较为困难的问题是对于基站接收端的等效干扰用户等于正在通话的移动用户数乘以基站端可观测到的多径数。这意味着在实际系统中等效干扰用户数将多达数百个，这样即使采用与干扰用户数成线性关系的多用户抵销算法仍使得其硬件实现显得过于复杂。如何把多用户干扰抵销算法的复杂度降低到可接受的程度是多用户检测技术能否实用的关键。

（5）功率控制技术。在 CDMA 系统中，由于用户共用相同的频带，且各用户的扩频码之间存在着非理想的相关特性，用户发射功率的大小将直接影响系统的总容量，从而使得功率控制技术成为 CDMA 系统中的最为重要的核心技术之一。

常见的 CDMA 功率控制技术可分为开环功率控制、闭环功率控制和外环功率控制三种类型。开环功率控制的基本原理是根据用户接收功率与发射功率之积为常数的原则，先行测量接收功率的大小，并由此确定发射功率的大小。开环功率控制用于确定用户的初始发射功率，或用户接收功率发生突变时的发射功率调节。开环功率控制未考虑到上、下行信道电波功率的不对称性，因而其精确性难以得到保证。闭环功率控制可以较好地解决此问题，通过对接收功率的测量值及与信干比（接收天线输入口的有用载频功率/干扰信号功率）门限值的对比，确定功率控制比特信息，然后通过信道把功率控制比特信息传送到发射端，并据此调节发射功率的大小。外环功率控制技术则是通过对接收误帧率的计算，确定闭环功率控制所需的信干比门限。外环功率控制通常需要采用变步长方法，以加快上述信干比门限的调节速度。在 WCDMA 和 CDMA2000 系统中，上行信道采用了开环、闭环和外环功率控制技术，下行信道则采用了闭环和外环功率技术。但两者的闭环功率控制速度有所不同，前者为每秒 1600 次，后者为每秒 800 次。

3．IMT-2000 的频带分配

1992 年 ITU 在 WARC-92 大会上为第三代移动通信业务划分出 230MHz 带宽，1885～2025MHz 作为 IMT-2000 的上行频段，2110～2200MHz 作为下行频段。其中 1980-2110Mhz 和 2170-2200MHz 分别作为移动卫星业务的上下行频段。由于 IMT-2000 应适用于陆地、水上、空中任何地点用户的通信，因此必须有卫星部分。卫星通信的特点是覆盖面大、通信容量大，卫星移动业务（MSS）是实现全球覆盖的有效办法。卫星通信可以利用对地静止卫星系统来实现，也可以利用中、低轨道和高轨道卫星系统来实现。IMT-2000 将是综合陆地系统与卫星系统的一个整体，但其中利用同步卫星固定业务（FSS ）经固定地球站（FFS）提供的链路不 能看成是 IMT-2000 的卫星部分，只能看成是支持 IMT-2000 的 FSS 连接。

各国有关 2000MHz 频段的划分与使用情况：

欧洲电信标准化协会（ETSI）早在十多年前就开始了第三代移动通信标准化的研究工作，成立了一个 “通用移动通信系统（即 UMTS）论坛”，其成员主要来自欧洲各国的运营部门、生产部门和电信主管机构，1995 年正式向国际电联提交了频谱划分的建议方案：

UMTS 的地面段为 1920～1980MHz；卫星业务占用 1980～2010/2170～2200MHz 频段；1900～1920MHz 和 2010～2030MHz 为主要业务，属于第二代的 DECT 系统为次要业务，即在允许的情况下可以使用 1900～1920MHz 频段。

美国在 WARC-92 大会之后，对其原来所划分的频段进行了重新调整。由于原来个人通信 PCS 业务已经占用了 IMT-2000 的频谱，因此调整后的频谱将是 IMT-2000 的上行与 PCS 的下行频段需要共用。这种安排不大符合一般基站发高收低的配置，欧洲则不大同意这种安排。实际上，美国已经在前几年把 2000MHz 这段频谱拍卖给国内七个运营公司分别操作使用。

日本对第三代移动通信的研究工作非常重视，决心在第三代技术上不落后于别人。日本于 1995 年成立了无线电产业协会（ARIB），并与电信技术委员会一起加速进行第三代移动通信标准化的工作。日本目前的数字蜂窝系统（PDC）使用的是 800MHz 频段，PHS 系统使用的 1800MHz 的频段。考虑到国际电联有关第三代技术的频谱划分，仍想把 1885～1920MHz 保留给 PHS 系统使用；把 1920～1980MHz 作为 IMT-2000 的上行频段，2110～2170MHz 作为下行频段；1980～2010/2170～2200MHz 为移动卫星系统的上下行频段；2010～2025MHz 作为时分双工方式的第三代移动业务。

中国有关第三代移动业务的研究与欧美相比起步较晚。由于我国无线电移动通信用户超常规的发展，频谱需求量很大，在 1000MHz 以下我国已经先后划分了三个频段用于蜂窝移动业务，即 825～835MHz/870～880MHz， 带宽 10×2MHz，835～840/880～885MHz，带宽

5×2MHz，890～915/935～960MHz，，带宽 25×2MHz。总带宽共为 80MHz。为适应发展，同时考虑到国内外技术现状以及当前或近期可提供设备的情况，前几年对 2000MHz 频段做了部分调整与规划，调整出共 260MHz 以上的带宽（不包括有线电视传输的 MMDS 系统）供当前发展移动通信业务使用，其中：

（1）1710～1755/1805～1850MHz 和 1865～1880/1945～1960MHz，宽带共 120MHz，用于蜂窝移动通信业务，与微波接力通信业务和射电天文等业务共用，但不得干扰射电天文业务的正常工作。

（2）1880～1900/1960～1980MHz，带宽共 40MHz，原计划用于无线接入（FDD 方式），现只批准我国自行研制的 S-CDMA 系统使用 1880～1885MHz 的频段。

（3）1900～1920MHz，带宽共 20MHz，用于无线接入（可用于 DECT 和 PHS 等时分或码分方式），主要用来解决集中在密集办公室区域的专业网以及机关、团体和家用无绳电话等需求。

（4）2400～2483.5MHz（扩谱 SS 方式），带宽共 83.5MHz，该频段主要用于短距离、短信息的数据通信系统以及计算机数据通信系统等。该段频率与工业、科学、医疗设备（ISM）无线电电磁波辐射频段共用。

（5）2535～2599MHz，带宽共 64MHz，临时性用于多路微波有线电视传输系统（MMDS）。WARC-92 大会上通过的频率划分表中，中国和其他 11 个国家签字同意将 2535～2655MHz 频段用于卫星广播业务。

发展第三代移动通信很重要的目的之一就是要在国际上统一使用相同频段，IMT-2000 系统的全球标准也打算支持非常广泛的终端产品标准，从简单的消息设备到复杂的桌面多媒体终端设备，并要求设备要小巧而轻便，这样便于组织大生产使产品价格降低，使得广大用户受益。但是由上述各国当前频谱划分使用情况可见，虽然 ITU 早在 1992 年就明确了国际移动通信在 2000 年后的使用计划，但至今为止各国的频率划分使用计划却差异甚大，很难一下子统一到电联的规划方案上去。用于地面蜂窝业务的上行频段只有一小部分比较一致，大约在 1930～1980MHz 附近。移动卫星使用的下行频段基本一致，然而卫星移动业务将来很可能与地面业务是分开操作运行的。

5.5.3 WCDMA 移动通信系统概述

宽带码分多址接入（WCDMA）是由欧洲提出，基于 GSM 网发展出来的 3G 技术规范，与日本提出的宽带 CDMA 技术基本相同，目前正在做进一步的融合。其支持者主要是以 GSM 系统为主的欧洲厂商，日本公司也或多或少参与其中，包括欧美的爱立信、阿尔卡特、诺基亚、朗讯、北电，以及日本的 NTT、富士通、夏普等厂商。这套系统能够架设在现有的 GSM 网络上，对于系统提供商而言可以较轻易地过渡，这对 GSM 系统相当普及的亚洲来说，比较容易被运营商接受。因此 WCDMA 具有先天的市场优势。该标准提出了 GSM（2G）-GPRSEDGE-WCDMA 的演进策略。

WCDMA 采用直接序列扩频码分多址（DS-CDMA）、频分双工（FDD）方式，码片速率为 3.84Mcps，载波带宽为 5MHz。基于 Release99/Release4 版本，可在 5MHz 的带宽内，能够支持移动/手提设备之间的语音、图像、数据以及视频通信，可为低速移动或室内环境下的终端提供高达 2Mbps 的传输速率；对于高速移动状态下的终端，可提供 384Kbps 的传输速率。

1．WCDMA 的主要技术特点

基站同步方式：支持异步和同步的基站运行方式，组网方便、灵活。

调制方式：上行为 BPSK，下行为 QPSK；解调方式，导频辅助的相干解调

接入方式：DS-CDMA 方式；三种编码方式：在话音信道采用卷积码（R=1/3，K=9）进行内部编码和 Veterbi 解码，在数据信道采用 ReedSolomon 编码，在控制信道采用卷积码（R=1/2，K=9/）进行内部编码和 Veterbi 解码。

适应多种速率的传输，可灵活地提供多种业务，并根据不同的业务质量和业务速率分配不同的资源，同时对多速率、多媒体的业务可通过改变扩频比（对于低速率的 32Kbits/、64Kbit/s、128Kbit/s 的业务）和多码并行传送（对于高于 128Kbit/s 的业务）的方式来实现，上、下行快速、高效的功率控制大大减少了系统的多址干扰，提高了系统容量，同时也降低了传输的功率。

核心网络基于 GSM/GPRS 网络的演进，并保持与 GSM/GPRS 网络的兼容性；BTS 间无需同步因 BS 可收发异步的 PN 码，即 BS 可跟踪对方发出的 PN 码，同时 MS 也可用额外的 PN 码进行捕获与跟踪，因此可获得同步，来支持越区切换及宏分集，而在 BTS 之间无需进行同步；支持软切换和更软切换，切换方式包括三种，即：扇区间软切换、小区间软切换和载频间硬切换。

2．WCDMA 系统的网络结构

WCDMA 是目前全球三种主要的第三代移动通信体制之一，是未来移动通信的发展趋势。WCDMA 系统是 IMT-2000 家族的一员，它由 CN（核心网）、UTRAN（UMTS 陆地无线接入网）和 UE（用户装置）组成。UTRAN 和 UE 采用 WCDMA 无线接入技术。WCDMA 网络在设计时遵循以下原则：无线接入网与核心网功能尽量分离。即对无线资源的管理功能集中在无线接入网完成，而与业务和应用相关功能在核心网执行。无线接入网是连接移动用户和核心网的桥梁和纽带。其满足以下目标：

① 允许用户广泛访问电信业务，包括一些现在还没定义的业务，如多媒体和高速率数据业务。

② 方便地提供与固定网络相似的高质量的业务（特别是话音质量）。

③ 方便地提供小的、容易使用的、低价的终端，它要有长的通话和待机时间。

④ 提供网络资源有效的使用方法（特别是无线频谱）。

目前，WCDMA 系统标准的 R99 版本已经基本稳定，其 R4 、R5 和 R6 版本还在紧锣密鼓的制定中。WCDMA 系统的网络结构如图 5.38 所示。

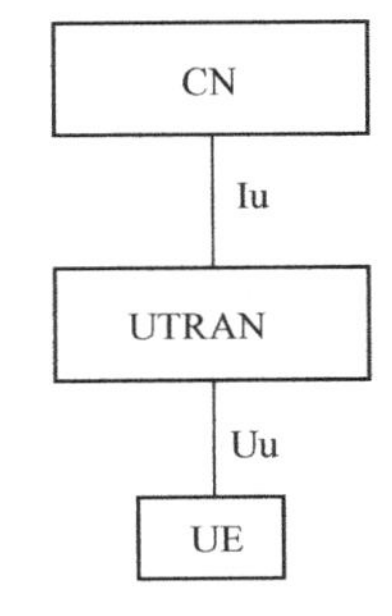

图 5.38　WCDMA 系统结构

WCDMA 系统由三部分 CN（核心网）、UTRAN（无线接入网）和 UE（用户装置）组成。CN 与 UTRAN 的接口定义为 Iu 接口，UTRAN 与 UE 的接口定义为 Uu 接口。

WCDMA 系统的网络结构的基本特点是核心网从 GSM 的核心网逐步演进和过渡；而无线接入网则是革命性的变化，完全不同于 GSM 的无线接入网；而业务是完全兼容 GSM 业

务，体现了业务的连续性。

（1）无线接入网。UTRAN 包括许多通过 Iu 接口连接到 CN 的 RNS。一个 RNS 包括一个 RNC 和一个或多个 NodeB。NodeB 通过 Iub 接口连接到 RNC 上，它支持 FDD 模式、TDD 模式或双模。NodeB 包括一个或多个小区。

UTRAN 内部，RNSs 中的 RNCs 能通过 Iur 接口交互信息，Iu 接口和 Iur 接口是逻辑接口。Iur 接口可以是 RNC 之间物理的直接相连或通过适当的传输网络实现。UTRAN 结构如图 5.39 所示。

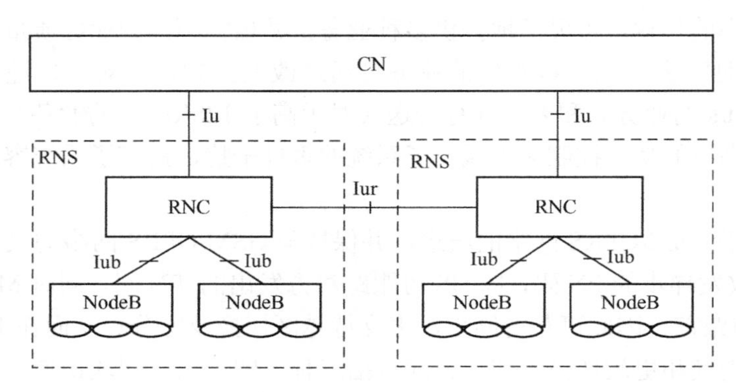

图 5.39　UTRAN 结构

Iu、Iur、Iub 接口分别为 CN 与 RNC、RNC 与 RNC、RNC 与 NodeB 之间的接口。图 5.40 所示为 UTRAN 接口通用协议模型。此结构依据层间和平面间相互独立原则而建立。

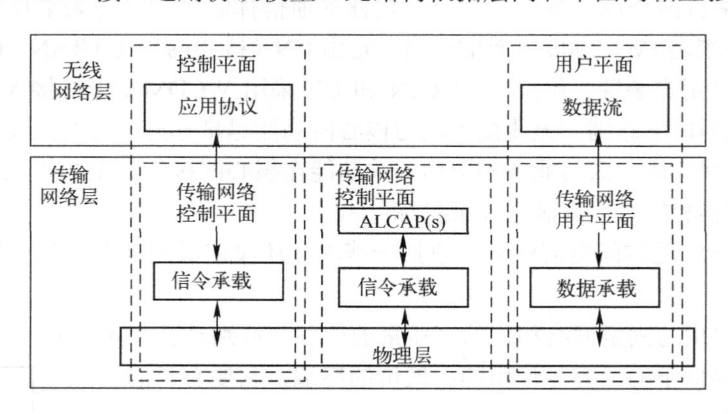

图 5.40　UTRAN 接口通用协议模型

协议结构包括三层，无线网络层、传输网络层和物理层。所有 UTRAN 相关问题只与无线网络层有关，传输网络层只是 UTRAN 采用的标准化的传输技术，与 UTRAN 的特定的功能无关。物理层可用 E1、T1、STM-1 等数十种标准接口。

控制平面包括无线网络层的应用协议以及用于传输应用协议消息的信令承载。

在 Iu 接口的无线网络层是无线接入网应用协议（RANAP），它负责 CN 和 RNS 之间的信令交互。在 Iur 接口的无线网络层是无线网络子系统应用协议（RNSAP），它负责两个 RNS 之间的信令交互。在 Iur 接口的无线网络层是 B 节点协议（NBAP），它负责 RNS 内部的 RNC 与 NodeB 之间的信令交互。

在传输网络层三个接口统一应用 ATM 传输技术，3GPP 还建议了可支持七号信令的 SCCP、MTP 及 IP 等技术。

应用协议在无线网络层建立承载。信令承载与 ALCAP 的信令承载可同可不同。信令承载由操作维护（O&M）的建立。

用户平面包括数据流和用于传输数据流的数据承载。数据流是各个接口规定的帧协议。

传输网络控制平面只在传输层，它不包括任何无线网络控制平面的信息。它包括用户平面传输承载（数据承载）所需的 ALCAP 协议，还包括 ALCAP 所需的信令承载。传输网络控制平面的引入使得无线网络控制平面的应用协议完全独立于用户平面数据承载技术。

用户平面的数据承载和应用协议的数据承载属于传输网络用户平面。

（2）R99 核心网。为了第二代向第三代的平滑过渡和演进，目前 R99 核心网包括三个域，CS（电路交换）域、PS（分组交换）域和 BC（广播）域，分别处理电路交换业务、分组交换业务和广播组播业务，其结构如图 5.41 所示。R99 核心网的 CS 域指 GSM 的核心网，PS 域指 GPRS 的支持节点。CS 域处理传统的电路交换业务，每次通信需占用的一些资源建立专用的一条链路，如语音业务；PS 域处理分组交换业务，不需要建立专用链路，每个分组都自己找路由。R99 核心网主要有以下一些设备：

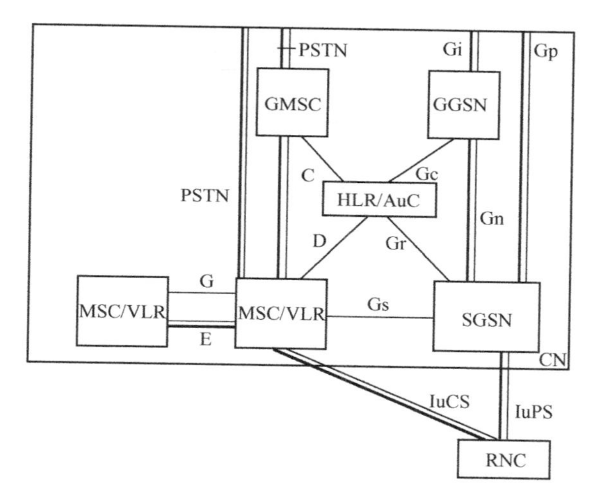

图 5.41　R99 核心网结构

- 移动业务交换中心（MSC）：对位于它管辖区域中的移动台进行控制、交换的功能实体。
- 服务 GPRS 支持节点（SGSN）：执行移动性管理、安全管理和接入控制和路由选择等功能。

网关 GPRS 支持节点（GGSN）：负责提供 GPRS PLMN 与外部分组数据网的接口，并提供必要的网间安全机制（如防火墙）。

- 访问位置寄存器（VLR）：MSC 为所管辖区域中 MS 呼叫接续所需检索信息的数据库。VLR 存储与呼叫处理有关的一些数据，例如用户的号码，所处区域的识别，向用户提供的业务等参数。
- 归属位置寄存器（HLR）：管理部门用于移动用户管理的数据库。每个移动用户都应在其归属位置寄存器中注册登记。

● 鉴权中心（AUC）：为认证移动用户的身份和产生相应鉴权参数的功能实体。

另外，R99 核心网还包括一些智能网设备和短消息中心等设备。

R99 核心网只是为 2G 向 3G 系统过渡而引入的解决方案，真正的 WCDMA 系统核心网是全 IP 核心网，目前在 R4 和 R5 标准中已制定了大致方案。

（3）全 IP 核心网。全 IP 核心网体系结构基于分组技术和 IP 电话，用于同时支持实时和非实时的业务。其结构如图 5.42 所示。此核心网体系结构可以灵活地支持全球漫游和与其他网络的互操作，诸如 PLMN 网络、2G 网络，PDN 和其他多媒体 VOIP 网络。此核心网主要包括三部分：GPRS 网络、呼叫控制和网关。

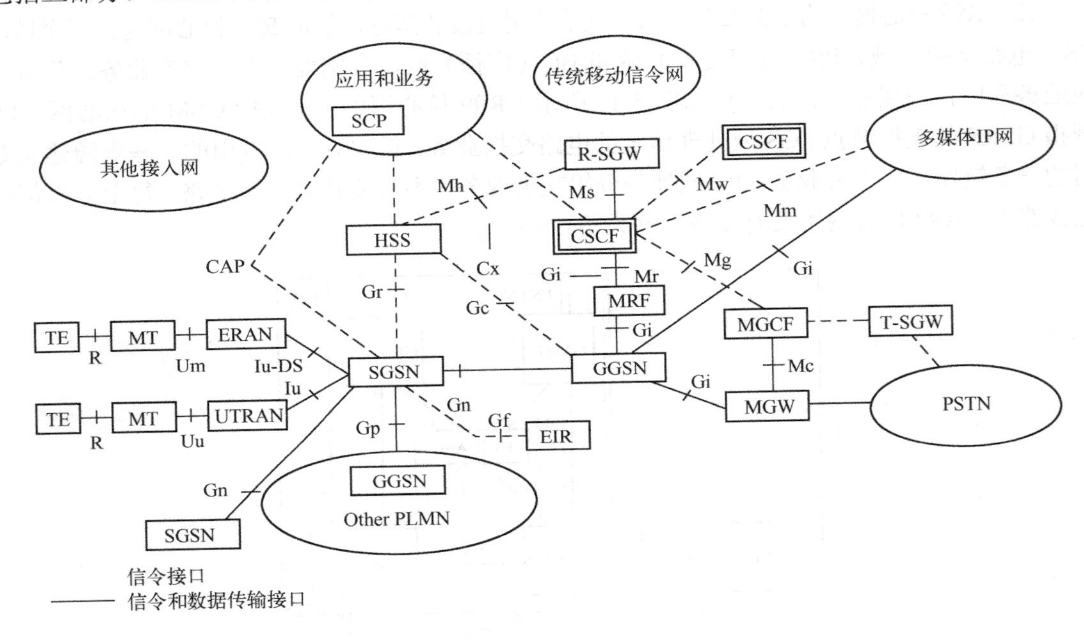

图 5.42 全 IP 核心网结构

GPRS 网络部分同 R99 GPRS PS 网络，而 GPRS 网络中 HLR 功能由归属用户服务器提供（HSS）。

网络结构中呼叫控制部分是最重要的功能。CSCF（呼叫状态控制功能）、MGCF（媒体网关控制功能）、R-SGW（漫游信令网关）、T-SGW（传输信令网关）、MGW（媒体网关）和 MRF（多媒体资源功能）组成了呼叫控制和信令功能。CSCF 与 H.323 网守或 SIP 服务器相似。此体系结构是一个通用结构而不是基于一个具体的 H.323 或 SIP 的呼叫控制解决方案。

用户特征文件被保存在 HSS 中。与多媒体 IP 网络通信的信令只能通过 CSCF，而业务则直接通过 GGSN 就可。MRF 与所有业务承载实体协调业务承载事宜，而与 CSCF 协商信令承载事宜。MRF 提供媒体混合、复用以及其他处理和产生功能。

与其他网络（诸如 PLMN、其他 PDN、其他多媒体 VOIP 网络和 2G 继承网络 GSM）的互联由 GGSN、MGCF、MGW、R-SGW 和 T-SGW 支持。其他 PLMN 网络与本网的信令和业务接口是它们的 GPRS 实体。CSCF 作为一个新的实体通过信令也参与此过程。到继承网络的信令通过 R-SGM、CSCF、MGCF、T-SGW 和 HSS，而和 PSTN 网络的业务承载接口通过 MGW。

WCDMA 系统的网络结构包括核心网和无线接入网两部分。对于核心网采取由 GSM 的核心网逐步演进的思路，即由最初的 GSM 的电路交换的一些实体，然后加入 GPRS 的分组交换的实体，在到最终演变成全 IP 的核心网。这样可以保证业务的连续性和核心网络建设投资的节约化。而对于无线接入网，由于 WCDMA 方式是完全不同与 GSM 的 TDMA 的无线接入方式，所以无线接入网是全新的，完全不同于 GSM 的基站子系统。所以 WCDMA 系统的无线接入网需要重新进行无线网络规划和布站。

WCDMA 网络的设计遵循了网络承载和业务应用相分离、承载和控制相分离、控制和用户平面相分离的原则，这样使得整个网络结构清晰，实体功能独立，便于模块化的实现。

5.5.4 CDMA2000 移动通信系统概述

多载波码分多址接入（CDMA2000）由美国高通为主导提出，Motorola、Lucent 和后来加入的三星都有参与，韩国现在成为该标准的主导者。这套系统是从窄频 CDMA One 数字标准衍生出来的，可以从原有的 CDMA One 结构直接升级到 3G，建设成本低廉。但目前使用 CDMA 的地区只有日、韩和北美，所以 CDMA2000 的支持者不如 WCDMA 多。不过 CDMA2000 的研发技术却是目前各标准中进度最快的，许多 3G 手机已经率先面世。该标准提出了从 CDMA IS95（2G）-CDMA20001X-CDMA20003X（3G）的演进策略。CDMA20001X 与 CDMA20003X 的主要区别在于应用了多路载波技术，通过采用三载波使带宽提高。

CDMA2000 采用直接序列扩频或多载波方式，码片速率可以是 1.2288Mcp/s 的 1 倍或 3 倍，分别对应于 CDMA20001X 或 CDMA20003X 系统。CDMA1X EV-DO 全称 CDMA1X Evolution Data Only，它作为 CDMA20001X 的补充，在一个独立的 1.25M 频道上提供高速的数据业务，目前被运用的有两种版本，我国前期 CDMA1X EV-DO 在一些城市的试验网用的就是 Release0 版本，它下行提供最高 2.4Mbit/s、上行提供最高 153.6Kbit/s/的不对称的数据速率，EV-DO Release A 现在也正被国外的部分运营商商用，下行提供最高 3.1Mb/s、上行提供最高 1.8Mb/s 的高速率数据业务，支持时延比较敏感的对称性数据业务。

1. CDMA2000 的主要技术特点

CDMA20001X 容量是 IS-95A 系统的两倍，可支持 144Kbit/s 的数据传输；与 IS-95A 相比，在无线信道类型、物理信道调制和无线分组接口功能上都有很大的增强，网络部分则引入分组交换方式，支持移动 IP 业务，这些技术特点都是为了适应更多、更复杂的第三代业务。

CDMA20001X 提供反向导频信道，从而使反向信道也可以做到相干解调，与 IS-95 系统反向信道所采用的非相关解调技术相比可以提高 3dB 增益，相应的反向链路容量提高 1 倍。

CDMA20001X 采用前向快速功率控制技术，可以进行前向快速闭环功率控制，与 IS-95 系统前向信道只能进行较慢速的功率控制相比，大大提高了前向信道的容量，并且减少了基站的耗电。

CDMA20001X 引入了快速寻呼信道，极大地减少了移动台的电源消耗，提高了移动台的待机时间。支持 CDMA20001X 的移动台待机时间是 IS-95 移动台待机时间的 5 倍以上。

CDMA20001X 前向信道还可以采用分集发射（OTD 和 STS），提高信道的抗衰落能力，改善前向信道的信号质量。CDMA20001X 前向信道采用了发射分集技术和前向快速功控后，前向信道的容量约为 IS-95A 系统的 2 倍。

CDMA20001X 业务信道可以采用 Turbo 码，因为信道编码采用 Turbo 码时比采用卷积码时有 2dB 的增益，因此 CDMA20001X 系统的容量还能提高到未采用 Turbo 码时的 1.6 倍。

CDMA20001X 还定义了新的接入方式，可以减少呼叫建立时间，并减少移动台在接入过程中对其他用户的干扰。

对于 CDMA20001X 的分组业务，系统除了建立前向和反向基本业务信道之外，还需要建立相应的辅助码分信道。如果前向链路需要很多的分组数据传输量，基站通过发送辅助信道指配消息建立相应的前向辅助码分信道，使数据在消息指定的时间段内通过前向辅助码分信道发送给移动台。如果反向链路需要很多的分组数据传输量，移动台通过发送辅助信道请求消息与基站建立相应的反向辅助码分信道，使数据在消息指定的时间段内通过反向辅助码分信道发送给基站。可以看出，辅助信道的设立使 CDMA20001X 能更灵活地支持分组业务。

总之，CDMA20001X 可以提供 144Kbit/s 速率的数据业务，而且增加了辅助码分信道等，可以对一个用户同时承载多个数据流和多种业务，所以 CDMA20001X 提供的业务比 IS-95 有很大的提高，为支持各种多媒体分组业务打下了基础。

2．CDMA2000-1X 系统的网络结构

（1）CDMA2000-1X 系统结构。CDMA2000-1X 网络主要有 BTS、BSC 和 PCF、PDSN 等节点组成。基于 ANSI-41 核心网的系统结构如图 5.43 所示。由图可见，与 IS-95 相比，核心网中的 PCF 和 PDSN 是两个新增模块，通过支持移动 IP 协议的 A10、A11 接口互联，可以支持分组数据业务传输。而以 MSC/VLR 为核心的网络部份，支持话音和增强的电路交换型数据业务，与 IS-95 一样，MSC/VLR 与 HLR/AC 之间的接口基于 ANSI-41 协议。

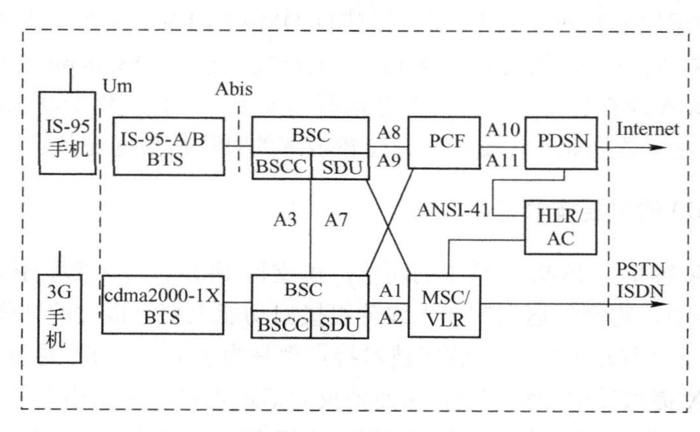

图 5.43　ANSI-41 核心网的系统结构

BTS：基站收发信机，在小区建立无线覆盖区用于移动台通信，移动台可以是 IS-95 或 CDMA2000-1X 制式手机。

BSC：基站控制器，可对对个 BTS 进行控制；

SDU：业务数据单元；

BSCC：基站控制器连接；

MSC/VLR：移动交换中心/访问寄存器；

PCF：分组控制功能，PCF是新增功能实体，用于转发无线子系统和 PDSN分组控制单元之间的消息。

PDSN：分组数据服务器，PDSN为CDMA2000-1X接入Internet的接口模块。

Abis接口用于BTS与BSC之间连接

A1接口用于传输MSC与BSC之间的信令信息。

A2接口用于传输MSB与BSC之间的信令信息。

A3接口用于传输BSC与SDU（交换数据单元模块）之间的用户话务（包括语音和数据）和信令。

A7接口用于传输 BSC之间的信令，支持 BSC之间的软切换。

CDMA2000-1X新增接口为：

A8接口：传输BS与PCF之间的用户业务。

A9接口：传输BS和PCF之间的信令信息。

A10接口：传输PCF和PDSN之间的用户业务。

A11接口：传输PCF和PDSN之间的信令信息。

A10/A11接口是无线接入网和分组核心网之间的开放接口。

（2）频道设置、信道结构和后向兼容性。CDMA2000可以工作在8个RF频道类，包括IMT-2000频段、北美PCS频段、北美蜂窝频段、TACS频段等，其中北美蜂窝频段（上行：824～849MHz，下行：869～894MHz）提供 了AMPS/IS-95 CDMA同频段运营的条件。

CDMA2000-1X的正向和反向信道结构主要采用码片速率为1×1.2288Mbit/s，数据调制用64阵列正交码调制方式，扩频调制采用平衡四相扩频方式，频率调制采用 OQPSK方式。

CDMA2000-1X 正向信道所包括的正向信道的导频方式、同步方式、寻呼信道均兼容IS-95A/B系统控制信道特性。

CDMA2000-1X 反向信道包括接入信道、增强接入信道、公共控制信道、业务信道，其中增强接入信道和公共控制信道除可提高接入效率外，还适应多媒体业务。

CDMA2000-1X信令提供对IS-95A/B系统业务支持的后向兼容能力，这些能力包括：

- 支持重选蜂窝网结构；
- 在越区切换期间，共享公共控制信道；
- 对IS-95AB信令协议标准的延用及对话音业务的支持。

5.5.5 TD-SCDMA技术

时分同步码分多址接入（TD-SCDMA）由中国大陆独自制定1999年6月29日，中国原邮电部电信科学技术研究院（CATT）向ITU提出。该标准将智能无线、同步CDMA和软件无线电等当今国际领先技术融于其中，在频谱利用率、对业务支持具有灵活性、频率灵活性及成本等方面的独特优势。其技术路线是不经过中间环节，直接从2G完成向3G的过渡，在技术升级上具有相当的成本优势。另外由于中国国内的庞大的市场，该标准受到各大主要电信设备厂商的重视，全球一半以上的设备厂商都宣布可以支TD-SCDMA标准。

单就技术而言，TD-SCDMA 融合第二代和第三代移动通信中的所有接入技术，包括TDMA、CDMA和SDMA（智能天线），其中最关键的创新部分是智能天线。

智能天线可以在时域/频域之外进一步增加容量和改善性能，其关键技术就是利用多天线对空间参数进行估计，对下行链路的信号进行空间合成。另外将 CDMA 与 SDMA 技术合起来也起到了相互补充的作用，尤其是当几个移动用户靠得很近并使得 CDMA 无法分出时 SDMA 就可以很轻松地起到分离作用了，而 SDMA 本身又可以使相互干扰的 CDMA 用户降至最小。SDMA 技术的另一重要作用是可以大致估算出每个用户的距离和方位，可应用于第三代移动通信用户的定位并能为越区切换提供参考信息。

1. TD-SCDMA 的主要技术特点

TD-SCDMA 的主要技术特点是：TDD（时分双工）模式、低码片速率、上行同步、接力切换、采用智能天线、多用户联合检测和软件无线电技术等。

（1）TDD 模式。在双工方式上，TD-SCDMA 与小灵通相似，其接收和发送是在同一频道的不同时隙内完成的，这种双工模式的优点是：

① 不需成对的频率资源，从而可以灵活有效地利用现有的频率资源，特别有利于缓解目前频谱资源极度紧张的状况。

② 更高的频谱利用率。

③ 支持不对称数据业务，特别适用于 IP 业务的现状。

④ 有利于新技术的采用，降低对功率控制的要求，利于智能天线技术的采用，提高系统性能。

⑤ 成本低，无需双工器，与 PHS 相对于 GSM 一样，基站终端成本较低；低码片速率也降低了数字信号的处理量。

TDD 模式也有一些缺点，例如，它对同步和定时的要求较严格，对高速移动环境的支持还不如 FDD 方式；另外，由于信号是突发脉冲形式，其带外辐射也较 FDD 模式大，对 RF 实现提出了更高的要求，但这些缺点由于智能天线技术的采用基本都可以克服。

（2）低码片速率。TD-SCDMA 系统的码片速率为 1.28MC/s，仅为 WCDMA3.84MC/s 的 1/3，除了减少信号处理量使成本降低外，还特别适合采用软件无线电技术，并大大提高了采用智能天线、多用户检测和 MIMO 技术的可行性，这些技术的采用大大地降低了干扰，提高了容量。

（3）上行同步。所谓上行同步就是上行链路各终端的信号在基站解调器完全同步，在 TD-SCDMA 系统中用软件和帧结构设计来实现严格的上行同步，这样可以让适用正交扩频码的各个码道在解扩时完全正交，相互间不会产生多址干扰，从而大大改善了 CDMA 系统因上行多址干扰而使容量受限的弊端，提高了系统容量。

（4）接力切换。由于智能天线的采用，可以正确地定位用户的方位和距离，所以系统可以采用接力切换方式。这种切换过程具有软切换“先接后断”不丢失信息的优点，又克服了软切换对相邻基站信通资源和主控基站下行信道资源浪费的缺点，简化了用户终端的设计，接力切换还具有较高的准确度和较短的切换时间，从而也提高了切换成功率。

（5）智能天线。智能天线技术是实现空分多址（SCDMA）的基础，它将多址技术、空间资源利用和天线技术三者有效地结合在一起。在波束赋形效果足够好的情况下，可以为不同方向上的用户分配相同的系统资源（载频、时隙和码道）从而使系统容量成倍地增加。

在 TD-SCDMA 系统中 TDD 的间隔定为 5ms，是在综合考虑时隙个数和 RF 器件的切换速度两个因素之后的折衷值。通常，TD-SCDMA 系统所用的智能天线是由 8 个天线单元的圆形阵列组成的。

（6）多用户检测。大多数码分系统的抗干扰措施都是针对某一用户进行信号检测而将其他用户作为噪声加以处理，即为单用户检测（SUD），其结果是随着用户数增多而使信噪比恶化，使系统容量只能达到可用码道资源的 1/3 甚至更低。

而码分系统的码道设计本意是正交的，只是由于多径传播等因素造成了多址干扰，而多用户检测结合上行同步将最大限度地恢复各上行码道的正交性，从而降低或消除了多址干扰，以改善系统性能，使码道资源得到充分利用，提高了系统容量。

（7）软件无线电技术。所谓软件无线电技术，至少包含两个内容：

① 在通用芯片上用软件实现专用芯片的功能。

② 各系统间的切换是用软件控制实现的，这意味着可以利用单一的相对低成本的基站来覆盖所有频段，而且所有基站可以进行远程升级，具有良好的灵活性和可编程性。鉴于 TD-SCDMA 系统的 TDD 模式和低码片速率的特点，使数字信号处理量大大降低，特别适用于采用软件无线电技术。

2. D-SCDMA 网络试验和商用概况

TD-SCDMA 的发展过程于 1998 年初，在当时的邮电部科技司的直接领导下，由电信科学技术研究院组织队伍在 SCDMA 技术的基础上，研究和起草符合 IMT-2000 要求的我国的 TD-SCDMA 建议草案。该标准草案以智能天线、同步码分多址、接力切换、时分双工为主要特点，于 ITU 征集 IMT-2000 第三代移动通信无线传输技术候选方案的截止日 1998 年 6 月 30 日提交到 ITU，从而成为 ITM-2000 的 15 个候选方案之一。ITU 综合了各评估组的评估结果，在 1999 年 11 月赫尔辛基 ITU-RTG8/1 第 18 次会议上和 2000 年 5 月在伊斯坦布尔的 ITU-R 全会上，TD-SCDMA 被正式接纳为 CDMATDD 制式的方案之一。

CWTS（中国无线通信标准研究组）作为代表中国的区域性标准化组织，从 1999 年 5 月加入 3GPP 以后，经过 4 个月的充分准备，并与 3GPPPCG（项目协调组）、TSG（技术规范组）进行了大量协调工作后，在同年 9 月向 3GPP 建议将 TD-SCDMA 纳入 3GPP 标准规范的工作内容。1999 年 12 月在法国尼斯的 3GPP 会议上，我国的提案被 3GPPTSGRAN（无线接入网）全会所接受，正式确定将 TD-SCDMA 纳入到 Release2000（后拆分为 R4 和 R5）的工作计划中，并将 TD-SCDMA 简称为 LCRTDD（低码片速率 TDD 方案）。

经过一年多的时间，经历了几十次工作组会议几百篇提交文稿的讨论，在 2001 年 3 月棕榈泉的 RAN 全会上，随着包含 TD-SCDMA 标准在内的 3GPPR4 版本规范的正式发布，TD-SCDMA 在 3GPP 中的融合工作达到了第一个目标。

至此，TD-SCDMA 不论在形式上还是在实质上，都已在国际上被广大运营商、设备制造商所认可和接受，形成了真正的国际标准。

3. TD-SCDMA 标准的后续发展

在 3G 技术和系统蓬勃发展之际，不论是各个设备制造商、运营商，还是各个研究机构、政府、，都已经开始对 3G 以后的技术发展方向展开研究。在 ITU 认定的几个技术 ITU 发展方向中，包含了智能天线技术和 TDD 时分双工技术，认为这两种技术都是以后技术发展的趋势，而智能天线和 TDD 时分双工这两项技术，在目前的 TD-SCDMA 标准体系中已经得到了很好的体现和应用，从这一点中，也能够看到 TD-SCDMA 标准的技术有相当的发展前途。

另外，在 R4 之后的 3GPP 版本发布中，TD-SCDMA 标准也不同程度地引入了新的技术特性，用以进一步提高系统的性能，其中主要包括：通过空中接口实现基站之间的同步，作为基站同步的另一个备用方案，尤其适用于紧急情况下对于通信网可靠性的保证；终端定位功能，可以通过智能天线，利用信号到达角对终端用户位置定位，以便更好地提供基于位置的服务；高速下行分组接入，采用混合自动重传、自适应调制编码，实现高速率下行分组业务支持；多天线输入输出技术（M/IMO），采用基站和终端多天线技术和信号处理，提高无线系统性能；上行增强技术，采用自适应调制和编码、混合 ARQ 技术、对专用/共享资源的快速分配以及相应的物理层和高层信令支持的机制，增强上行信道和业务能力。

在政府和运营商的全力支持下，TD-SCDMA 产业联盟和产业链已基本建立起来，产品的开发也得到进一步的推动，越来越多的设备制造商纷纷投入到 TD-SCDMA 产品的开发阵营中来。随着设备开发、现场试验的大规模开展，TD-SCDMA 标准也必将得到进一步的验证和加强。

为了加快 TD-SCDMA 的产业化进程，早日形成完整的产业链和多厂家供货环境，2002 年 10 月 30 日，TD-SCDMA 产业联盟在北京成立。TD-SCDMA 产业联盟的成员企业由最初的 7 家，发展到目前的 30 家企业，覆盖了 TD-SCDMA 产业链从系统、芯片、终端到测试仪表的各个环节。

习 题 5

5.1 什么叫移动通信？它的特点是什么？

5.2 移动通信由哪几部分组成？

5.3 移动通信的工作方式有哪几种？分别举出相应的几个例子。

5.4 蜂窝移动通信中采用小区制方式有何优缺点？

5.5 设某一地区的移动通信网的每个区群有 4 个小区，每小区有 5 个信道，试用等频距配置法完成群内的信道配置，各信道频率用编号 1、2、3…来表示。

5.6 什么是信令？按其功能可分为哪几种？

5.7 简述 GSM 移动通信系统的组成，它的主要功能是什么？

5.8 简述 GSM 系统中移动台在漫游时位置更新的过程。

5.9 简述在同一 MSC 业务但不同 BSC 间切换的过程。

5.10 试说明 HLR 和 VLR 的区别。

5.11 简述扩频通信原理。

5.12 CDMA 系统有哪些优点？

5.13 画出 CDMA 系统结构框图，并说明各部分的主要功能。

第6章　计算机网络通信

内容提要

- 计算机网络的定义、组成与分类
- 计算机网络的拓扑结构
- TCP/IP 体系结构
- 物理层的传输媒体，双绞线、光纤、无线信道
- 以太网的数据链路层协议
- 以太网的媒体访问控制方法——CSMA/CD 协议
- 共享式以太网与交换式以太网
- 分类的 IP 地址与子网划分
- 无分类的 IP 地址——CIDR
- TCP 协议的功能与通信端口
- 应用层协议（超文本传输协议、域名系统、电子邮件协议等）

6.1　计算机网络概述

随着计算机技术的迅速发展，计算机的应用逐渐渗透到各个技术领域和整个社会的各个方面。社会的信息化、数据的分布处理、各种计算机资源的共享等各种应用要求都推动计算机技术朝着群体化方向发展，促使计算机技术与通信技术紧密结合。计算机网络属于多机系统的范畴，是计算机和通信这两大现代技术相结合的产物，它代表着当前计算机体系结构发展的一个重要方向。

6.1.1　计算机网络的定义、组成与分类

1. 计算机网络的定义

所谓计算机网络就是将分散的计算机通过通信线路有机地结合在一起，达到相互通信，实现软、硬件资源共享的综合系统。

网络是计算机的一个群体，是由多台计算机组成的。这些计算机是通过一定的通信介质互连在一起的，使得彼此间能够交换信息。计算机互连通常有两种方式：通过双绞线、同轴电缆、电话线、光纤等有线介质连接；通过短波、微波、地球卫星通信信道等无线介质互连。计算机之间的通信是通过通信协议实现的。

2. 计算机网络的组成

计算机网络要完成数据处理与数据通信两大基本功能，那么它的结构必然可以分成两个

部分：负责数据处理的计算机和终端；负责数据通信的通信控制处理机 CCP（Communication Control Processor）和通信线路。从计算机网络组成角度来分，典型的计算机网络在逻辑上可以分为两个子网：资源子网和通信子网。

计算机网络系统是由通信子网和资源子网组成的，其结构如图 6.1 所示。

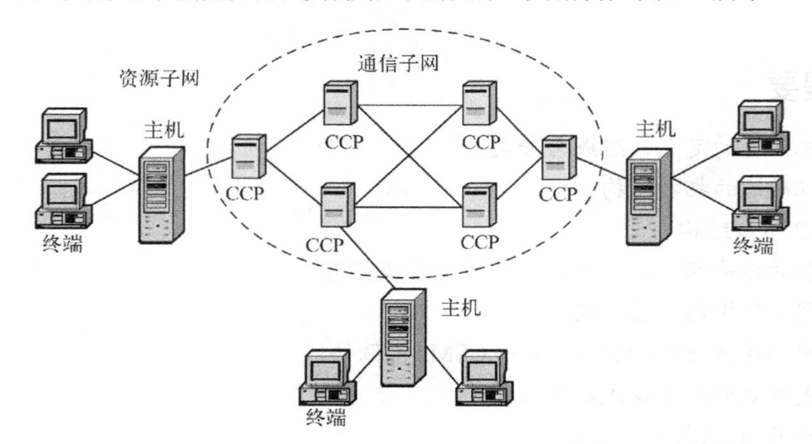

图 6.1　计算机网络系统的逻辑组成

（1）资源子网。资源子网由主机、终端、终端控制器、连网外设、各种软件资源与信息资源组成。资源子网负责全网的数据处理业务，向网络用户提供各种网络资源与网络服务。

① 主机。在计算机网络中，主机可以是大型机、中型机、小型机、工作站或微机。主机是资源子网的主要组成单元，它通过高速通信线路与通信子网的通信控制处理机相连接。普通用户终端通过主机连入网内。主机要为本地用户访问网络的其他主机设备与资源提供服务，同时要为网中远程用户共享本地资源提供服务。

② 终端/终端控制器。终端控制器连接一组终端，负责这些终端和主计算机的信息通信，或直接作为网络节点。终端是直接面向用户的交互设备，可以是由键盘和显示器组成的简单的终端，也可以是微型计算机系统。

③ 连网外设。连网外设是指网络中的一些共享设备，如大型的硬盘机、高速打印机、大型绘图仪等。

（2）通信子网。通信子网由通信控制处理机、通信线路与其他通信设备组成，完成网络数据传输、转发等通信处理任务。

① 通信控制处理机。通信控制处理机又被称为网络节点。一方面作为与资源子网的主机、终端连接的接口，将主机和终端连入网内；另一方面它又作为通信子网中的分组存储转发节点，完成分组的接收、校验、存储、转发等功能，实现将源主机报文准确发送到目的主机的功能。

② 通信线路。计算机网络采用了多种通信线路，如电话线、双绞线、同轴电缆、光纤、无线通信信道、微波与卫星通信信道等。一般大型网络和相距较远的两节点之间的通信链路，都利用现有的公共数据通信线路。

③ 信号变换设备。信号变换设备对信号进行变换以适应不同传输媒体的要求。比如，将计算机输出的数字信号变换为电话线上传送的模拟信号的调制解调器、无线通信接收和发送器、用于光纤通信的编码解码器等。

（3）计算机网络的软件组成。在网络系统中，网络上的每个用户都可享用系统中的各种资源。系统必须对用户进行控制，否则就会造成系统混乱、信息数据的破坏和丢失。为了协调系统资源，系统需要通过软件工具对网络资源进行全面的管理、调度和分配，并采取一系列的安全保密措施，防止用户进行不合理的对数据和信息的访问，以防数据和信息的破坏与丢失。网络软件是实现网络功能不可缺少的软件环境。

通常网络软件包括：

① 网络协议和协议软件——实现网络协议功能，比如 TCP/IP、IPX/SPX 等。

② 网络通信软件——用于实现网络中各种设备之间进行通信的软件。

③ 网络操作系统——网络操作系统是用以实现系统资源共享、管理用户对不同资源访问的应用程序，它是最主要的网络软件。

④ 网络管理及网络应用软件——网络管理软件是用来对网络资源进行管理和对网络进行维护的软件。网络应用软件是为网络用户提供服务并为网络用户解决实际问题的软件。网络软件最重要的特征是：网络软件所研究的重点不在于网络中互连的各个独立的计算机本身的功能，而是在于如何实现网络特有的功能。

3. 计算机网络的分类

计算机网络可按不同的标准进行分类。

（1）从网络节点分布来看，可分为局域网（Local Area Network，LAN）广域网（Wide Area，WAN）和城域网（Metopoliton Area Network,MAN）。

① 局域网是一种在小范围内实现的计算机网络，一般在一个建筑物内，或一个工厂、一个企事业单位内部，为单位独有。局域网地理范围可在十几千米以内，传输速率高（一般在 10Mbps 以上）、延迟小、误码率低且易于管理和控制。

② 广域网覆盖的地理范围从数百千米至数千千米，甚至上万千米。可以是一个地区或一个国家，甚至世界几大洲，又称为远程网。在广域网中，通常是利用各种公用交换网，将分布在不同地区的计算机系统互连起来，达到资源共享的目的。广域网使用的主要技术为存储转发技术。

③ 城域网通常是一种大型的 LAN，使用与局域网相似的技术，它可以覆盖一组邻近的公司或一个城市。城域网一般采用光纤作为传输介质，通常提供固定带宽的服务，可以支持数据和声音传输，并有可能涉及当地的有线电视网。

（2）按交换方式可分为线路交换网络（Circuit Switching）、报文交换网络（Message Sweitching）和报文分组交换网络（Packet Sweitching）。

① 线路交换最早出现在电话系统中，早期的计算机网络就是采用此方式来传输数据的，数字信号变换成为模拟信号后才能在线路上传输。

② 报文交换是一种数字化网络。当通信开始时，源机发出的一个报文被存储在交换机里，交换机根据报文的目的地址选择合适的路径发送报文，这种方式称做存储转发方式。

③ 分组交换也采用报文传输，但它不是以不定长的报文做传输的基本单位，而是将一个长的报文划分为许多定长的报文分组，以分组作为传输的基本单位。这不仅大大简化了对计算机存储器的管理，而且也加速了信息在网络中的传播速度。由于分组交换优于线路交换和报文交换，具有许多优点，因此它已成为计算机网络的主流。

（3）按网络拓扑结构可分为星型网络、树型网络、总线型网络、环型网络和网型网络。

6.1.2 计算机网络的拓扑结构

拓扑（Topology）是从图论演变而来的，是一种研究与大小形状无关的点、线、面特点的方法。计算机网络拓扑结构是抛开网络电缆的物理连接来讨论网络系统的连接形式，是指网络电缆构成的几何形状，它能表示出网络服务器、工作站的网络配置和相互之间的连接。

网络拓扑结构按形状可分为六种类型，分别是星型拓扑结构、环型拓扑结构、总线型拓扑结构、树型拓扑结构、总线/星型拓扑结构及网型拓扑结构。网络拓扑结构对整个网络的设计、功能、可靠性、费用等方面有着重要的影响。

1．星型拓扑结构

星型拓扑结构是以中央节点为中心与各节点连接而组成的，各个节点间不能直接通信，节点间的通信必须经过中央节点的控制，各节点与中央节点通过点到点方式连接，中央节点执行集中式通信控制策略，因此中央节点相当复杂，负担也重。目前流行的专用分局交换机（Private Branch Exchange，PBX）就是星型拓扑结构的典型实例，如图 6.2 所示。

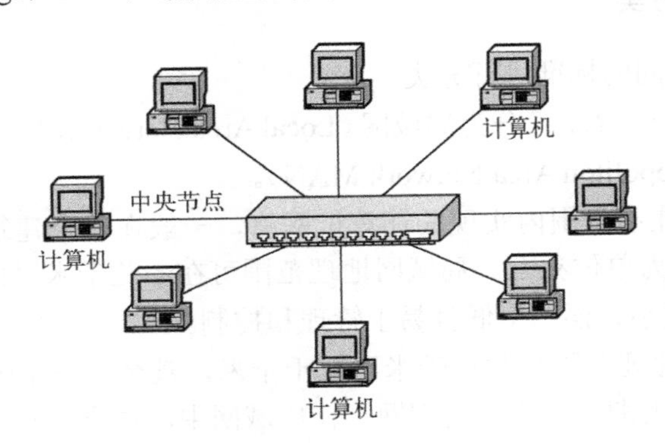

图 6.2　星型网络拓扑

以星型拓扑结构组网，中央节点的主要功能包括：

（1）为需要通信的设备建立物理连接。

（2）在两台设备通信过程中维持物理连接。

（3）在完成通信或通信不成功时，可拆除物理连接。

在文件服务器/工作站（File Servers/Workstation）局域网模式中，中心节点为文件服务器，存放共享资源。由于这种拓扑结构的中心节点与多台工作站相连，为便于集中连线，目前多采用集线器（Hub）。

星型拓扑结构的特点是：很容易在网络中增加新的站点，数据的安全性和优先级容易控制，易实现网络监控；但是属于集中控制，对中心节点的依赖性大，一旦中心节点有故障就会引起整个网络瘫痪。

2．环型拓扑结构

环型网中各节点通过环路接口连在一条首尾相连的闭合环型通信线路中。环路上任何节点均可以请求发送信息，请求一旦被批准，便可以向环路发送信息。环型网中的数据可以是单向也可以双向传输。由于环线公用，一个节点发出的信息必须穿越环中所有的环路接口，信息流中目的地址与环上某节点地址相符时，信息被该节点的环路接口所接收，而后信息继续流向下一环路接口，一直流回到发送该信息的环路接口节点为止，如图 6.3 所示。

环型网的特点是：信息在网络中沿固定方向流动，两个节点间仅有唯一的通路，大大简化了路径选择的控制；某个节点发生故障时，可以自动旁路，可靠性较高；由于信息是串行穿过多个节点环路接口，当节点过多时，影响传输效率，使网络响应时间变长，但当网络确定时，其延时固定，实时性强；由于环路封闭，故扩充不方便。

环型网也是微机局域网常用拓扑结构之一，适合信息处理系统和工厂自动化系统。1985 年 IBM 公司推出的令牌环型网（IBMTokenRing）是其典范。在 FDDI 光纤分布式数字接口得以应用推广后，这种结构会进一步得到采用。

3. 总线型拓扑结构

用一条称为总线的中央主电缆，将相互之间以线性方式连接的工作站连接起来的布局方式，称为总线型拓扑，如图 6.4 所示。

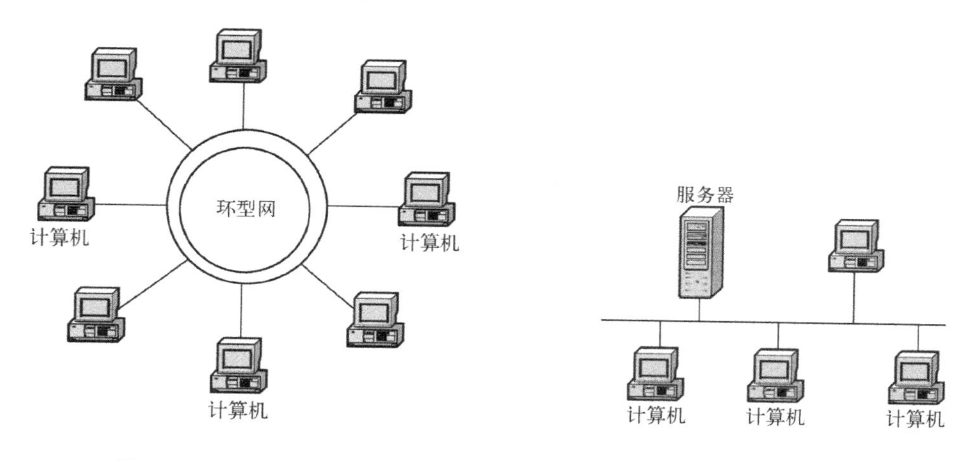

图 6.3　环型网络拓扑　　　图 6.4　总线型网络拓扑

在总线结构中，所有网上微机都通过相应的硬件接口直接连在总线上，任何一个节点的信息都可以沿着总线向两个方向传输扩散，并且能被总线中任何一个节点所接收。由于其信息向四周传播，类似于广播电台，故总线网络也被称为广播式网络。总线有一定的负载能力，因此，总线长度有一定限制，一条总线也只能连接一定数量的节点。

总线布局的特点是：结构简单灵活，非常便于扩充；可靠性高，网络响应速度快；设备量少，价格低，安装使用方便；共享资源能力强，极便于广播式工作，即一个节点发送所有节点都可接收。

在总线两端连接的器件称为端接器（末端阻抗匹配器或终止器），主要作用是与总线进行阻抗匹配，最大限度吸收传送到端部的能量，避免信号反射回总线产生不必要的干扰。

总线型网络结构是目前使用最广泛的结构，也是最传统的一种主流网络结构，适合于信息管理系统、办公自动化系统领域的应用。

4. 树型拓扑结构

树型结构是总线型结构的扩展，它是在总线网上加上分支形成的，其传输介质可有多条分支，但不形成闭合回路。树型网是一种分层网，如图 6.5 所示，其结构可以对称，联系固定，具有一定容错能力，一般一个分支和节点的故障不影响另一分支节点的工作，任何一个节点送出的信息都可以传遍整个传输介质，也是广播式网络。一般树型网上的链路相对具有一定的专用性，无须对原网做任何改动就可以扩充工作站。

5. 总线/星型拓扑结构

总线/星型拓扑结构就是用一条或多条总线把多组设备连接起来，相连的每组设备呈星型分布。采用这种拓扑结构，用户很容易配置和重新配置网络设备。总线采用同轴电缆，星型配置可采用双绞线，如图 6.6 所示。

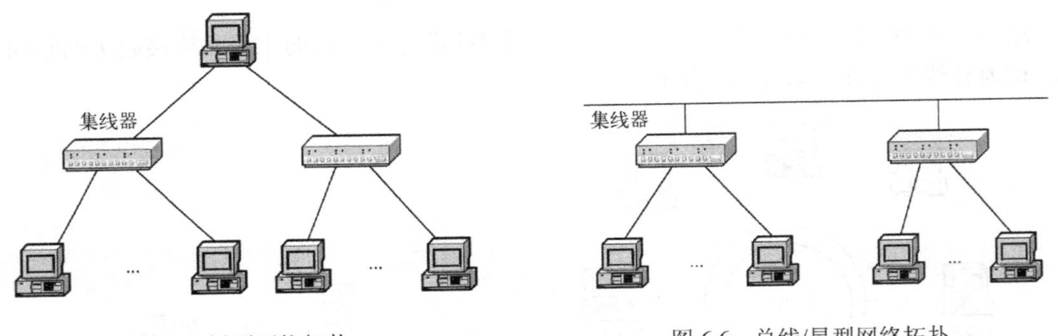

图 6.5　树型网络拓扑　　　　图 6.6　总线/星型网络拓扑

6. 网型拓扑结构

将多个子网或多个局域网连接起来构成网型拓扑结构。在一个子网中，集线器、中继器将多个设备连接起来，而网桥、路由器及网关则将子网连接起来。根据组网硬件不同，主要有三种网型拓扑结构：

（1）网型网。在一个大的区域内，用无线电通信链路连接一个大型网络时，网型网是最好的拓扑结构。通过路由器与路由器相连，可让网络选择一条最快的路径传送数据。

（2）主干网。通过网桥与路由器把不同的子网或 LAN 连接起来形成单个总线或环型拓扑结构，这种网通常采用光纤做主干线。

（3）星型相连网。利用一些叫做超级集线器（如交换机）的设备将网络连接起来，由于星型结构的特点，网络中任一处的故障都可容易查找并修复。

应该指出的是，在实际组网中，拓扑结构不一定是单一的，通常是几种结构的混用。

6.1.3 计算机网络体系结构

就如一个完整的计算机系统包括硬件系统和软件系统一样，计算机网络只有硬件设备是远远不够的。

计算机网络由许多互连的节点组成，其目的是要在节点之间不断地交换数据，即所谓共享资源。要做到在众多节点之间有条不紊地交换数据，每个节点都必须遵守一些事先约定好的规则。这些规则明确规定交换数据时数据的格式，传输时的时间顺序，纠正错误的方法等。这些为进行网络数据交换而建立的规则、约定被称为计算机网络协议（Protocol）。

由于网络中的计算机分散在不同的地点，往往由不同的厂家制造，各个厂家很可能有自己的一套标准。因此，网络中计算机之间的通信过程极其复杂，要协调的地方极多，如果用一个单一的协议处理这一过程是很困难的。由我们生活、工作的经验可以得知，把一个复杂的大任务分解为若干个相对独立的小任务来实现，往往是解决问题的一个有效方法。因此，计算机网络系统的设计也采用这种分解的方法，把计算机网络系统的功能分解为多个子功能。表现在网络协议上，就是将网络协议分成若干层，每层对某些子功能做出规定。这种分层实现的方法降低了设计的复杂程度。

这样分层带来的好处是，每一层实现相对独立的功能，因而可以将一个难以处理的复杂问题分解为若干较为容易处理的小问题。这种方法在我们的日常生活和工作中随处可见，只不过我们在生活中不叫分层而叫分工合作罢了。现实生活中的分工合作是一件事由多人共同完成，而计算机网络的分层则是每层工作任务由计算机中的一些部件（硬件或软件）分别承担。

1. 网络协议与协议的层次性

网络中的计算机与终端间要想正确地传送信息和数据，必须在数据传输的顺序、数据的格式及内容等方面有一个约定或规则，这种约定或规则称做协议。网络协议主要有 3 个组成部分。

（1）语义：对协议元素的含义进行解释。不同类型的协议元素所规定的语义是不同的。例如，需要发出何种控制信息、完成何种动作及得到的响应等。

（2）语法：将若干个协议元素和数据组合在一起用来表达一个完整的内容所应遵循的格式，也就是对信息的数据结构做一种规定。例如，用户数据与控制信息的结构与格式等。

（3）同步：对事件实现顺序的详细说明。例如，在双方进行通信时，发送点发出一个数据报文，如果目的点正确收到，则回答源点接收正确；若接收到错误的信息，则要求源点重发一次。

由此可以看出，协议（Protocol）实质上是网络通信时所使用的一种语言。

网络协议对于计算机网络来说是必不可少的。不同结构的网络，不同厂家的网络产品，所使用的协议也不一样，但都遵循一些协议标准，这样便于不同厂家的网络产品进行互连。一个功能完善的计算机网络需要制定一套复杂的协议集合，对于这种协议集合，最好的组织方式是层次结构模型。我们将计算机网络层次结构模型与各层协议的集合定义为计算机网络体系结构。

2. 开放系统互连参考模型 OSI/RM

如前所述，具有一定体系结构的各种计算机网络，在 20 世纪 70 年代中期已经获得了相当规模的发展。但当时使用的各个网络体系结构，其层次的划分、功能的分配与采用的技术均不相同。不同体系结构的计算机网络彼此之间的互连几乎成为不可能。随着信息技术的发展，各种计算机系统连网和各种计算机网络互连成为人们迫切需要解决的问题。

为了使不同体系结构的计算机网络都能互连，国际标准化组织 ISO 于 1977 年成立了专门机构研究这个问题。不久，他们就提出一个试图使各种计算机在世界范围内互连成网的标准框架，即著名的开放系统互连参考模型（OpenSystem Interconnecti/Reference Model，OSI/RM），简称 OSI 参考模型。“开放”是指只要遵循 OSI 标准，一个系统就可以和位于世界上任何地方的、也同样遵循这一标准的其他任何系统进行通信。这一点很像世界范围的电话和邮政系统，这两个系统都是开放系统。“系统”是指在现实的系统中与互连有关的各部分。所以开放系统互连参考模型 OSI/RM 是个抽象的概念。在 1983 年形成了开放系统互连基本参考模型的正式文件，也就是所谓的 7 层协议的体系结构。OSI 参考模型的层次如表 6.1 所示。

表 6.1　参考模型的层次

层　号	层　名	英 文 名 称
7	应用层	Application Layer
6	表示层	Presentation Layer
5	会话层	Session Laye
4	传输层	Transport Laye
3	网络层	Networkt Laye
2	数据链路层	Data link Laye
1	物理层	Physica Laye

OSI 参考模型的结构如图 6.7 所示。

在 OSI 参考模型中，主机中要实现 7 层功能，通信子网中的通信处理机只需要实现低三层。

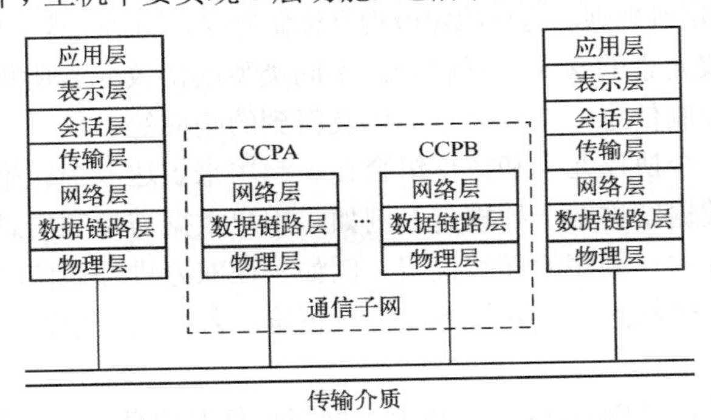

图 6.7　OSI 参考模型结构

OSI/RM 各层功能如下：

（1）物理层。物理层是整个 OSI 7 层协议的最底层，利用传输介质，完成在相邻节点之间的物理连接。物理层主要对连接到网络上的设备从 4 个方面进行规定。这 4 个方面是机械方面、电气方面、功能方面及规程方面。机械方面规定连接器的类型、尺寸和插脚的数目及所使用的电缆类型等；电气方面则规定网络上所传输信号的电气范围（如多大的电压表示 1，多大的电压表示 0）以及信号的编码方法等；功能方面则规定每个引脚代表的是什么意义；规程方面规定在相邻两个节点之间传送电气信号时的工作顺序。除此之外，物理层还规定通信信道上信号的传输速率等。

物理层协议的例子有 EIA-232-E，RS-449 以及 CCITT X.25 等。

（2）数据链路层。数据链路层的目的是无论采用什么样的物理层，都能保证向上层提供一条无差错、高可靠性的传输线路，从而保证数据在相邻节点之间正确传输，为计算机网络的正常运行提供畅通无阻的基本条件。

数据链路层的首要任务是管理数据的传输。一方面，它要选取一种数据传送方式，比如以字符为单位进行传输，还是以数据块（帧）为单位进行传输；另一方面，它要提供一种差错检测和恢复方式，以便在发现数据传输发生错误时能够采取补救措施。除此之外，为保证数据传输时不会丢失，数据链路层还应该提供流量控制措施，做到接收方的接收速度不会低于发送方的发送速度。正是有了数据链路层的这些工作，无论实际采用的是什么样的物理线路，从上层的角度看都是无差错的数据链路。

（3）网络层。网络层的主要任务是通过执行某一种路径选择算法和流量控制算法，完成分组从通信子网的源节点到目的节点的传输。网络层是通信子网的最高层，这一层功能的不同决定了一个通信子网向用户提供服务的不同。

（4）传输层。传输层的目的是向用户提供从发送端（主机）到接收端（主机）报文的无差错传送。由于网络层向上提供的服务有的很强，有的较弱，传输层的任务就是屏蔽这些通信细节，使上层看到的是一个统一的通信环境。

（5）会话层。会话层、表示层和应用层统称为 OSI 的高层，这三层不再关心通信细节，面对的是有一定意义的用户信息。会话层的目的是组织、协调参与通信的两个用户之间的对话，比如向用户分配用户名，规定入网格式等。

（6）表示层。表示层处理两个通信实体之间进行数据交换的语法问题、解决两个通信机器中数据表示格式不一致的问题(比如 IBM 大型机使用 EBCD 编码,而微型机普遍采用 ASCII 编码)，规定数据加密/解密、数据的压缩/恢复等采用什么样的方法，等等。

（7）应用层。应用层是 OSI 参考模型中的最高层，直接面向用户。应用层利用应用进程（比如 Internet 中的电子邮件系统、信息查询系统等）为用户提供访问网络的手段。

OSI 参考模型自 1983 年公布以来，得到普遍一致的接受，但它毕竟只是一套参考文献，各个厂商并未放弃他们各自的体系结构，只是尽力向 OSI 靠拢，这一点请大家注意。

3. TCP/IP 体系结构

计算机网络体系结构中普遍采用分层的方法，OSI 参考模型是严格遵循分层模式的典范。OSI 参考模型自推出之日起，就以网络体系结构蓝本的面目出现，而且在短短的时间内也确实起到了它应起的作用。但除了 OSI 参考模型外，市场上还流行着一些其他著名的体系结构。特别是早在 ARPANet 中就使用的 TCP/IP 体系，虽然不是国际标准，但由于它的简捷、高效，更由于 Internet 的流行，使遵循 TCP/IP 协议的产品大量涌入市场，TCP/IP 成为事实上的国际标准，也有人称它为工业标准。

（1）TCP/IP 的四层体系结构。与 OSI/RM 不同，TCP/IP 从推出之时就把考虑问题的重点放在了异种网互连上。所谓异种网，即遵从不同网络体系结构的网络。TCP/IP 的目的不是要求大家都遵循一种标准，而是在承认有不同标准的情况下，解决这些不同。因此，网络互连是 TCP/IP 技术的核心。图 6.8TCP/IP 体系结构和 OSI/RM 的关系 TCP/IP 的体系结构如图 6.8 所示。由于 TCP/IP 在设计时重点不放在具体的通信网实现上，而且 TCP/IP 并没有定义具体的网络接口

OSI的体系结构	TCP/IP的体系结构
7 应用层	应用层 (各种应用层协议如 Telnet、FTP、SMTP 等)
6 表示层	
5 会话层	
4 传输层	传输层(TCP或UDP)
3 网络层	网际层IP
2 数据链路层	网络接口层
1 物理层	

图 6.8　TCP/IP 体系结构和 OSI/RM 的关系

协议，所以 TCP/IP 允许任何类型的通信子网参与通信。

① 网络接口层。这是 TCP/IP 的最底层，包括能使用 TCP/IP 与物理网络进行通信的协议，且对应着 OSI 的物理层和数据链路层。TCP/IP 标准并没有定义具体的网络接口协议，而是旨在提供灵活性，以适应各种网络类型，如 LAM、MAN 和 WAN。这也说明了 TCP/IP 协议可以运行在任何网络之上。

② 网际层。网际层所执行的主要功能是处理来自传输层的分组，将分组形成数据包（IP 数据包），并为该数据包进行路径选择，最终将数据包从源主机发送到目的主机，其地位类似于 OSI 参考模型的网络层，向上提供不可靠的数据报传输服务。在网际层中，最常用的协议是网际协议 IP，其他一些协议用来协助 IP 的操作。

③ 传输层。传输层提供应用程序之间（即端到端）的通信。这一层可以使用两种不同的协议：一种是传输控制协议 TCP（Transmission Control Protocol），提供端到端之间的可靠传输服务，数据传送单位是报文段；另一种是用户数据报协议 UDP（User Datagram Protocol），在端与端之间提供不可靠服务，但传输效率比 TCP 协议高，数据传送单位是数据报（Datagram），实际上就是以前提到的分组。

除了在端与端之间传送数据外，传输层还要解决不同程序的识别问题，因为在一台计算机中，常常是多个应用程序可以同时访问网络。传输层要能够区别出一台机器中的多个应用程序。

④ 应用层。TCP/IP 模型的应用层是最高层，但与 OSI 的应用层有较大区别。实际上，TCP/IP 模型的应用层的功能相当于 OSI 参考模型的会话层、表示层和应用层 3 层的功能。

在 TCP/IP 的应用层中，定义了大量的 TCP/IP 应用协议，其中最常用的协议包括文件传输协议（FTP）、远程登录（Telnet）、域名服务（DNS）、简单邮件传输协议（SMTP）和超文本传输协议（HTTP）等。

用户可以利用应用程序编程接口（Application Program Interface,API）开发与网络进行通信的应用程序。例如，Microsoft 的 Windows Sockets 就是一种常用的符合 TCP/IP 协议的网络 API。

（2）TCP/IP 与 OSI/RM 的区别。从以上的叙述可以看出，TCP/IP 与 OSI/RM 有许多不同，主要表现在以下几个方面：

（1）TCP/IP 虽然也分层，但其层次之间的调用关系不像 OSI 那样严格。在 OSI 参考模型中，两个 N 层实体之间的通信必须经过（N−1）层。但 TCP/IP 可以越级调用更低层提供的服务。这样做可以减少一些不必要的开销，提高了数据传输的效率。

（2）TCP/IP 一开始就考虑到了异种网的互连问题，并将互联网协议作为 TCP/IP 的重要组成部分。而 ISO 只考虑到用一种统一标准的公用数据网将各种不同的系统互连在一起，根本未想到异种网的存在，这是 OSI/RM 的一大缺点。

（3）TCP/IP 一开始就向用户同时提供可靠服务和不可靠服务，而 OSI 在开始时只考虑到向用户提供可靠服务。相对说来，TCP/IP 更侧重于考虑提高网络传输的效率，而 OSI 参考模型更侧重于考虑网络传输的可靠性。

（4）系统中体现智能的位置不同。OSI 认为，通信子网是提供传输服务的设施，因此，智能性问题如监视数据流量、控制网络访问、记账收费，甚至路径选择、流量控制等都由通信子网解决，这样留给末端主机的事情就不多了。相反，TCP/IP 则要求主机参与几乎所有的智能性活动。

因此，OSI 网络可以连接较简单的主机。运行 TCP/IP 的互联网则是一个相对简单的通信子网，对入网主机的要求较高。

6.2 物理层

物理层负责在计算机之间传递数据位，它为在物理媒体上传输的位流建立规则，这一层定义电缆如何连接到网卡上，以及需要用何种传送技术在电缆上传送数据；同时还定义了位同步及检查。这一层表示了用户的软件与硬件之间的实际连接。它实际上与任何协议都不相干，但它定义了数据链路层所使用的访问方法。

6.2.1 物理层的基本概念

1．物理层的作用和特点

物理层为建立、维护和释放数据链路实体之间的二进制比特流传输的物理连接提供机械的、电气的、功能的和规程的特性。物理连接可以通过中继系统，允许进行全双工或半双工的二进制比特流的传输。物理层的数据服务单元是比特，它可以通过同步或异步的方式进行传输。

从以上定义中可以看出，物理层主要特点是：

（1）物理层主要负责在物理连接上传输二进制比特流。

（2）物理层提供为建立、维护和释放物理连接所需要的机械、电气、功能与规程的特性。

在几种常用的物理层标准中，通常将具有一定数据处理能力和具有发送、接收数据能力的设备叫做数据终端设备 DTE（Data Terminal Equipment），而把介于 DTE 与传输介质之间的设备称做数据电路端设备 DCE（Data Circuit-terminating Equipment）。DCE 在 DTE 与传输介质之间提供信号变换和编码功能，并负责建立、维护和释放物理连接。

DTE 可以是一台计算机，也可以是一台 I/O 设备。而 DCE 典型的设备是与电话线路连接的调制解调器。DCE 虽然处在通信环境中，但它和 DTE 均属于用户设施。用户环境只包括 DTE。

在物理层通信过程中，DCE 一方面要将 DTE 传送的数据按比特流顺序逐位发往传输介质，同时也需要将从传输介质接收到的比特流顺序传送给 DTE。因此，在 DTE 与 DCE 之间，既有数据信息传输，也应有控制信息传输，这就需要高度协调的工作，需要制定 DTE 与 DCE 接口标准，而这些标准就是我们所说的物理接口标准。

物理层标准与物理接口标准是有区别的。OSI 参考模型中物理层标准化工作要比数据链路层、网络层等高层慢。其原因有两点：一是与物理层涉及具体的物理设备、传输介质与通信手段的复杂性有关；另一个更重要的原因是在 ISO 提出 OSI 参考模型之前，许多属于物理层的模型和协议就已经提出，并在某些领域已形成相当的工业生产规模和广泛的应用。这些模型、协议没有严格遵循分层的方法与原则，也没有像 OSI 那样分为服务定义与协议的规则说明。在现实情况下，要想把已有物理层模型和协议统一到 OSI 物理层服务定义与协议说明的框架之下难度很大。关于物理层标准，目前已经提出了关于物理层服务定义的方案，但仍处于理论研究阶段。物理接口标准定义了物理层与物理传输介质之间的边界与接口。

2．物理层的特性

反映在物理接口协议中的物理接口的 4 个特性是机械特性、电气特性、功能特性与规程特性。

（1）机械特性。物理层的机械特性规定了物理连接时所使用的可接插连接器的形状和尺寸，连接器中引脚的数量与排列情况等。

（2）电气特性。物理层的电气特性规定了在物理连接上传输二进制比特流时线路上信号电平高低、阻抗及阻抗匹配、传输速率与距离限制。早期的标准定义了物理连接边界点上的电气特性，而较新的标准定义了发送和接收器的电气特性，同时给出了互连电缆的有关规定。新的标准更有利于发送和接收电路的集成化工作。

（3）功能特性。物理层的功能特性规定了物理接口上各条信号线的功能分配和确切定义。物理接口信号线一般分为数据线、控制线、定时线和地线。

（4）规程特性。物理层的规程特性定义了在信号线上进行二进制比特流传输的一组操作过程，包括各信号线的工作规则和时序。

不同物理接口标准在以上 4 个重要特性上都不尽相同。实际网络中比较广泛使用的物理接口标准有 EIA-232-E、EIA RS-449 和 CCITT 的 X.21 建议。

3．物理层接口标准

（1）EIA-232-E/RS-232 标准。EIA-232-E 是美国电子工业协会 EIA（Electronic Idustries Association）制定的物理接口标准，也是目前数据通信与网络中应用最广泛的一种标准。它的前身是 EIA 在 1969 年制定的 RS-232-C 标准。RS 表示是 EIA 的一种“推荐标准”，232 是标准号。RS-232-C 是 RS-232 标准的第三版。RS-23-C 是一种应用十分广泛的物理接口标准，经 1987 年 1 月修改后，定名为 EIA-232-D，1991 年又修订为 EIA-232-E。由于标准修改的并不多，因此 EIA-232-E 与 EIA RS-232-C 在物理接口标准中基本成为等同的标准，人们经常简称它们为“RS-232 标准”。

在机械特性方面，EIA-232-E 规定使用一个 25 根插针（DB-25）的标准连接器，引脚分为上、下两排，分别有 13 根和 12 根引脚，这一点与 ISO 2110 标准是一致的。在电气特性方面，EIA-232-E 与 CCITTV.28 建议书是一致的。EIA-232-E 采用负逻辑，即逻辑 0 用+5～+15V 表示，逻辑 1 用−5～−15V 表示。由于 EIA-232-E 电平与 TTL 电平是不一致的，目前是采用专用的电平转换器实现 TTL 电平与 EIA-232-E 电平的转换。在功能特性方面，EIA-232-E 与 ccitt v.24 建议书一致。EIA-232-E 定义了 DB-25 连接器中 20 条连接线的功能。在规程特性方面，EIA-232-E 与 CCITT V.24 建议书一致。EIA-232-E 的规程特性比较复杂。EIA-232-E 规程特性规定了 DTE 与 DCE 之间控制信号与数据信号的发送时序、应答关系与操作规程。

（2）RS-499 接口标准。EIA-232-E 接口标准中 DTE 与 DCE 之间连接电缆长度与最高传输速率都受到限制，这就促使人们研究性能更好的接口标准。EIA 在 232 标准的基础上制定了一个新的标准 RS-499。RS-499 由 3 个标准组成：

① RS-499 标准：规定了接口的机械、电气、功能与规程特性。其中机械特性相当于 CCITT V.35 建议书，它采用了标准的 37 针连接器。

② RS-423-A 标准：规定了 DTE 与 DCE 连接中采用非平衡输出（即所有的电路共用一个公共地）与平衡输入时的电气特性。当 DTE 与 DCE 连接电缆长度不超过 10m时，数据传输速率可达 300Kbps。

③ RS-422-A 标准：规定了 DTE 与 DCE 连接中采用平衡输出（即所有的电路没有公共地）与平衡输入时的电气特性。在这种情况下，当 DTE 与 DCE 连接电缆长度为 10m时，数据传输速率可达 10Mbps；当连接电缆长度为 1000m时，数据传输速率仍可达 100Kbps。

（3）CCITT X.21 建议书。EIA-232-E 与 RS-499 是为在模拟信道上传输数据而制定的一种物理接口标准。CCITT 从 1969 年就开始意识到数字信道传输数据的物理接口制定的重要性，于 1976 年通过了用于数字信道的物理接口标准，即 X.21 建议书。

CCITT 的 X.21 建议的规程实际上由两部分组成：一部分属于物理层，它描述了在公共数据网上进行同步操作的 DTE 与 DCE 之间的通用接口；另一部分涉及许多数据链路层与网络层内容，它用于线路交换网的呼叫控制规程，适用于线路交换网中 DTE 之间的连接。

6.2.2 物理层的传输媒体

网络上数据的传输需要传输媒体，这好比是车辆必须在公路上行驶一样，道路质量的好坏会影响到行车的安全舒适。同样，网络传输媒介的质量好坏也会影响数据传输的质量，包括速率、数据丢失等。物理层协议的一个主要功能就是解决如何把数据发送到传输媒体上，传输媒体作为最底层的通信设施，是物理层的重要组成部分。

常用的网络传输媒介可分为两类：一类是有线的；一类是无线的。有线传输媒介主要有同轴电缆、双绞线及光导纤维（简称光纤）；无线媒介有无线电波、微波、红外线、卫星和激光等。

6.3 数据链路层

数据链路层是计算机网络体系结构中重要的一层，它介于物理层与网络层之间。它把从物理层传来的原始数据打包成帧，帧是放置数据的、逻辑的、结构化的包。数据链路层负责帧在相邻计算机之间的无差错传递。数据链路层还支持工作站的网络接口卡所用的软件驱动程序。网桥的功能也在这一层。设立数据链路层的主要目的是将一条原始的、有差错的物理线路变为对网络层无差错的数据链路，为了实现这个目的，数据链路层必须执行链路管理、帧传输、流量控制、差错控制等功能。

在 OSI 参考模型中，数据链路层向网络层提供以下基本的服务：

（1）数据链路建立、维护与释放的链路管理工作。

（2）数据链路层服务数据单元——帧的传输。

（3）差错检测与控制。

（4）数据流量控制。

（5）在多点连接或多条数据链路连接的情况下，提供数据链路端口标识的识别，支持网络层实体建立网络连接。

（6）帧接收顺序控制。

6.3.1 数据链路层协议

在 ISO 标准协议集中，数据链路层采用了高级数据链路控制 HDLC（High-level Data Link Control）协议。数据链路服务定义了连接和无连接两种运行方式。当把 HDLC 协议看成数据链路协议的超集时，可从中衍生出许多有影响的子集，如 CCITT 采用它的一个子集 SDLC（同步数据链路控制）协议的 LAPB（链路访问过程平衡）用做 X.25 的数据链路层协议，而 LAPB 的一个子集 HDLC LAPD（D 信道的 ISDN 数据链路层协议）又作为综合业务数据网 ISDN 的数据链路层协议。

IEEE802 委员会为局域网定义了物理信号层、介质访问控制（MAC）层、逻辑链路控制（LLC）层。其中介质访问控制层与逻辑链路控制层是属于 OSI 参考模型中数据链路层的两个子层。

数据链路层协议分为两类：面向字符型与面向比特型。

早期的数据链路层协议多为面向字符型，典型的协议标准有 ANSI X3.28、ISO 1745 和 IBM 的 BSC（二进制同步通信）协议。面向字符型数据链路层协议的主要特点是利用已定义好的一组控制字符完成数据链路控制功能。随着计算机通信的发展，面向字符型数据链路层协议逐渐暴露出其弱点，这主要表现在以下几点：通信线路利用率低，只适于停止等待协议与半双工方式，数据传输不透明，系统通信效率低。

1974 年 IBM 公司推出了面向比特型的数据链路规程 SDLC；美国国家标准化协会 ANSI 将 SDLC 修改为 ADCCP（高级数据通信控制协议）作为国家标准；ISO 将修改后的 SDLC 称为高级数据链路控制 HDLC，并将它作为国际标准。

HDLC 可适用于链路的两种基本配置，即非平衡配置与平衡配置。非平衡配置的特点：是由一个主站（Primary Station）控制链路的工作，主站发出的帧叫做命令（Command），受控制的各站叫做次站或从站（Secondary Station），次站发出的帧叫做响应（Response）；在多点链路中，主站与每一个次站之间都有一个分开的逻辑链路。平衡配置的特点是：链路两端的两个站都是复合站（Combined Station），复合站同时具有主站与次站的功能，因此每个复合站都可以发出命令和响应。

对于非平衡配置，只有主站才能发起向次站的数据传输，而次站只有在主站向它发送命令帧进行探询（Polling，也常称为轮询），才能以相应帧的形式回答主站。主站还负责链路的初始化、链路的建立和释放以及差错恢复等。平衡配置的特点是每个复合站都可以平等地发起数据传输，而不需要得到对方复合站的允许。

在通信线路质量较差的年代，在数据链路层使用可靠传输协议曾经是一种好办法。因此，能实现可靠传输的 HDLC 协议就称为当时比较流行的数据链路层协议，但现在 HDLC 已经很少使用了。对于点对点的链路，简单得多的点对点协议 PPP（Point-to-Point Protocol）则是目前使用得最广泛的数据链路层协议。

6.3.2 以太网的数据链路层

前面介绍的几种网络标准，如 OSI/RM、TCP/IP 等，均是在局域网出现之前制定的，都是针对广域网的。局域网出现之后，其发展迅速，类型繁多，用户为了能实现不同类型局域网之间的通信，迫切希望尽快产生局域网标准。1980 年 2 月，美国电气和电子工程师学会（即

IEEE）成立 802 课题组，研究并制定了局域网标准 IEEE 802。后来，国际标准化组织（ISO）经过讨论，建议将 802 标准确定为局域网标准。

需要指出的是，局域网工作的层次跨越了数据链路层和物理层。由于局域网技术中有关数据链路层的内容比较丰富，因此我们就把局域网的内容放在了数据链路层这一节讨论。

1．局域网体系结构和 IEEE802 标准

局域网的数据链路层由两个子层组成：介质访问控制（MAC）子层和逻辑链路控制（LLC）子层。不同的局域网采用不同的 MAC 子层，而所有局域网的 LLC 子层均是一致的，有了统一的 LLC 子层，虽然局域网的种类五花八门，但高层可以通用。局域网的低两层一般由硬件实现，就是平常所说的网络适配器（简称网卡）。高层由软件实现，网络操作系统是高层的具体实现。

OSI 参考模型与局域网体系结构的比较如图 6.9 所示。

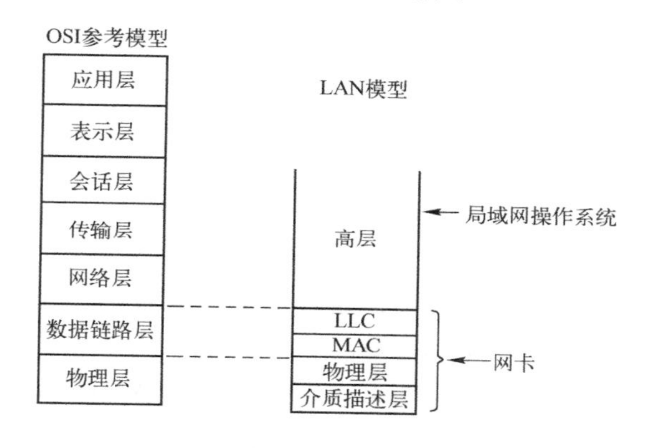

图 6.9　OSI 参考模型与局域网体系结构的比较

IEEE 是通信领域的一个国际标准化组织，这个标准化组织有一个 802 委员会，专门研究和制定有关局域网的各种标准，目前已经制定 12 个标准，如图 6.10 所示。

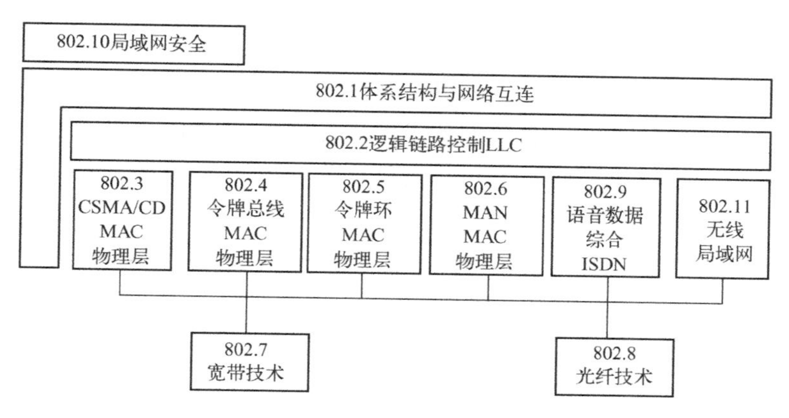

图 6.10　局域网 IEEE802 标准

（1）IEEE 802.1：包括局域网体系结构、网络互连以及网络管理。

（2）IEEE 802.2：逻辑链路控制 LLC 子层的功能与服务。

（3）IEEE 802.3：描述 CSMA/CD 总线介质访问控制方法与物理层规范。

（4）IEEE 802.4：定义令牌总线（TokenBus）介质访问控制方法与物理层规范。

（5）IEEE 802.5：定义令牌环（TokenRing）介质访问控制方法与物理层规范。

（6）IEEE 802.6：定义城市网介质访问控制方法与物理层规范。

（7）IEEE 802.7：定义了宽带技术。

（8）IEEE 802.8：定义了光纤技术。

（9）IEEE 802.9：定义了语音与综合业务数字网（ISDN）技术。

（10）IEEE 802.10：定义了局域网的安全机制。

（11）IEEE 802.11：定义了无线局域网技术。

（12）IEEE 802.12：定义了按需优先的介质访问方法，用于快速以太网。

随着计算机网络技术的不断发展，IEEE 802 标准也将会进一步完善。

需要说明的是，随着以太网技术的快速发展，以太网已经在局域网市场中占据了绝对优势，现在以太网几乎成了局域网的同义词。由于以太网的媒体访问控制（MAC）方法使用 CSMA/CD 协议，因此本节只介绍 CSMA/CD 协议，其他类型的局域网 MAC 协议不再介绍。

2．以太网的介质访问控制方法

在计算机局域网中，各个工作站点都处于平等地位，通过公共传输信道互相通信。任何一部分物理信道一个时间段内只能被一个站点占用并用来传输信息，这就产生了一个信道的合理分配问题。各工作站点由谁占用信道，如何有效地避免冲突，使网络达到最好的工作效率以及最高的可靠性，是网络研究人员要解决的首要课题。

以太网使用带有碰撞检测的载波侦听多点访问法（CSMA/CD）。CSMA/CD 是英文 Carrier Sense Multiple Access with Collision Detection 的缩写，含有两方面的内容，即载波侦听（CSMA）和碰撞检测（CD）。CSMA/CD 访问控制方式主要用于总线型和树型网络拓扑结构的基带传输系统。信息传输是以“包”为单位，简称信包，发展为 IEEE 802.3 基带 CSMA/CD 局域网标准。

CSMA/CD 的设计思想如下：

（1）侦听（监听）总线。查看信道上是否有信号是 CSMA 系统的首要任务，各个站点都有一个“侦听器”，用来测试总线上有无其他工作站正在发送信息（也称为载波识别）。如果信道已被占用，则此工作站等待一段时间然后再争取发送权；如果侦听总线是空闲的，没有其他工作站发送的信息就立即抢占总线进行信息发送。查看信号的有无称为载波侦听，而多点访问是指多个工作站共同使用一条线路。

CSMA 技术中要解决的另一个问题是侦听信道已被占用时，等待的一段时间如何确定。通常有两种方法：

① 当某工作站检测到信道被占用后，继续侦听下去，一直等到发现信道空闲后，立即发送，这种方法称为持续的载波侦听多点访问。

② 当某工作站检测到信道被占用后，就延迟一个随机时间，然后再检测，不断重复上述过程，直到发现信道空闲后开始发送信息，这称为非持续的载波侦听多点访问。

（2）冲突检测（碰撞检测）。当信道处于空闲时，某一个瞬间，如果总线上两个或两个以上的工作站同时都想发送信息，那么该瞬间它们都可能检测到信道是空闲的，同时都认为可以发送信息，从而一起发送，这就产生了冲突（碰撞）；另一种情况是某站点侦听到信道是空闲的，而这种空闲可能是较远站点已经发送了信包，但由于在传输介质上信号传送的延时，信包还未传送到此站点的缘故，如果此站点又发送信息，则也将产生冲突，因此，消除冲突是一个重要问题。

首先可以确认，冲突只有在发送信包以后的一段短时间内才可能发生，因为超过这段时间后，总线上各站点都可能听到是否有载波信号在占用信道，这一小段时间称为碰撞窗口或碰撞时间间隔。如果线路上最远两个站点间信包传送延迟时间为 d，碰撞窗口时间一般取为 $2d$。CSMA/CD 的发送流程可简单地概括成 4 点：先听后发，边发边听，冲突停止，随机延迟后重发。

采用 CSMA/CD 介质访问控制方法的总线型局域网中，每一个节点在利用总线发送数据时，首先要侦听总线的忙、闲状态。如总线上已经有数据信号传输，则为总线忙；如总线上没有数据信号传输，则为总线空闲。由于 Ethernet 的数据信号是按差分曼彻斯特方法编码的，因此如总线上存在电平跳变，则判断为总线忙；否则判断为总线空。如果一个节点准备好发送的数据帧，并且此时总线空闲，它就可以启动发送。同时也存在着这种可能，那就是在几乎相同的时刻，有两个或两个以上节点发送了数据帧，那么就会产生冲突。所以节点在发送数据的同时应该进行冲突检测。冲突检测的方法有两种：比较法和编码违例判决法。

所谓比较法是发送节点在发送数据的同时，将其发送信号波形与从总线上接收到的信号波形进行比较。如果总线上同时出现两个或两个以上的发送信号，它们叠加后的信号波形将不等于任何节点发送的信号波形。当发送节点发现自己发送的信号波形与从总线上接收到的信号波形不一致时，表示总线上有多个节点同时发送数据，冲突已经产生。

所谓编码违例判决法是只检测从总线上接收的信号波形。如果总线只有一个节点发送数据，则从总线上接收到的信号波形一定符合差分曼彻斯特编码规律。因此，判断总线上接收信号电平跳变规律同样也可以检测是否出现了冲突。

如果在发送数据帧的过程中没有检测出冲突，在数据帧发送结束后，进入结束状态。

如果在发送数据帧的过程中检测出冲突，在 CSMA/CD 介质存取方法中，首先进入发送“冲突加强信号（Jamming Signal）”阶段。CSMA/CD 采用冲突加强措施的目的是确保有足够的冲突持续时间，以使网络中所有节点都能检测出冲突存在，废弃冲突帧，减少因冲突浪费的时间，提高信道利用率。冲突加强中发送的阻塞（JAM）信号一般为 4B 的任意数据。

完成“冲突加强”过程后，节点停止当前帧发送，进入重发状态。进入重发状态的第一步是计算重发次数。Ethernet 协议规定一个帧最大重发次数为 16 次。如果重发次数超过 16 次，则认为线路故障，系统进入“冲突过多”结束状态。如重发次数 N≤16，则允许节点随机延迟后再重发。

在计算后退延迟时间并且等待后退延迟时间到之后，节点将重新判断总线忙、闲状态，重复发送流程。

从以上讲解中可以看出，任何一个节点发送数据都要通过 CSMA/CD 方法去争取总线使用权，从它准备发送到成功发送的发送等待延迟时间是不确定的。因此，人们将 Ethernet 所使用的 CSMA/CD 方法定义为一种随机争用型介质访问控制方法。

CSMA/CD 方式的主要特点是：原理比较简单，技术上较易实现，网络中各工作站处于同等地位，不要集中控制，网络负载轻时效率较高。但这种方式不能提供优先级控制，各节点争用总线，不能满足远程控制所需要的确定延时和绝对可靠性的要求。此方式效率高，但当负载增大时，发送信息的等待时间较长。为了克服以上弱点，产生了 CSMA/CD 的改进方式，如带优先权的 CSMA/CD 访问方式、带回答包的 CSMA/CD 访问方式、避免冲突的 CSMA/CD 访问方式等。

6.3.3 以太网技术

1. 以太网及其 MAC 帧

目前应用最广泛的一类局域网是以太网 Ethernet，它是由美国施乐（Xerox）公司于 1975 年研制成功并获得专利。此后，Xerox 公司与 DEC 公司、Intel 公司合作，提出了 Ethernet 规范，成为第一个局域网产品规范，这个规范后来成为 IEEE802.3 标准的基础。

Ethernet 是典型的总线型局域网，其连接情况如图 6.11 所示，它的传输速率为 10Mbps。

Ethernet 的核心技术是它的随机争用型介质访问控制方法，即带有冲突检测的载波侦听多路访问（Carrier Sense Multiple Access with Collision Detection）方法。

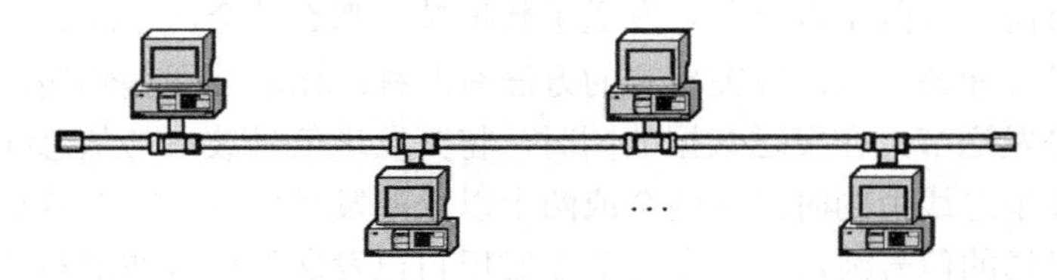

图 6.11 Ethernet 连接图

Ethernet 是总线型网，网中没有控制节点，任何节点发送数据的时间都是随机的，网中节点都只能平等地争用发送时间，因此，其介质访问控制方法属于随机争用型。

连网的通信双方要发送数据，收、发双方必须同步。局域网中普遍采用的是以数据块为单位的自同步方式，待发送的数据加上一定的控制类信息构成的数据块称为“帧（Frame）”。以太网的帧结构如图 6.12 所示。

7B	1B	2/6B	2/6B	2B	*n*B	4B
前导码	帧定界符	目的地址DA	源地址SA	长度	数据	校验位

图 6.12 以太网的帧格式

前导码：前导码由 7B 的“10101010”比特串组成，其作用是使发送方和接收方同步。

帧定界符：帧定界符包括一个字节，其位组合是 10101011，其作用是标志着一帧的开始。

目的地址：为发送帧的目的接收站地址，由 2 或 6B（48 位）组成，对 10Mbps 的标准规定为 6B。如果目的地址是全 1，目的站为网络上的所有站，即为广播地址。

源地址：标志发送站的地址，也由 2 或 6B 组成。

长度：长度字段由 2B 组成，用来指示数据有多少个字节。

数据：真正在收、发两站之间要传递的数据块。标准规定数据块最多只能包括 1500B，最少也不能少于 46B。如果实际数据长度小于 46B，则必须加以填充。

校验位：帧校验采用 32 位 CRC 校验，校验范围是目的地址、源地址、长度及数据块。

2. 共享式以太网

随着个人计算机的普及和广泛应用，无论单位还是居民小区，上网用户越来越多，网络规模越来越大，网上信息交通拥挤现象越来越严重。对于低速局域网而言，它是建立在“共享介质”的基础上，所有网络用户共享固定的带宽。网络用户的增加和网络中信息流量的增大，意味着每个网络用户所分得的数据传输时间的减少和传输带宽的减小。更严重的是，由于以太网的竞争总线机制，当用户过多时，可能导致网络冲突严重，使网络性能急剧下降。

传统的局域网是建立在“共享介质”的基础上的，即网上所有站点共享一条公共传输通道，各站对公共信道的访问由介质访问控制（MAC）协议来处理。采用 CSMA/CD 介质访问控制的以太网是典型的共享式局域网，如图 6.13 所示。

以如图 6.13 所示的共享式以太网为例，该以太网有 1 个服务器、4 个工作站，数据传输速率为 10Mbps。既然是共享传输介质，那么同一时间内只能有一个站点发送信息，也就是说所有工作站点（包括工作站和服务器）抢占同一个带宽，在任一给定时刻只能有一个站点捕获到总线。如果有好几个站点需要发送数据，那么由 MAC 协议来解决这一冲突，只让一个站点获取访问权限，而其他站点只能等待。从这个意义上讲，图 6.13 中每个站点其实只有 10Mbps/5=2Mbps 的带宽。在负载严重的情况下，由于带宽限制将产生性能急剧下降。

一个解决带宽限制的常用方法是通过增加额外的集线器和服务器连接，将现有网络分段。如图 6.14 所示的就是这一情况，它有两个独立的碰撞域（A 和 B 在一个域，C 和 D 在另一个域中）。但这一解决方案有多个限制。第一个限制来自服务器，服务器必须有多余的槽能够安装两个以上的网卡；另一个限制是必须慎重考虑工作站的位置，尽量把有通信关系的站点放在一个域。以如图 6.14 所示的共享以太网为例，在 A 站和 C 站与服务器通信期间，其他站点之间不能相互通信。实际上，由于有两条 10Mbps 链路连接到服务器，因而图 6.14 中的整体网络带宽是 20Mbps。也就是说，A 和 B 代表的站抢占 10Mbps，而 C 和 D 代表的站抢占另一个 10Mbps。而在 A 和 C 通信时，实际上整体带宽又回到了 10Mbps。

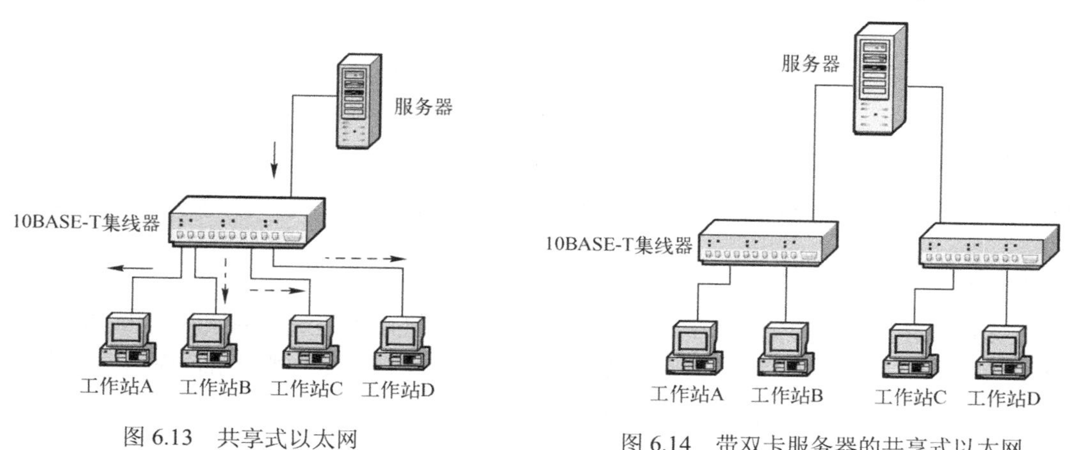

图 6.13　共享式以太网

图 6.14　带双卡服务器的共享式以太网

3. 交换式以太网

传统以太网采用的是共享媒体技术，形成的是一种广播式网络，物理结构上的星型结构在逻辑上还是总线型结构。多个用户共享一条信道，一个用户传送数据时，其他所有用户都必须等待，因而用户的实际使用速率比较低。

使用交换技术形成的交换式以太网可以使网络带宽问题得到根本解决。

使用交换技术的以太网的核心设备是交换机（Switch）。交换机系统摆脱了 CSMA/CD 媒体访问控制方式的约束，在交换机的各端口之间可以同时存在多个数据通道，如图 6.15 所示。例如，一个 8 端口的交换机可提供 80Mbps 的带宽。交换式以太网相当于把整个网络划分成一个个单用户的网络，在每个网段上只有一个用户，因而不存在冲突，使用户可以充分利用带宽。

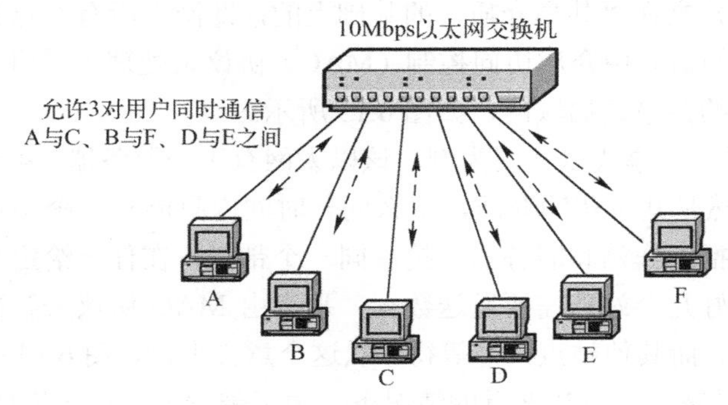

图 6.15　交换式以太网

实际上，并不是所有的站点都需要专用带宽。只有少数实时性要求比较高的站点和服务器才需专用带宽。一般站点往往通过集线器共享一个端口的带宽，如图 6.16 所示。

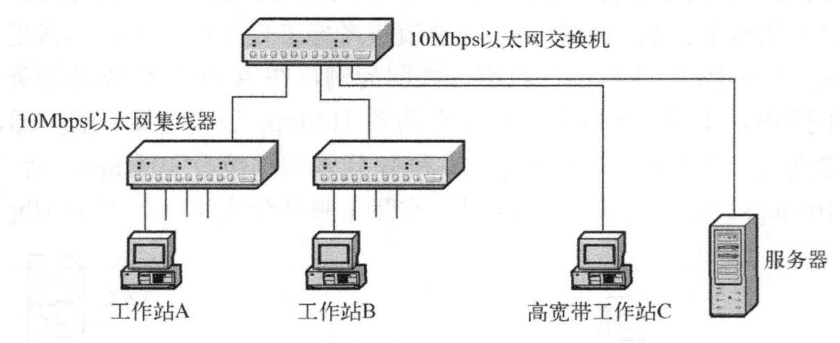

图 6.16　共享式交换以太网

在本例中，A 组站点共享 10Mbps 带宽，B 组站点共享另一个 10Mbps 带宽，而 C 站点和服务器分别独占 10Mbps 的带宽。这样各取所需，既提高了网络性能，又降低了组网费用。

4．虚拟局域网

以太网中使用交换机的一个最大的好处就是可以实现所谓的虚拟局域网（VLAN，Virtual LAN）。虚拟局域网是由一些局域网网段构成的与物理位置无关的逻辑组，而这些网段具有某些共同的需求，每一个 VLAN 的帧都有一个明确的标识符，指明发送这个帧的工作站属于哪一个 VLAN。由虚拟局域网的定义不难看出，VLAN 其实只是局域网给用户提供的一种服务，并不是一种新型局域网。

如图 6.17 所示是一个 VLAN 使用的实例。连接在 1 楼交换机上的 1 台计算机和连接在 2 楼交换机上的 2 台计算机划分到同一个 VLAN1 中，作为财务专用网络；连接在 1 楼交换机上的另 3 台计算机和连接在 2 楼交换机上的 1 台计算机划分到同一个 VLAN2 中，作为销售专用网络。财务网络和销售网络的计算机物理上可能在同一间房间，但不能互相直接访问，而不在同一楼层的财务网络和销售网络的计算机因为在同一 VLAN 中，所以可以直接访问。如果出现某个业务办公室搬迁的情况，不用进行网络设备或布线的更改，只要修改相应的 VLAN 划分方法即可。

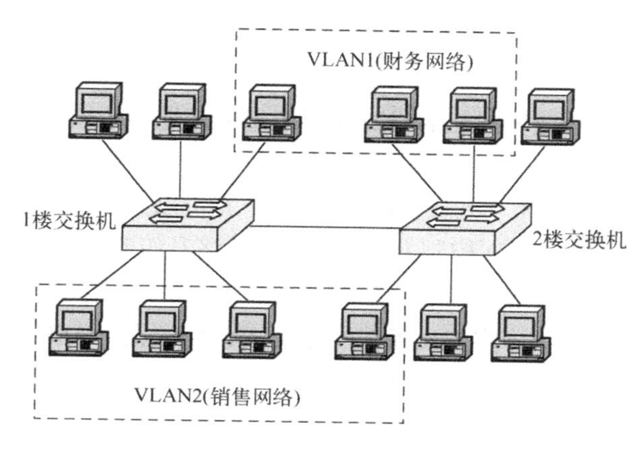

图 6.17 划分为不同 VLAN 的计算机

在大型局域网和校园、企业网的建设过程中，VLAN 的规划和划分是网络是否可以安全、方便地管理和运行的重要保证条件。

使用 VLAN 技术，通过合理地划分 VLAN 来管理网络具有许多优点。

（1）控制网络广播风暴。控制网络上的广播风暴最有效的方法是采用网络分段的方法。这样，当某一网段出现过量的广播风暴后，不会影响其他网段的应用程序。网络分段可以保证有效地使用网络带宽，最小化过量的广播风暴，提高应用程序的吞吐量。

（2）增加网络的安全性。VLAN 提供的安全性有两个方面：对于保密要求高的用户，可以分在一个 VLAN 中，尽管其他人在同一个物理网段内，也不能透过虚拟局域网的保护访问保密信息。因为 VLAN 是一个逻辑分组，与物理位置无关。VLAN 间的通信需要经过路由器或网桥，当经过路由器通信时，可以利用传统路由器提供的保密、过滤等 OSI 三层的功能对通信进行控制管理。当经过网桥通信时，利用传统网桥提供的 OSI 二层过滤功能进行包过滤。

（3）提高了网络的性能。VLAN 可以提高网络中各个逻辑组中用户的传输流量，比如，某个组中的用户使用流量很大的 CAD/CAM 工作站，或使用广播信息量很大的应用软件，但它只影响到本 VLAN 内的用户，其他逻辑工作组中的用户则不会受它的影响，仍然可以以很高的速率传输，所以提高了使用性能。

（4）易于网络管理。因为 VLAN 是一个逻辑工作组，与地理位置无关，所以易于网络管理。如果一个用户移动到另一个新的地点，不必像以前重新布线，只要在网管上把它拖到另一个虚拟网络中即可。这样既节省了时间，又十分便于网络结构的增改、扩展，非常灵活。

5. 高速以太网

速度达到或超过 100Mb/s 的以太网称为高速以太网。目前已经出现了多种高速以太网技术和标准，如 100BASE-T 以太网，吉比特以太网，10 吉比特和 100 吉比特以太网等。

100BASE-T 以太网又称为快速以太网，100BASE-T 是经过实用考验的以太网标准的 100Mb/s 版，于 1995 年 5 月由 IEEE 正式公布其标准，它的官方名称为 IEEE 802.3u 标准。快速以太网的 MAC 与传统的以太网 MAC 完全一样，这是由于 CSMA/CD MAC 具有它固有的可缩放性，它能以不同的速度运行，并能与不同物理层接口。它的帧格式与传统以太网的帧格式也完全相同，只是它的传送包在网上的传输速度已是传统以太网的 10 倍。快速以太网同 10BASE-T 一样，也是采用 CSMA/CD MAC 与不同的物理层规范相结合。

吉比特以太网又称为千兆以太网。千兆以太网技术是一种具有很宽的带宽和极高响应速度的新的网络技术，它的出现使网络的带宽和网络响应问题有了一种全新解决。千兆位以太网兼容了快速以太网标准，在对以太网的升级中，千兆位以太网可以利用现有的以太网基础设施，不需改变现有的网络操作系统和应用程序。千兆位以太网由于完全继承了传统以太网的帧格式、工作模式及 CSMA/CD 控制方式，从而在网络升级时网络布线几乎可以不作改动，只需使用千兆网卡和交换机等设备即可轻松升级到千兆网。千兆位以太网的网络结构灵活多样，既可组成共享式网络，又可实现交换式网络环境，还可在一个网络中实现共享和交换的共存。千兆位以太网还拓展了以太网的应用领域，支持视频会议等高带宽信息传输，还支持 MPEG-2 等多媒体压缩功能。作为一种继承性很强的技术，用千兆位以太网技术来构建主干网已成为首选。

6.4 网络层

6.4.1 网络层概述

数据链路层协议是相邻两直接连接节点间的通信协议，它不能解决数据经过通信子网中多个转接节点的通信问题。设置网络层的主要目的就是要为报文分组以最佳路径通过通信子网到达目的主机提供服务，而网络用户不必关心网络的拓扑结构与所使用的通信介质。

网络层的主要功能有以下 3 点。

1. 路径选择与中继

在点到点连接的通信子网中，信息从源节点出发，要经过若干个中继节点的存储转发后，才能到达目的节点。通信子网中的路径是指从源节点到目的节点之间的一条通路，它可以表示为从源节点到目的节点之间的相邻节点及其链路的有序集合。一般在两个节点之间都会有多条路径。路径选择是指在通信子网中，源节点和中间节点为将报文分组传送到目的节点而对其后继节点的选择，这是网络层所要完成的主要功能之一。

2. 流量控制

网络中多个层次都存在流量控制问题，网络层的流量控制则对进入分组交换网的通信量加以一定的控制，以防因通信量过大而造成通信子网性能下降。

3. 网络连接建立与管理

在面向连接服务中，网络连接是传输实体之间逻辑上的通信信道。

网络层所提供的服务可分为两类：面向连接的网络服务（CONS，Connection Oriented Network Service）和无连接网络服务（CLNS,Connectionless Net-Work Servece）。

面向连接的网络服务又称为虚电路（Virtual Circuit）服务，它具有网络连接建立、数据传输和网络连接释放 3 个阶段，是可靠的报文分组按顺序传输的方式，适用于定对象、长报文、会话型传输要求。

无连接网络服务的两实体之间的通信不需要事先建立好一个连接。无连接网络服务有 3 种类型：数据报（datagram）、确认交付（confirmed delivery）与请求回答（request reply）。数据报服务不要求接收端应答，这种方法尽管额外开销较小，但可靠性无法保证；确认交付和请求回答服务要求接收端用户每收到一个报文均给发送端用户发送一个应答报文。确认交付类似于挂号的电子邮件，而请求回答类似于一次事务处理中用户的“一问一答”。

从网络互连角度讲，面向连接的网络服务应满足以下要求：

（1）网络互连操作的细节与子网功能对网络服务用户应是透明的。

（2）网络服务应允许两个通信的网络用户能在连接建立时就其服务质量和其他选项进行协商。

（3）网络服务用户应使用统一的网络编址方案。

6.4.2 网际协议 IP

网际协议，简称 IP 协议，它和 TCP 协议是整个 TCP/IP 协议簇中最重要的部分，而 TCP 协议又是建立在 IP 协议基础上的，由此便可知道 IP 协议的重要性。

IP 协议实现两个基本功能：分段和寻址。IP 协议的分段（或重组）功能是靠 IP 数据包头部的一个字段来实现的。网络只能传输一定长度的数据包，而当等待传输的数据报超出这一限制时，就需要利用 IP 协议的分段功能将长的数据报分解为若干较小的数据包。寻址功能同样也在 IP 数据包头部实现。数据包头部中包含了源端地址、目的端地址以及一些其他信息字段，可用于对 IP 数据包进行寻址。

1. IP 协议的特性

IP 协议有两个很重要的特性：非连接性（无连接性）和不可靠性。非连接性是指经过 IP 协议处理过的数据包其传输是相互独立的，每个包都可以按不同的路径传输到目的地，也就是说每个包传输的路由可以完全不同，因而其包抵达的顺序可以不一致，先传送的包不一定先到达目的地。

不可靠性是指 IP 协议没有提供对数据流在传输时的可靠性控制。它是一种不可靠的“尽力传送”的数据报类型协议。它没有重传机制，对底层的子网也没有提供任何纠错功能，用户数据包可能发生丢失、重复甚至失序到达。

但是，是不是 IP 协议对于需要正确的数据传输而言就不大可行呢？事实上，IP 协议只是单纯地负责将数据报分割成包（分组），然后送到网上，传输质量的确不能得到保证，但是利用 ICMP 协议所提供的错误信息再配合更上层的 TCP 协议，则可以提供对数据传输的可靠性控制。

对于一些较不重要或非实时的数据传输，如电子邮件则可利用不可靠的传输方式，而对于重要和实时性的数据则必须利用可靠的传输方式。

2．分类的 IP 地址

IP 地址是一组 32 位的二进制数字，由 4 个字节构成，代表了网络和主机的地址。IP 地址的每个字节以点分开，如 Magic 公司的 IP 地址为 203.66.47.49，其表示方式如图 6.18 所示。

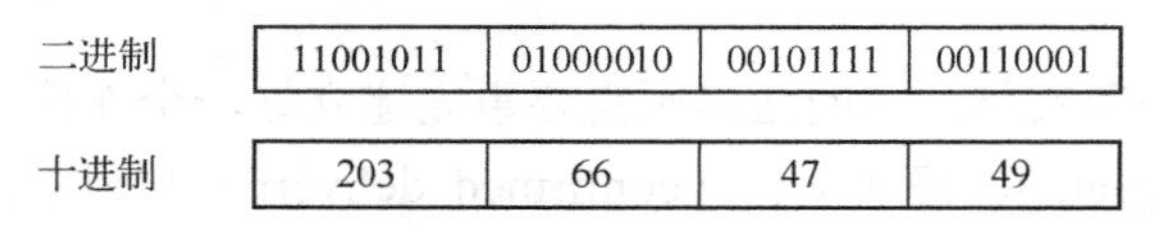

图 6.18　IP 地址的表示方式

IP 地址是由一个网络地址和一个主机地址组合而成的 32 位的地址，而且每个主机上的 IP 地址必须是唯一的。全球 IP 地址的分配由国际互联网网络信息中心（Inter NIC，Internet Network Information Center）负责。Inter NIC 会根据申请来分配大型网络地址（A 类地址）、中型网络的地址（B 类地址）和小型网络的地址（C 类地址）。国内则是向各自所属的 Internet 服务提供商（ISP）提出 IP 地址申请。

IP 地址根据网络规模的不同可以分成三个等级（或者三类），分别是 A 类地址、B 类地址和 C 类地址。各类地址的组成结构如图 6.19 所示。

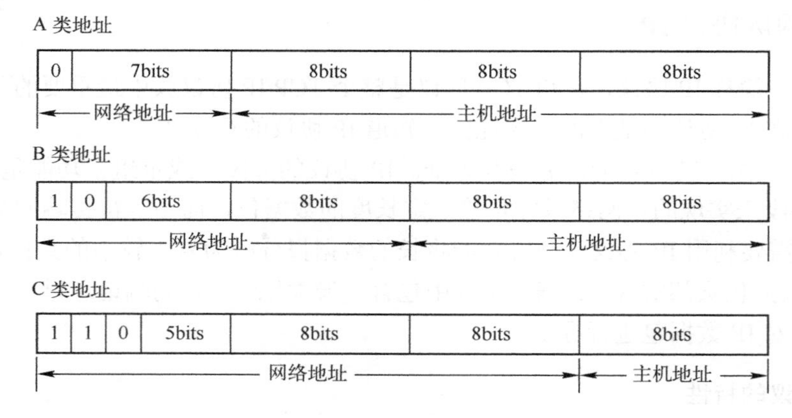

图 6.19　各类 IP 地址的组成结构

（1）A 类地址。前 8 位表示网络地址，取值由 NIC 决定，第一位固定为 0，剩余 7 位可表示 2^7=128 个 A 类网络。A 类地址一般分配给政府部门、大型网络或大型机构使用（如 IBM 公司、DEC 公司等），目前已经分配完了。A 类地址的后 24 位是指主机的地址。24 位的主机地址共有 2^{24}＝16777216 个主机地址。例如，DEC 这家公司向 NIC 申请，取得一个 A 类地址，那么 DEC 这家公司就可以使用 2^{24}＝16777216 个主机地址，当然这 2^{24} 个主机地址的分配和使用就由 DEC 的网络管理员决定。

（2）B 类地址。B 类地址的前 16 位表示网络地址，由 NIC 决定，其中前两位固定为 10。所以可以表示 2^{14} 个 B 类网络。后 16 位表示机器地址，共有 2^{16}=65536 个主机地址。B 类地址一般分配给中型网络或中型机构使用，目前也已经分配完了。

（3）C 类地址。C 类地址的前 24 位组成网络地址，由 NIC 决定，其中前两位为 11，剩余 22 位，所以应该有 2^{22}=4194304 个 C 类网络。但是在 C 类地址的前 4 位中，1110 保留给组播（Multicase，224～239），1111 保留给实验用（240～255），所以真正可用的 C 类网络地址数为应有的网络地址数减保留的地址数，即 $2^{22}-2^{21}$=2097152 个网络地址。C 类地址的后 8 位是主机地址，应有 2^{8}=256 个主机地址。但是需要扣除网络地址（1 个）和广播地址（1 个），所以真正可用的 C 类网络的主机地址，最多可以有 254 个。

从 IP 地址的分类中，我们可以根据分配的网络地址前 8 位快速判定网络的类型，如表 6.2 所示。

表 6.2　IP 地址分类表

前 8 位值	类　型	说　明
0～127	A 类	IP 地址开头是 0～127，就是 A 类网络地址
128～191	B 类	IP 地址开头是 128～191，就是 B 类网络地址
192～223	C 类	IP 地址开头是 192～223，就是 C 类网络地址
224～239	D 类	保留给 Multicast（组播）使用
240～255	E 类	保留给实验用

3．子网划分

IP 地址在前面已经介绍过了，它的形式是：

IP 地址＝网络地址+主机地址

这是单一网络下的组成形式，当我们需要切割成若干个子网时的形式如下：

IP 地址＝网络地址+子网地址+主机地址

原先的主机地址＝子网地址+主机地址

例如：168.95.X.X 的 B 类网络地址为：

IP 地址（32 位）＝网络地址（前 16 位）+主机地址（后 16 位）

168.95.X.X　　＝168.95　　　　　+X.X

主机共有 2^{16}=65536 个地址。

当切割成两个子网时：

IP 地址（32 位）＝网络地址+子网地址+主机地址

168.95.X.X　　＝168.95　+1 位　+15 位

由于要切割成两个子网，于是将原来的后 16 位中的最高位拿来作为子网地址，这样就可以将 B 类网络切割成两个子网络：

168. 95. 0XXXXXXX. XXXXXXX

168. 95. 1XXXXXXX. XXXXXXX

各个子网拥有 2^{15}＝32768 个主机地址。

以此类推，若是将 B 类网络切割成 4 个子网络，则需将原来的后 16 位中的最高两位拿来作为子网络地址，切割成的 4 个子网分别是：

168. 95. 00XXXXXX. XXXXXXXX

168. 95. 01XXXXXX. XXXXXXXX

168. 95. 10XXXXXX. XXXXXXXX

168. 95. 11XXXXXX. XXXXXXXX

各个子网拥有 2^{14}＝16384 个主机地址。

使用子网掩码可以判定 IP 地址是否属于某一子网。例如，局域网中的一个主机在发送 IP 包时，包头中携带有目的 IP 地址，通过子网掩码，就可以判定包是发送到本网内的某个主机，还是发送到网外的主机，从而选择不同的处理。子网掩码的形式为：网络及子网地址部分置 1，主机地址置 0 形成的 IP 地址。

如一个 B 类网络的子网掩码为：

255. 255. 0. 0

一个 C 类网络的子网掩码为：

255. 255. 255. 0

【例 6.1】 将一个 C 类网络划分为 16 个子网，求子网掩码。

解： 要将一个 C 类网络划分为 16 个子网，必须从 8 位主机地址中拿出前 4 位作为子网地址，4 位二进制位可以有 16 种组合，正好可以表示 16 个子网地址。所以子网掩码为：

255. 255. 255. 240

提起子网掩码，涉及的另一个重要的概念是网络号码。网络号码用于标识一个网络或子网，形式上，网络号码一般是 IP 地址中的网络地址和子网地址部分不变，而主机地址部分为 0 的 IP 地址。如一个 B 类网络的网络号码可以是：

168. 95. 0. 0

网络地址部分为 168. 95，主机地址部分全部置 0。

一个 C 类网络的网络号码可以是：

221. 95. 47. 0

网络地址部分是 221. 95. 47，主机地址部分为 0。

网络中 IP 地址、网络号码和子网掩码的关系为：

IP 地址　　AND　　子网掩码　　＝　　网络号码

4. 无分类的 IP 地址

起初，视网络规模而定，包括 IPv4 地址的 32 位地址空间被分成了五类。每类地址包括两个部分：第一部分用来识别网络，第二部分用来识别该网络上某个机器的地址。它们采用点分十进制记法表示，有四组数字，每组代表八位，中间用句点隔开。分配用来识别网络的比特越多，该网络所能支持的主机数就越少，反之亦然。处在最上端的是 A 类网络，这专门留给那些节点数最多的网络——准确地说，是 16277214 个节点。A 类网络只有 126 个。B 类网络则针对中等规模的网络，但规模仍然相当大，拥有 65534 个节点。B 类地址可以表示 65000 多个网络，然而，大多数分配的地址属于 C 类地址空间，它最多可以包括 254 个主机，C 类网络超过 200 万个。最后两类地址：D 类和 E 类有着特别用途，D 类网络用于多播应用；E 类网络留给将来使用。

地址分类法带来了两个问题，最大一个问题就是这些类别无法体现顾客的需求。A 类地址实在过大，以至浪费了大部分地址空间；另一方面，C 类网络对大多数组织来说又实在太小，这意味着大多数组织会请求 B 类地址，但又没有足够的 B 类地址可以满足需求。

随着网络数量不断增加，ISP 和运营商面临的棘手问题也在随之增多。20 世纪 90 年代初，因特网流量猛增：主干网路由器必须跟踪每一个 A 类、B 类和 C 类网络，有时建立的路由表长达 1 万个条目。从理论上来说，路由表大小最多可以设成 6 万个条目。如果当初网络界不是迅速采取行动的话，因特网到 1994 年就到达极限了。

第二个问题就是浪费了地址空间。小规模独立网络（如 20 个节点）获得 C 类地址后，剩余的 234 个地址却闲置不用。此外，大的组织会想方设法采用子网化技术（subnetting），把自己的 A 类或 B 类地址分成更小、更容易管理的地址群。子网技术能够建立一群群通常与主干网相连的网络站，而不是让成百万的主机连接在一条线路或一个集线器上。更确切地说，子网重新分配了原先用于表示主机地址的部分比特，改而用来表示子网，这办法存在一个问题：子网也会导致主机地址减少。

解决这一问题的办法就是丢弃分类地址的概念。CIDR 利用表示网络的“网络前缀”，取代了 A 类、B 类和 C 类地址。前缀长度不一，从 13 到 27 位不等，而不是分类地址的 8 位、16 位或 24 位。这意味着地址块可以成群分配，主机数量既可以少到 32 个，也可以多到 50 万个以上。

CIDR（无类别域间路由，Classless Inter-Domain Routing）是一个在 Internet 上创建地址块的方法，这些地址块提供给因特网服务提供商（ISP），再由 ISP 分配给客户。CIDR 将路由集中起来，使一个 IP 地址能代表几千个 IP 地址，从而减轻了 Internet路由器的负担。

下面介绍一下 CIDR 的地址表示方法：CIDR 使用斜线记法，即在 IP 地址后面加上斜线“/”，然后在斜线后面写上网络前缀所占的位数。如地址 66.77.24.3/24，“/24”表示网络前缀的位数，即头 24 位用来识别网络，是网络地址（这里是 66.77.24），剩余的 8 位用来识别网络内的主机，是某个主机的地址（这里是 3）。因为各类地址在 CIDR 中有着类似的地址块，两者之间的转换就相当简单。如 A 类网络可以转换成/8，B 类网络可以转换成/16，C 类网络可以转换成/24。

CIDR 的优点是解决了困扰传统 IP 寻址方法的两个问题。因为以较小增量单位分配地址，这就减少了浪费的地址空间，还具有可伸缩性优点。路由器能够有效地聚合 CIDR 地址，如路由器用不着为 8 个 C 类网络广播地址，而改为要广播带有/21 网络前缀的地址（这相当于 8 个 C 类网络），从而大大缩减了路由器中的路由表大小，但前提是地址是连续的。所以，通常 ISP 被分配到的是超网块（supernet block），即大块的连续地址，然后由 ISP 负责在用户中划分这些地址块，这样也减轻了 ISP 自有路由器的负担。

6.4.3 网际控制报文协议 ICMP

ICMP 是（Internet Control Message Protocol）Internet 控制报文协议。它是 TCP/IP 协议族的一个子协议，用于在 IP 主机、路由器之间传递控制消息。控制消息是指网络通不通、主机是否可达、路由是否可用等网络本身的状态消息。这些控制消息虽然并不传输用户数据，但是对于用户数据的传递起着重要的作用。

ICMP 协议是一种面向无连接的协议，用于传输出错报告控制信息。它是一个非常重要的协议，它对于网络安全具有极其重要的意义。

ICMP 是 TCP/IP 协议族的一个子协议，属于网络层协议，主要用于在主机与路由器之间传递控制信息，包括报告错误、交换受限控制和状态信息等。当遇到 IP 数据报无法到达目标、IP 路由器无法按当前的传输速率转发数据报等情况时，会自动发送 ICMP 消息。

ICMP 报文格式如图 6.20 所示，ICMP 报文有一个 8 字节长的包头，其中前 4 个字节是固定的格式，包含 8 位类型字段，8 位代码字段和 16 位的校验和；后 4 个字节根据 ICMP 报文的类型而取不同的值。

ICMP 提供一致易懂的出错报告信息。发送的出错报文返回到发送原数据的设备，因为只有发送设备才是出错报文的逻辑接收者。发送设备随后可根据 ICMP 报文确定发生错误的类型，并确定如何才能更好地重发失败的数据报。但是 ICMP 唯一的功能是报告问题而不是纠正错误，纠正错误的任务由发送方完成。

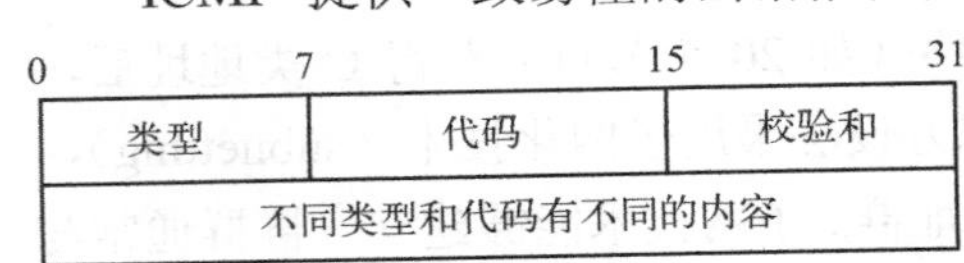

图 6.20　ICMP 报文格式

我们在网络中经常会使用到 ICMP 协议，如我们经常使用的用于检查网络通不通的 Ping 命令（Linux 和 Windows 中均有），这个“Ping”的过程实际上就是 ICMP 协议工作的过程。还有其他的网络命令如跟踪路由的 Tracert 命令也是基于 ICMP 协议的。

ICMP 的功能主要有：

- 侦测远端主机是否存在。
- 建立及维护路由信息。
- 重导 IP 包传送路径（ICMP 重定向）。
- 流量控制。

ICMP 主要是通过不同的类别（Type）与代码（Code） 让机器来识别不同的连接状况。

6.4.4　网络层的其他协议

网络层上的其他协议还有地址解析协议（ARP）和反向地址解析协议（RARP）、DHCP 协议和各种路由选择协议。ARP 协议的基本功能就是根据目标设备的 IP 地址，查询目标设备的 MAC 地址，以保证通信的顺利进行。我们知道，在局域网中，网络中实际传输的是“帧”，帧里面是有目标主机的 MAC 地址的。一个主机要和另一个主机进行直接通信，必须要知道目标主机的 MAC 地址。但这个目标 MAC 地址是如何获得的呢？它就是通过地址解析协议获得的。RARP 协议和前面所提到的 ARP 协议，其功能刚好相反，将 32 位的 IP 地址转换成物理的硬件地址，这是 ARP 协议的主要功能，而协议则是将网络的物理地址转换成 32 位的网络 IP 地址。目前这个协议已经很少使用。

DHCP 的全称是动态主机配置协议（Dynamic Host Configuration Protocol），由 IETF（Internet 网络工程师任务小组）设计，详尽的协议内容在 RFC 文档（RFC2131 和 RFC1541）里。DHCP 是 Windows NT 和 Windows 2000 Server 提供的动态分配主机 IP 地址的服务。DHCP 服务的目的是为了减轻对 TCP/IP 网络的规划、管理和维护的负担，解决 IP 地址缺乏问题。DHCP 服务器可以把 TCP/IP 网络设置集中起来，动态处理工作站 IP 地址的配置。DHCP 提供了自动在 TCP/IP 网络上安全地分配和租用 IP 地址的机制，实现 IP 地址的集中式管理，基本上不需要网络管理人员的人为干预。而且，DHCP 本身被设计成 BOOTP（自举协议）的扩展，支持需要网络配置信息的无盘工作站，对需要固定 IP 的系统也提供了相应支持。

我们知道，网络互连的核心设备是路由器，路由器依靠路由表转发分组，那么路由表是如何形成的呢？这就要依靠各种路由选择协议。应当指出，路由选择是个非常复杂的问题，因为它是网络中的所有节点共同协议工作的结果。其次，路由选择的环境往往是不断变化的，这种变化有时是无法预知的，例如网络出现了某种故障。此外，当网络发生拥塞时，就特别需要有缓解这种拥塞的路由选择策略。

路由选择协议的核心就是路由选择算法，即需要何种算法来获得路由表中的各项目。若从路由选择能否随网络的通信量或拓扑结构自适应地进行调整变化来划分，路由选择的策略可分为静态路由选择策略与动态路由选择策略两大类。静态路由选择策略的特点是简单、开销小，但不能及时适应网络状态的变化；对于很简单的小网络可以通过人工配置实施。动态路由选择也称为自适应路由选择，其特点是能较好地使用网络状态的变化，但实现起来较为复杂，并且开销也大。因特网使用的路由选择协议主要是自适应的、分布式的路由选择协议，如内部网关协议 RIP（路由信息协议）、OSPF（开放最短路径优先）和外部网关协议 BGP（边界网关协议）等。

6.5 传输层

6.5.1 传输层概述

从通信和信息处理的角度看，传输层向它上面的应用层提供通信服务。当网络的边缘部分（即资源子网）中两个主机使用网络的通信子网进行端到端的通信时，只有主机才有传输层，而通信子网中的路由器只有下三层的功能。

传输层的协议主要有两个：TCP 协议（Transmission Control Protocol，传输控制协议）和 UDP 协议（User Datagram Protocol，用户数据报协议）。它们都为应用层提供数据传输服务。

6.5.2 传输控制协议（TCP 协议）

TCP 协议是 TCP/IP 协议簇中最重要的协议之一。在本节中，我们将探讨 TCP 协议的重要功能、传输特性和包格式等。

TCP 协议在 TCP/IP 协议簇中的位置如图 6.21 所示。

Telnet、FTP …	
TCP	UDP
IP、ICMP	

图 6.21 TCP 协议在 TCP/IP 协议簇中的位置

从图 6.21 我们可以看出，传输层中的两个协议 TCP 和 UDP 是处于对等的地位，分别提供了不同的传输服务方式，但这两个协议必须建立在 IP 协议之上。

通过前面章节的学习我们知道，IP 协议只是单纯地负责将数据分割成包，并根据指定的 IP 地址通过网络将数据传送到目的地。它必须配合不同的传输服务——TCP 协议（提供面向连接的可靠的传输服务）或 UDP 协议（提供非连接的不可靠的传输服务），才能在发送端和接收端建立主机间的连接，完成端到端的数据传输。

1．TCP 协议的主要功能

TCP 协议的主要功能，用一句话概括就是：TCP 协议提供面向连接的、可靠的数据流式的传输服务。

（1）连接性。连接性表示要传输数据的双方，必须事先沟通，在建立好连接之后，才能正式开始传输数据。两台主机之间要想完成一次数据传输，必须经历连接建立、数据传输以及连接拆除 3 个阶段。

无连接性是指两台主机在进行信息交换之前，无须事先经呼叫来建立通信连接，各个分组独立地各自传送到目的地。

连接性与非连接性的数据传输方式的主要区别如下：

① 路由选择：具有连接性的传输方式，路由的选择仅仅发生在连接建立的时候，在以后的传输过程中，路由不再改变；具有非连接性的传输方式中，每传送一个分组都要进行路由选择。

② 在具有连接性的传输方式中，各分组是按顺序到达的；非连接性的传输方式中，分组可能会失序到达，甚至丢失。

③ 具有连接性的传输方式便于实现差错控制和流量控制；非连接性的传输方式一般不实行流量控制和差错控制。

④ 具有连接性的传输方式一般应用于较重要的数据传输；非连接性的传输方式一般应用于较不重要的数据传输。

（2）可靠性。TCP 协议用来在两个端用户之间提供可靠的数据传输服务，其可靠性是由 TCP 协议提供的确认重传机制实现的。TCP 协议的确认重传机制可简述如下：

① 接收端接收的数据若正确，则回传确认包给传送端。

② 接收端接收到不正确的数据，则要求传送端重传。

③ 传送端在规定的时间内未收到相应的确认包，则传送端重传该包。

TCP 协议的可靠性控制可以利用如图 6.22 所示的操作组合来说明。

（3）数据流量控制。我们在讨论 TCP 协议在保证数据传输的可靠性时，发送端每次都要等到收到回应的确认包后，才传送下一个数据包。由于发送端用于等待确认包的时间是闲置的时间，从而造成整个数据传输效率的低下，造成带宽的浪费。因此，在 TCP 协议中，使用了一种叫滑动窗的技术，来解决这一问题。

利用滑动窗技术，可以一次先发送多个包后，再等待确认包，如此便可以减少闲置时间，增加传输效率。

利用滑动窗技术，还可以对信息在链路上的流量进行控制，通过在发送端设置一个窗口宽度值，来限制发送帧的最大数目，控制链路上的信息流量。窗宽规定了允许发送方发送的最大帧数。

利用滑动窗技术控制数据流量的过程如图 6.23 所示。

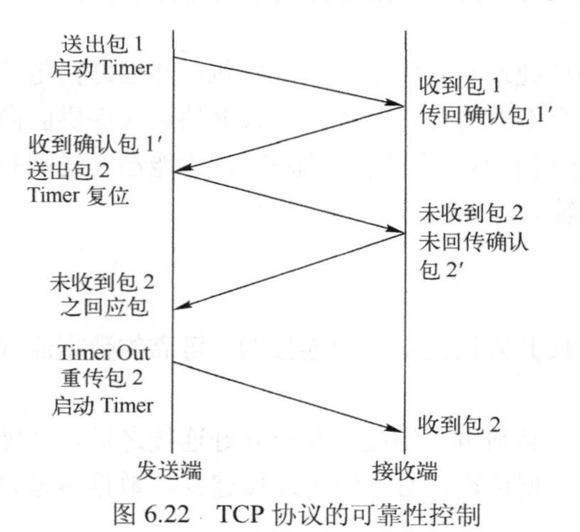

图 6.22　TCP 协议的可靠性控制

1 2 3 4 5 6 7 8 9 10
（a）
1 2 3 4 5 6 7 8 9 10
（b）
1 2 3 4 5 6 7 8 9 10
（c）

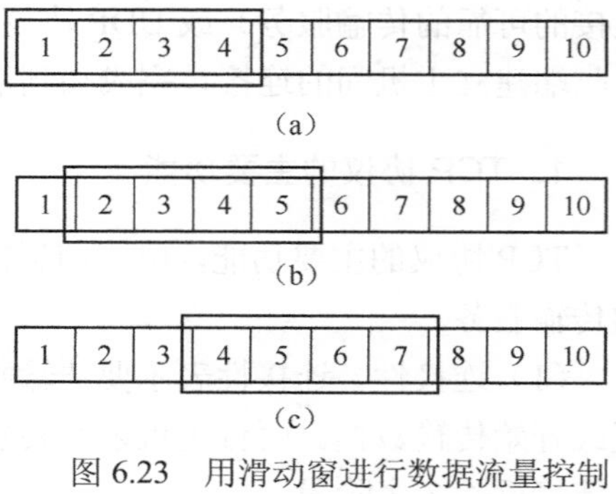

图 6.23　用滑动窗进行数据流量控制

在图 6.23 中，假定总共要传送 10 个包。

图 6.23（a）中，窗口中有 4 个包，表示已送出的包，窗宽 W=4。

图 6.23（b）中，当传送端收到确认包 1 时，窗口向右移动一格，并送出包 5。

图 6.23（c）中，当传送端收到确认包 2、3 时，窗口向右移 2 格，并送出包 6、7。

简单地说，在窗口右方的包表示要准备送出去的包；而位于窗口里面的包表示已经送出的包，但传送端尚未收到相应的确认包；而窗口左边的包表示已经送出去而且也已经收到确认的包。窗口在滑动时，其宽度不能超过规定的窗宽。

2. TCP 协议的通信接口

当传送的数据到达目的主机后，最终是要被应用程序接收并处理。但是，在一个多任务的操作系统环境下（如 Windows、UNIX 等），可能有多个程序同时在运行，那么数据究竟应该被哪个应用程序接收和处理呢？这就需要引入端口的概念。

在 TCP 协议中，端口用一个两个字节长的整数来表示，称为端口号。不同的端口号表示不同的应用程序（或称为高层用户）。

端口号和 IP 地址连接在一起构成一个套接字（SOCKET），套接字分为发送套接字和接收套接字。

发送套接字=源 IP 地址+源端口号

接收套接字=目的 IP 地址+目的端口号

一对套接字唯一地确定了一个 TCP 连接的两个端点。也就是说，TCP 连接的端点是套接字而不是 IP 地址。

在 TCP 协议中，有些端口号已经保留给特定的应用程序来使用（大多为 256 号之前），这类端口号我们称之为公共端口，其他的号码我们称之为用户端口。Internet 标准工作组规定，数值在 1024 以上的端口号可以由用户自由使用。

6.5.3 用户数据报协议 UDP

用户数据报协议（User Datagram Protocol，UDP），简称 UDP 协议，提供了不同于 TCP 的另一种数据传输服务方式，它和 TCP 协议都处于主机—主机层。它们之间是平行的，都是构建在 IP 协议之上的，以 IP 协议为基础。

1. UDP 的特性

使用 UDP 协议进行数据传输具有非连接性和不可靠性。这和 TCP 协议正好相反。TCP 协议提供面向连接的可靠的数据传输服务。而 UDP 提供面向非连接的，不可靠的数据传输服务。因此，UDP 所提供的数据传输服务，其服务质量没有 TCP 来得高。

UDP 没有提供流量控制，因而省去了在流量控制方面的传输开销，故传输速度快，适用于实时、大量但对数据的正确性要求不高的数据传输。由于 UDP 采用了面向非连接的不可靠的数据传输方式，因此可能会造成 IP 包未按次序到达目的地，或 IP 包重复甚至丢失，这些问题都需要靠上层应用程序来解决。

2. UDP 协议的通信端口

TCP 协议用通信端口来区分同一主机上执行的不同应用程序。同样，UDP 也有相同的功能，和 TCP 一样，UDP 也是用一个两个字节长的整数号码来表示不同的程序。在 TCP 协议中，某些端口号已保留给特定的应用程序使用，同样，UDP 协议也有保留端口。这些保留端口号我们称之为公共端口，其他的端口号我们称之为用户端口。

6.6 应用层

Application Layer（应用层）对应到TCP/IP协议模型的协议有很多，常用的有World Wide Web（WWW，全球信息网）、File Transfer Protocol（FTP，文件传输协议）、Simple Mail Transfer Protocol（SMTP，简单邮件传输协议）、Telnet（远程登录）、Domain Name System（DNS，域名系统）、Simple Network Management Protocol（SNMP，简单网络管理协议）和Network File System（NFS，网络文件系统等）。这一节我们将一一简要介绍这些协议。

6.6.1 WWW全球信息网与超文本传输协议HTTP

1．WWW全球信息网

WWW全球信息网（World Wide Web）是目前Internet上最流行、最便捷的信息工具。WWW这个网络服务，引进了新的网络技术，其中包括：

（1）引进Hypertext（超文本）与Hyperlink的概念。所谓的Hypertext（超文本），它不是传统由头至尾，循序渐进的阅读方式，而是采用了任意跳跃、由读者主导的方式。若读者对某一标题想进一步去了解，只要在其关键词（有底线表示）上轻轻点击（Click）一下，即可跳到那一个进一步说明的文档中，我们称之为下一页（在WWW中，文件以页为单位）。这样的文本我们称之为超文本（Hypertext），而各文本之间连接的关系我们称之为超级连接（Hyperlink）。

（2）活泼、生动、互动的文本特性。通过WWW，文章的内容不再单单是纯文字了，WWW的文本可以包含文字、声音、图片、动画等，这种以多媒体来表达的方式，让用户在使用时不但可以图文并茂，还可以身临其境，使得文本本身更加活泼生动。

（3）提供了Internet上的服务大整合。在Internet上许多协议所提供的网络服务，如FTP、Telnet、Usenet等，原本都要使用其特定的程序，才能得到该项服务，但现在不用了，只要通过WWW，它就能把上述的服务全部整合在一起。

（4）主从式结构。WWW是采用主从结构的网络方式，即Server/Client方式。使用WWW服务的端称为WWW的客户端（Client），而提供WWW服务的主机（即WWW文本的所在地）称为WWW服务器（Server，又称为Web服务器）。

2．HTTP与WWW

对于WWW而言，HTTP相当重要，因为它是WWW所使用的通信协议。

超文本传输协议（HyperText Transfer Protocol，HTTP）是WWW客户端与WWW服务器之间的传输协议。通过这个协议，文字、图片、声音、影像等多媒体信息便可以在客户端与服务器之间传输。

HTTP对在Internet上WWW服务器与用户浏览器之间的Web文本传输，是个相当重要的通信协议，正因为如此，所以有些人把Web服务器也称为HTTP服务器。

HTTP有以下几个特点：

（1）HTTP传送的数据是MIME的格式，MIME是一种多用途网际邮件扩充协议，最早应用于电子邮件系统，后来也应用于浏览器。它十分适合用来做多媒体文件的传送。

（2）HTTP 采用主从式结构，用户通过客户端的浏览器，通过对 URL（统一资源定位器）的寻址，连接到 HTTP 服务器。

（3）HTTP 的服务器端和客户端使用默认的端口号 80 来做数据的传输，但假如不是使用 80 的话，则必须在 URL 中注明端口号。

（4）HTTP 提供了验证用户账号和密码的安全机制，用来限制和保护用户访问特定的目录和文件。

（5）HTTP 提供了数据续传的功能。在数据传递的过程中万一发生中断，一旦联机恢复，数据不必从头传递，只需从中断处继续即可。

（6）HTTP 常用的命令有 GET 和 POST。GET 表示客户端向服务器端口取得数据，也称为下载数据。POST 表示客户端将数据传送给服务器端，也称为上传数据。

3. URL 与 WWW

当我们使用 WWW 来打开某网站时，常会输入类似 http://XXX.XXX.XXX 形式的命令，其中 http 表示 WWW 所使用的通信协议是 HTTP，而这个命令的格式的设置称之为 URL（Uniform Resource Locator，统一资源定位器）。在 Internet 上的网站有几百万个，如何表示要连接的服务器地址？数据以何种方式取得？数据在服务器的哪一个目录中？哪一个文件中？这些答案都可以利用 URL 来解决。

其实，URL 的使用并不仅局限于 HTTP，对于其他服务的命令格式，如 FTP，它也提供支持，因此，URL 的标准格式如下：

其中，Method://Host（DNS or IP）:[Port]/File_path/File_name

Method 表示用户要对服务器请求哪种服务类型，常用的如 HTTP、FTP、Telnet 等。

://是用来分隔服务类型与服务器地址的符号。

Host（DNSorIP）用来设置服务器的地址，可以使用其 DNS（域名）名称或 IP 地址。

:[Port]对于 HTTP、FTP、Telnet 等常用服务，在 Internet 上使用的是公用端口，假定服务器按照标准设置了其端口号，则这部分可以省略，否则必须指定。

File_path 用来指定资源在服务器内存放的路径。

File_name 用来指定资源的文件名称和类型。

在 WWW 的使用上，若省略了 File_path/File_name，当你连接到 WWW 服务器时，就会自动连接到其首页（Home Page）。

4. WWW 与浏览器

WWW 浏览器（Browser）的主要功能就是提供给用户浏览超文本，通过它，一些文本的“多媒体特技”就可以轻松地展现在用户眼前，如动画等。目前市场上的多媒体浏览器以网景公司的 Netscape 和微软的 Explorer 为主。

5. WWW 的文本格式

前面所谈到的超文本，到底是如何制作的呢？WWW 的文本是依据 HTML（Hyper Text Markup Language，超文本标记语言）的语法来编辑的。事实上，这个语法，目前并没有真正的标准，因此，同样的 HTML 语法，并不一定适合于全部的浏览器。至于如何编辑 HTML 的文本，由于它是属于普通的文字文本，所以通过一般的文本编辑软件即可以对其进行编辑。另外，目前也出现了很多工具软件专门用来编辑 HTML 文本，如微软公司的 Frontpage、Macromedia 公司的 Deamweaver 等。

关于 HTML 的语法，是以对称的标记来设置各项显示的效果和功能。关于此部分的内容，读者可以参考其他有关的书籍。

6.6.2 DNS 域名系统

我们在使用 IE 浏览器浏览网页时，会输入网络地址，简称网址。这些网络地址代表着提供 Web 服务的主机在 Internet 上的地址。但事实上，这些主机地址，是依照其 IP 地址来识别它们的。若没有一个网络地址到 IP 地址的转换工具，那么我们只有记忆这些没有意义的数字，使用就十分不方便了。

1. 什么是 DNS

为了不必去记忆那些难记的 IP 地址，能够通过有意义的文字来记忆网络地址，便出现了域名系统（DNS，Domain Name System）。DNS 的功能，简单地说，就是通过名称数据库将主机名称转换为 IP 地址。也可反向转换，即将 IP 地址转换为主机名称。

因特网最初使用 hosts 文件来保存网上所有主机的信息。这就意味着，当新主机接入因特网时，网上所有主机都必须更新自己的 hosts 文件。随着因特网规模的扩大，这一任务不可能及时完成。为避免修改主机上的文件，便设计了域名系统。

DNS 使用分布式数据库体系结构，从而避免了在整个网络中用 FTP 传输更新后的主机文件。

2. DNS 的分层管理

从概念上说，DNS 主要包含了两个重要概念：一是层次化；二是采用分布式数据库管理。从层次结构上看，DNS 的层次结构属于倒置的树型结构，根在顶部，分支在下面，如图 6.24 所示描述了因特网中 DNS 的层次式的命名方式。

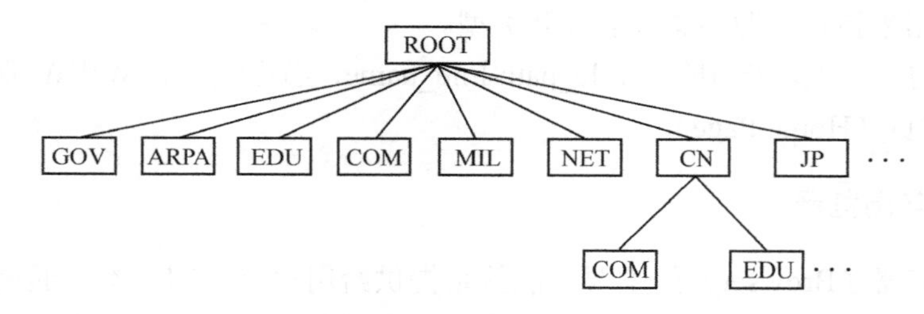

图 6.24　DNS 层次式的命名方式

根节点中包含了自身的信息以及其下的顶级域名信息，其中：

GOV：政府机构。

EDU：教育性机构。

ARPA：ARPANET 主机。

COM：商业机构。

MIL：军事组织。

NET：网络支持机构。

CN：国家代码，表示除美国以外的国家。

其中，COM、EDU、GOV、MIL、NET、ORG 称为一般顶级域名。而 CN、JP 等国家代码称为国家代码顶级域名。

从以上 DNS 的结构来看，域名的命名是层次化的，在同一域不可以有相同的主机名称。但主机若处于不同的域中，则主机的名称可以相同。例如，

yahoo. com　　　　　主机在域 com 中

yahoo. com. cn　　　主机在域 com. cn 中

3. DNS 组件

要想更好地理解 DNS，还应该对其功能组件有所了解。DNS 的组件有：

域：域名的最后一部分称为域。如 zzu. edu. cn，这里的 cn 就是域。每个域还可以再细分为若干个子域，如 cn 域又可划分为 edu、com 等多个子域。

域名：DNS 将域名定义成主机名和子域、域的一个序列。主机名和子域、域以“.”分开，如 zzu. edu. cn，yahoo. com. cn 等。

名称服务器：主机上的一个程序，提供域名到 IP 地址的映射。此外，名称服务器还可以指代一台专门用于名称服务的机器，在上面运行了名称服务器软件供客户查询。

名称解析器：与名称服务器交互的客户软件，有时就简单地称作 DNS 客户。

名称缓存：用于存储常用信息的存储器。

4. DNS 的工作原理

DNS 的工作过程实际上就是一个域名解析的过程。域名解析的过程如图 6.25 所示，网络中有 5 台主机。在这 5 台主机中，主机 B 被指定为名称服务器，B 中有一个数据库，其中有网络中各个主机的名称与 IP 地址的对应列表，主机名和 IP 地址一一对应。当主机 A 的用户要与主机 C 通信时，其名称解析器检查本地缓存，如果未找到匹配项，则名称解析器向名

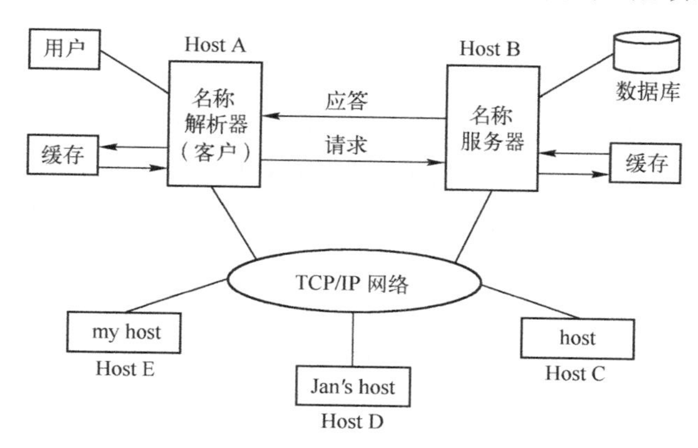

图 6.25　DNS 的工作过程

称服务器发送一个请求（也可以称作查询）。接下来，名称服务器在自己的缓存里寻找匹配项。如果没有找到，则检查自己的数据库。名称服务器在缓存和数据库中都找不到此名称的情况在图 6.25 中没有示出；此时它必须向离它最近的另一个名称服务器转发此请求，然后再将结果返回给主机 A。

6.6.3 E-mail 电子邮件传输协议

1. 电子邮件的工作原理

电子邮件的工作过程遵循客户机/服务器模式。每份电子邮件的发送都要涉及发送方与接收方，发送方构成客户端，而接收方构成服务器，服务器含有众多用户的电子信箱。发送方通过邮件客户程序，将编辑好的电子邮件向邮件服务器（SMTP 服务器）发送。邮件服务器识别接收者的地址，并向管理该地址的邮件服务器（POP3 服务器）发送邮件。邮件服务器将邮件存放在接收者的电子信箱内，并告知接收者有新邮件到来。接收者通过邮件客户程序连接到服务器后，就会看到服务器的通知，进而打开自己的电子信箱来查收邮件。

通常 Internet 上的个人用户不能直接接收电子邮件，而是通过申请 ISP 主机的一个电子信箱，由 ISP 主机负责电子邮件的接收。一旦有用户的电子邮件到来，ISP 主机就将邮件移到用户的电子信箱内，并通知用户有新邮件。因此当发送一封电子邮件给另一个客户时，电子邮件首先从用户计算机发送到 ISP 主机，然后到 Internet，再到收件人的 ISP 主机，最后到收件人的个人计算机。电子邮件工作过程如图 6.26 所示。

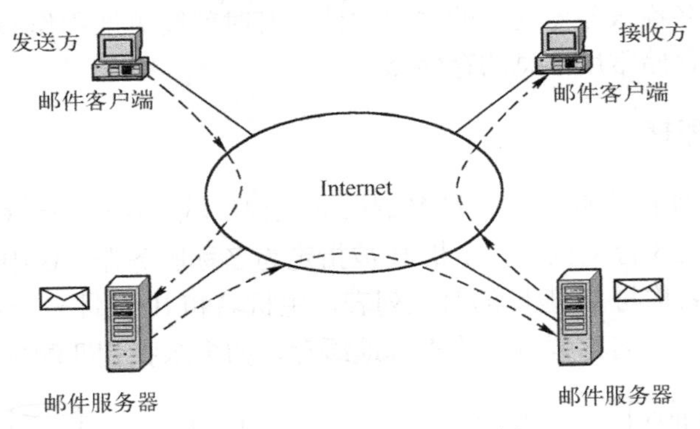

图 6.26　电子邮件的工作过程

ISP 主机起着“邮局”的作用，管理着众多用户的电子信箱。每个用户的电子信箱实际上就是用户所申请的账号。每个用户的电子邮件信箱都要占用 ISP 主机一定容量的硬盘空间，由于这一空间是有限的，因此用户要定期查收和阅读电子信箱中的邮件，以便腾出空间来接收新的邮件。

电子邮件在发送与接收过程中都要遵循 SMTP、POP3 等协议，这些协议确保了电子邮件在各种不同系统之间的传输，其中，SMTP 负责电子邮件的发送，而 POP3 则用于接收 Internet 上的电子邮件。

2. 电子邮件地址

电子邮件如真实生活中人们常用的信件一样，有收信人姓名、收信人地址等。电子邮件地址的结构是：用户名@邮件服务器名。其中，用户名就是用户使用的登录名，而@后面的是邮局方服务计算机的标识（域名），都是邮局方给定的，如 info@kingpolo.net 即为一个邮件地址。

3. 常用的电子邮件协议

常用的电子邮件协议有 SMTP、POP3、MIME、IMAP 等。下面我们简要介绍一下 SMTP 和 POP3 协议。

（1）SMTP（Simple Mail Transfer Protocol）即简单邮件传输协议，它是一组用于由源地址到目的地址传送邮件的规则，由它来控制信件的中转方式。SMTP 协议属于 TCP/IP 协议簇，它帮助每台计算机在发送或中转信件时找到下一个目的地。通过 SMTP 协议所指定的服务器，我们就可以把电子邮件寄到收信人的服务器上了，整个过程只要几分钟或更短时间。SMTP 服务器则是遵循 SMTP 协议的发送邮件服务器，用来发送或中转发出的电子邮件。

（2）POP3（Post Office Protocol 3）是邮局协议的第 3 个版本，它规定怎样将个人计算机连接到 Internet 的邮件服务器。它是下载电子邮件的协议，也是因特网电子邮件的一个离线协议标准。POP3 允许用户从服务器上把邮件存储到本地主机（即自己的计算机）上，允许删除保存在邮件服务器上的邮件。而 POP3 服务器则是遵循 POP3 协议的接收邮件服务器，用来接收电子邮件。

一般在邮件主机上同时运行 SMTP 和 POP3 协议的程序，SMTP 负责邮件的发送以及在邮件主机上的分拣和存储，POP3 协议负责将邮件通过 SLIP/PPP（串型线路 IP/点对点）连接传送到用户的主机上。POP3 是一种只负责接收邮件的协议，不能通过它发送邮件。所以在一些基于 Winsock 的电子邮件程序中都需要设定 SMTP 和 POP3 服务器的地址。通常，二者在同一个主机上，即一个 IP 地址。由服务器中的 SMTP 程序发送邮件，由 POP3 程序将邮件发回到本地主机。SMTP 和 POP3 协议的应用如图 6.27 所示。

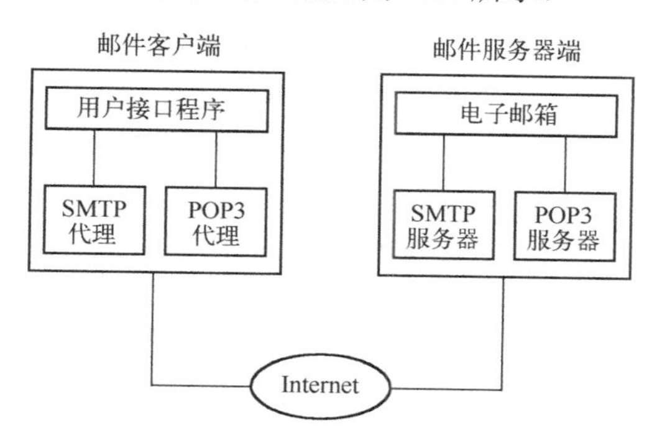

图 6.27　SMTP 和 POP3 协议的运用

6.6.4　Telnet 协议

Telnet 协议是 TCP/IP 协议簇中高层协议的一员，是 Internet 远程登录服务的标准协议。应用 Telnet 协议能够把本地用户所使用的计算机变成远程主机系统的一个终端。通过使用 Telnet，Internet 用户可以与全世界许多信息中心、图书馆及其他信息资源联系。Telnet 远程登录的使用主要有两种情况：第一种是用户在远程主机上有自己的账号（Account），即用户拥有注册的用户名和口令；第二种是许多 Internet 主机为用户提供了某种形式的公共 Telnet 信息资源，这种资源对于每一个 Telnet 用户都是开放的。

当用户用 Telnet 登录进入远程计算机系统时，用户事实上启动了两个程序：一个是 Telnet 客户程序，它运行在用户的本地主机上；另一个是 Telnet 服务器程序，它运行在用户要登录的远程计算机上。Telnet 的工作原理如图 6.28 所示。

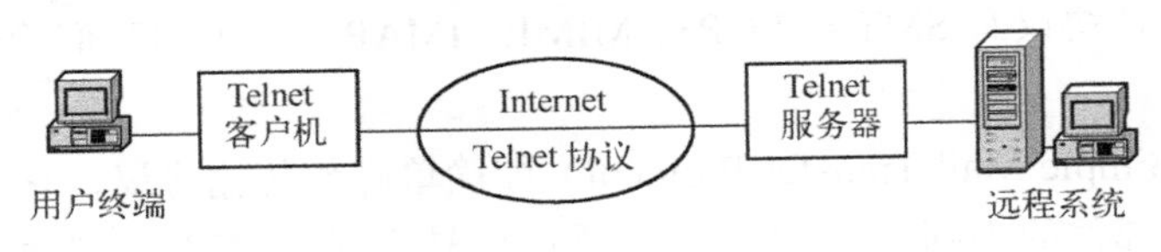

图 6.28 远程登录的工作过程

远程登录遵从客户机/服务器模式，当本地计算机用户决定登录到远程系统上时，要激活一个远程登录服务的应用程序，输入要连接的远程计算机名字。远程登录服务应用程序成为一个客户，通过 Internet 使用 TCP/IP 连接到远程计算机上的服务器程序。服务器向客户发送与在普通终端上完全相同的登录提示。

如图 6.25 所示，客户和服务器之间的连接一旦建立，远程登录软件就允许用户直接与远程计算机交互。当用户按下键盘上的一个键或移动鼠标时，客户应用程序将有关数据通过连接发送给远程计算机。当远程计算机上的应用程序产生输出后，服务器就将输出结果送回给客户，也就是说，通过 Internet 进行远程登录要使用两个程序。用户激活本地计算机上的应用程序，该本地应用程序将用户的键盘和显示设备连接到远程分时系统上。

用户退出远程计算机登录后，远程计算机的服务器结束与用户的 Internet 连接，键盘和显示的控制权又回到本地计算机。

6.6.5 FTP 文件传输协议

FTP（File Transfer Protocol，文件传输协议）是 Internet 上使用非常广泛的一种通信协议。FTP 可以使 Internet 用户把文件从一个主机拷贝到另一个主机上，因而为用户提供了极大的方便和收益。FTP 通常也表示用户执行这个协议所使用的应用程序。FTP 和其他 Internet 服务一样，也是采用客户机/服务器方式。

FTP 必须通过两种程序来达到文件传输的目的：一是控制连接程序；一是数据传输程序。当客户端和服务器端建立 FTP 连接时，二者都必须建立上述的两种程序。控制连接程序主要负责传输客户端和服务器端之间的控制信息；而数据传输程序则必须建立在双方已先完成的控制连接程序的基础之上，其主要的目的是提供数据传输。FTP 的工作过程如图 6.29 所示。

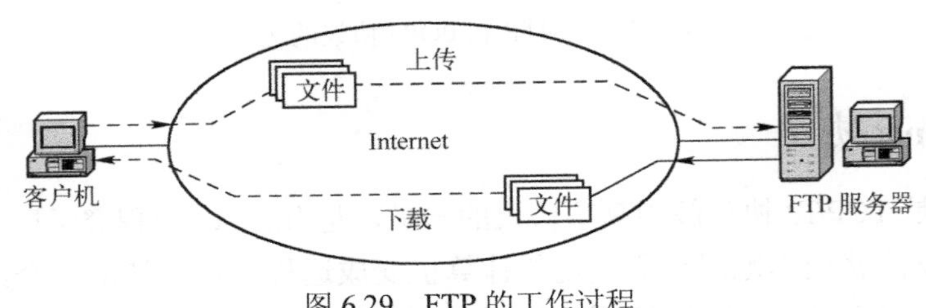

图 6.29 FTP 的工作过程

假设客户端要向服务器要求FTP服务，首先使用FTP的命令在客户端建立控制连接程序；

同样地，服务器也会建立控制连接程序，以便和客户端建立控制信息的联络渠道。接着，服务器建立数据传输程序，再通过控制连接程序要求客户端也建立数据传输程序。当数据传输程序建立完成后，双方便可以进行文件的相关传输了。

在数据传输的过程中，当数据传输结束时，双方的数据传输程序便会中断，但控制连接程序仍保持着双方的连接，客户端可随时再向服务器提出 FTP 的服务请求。一旦新请求提出后，双方的数据传输程序便会重新建立。

若用户要完全结束文件传输服务时，可以先下达 CLOSE 命令，使双方的控制连接程序中断，然后下达 QUIT 命令，便可完全退出 FTP 的服务。

6.6.6 SNMP 简单网络管理协议

SNMP（Simple Network Management Protocol，简单网络管理协议）首先是由 Internet 工程任务组（Internet Engineering Task Force，IETF）为解决 Internet 上的路由器管理问题而提出的。许多人认为 SNMP 在 IP 上运行的原因是 Internet 运行的是 TCP/IP 协议，然而事实并不是这样。SNMP 被设计成与协议无关，所以它可以在 IP、IPX（互连网络数据包交换，主要由 NetWare 操作系统使用）、AppleTalk（苹果公司开发的局域网协议簇）、OSI 以及其他用到的传输协议上被使用。

SNMP 协议提供了一种从网络上的设备中收集网络管理信息的方法。SNMP 也为设备向网络管理工作站报告问题和错误提供了一种方法。

从被管理设备中收集数据有两种方法：一种是只轮询（polling-only）的方法；另一种是基于中断（interrupt-based）的方法。

只轮询的方法的缺陷在于获得信息的实时性差，尤其是错误的实时性差。多久轮询一次，并且在轮询时按照什么样的设备顺序，都是需要注意的问题。如果轮询间隔太小，那么将产生太多不必要的通信量；如果轮询间隔太大，并且在轮询时顺序不对，那么一些大的故障事件的通知又会太慢，这就违背了积极主动的网络管理目的。

当有异常事件发生时，基于中断的方法可以立即通知网络管理工作站。然而，这种方法也不是没有缺陷的。首先，产生错误或自陷（trap，指被管理的设备在发生某些致命错误时主动向网络管理工作站发信息）需要系统资源。如果自陷必须转发大量的信息，那么被管理设备可能不得不消耗更多的时间和系统资源来产生自陷，从而影响它所执行的主要功能。

而且，如果几个同类型的自陷事件接连发生，那么大量网络带宽可能将被相同的信息所占用，尤其是如果自陷是关于网络拥挤问题的时候，事情就会变得特别糟糕。克服这一缺陷的一种方法是对被管理设备设置关于什么时候报告问题的阈值（threshold）。但这种方法可能使设备必须消耗更多的时间和系统资源来决定一个自陷是否应该产生。

面向自陷的轮询方法（trap-directed polling）可能是执行网络管理最为有效的方法了。一般来说，网络管理工作站通过轮询在被管理设备中的代理来收集数据，在控制台上用数字或图形的表示方式来显示这些数据，网络管理员据此分析和管理网络设备以及网络通信量。被管理设备中的代理可以在任何时候向网络管理工作站报告错误情况。代理并不需要等到管理工作站为获得这些错误情况而轮询到它的时候才会报告。在这种结合的方法中，当一个设备产生了一个自陷时，你可以使用网络管理工作站来查询该设备（假设它仍然是可到达的），以获得更多的信息。

6.6.7 NFS 网络文件系统

NFS（Network File System，网络文件系统）是由 SUN 微系统公司（SUN Microsystem，Inc）开发并被 IETF 接受，纳入 RFC，作为文件服务的一种标准（RFC1904，RFC1813）。NFS 基于客户机/服务器结构，通过 RPC（远程过程调用）实现。NFS 主要是提供在线文件透明化的访问服务。

所谓透明化，是指当用户使用 NFS 访问文件时，不必指定文件是本地的还是远程的；同样地，文件名称也不必标记此文件是本地的或是远程的。换句话说，用户在访问本地或是远程的文件时，所用的方法是相同的。

NFS 要达到提供透明化的文件访问功能，必须配合两个协议，即远程过程调用协议（RPC）与外部数据表示协议（XDR）。

RPC 的主要功能，在于提供一种共享的远程过程调用功能，使得用户使用应用程序时可以调用远程服务器，要求其提供多项功能，并将执行后的结果返回本地的应用程序。而 XDR 的功能则是提供“异质性”机器之间的标准数据表示方式。

习 题 6

6.1 计算机网络都有哪些类别？各种类别的网络都有哪些特点？

6.2 计算机网络的两大组成部分的特点是什么？它们的工作方式各有什么特点？

6.3 网络体系结构为什么要采用分层次的结构？试举出一些与分层体系结构的思想相似的日常生活。

6.4 协议与服务有何区别？有何关系？

6.5 网络协议的三个要素是什么？各有什么含义？

6.6 试述 TCP/IP 体系结构的要点，包括各层的主要功能。

6.7 物理层的接口有哪几个方面的特性？包含些什么内容？

6.8 假定某信道受奈氏准则限制的最高码元速率为 20000b/s，如果采用振幅调制，把码元的振幅划分为 16 个不同等级来传送，那么可以获得多高的数据率（b/s）？

6.9 常用的传输媒体有哪几种？各有什么特点？

6.10 数据链路层中的链路控制包括哪些功能？试讨论数据链路层做成可靠的链路层有哪些优点和缺点？

6.11 如果在数据链路层不进行帧的封装，会发生什么问题？

6.12 局域网的主要特点是什么？为什么局域网采用广播通信方式而广域网不采用？

6.13 为什么早期的以太网选择总线拓扑结构而不适用星型拓扑结构，但现在却改成适用星型拓扑结构？

6.14 什么是传统以太网？以太网的国际标准是什么？

6.15 为什么 LLC 子层的标准制定出来但却很少使用？

6.15 试说明 10BASE-T 中的“10”、“BASE”和“T”所代表的意思。

6.17 以太网使用的 CSMA/CD 协议是以媒体争用接入到共享信道，这与传统的时分复用 TDM 方式相比有何优缺点？

6.18 有 10 个站连接到以太网上，试计算以下三种情况下每一个站所能得到的带宽。

（1）10 个站都连接到一个 10Mb/s 以太网集线器；

（2）10 个站都连接到一个 100Mb/s 以太网集线器；

（3）10 个站都连接到一个 10Mb/s 以太网交换机。

6.19 以太网交换机有何特点？用它怎样组成虚拟局域网？

6.20 网络层向上提供的服务有哪两种？试比较其优缺点。

6.21 IP 地址分为几类？各如何表示？

6.22 试说明 IP 地址与硬件地址的区别。为什么要使用这两种不同的地址？

6.23 试辨认以下 IP 地址的网络类型。

（1）128.36.199.3

（2）21.12.240.17

（3）183.194.76.253

（4）192.12.69.248

（5）89.3.0.1

（6）200.3.6.2

6.24 有两个 CIDR 地址块 208.128/11 和 208.130.28/22。是否有哪一个地址块包含了另一个地址？如果有，请指出并说明理由。

6.25 试说明运输层在协议栈中的地位和作用。运输层的通信和网络层的通信有什么重要区别？为什么运输层是必不可少的？

6.26 试举例说明有些应用程序适合采用不可靠的 UDP 传输，而不必采用可靠的 TCP 传输。

6.27 在停止等待协议中如果不使用编号是否可行？为什么？

6.28 端口的作用是什么？套接字的含义和作用是什么？

6.29 域名系统的主要功能是什么？域名系统中的本地域名服务器、根域名服务器、顶级域名服务器以及权限域名服务器有何区别？

6.30 什么是动态文档？请举出万维网使用动态文档的一些例子。

6.31 电子邮件地址的格式是怎样的？请说明各部分的含义。

6.32 假定要从已知的 URL 获得一个万维网文档，若该万维网服务器的 IP 地址开始时并不知道，试问：除 HTTP 外，还需要什么应用层协议和传输层协议？

6.33 试述邮局协议 POP 的工作过程。在电子邮件中，为什么需要使用 POP 和 SMTP 这两个协议？

第7章 通信业务网

内容提要

- 通信网的构成。
- 电话网的组成及其网络结构。
- 电话网的编号计划。
- 有线电视系统的组成及各组成部分的主要功能。
- 邻频前端系统的技术要求和邻频前端系统组成。
- 光纤/同轴电缆混合网的基本概念、调制体制及其模拟调幅光缆传输系统的组成原理。
- HFC 用户分配网络的形式和多频道微波分配系统 MMDS 基本概念、系统组成。
- CATV 与 ISDN 的结合方式及发展前景。
- B-ISDN 业务的特性及信息传递方式。
- ATM 信元和 ATM 复用与交换。
- B-ISDN/ATM 的网络分层结构及用户/网络接口。
- ATM 网组成结构。
- 宽带通信业务，即数据业务、语音业务、视频业务。

7.1 概述

一个完整的现代通信网，通常是由各种不同类型的通信网络有效互连而构成的。这些不同类型的通信网络包括各种业务网、传送网和若干支撑网。现代通信网的构成示意图如图 7.1 所示。

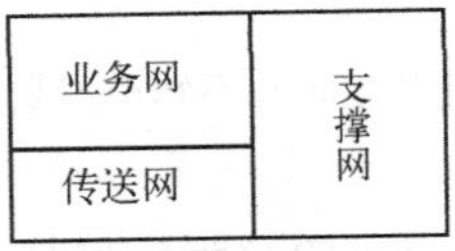

业务网
传送网
支撑网

图 7.1 通信网构成示意图

业务网是指通信网中向用户提供一种或多种通信业务的网络，是指通信网的服务功能，通常是指根据所要开通的业务，依附在传送网之上，基于与业务相对应的技术体制和各项规定、规范而组建的网络。根据业务网中传递的业务消息的种类与形式的不同，可以将业务网分为电话网、电报网、数据网、移动网、窄带综合业务数字网（N-ISDN）、宽带网、智能网、有线电视网等。

传送网是指数字信号传送网，上面谈到的各类业务网络中的各种不同的业务信号，都将以数字信号的形式通过传送网进行传输。传送网还具备复用、交换和交叉连接的功能，并具有强大的网络管理和网络保护功能。传送网也称为基础网，它是整个电信网中各种业务网、支撑网的基础承载部分。传送网包括骨干传送网（核心网）和用户接入网，其中用户接入网是传送网中最庞大和复杂的部分，其投资占到整个通信网的一半以上，它也是目前实现电信网宽带化的关键部分。用户接入网处于电信网的末端，直接与用户连接，它负责将电信业务透明地传送到用户，即用户通过接入网的传输，能灵活地接入到不同的电信业务结点上。

支撑网是对传送网和业务网正常运行起支撑和辅助作用的一类网络，它控制着全网的协调运转，保障网络的正常通信，增强网络功能并提高网络的服务质量。支撑网中传送的控制、监测等信号，使网络维护人员可以通过计算机及时、全面地掌握全网的运行状况、故障地点和类型等重要信息。支撑网包括三种不同类型的网络：信令网、同步网和管理网，它们从三个不同的方面对通信网进行支持。信令网通过公共的网络传送信令信号：同步网提供全网同步的信号时钟：管理网则通过计算机系统对全网进行统一的管理。

本章对电话通信网、有线电视网和宽带综合业务数字网（B-ISDN）这三种主要业务网进行简要介绍。有关传送网和支撑网的内容请参看有关参考书籍。

7.2 电话网

电话通信网是最早建立起来的一种通信业务网，也是目前覆盖范围最广、业务量最大的网络。电话通信网又称为公共交换电话网，简称 PSTN（PublicSwitchedTelephoneNetwork），它是各个电话局在传输网的基础上有组织地相互连接起来的一个通信系统实体。PSTN 采用电路交换方式，这是一种在电话网用户端之间建立暂时连接的交换方式，暂时连接独占一条通信路径并保持至通信结束才予以释放。电路交换方式为通信双方提供一次性的无间断信道，使通信双方可以实时地互通信息。

7.2.1 电话通信网的组成

公共交换电话网具体由以下几个部分组成。

1. 用户系统

电话网的用户主要通过用户环路以模拟方式接入电话网的端局。用户系统包括电话机、传真机等终端设备以及用于连接它们与交换机之间的一对导线（即用户环路）。用户终端设备目前已在逐步实现数字化、多媒体化、智能化，用户环路也在开始加快更新。

2. 交换系统

交换系统即设于电话局内的接续设备———电话交换机。目前电话交换机已全面实现数字化、程控化，由计算机自动控制接续过程。

3. 传输系统

传输系统采用一种传输手段将各地交换机系统连接起来，用户终端通过本地交换机进入网络，构成连通网。传输手段可采用有线（使用电缆或光缆作为传输媒质）和无线（卫星通信、地面微波接力通信）交错使用的方式。

4. 信令系统

信令系统的作用是为实现用户间通信，在交换局间提供以通信电路的建立、释放为主的各种控制信号，即电话信令。信令系统是电话信令、信令方式及信令设备的统称。有关电话网的信令系统属于电信支撑网的范畴。

7.2.2 电话网的网络结构

电话网的拓扑结构，除了用户环路部分和用户驻地部分外，以星型网、网型网及其复合网为主，如图 7.2 所示。

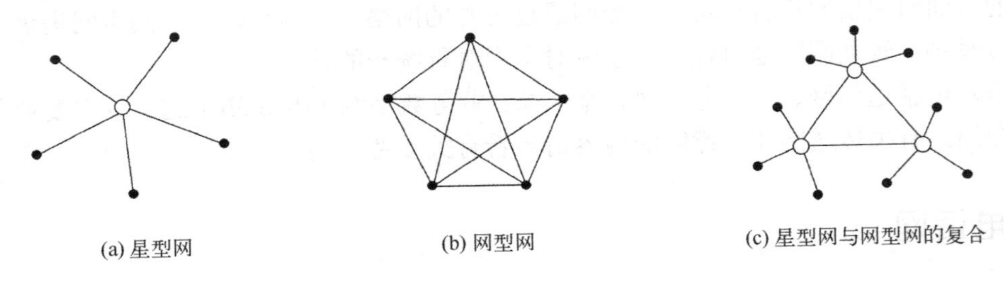

图 7.2 电话网的拓扑结构

从网络的连通性看，网型网具有较大的冗余度，因而成本较高，但具有较好的可靠性。完全互连的网型网，其中的链路数与结点数的平方成正比。星型网的链路数与结点数成正比关系，冗余度最低，网络构造成本最低，但可靠性也较差。复合型网则结合了网型网在可靠性方面的优势和星型网在成本方面的优势，是电话网中最常见的拓扑结构。

电话网的结构，按通信覆盖面的大小，可分成本地电话网、国内长途电话网和国际网三类。本地电话网的端局与长途出口局之间一般以星型结构连接，而不同地区的长途局之间以网型网连接。但对于像我国这样地域辽阔的国家，如果将所有长途局以网型网连接，无论是从成本还是行政管理等角度看，都是很不合理的。因此，通常在地域相对集中的中心地区设立高一等级的长途中心，以星型结构连接所有长途局：而若干高等级的长途中心仍以网型网结构连通，这就是电话网的等级结构。我国电话通信网的网路结构如图 7.3 所示。

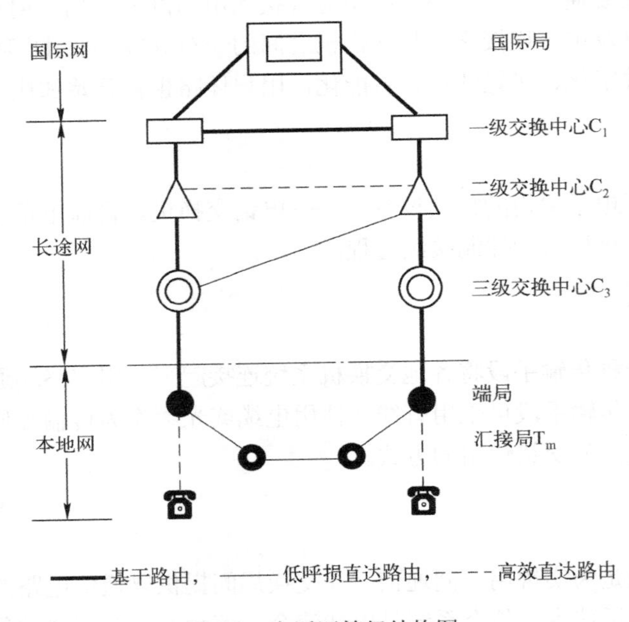

图 7.3 电话网等级结构图

1. 本地网

本地电话网简称本地网，是指在同一长途编号区范围内，由若干个端局和汇接局及局间中继线、用户线和话机终端等组成的电话网。一个本地电话网属于长途电话网的一个长途编号区，用来疏通本长途编号区范围内任何两个用户间的电话呼叫和长途发话、来话业务。本地网为两级基本结构，设置汇接局 T_m 和端局两个等级的交换中心，汇接局为高一级的交换中心，端局为低一级的交换中心，如图 7.4 所示。

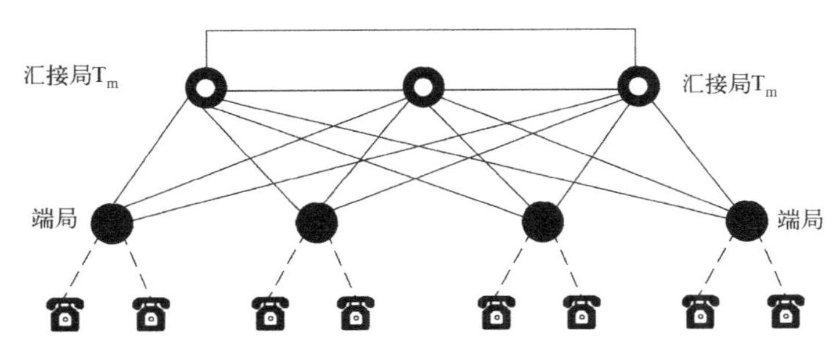

图 7.4　二级本地网的全覆盖网络结构

用户话机终端通过用户线连接到端局，各个端局的职能是疏通连接在本局内用户的发话和来话业务。通过与相应的长途局连接，端局还可以疏通长途发话、来话业务。

汇接局 T_m 不与用户终端相连，它通过低呼损局间中继线与端局相连，各汇接局之间也通过低呼损局间中继电路以网型网的结构连接。汇接局的职能是疏通各端局间的话务以及疏通本汇接区内的长途话务。

当本地网交换端局数目不太多时，本地网内不需要汇接局 T_m，各端局以网型网的结构连接，构成简单结构的本地网。

2. 长途网

长途电话网简称长途网。我国目前的长途电话网由一、二、三级的长途交换中心组成。如图 7.5 所示。

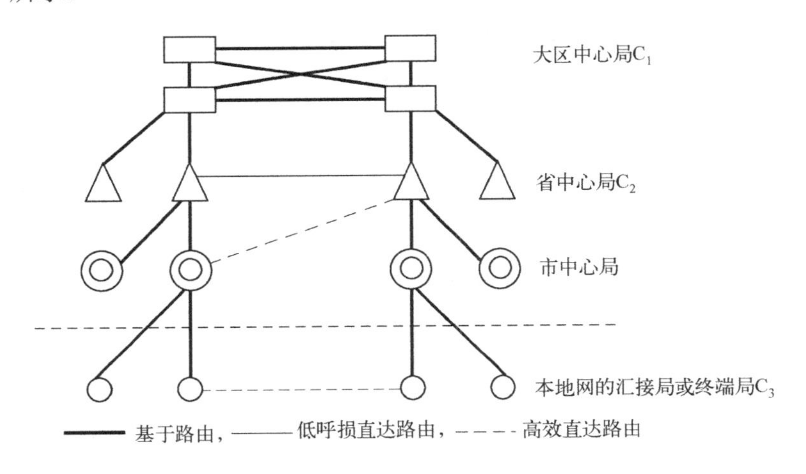

图 7.5　长途电话网的网络结构

第一级为大区中心局，也称 C_1 局，属省间中心局。C_1 局是汇接一个大区内各省之间的电话通信中心，C_1 局之间以网型网结构相连。全国共分六个大区，即华北、东北、华东、中南、西南、西北，在各大区内选定一个长途局作为大区中心局。C_1 局的长途编号为 2 位，如南京 025、西安 029 等。

第二级为省中心局，即 C_2 局。C_2 局是汇接一个省内各市之间的电话通信中心。省中心局为各省会所在地的长途局，因而要求省中心局至大区中心局必须要有直达路由，即以星型网结构连接。C_2 局的长途编号为 3 位，如杭州 0571、合肥 0551 等，个别特大城市的 C^2 局编号为 2 位，如天津 022、广州 020 等。

第三级为市中心局，即 C_3 局。C_3 局是汇接本市以及下属县、市电话通信中心，省中心局至本省市中心局以星型网结构连接。C_3 局是我国长途电话网的末端局，从图 7.5 可见 C_3 局汇接本市以及下属县、市的长途电话业务。C_3 局的长途编号为 3 位，如温州 0577、厦门 0592 等。

3. 国际网

国际电话通信通过国际电话交换中心局完成。每一个国家都设有国际电话局，国际局之间相互连接构成国际电话通信网。国际电话交换中心局分为 CT_1、CT_2 和 CT_3 三级，其中 CT^1 和 CT_2 连接国际电路，CT_3 连接国际电路和国内长途网。一级国际中心局 CT1 之间以网型网结构互连，CT_1、CT_2、CT_3 之间则构成类似于国内长途网的分级汇接式网络结构。在国际局之间往往设置低呼损直达电路群和高效直达电路群。国际电话网的网络结构如图 7.6 所示。

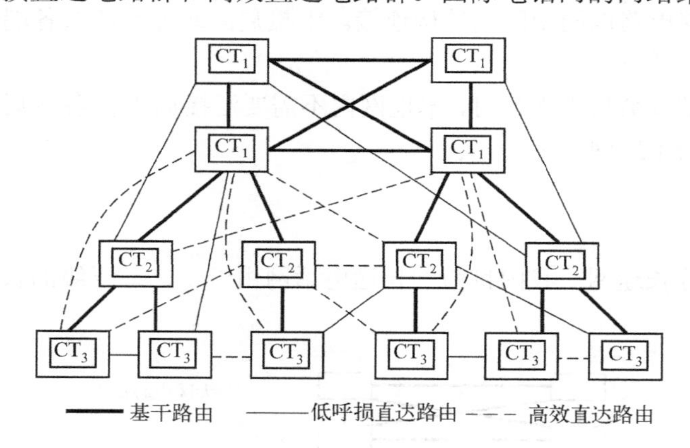

图 7.6　国际电话网的网络结构

CT_1 负责一个洲或一个洲内部分国际电话业务的交换任务。各国的国际电话从国内长话网通常经过 CT_3 局进入国际网，因此，国际网中的 CT_3 局被称为国际出入口局，也称国际接口局，每个国家可有一个或几个 CT_3 局。CT_2 局负责某部分范围的话务交换和接续任务，在领土面积非常大的国家里，CT_2 局负责交换的区域可以是一个国家，也可以是一个国家的一部分。

我国在北京和上海设置了两个 CT_3 国际局，用于与国际电话通信网的连接。此外，在广州和南宁还设置了两个边境局，专门疏通大陆地区与港澳地区间的话务量。国内用户打国际长话需经过国内长途网汇接到 CT_3 国际局，进入国际电话通信网进行通话连接。国际局所在城市的市话端局或汇接局与 CT_3 国际局间可设置低呼损直达电路群。

7.2.3 编号计划

所谓编号计划指的是对本地网、国内长途网、特种业务以及一些新业务等各种呼叫所规定的号码编排和规程。自动电话网中的编号计划是使自动电话网正常运行的一个重要规程，交换设备应能适应上述各项接续的编号要求。

1. 用户号码的组成

（1）一个本地电话网内采用统一编号，在一般情况下采用等位编号，号码长度根据本地电话网的长途规划容量来确定。本地电话网的一个用户号码包括两部分：局号和用户号。对于 8 位编号的本地网其号码结构为 PQRSABCD，前 4 位 PQRS 即为局号，后 4 位为用户号：对于 7 位编号的本地网其号码结构为 PQRABCD，前 3 位 PQR 即为局号。如若本地网号码为 86689568，则 8668 为局号，9568 为用户号。本地电话网号码长度最多为 8 位。

（2）国内长途呼叫时除拨上述本地网号码之外，还应包括 1～4 位（用 x_1、x_1x_2、$x_1x_2x_3$、$x_1x_2x_3x_4$ 表示）长途区号以及一位长途全自动字冠 0。假设某用户所在城市区号为两位（x_1x_2），本地电话网电话为 8 位，则对该用户进行长途全自动呼叫时应拨 0x_1 x_2PQRSABCD。例如，北京长途区号为 10，若在其他城市的用户需要与北京用户通话，则需拨打 010-PQRSABCD。国内长途号码最长不超过 11 位（字冠 0 除外）。

（3）国际长途呼叫时除上述国内长途号码之外，还要增加国家号码。国家号码长度规定为 1～3 位，如我国国家号为 86，美国国家号为 1 等。国家或地区码一经确定，任何其他国家与其电话通信时都得拨打国际前缀后拨打国家码或地区码，但国际前缀可以由各国自己规定，我国规定为 00，日本的国际长途前缀与我国一样也为 00，而加拿大、美国则为 011。我国的用户要与美国的用户通话，美国用户的国内号码为 213-2552066，则需拨打 00-1-213-2552066；而在美国的用户要与我国北京用户通话，则需拨打 011-86-10-PQRSABCD。国际长途全自动拨号长度最多不超过 12 位（不包括字冠）。

2. 特种业务号码的组成

在一个本地网中，除实行统一位长的 7 位或 8 位拨号外，一般还存在不同位长的拨号号码，最典型的是有广泛用途的紧急业务号码，如匪警 110、火警 119、急救中心 120、道路交通事故报警 122 等以及电话查号为促进国内多个运营商市场环境下的公平竞争，2003 年信息产业部对原电信网编号计划中不适应当前形势发展的部分进行了修改和调整，并借鉴发达国家和香港等地的经验做法，组织制定和颁布了《电信网编号计划》（2003 年版）。该编号计划的主要特点有：一是通过清理低效占用的号码和扩展号码位长，扩充了号码资源的总容量：二是从业务类别和运营商两个角度对号码使用进行了调整，提高了号码编排的规律性，方便运营商开展业务和用户记忆、使用：三是为发展速度快、号码需求多的移动业务和增值电信业务等规划了大量号码资源。如各基础电信运营商的客户服务号码扩展为五位，1000 调整为 10000（中国电信）、1001 调整为 10010（中国联通），1860/1861 分别调整为 10086 （中国移动）：又如金融业的服务热线多是以“9”打头的 5 位号码。工行的服务电话为 95588，农行的服务电话为 95599 等。

由上面的叙述可知，在一个本地网中，实际存在各种位的拨号，但这种不同位长是有规律的，即根据电话号码前几位（一般为 3～4 位）的分析，就可在市话发端局知道这次拨号应是几位，这和国际或国内长途电话中在发端市话局不知道确切位数的不等位制是不相同的。

电话号码首位 P 还往往在多汇接区中用于识别是某个汇接区，有时候必须用 Q 位来识别，这是因为原先是用 P 位来识别的，后来因为升位原来的 P 位成为 Q 位，这时就只能用 Q 位来识别了。在一个本地网中有多个长途局以及多个汇接区存在时，一般各个长途局都有相对应的汇接区，这样用 P 或 Q 位识别汇接区，就对对方长途局正确选择该接至的长途局十分有用。

7.3 宽带综合业务数字网（B-ISDN）

早期的通信业务网都是为一种特定的业务而设的，一般不适用于其他业务。随着通信业务的不断发展，网络的种类越来越多，由此带来很多兼容性的问题，因此需要一个统一的网络平台来满足发展的需要。20 世纪 70 年代人们提出了综合业务数字网（ISDN，IntegratedServicesDigitalNetwork）的概念，即目前的窄带综合业务数字网（N-ISDN）。N-ISDN 是一种通过对原有电话网的改造，利用已有的电话用户线路，向用户提供综合的通信接入服务，满足用户对语音、数据、图像等综合通信业务需求的、全数字传输的通信网络。NISDN 在 20 世纪 90 年代初已进入实用化阶段，世界上许多国家的通信网中都加入了 N-ISDN。

N-ISDN 虽然实现了多种通信业务的综合，但这种网络本身还存在许多局限性。NISDN 是在数字电话网的基础上演变而成的，它基本保持了原有网络的结构与特性，当采用基本速率接口时，所提供业务的速率为 64Kbit/s：采用一次群速率接口时，接口处的最高速率不超过 2.048Mbit/s。N-ISDN 的主要业务仍是 64Kbit/s 电路交换业务，这种业务对技术发展的适应性很差。

为了克服 N-ISDN 的局限性，适应新业务的需要，发展了一种更新的网络，这就是宽带 ISDN （B-ISDN）。B-ISDN 的信息传送方式、交换方式、用户接入方式以及通信协议都是全新的。B-ISDN 中不论是交换结点之间的中继线，还是用户和交换机之间的用户环路，全部采用光纤传输。B-ISDN 网络能够适应全部现有和将来可能的业务。从速率最低的遥控遥测数据（几比特每秒）到高清晰度电视 HDTV （100Mbit/s～150Mbit/s），甚至传输速率达几吉比特每秒的超高速大容量数据传输都以统一的方式进行传送和交换，并实现资源共享。

半导体集成电路技术、智能化计算机技术和光纤传输技术是 B-ISDN 的主要推动技术。正在迅速发展的计算机应用的推广和普及促使多媒体业务从商业用户进入居民用户。未来的个人通信网正朝着宽带化和智能化方向发展，并将成为 B-ISDN 的重要组成部分。

7.3.1 B-ISDN 业务的特性及信息传递方式

1. B-ISDN 业务

B-ISDN 业务可以分为交互型业务和分配型业务两大类。

（1）交互型业务。交互型业务是在用户之间或用户与主机之间提供双向信息交换的业务。它又可以分为会话型业务、消息型业务和检索型业务等三种类型。典型的交互型业务有电视电话、视频语音邮件、宽带可视图文等。

（2）分配型业务。分配型业务是由网络中的一个给定点向其他多个位置点传送单向信息流的业务。分配型业务有不由用户个别参与控制和由用户个别参与控制两种类型。前者的典型例子是电视与声音节目的广播业务，这种广播业务提供从一个中央源向网络中数量不限的有权接收器分配的连续信息流，用户不能控制信息的开始时间和出现次序。后者也是一种自中央源向大量用户分配信息的广播业务，但信息是按帧格式有序地周而复始地提供给用户，用户可以控制信息的开始时间和出现次序，视频点播 VOD（VideoOnDemand）是这种业务最典型的例子。

B-ISDN 支持如此众多的业务，这些业务的特性相差很大，主要体现在业务的比特率、突发性和服务要求这三个方面。

首先，B-ISDN 除了支持宽带业务外，还将与现有的一些低速数字网互连，支持窄带业务，所以 B-ISDN 中业务的比特率相差非常大。其次，各种业务都具有一定的突发性（以业务的峰值速率与平均速率之比来描述）。恒定比特率业务在网络中传输的速率是不变的，其突发性为 1。可变化比特率业务在通信过程中其信息速率随时间而变化，其突发性可超过 1000。另外，B-ISDN 业务的服务要求也各不相同，如电话、视频会议等业务是面向连接的且对时延敏感而对差错不十分敏感，而局域网的数据传输业务则是无连接的且对差错敏感而对时延不十分敏感。

2. B-ISDN 的信息传递方式

由于 B-ISDN 业务范围极广，业务特性相差极大，要满足信息传递时具有很好的语义透明性和时间透明性，B-ISDN 必须使用一种极高效的信息传递方式。

B-ISDN 技术的核心是高效的传输、交换和复用技术。人们在研究分析了各种电路交换技术和分组交换技术之后，认为快速分组交换是唯一可行的技术。国际电联（ITU）于 1988 年把它正式命名为 ATM（AsynchronousTransferMode），并推荐为 B-ISDN 的信息传递方式，称为“异步转移模式”。

在 B-ISDN 中，所有信息都被分割成信元（Cell），在信道空闲时，随机地插入传输。不同业务信息以信元为单位按统计时分复用方式共享信道资源，进行交换与传输。包含一段信息的信元并不需要周期性地出现，从这个意义上来看，这种转移模式是异步的。

7.3.2 ATM 技术原理

ATM 技术是在传统的电路转移模式和分组转移模式基础上发展起来的新兴信息转移模式。ATM 技术集电路交换和分组交换两种交换方式的优点于一体，兼有分组交换的可调带宽和高速度以及电路交换的低时延等特点。

1. ATM 信元

在 ATM 中，信元为信息交换和传输的单位。ATM 采用固定信元交换技术，由于信元字节固定，交换可以由硬件交换技术来实现路由的选择。ATM 信元长度为 53 个字节，其结构如图 7.7 所示。

在图 7.7 中，前 5 个字节为信头，载有信元的地址信息和其他一些控制信息：后 48 个字节为传送的信息字段，称为信元净荷，载荷来自不同业务的用户信息。整个 53 字节构成了

ATM 的单个定长信元。信头由以下几个部分构成。

<table>
<tr><td>第1字节</td><td>GFC</td><td colspan="3">VPI</td></tr>
<tr><td>第2字节</td><td>VPI</td><td colspan="3">VCI</td></tr>
<tr><td>第3字节</td><td colspan="4">VCI</td></tr>
<tr><td>第4字节</td><td>VCI</td><td>PT</td><td>RES</td><td>CLP</td></tr>
<tr><td>第5字节</td><td colspan="4">HEC</td></tr>
<tr><td>第6字节
⋮
第53字节</td><td colspan="4">信息段
(48字节)</td></tr>
</table>

图 7.7 ATM 的单个信元结构图

GFC：通用流量控制，4bit，采用基于循环的排队算法。

VPI：虚路径标识符，8bit，标识信息的传输路径。

VCI：虚信道标识符，16bit，标识信息的传输信道。

PT：净荷类型，2bit，00 表示用户信息，其他值含义待定。

RES：备用单元，1bit。

CLP：信元丢弃优先级，1bit，0 表示高优先级，1 表示低优先级。

HEC：信头差错校验，8bit，是一个多项式，用于检验信头的错误。

在信头结构中，VPI 和 VCI 是最重要的两部分。这两部分合起来构成了一个信元的路由信息。ATM 交换机就是根据各个信元上的 VPI/VCI 来决定把它们送到哪一条线路上去传输。如图 7.7 所示是用户-网络接口 UNI（User-NetworkInterface）上传输的信元信头结构。在网络结点接口 NNI （Network-NetworkInterface）上的信头结构中，不包含通用流量控制 GFC 的内容，其 VPI 长度相应地增加为 12 位。ATM 信元格式与业务类型无关，任何业务的信息都经过切割封装成统一格式的信元：另外，用户信息透明地穿过网络，即网络对信息不进行处理。

2. ATM 复用与交换

ATM 对信元进行统计复用，只要获得空信元就可以插入信息发送。统计复用提高了网络资源利用率，同时固定长度的信息分组及简化的网络协议提高了网络的通信处理能力。

ATM 采用了类似时分多路复用的技术，一个信元占用一个时隙，但对于具体用户而言，时隙的分配并不是固定的，即是异步的。若用户呼叫成功，根据其需要，在传输信道中分配一定的时隙供它使用。ATM 采用固定长度的 53 字节信元传输，在线路复用中，可以从空闲时隙中间插入，在输出端靠信元标志来识别固定 53 字节的信元。这种方式便于利用硬件实现信元交换，大大提高传输速率，降低交换时延。

ATM 的复用过程如图 7.8 所示。来自不同信息源的信元汇集到一起，在一个缓冲器内排队。队列中的信元逐个输出到传输线，在传输线路形成首尾相接的信息流。信元的信头中写有信息的标志（如 A、B），说明该信元去往的地址。网络根据信头中的标志转移信元。

由于信息源产生信息是随机的，信元到达队列也是随机的。这些信元都按先来后到的顺序在队列中排队。队列中的信元按输出次序复用在传输线上，具有同样标志的信元在传输线上不对应某个固定的时隙，也不是按周期出现的。所以 ATM 复用方式叫做异步时分复用，又叫做统计复用。ATM 交换不同于固定时隙的电路交换，与 X.25 的分组交换也有较大区别。输入信元进入交换单元，存于缓冲器等待，一旦输出端有空闲时隙，缓冲器的信元就可以直接占用时隙输出，可见，ATM 可以动态分配带宽，非常适合于突发性数据业务。此外，在信元的信头中，可以携带标明该信元类型的信息，网络可以根据信元类型，安排优选传送那些对时延敏感的业务。由于 ATM 通信可以以 157.52Mb/s 的基本速率工作，结合高质量的光纤传输信道，ATM 技术可以解决目前通信中存在的大部分问题，适合实时性强的话音、图像、视频即多媒体业务。

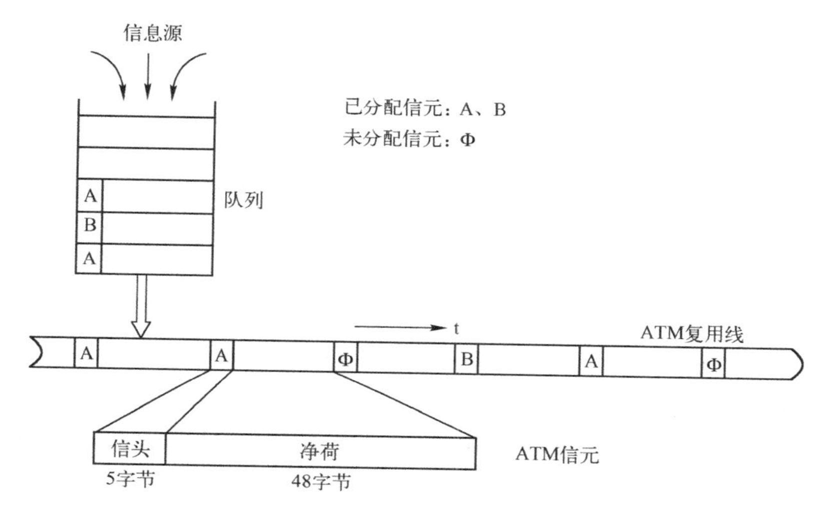

图 7.8　ATM 信元的复用

7.3.3　B-ISDN/ATM 的网络分层结构

B-ISDN/ATM 协议参考模型是一个立体的分层模型，如图 7.9 所示。它包括三个平面：用户平面、控制平面、管理平面。每个平面又是分层的，分为物理层、ATM 层、ATM 适配层 AAL（ATM AdaptationLayer）和高层。

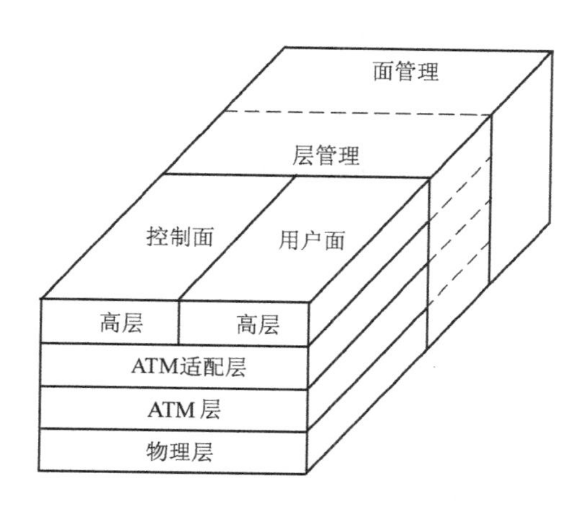

图 7.9　B-ISDN/ATM 协议参考模型

协议参考模型中的三个面分别完成不同的功能。

1. 用户平面

采用分层结构，提供用户信息流的传送，同时也具有一定的控制功能，如流量控制、差错控制等。

2. 控制平面

采用分层结构，完成呼叫控制和连接控制功能，利用信令进行呼叫和连接的建立、监视和释放。

3. 管理平面

包括层管理和面管理。其中层管理采用分层结构，完成与各协议层实体的资源和参数相关的管理功能，同时层管理还处理与各层相关的 OAM（操作维护管理）信息流：面管理不分层，它完成与整个系统相关的管理功能，并对所有平面起协调作用。

协议参考模型中的三个功能层所完成的功能分别是：

（1）最底层的 ATM 物理层控制数据位在物理介质上的发送和接收，另外它还负责跟踪 ATM 信号边界，将 ATM 信元封装成类型和大小都合适的数据帧。

（2）ATM 层在物理层之上，主要负责建立虚连接并通过 ATM 网络传送 ATM 信元。

（3）ATM 层之上是 ATM 适配层 AAL，主要功能是将高层信息适配成 ATM 信元。AAL 层是为 ATM 网络适应不同类型业务的特殊需要而设定的。ATM 网络要满足宽带业务的需要，使业务种类与信息传递方式、通信速率与通信设备无关，就要通过 AAL 层完成适配功能，将不同特性的业务转化为相同格式的信元。同时 AAL 层还要完成数据包的分段和组装。ATM 采用了 AAL1、AAL2、AAL3/4、AAL5 多种适配层，以适应 A 级、B 级、C 级、D 级四种不同的用户业务，业务描述如下。

A 级———固定比特率业务：ATM 适配层 1 （AAL1）。支持面向连接的业务，其比特率固定，常见业务为 64Kbs 话音业务、固定码率非压缩的视频通信业务及专用数据网的电路租用业务。

B 级———可变比特率业务：ATM 适配层 2 （AAL2）。支持面向连接的业务，其比特率是可变的。常见业务为压缩的分组语音通信和压缩的视频传输。该业务具有介面传递延迟，其原因是接收器需要重新组装原来的非压缩语音和视频信息。

C 级———面向连接的数据服务：ATM 适配层 3/4 （AAL3/4）。该业务为面向连接的业务，适用于文件传递和数据网业务，其连接是在数据被传送以前建立的。它是可变比特率的，但是没有介面传递延迟。

D 级———无连接数据业务。常见业务为数据报业务和数据网业务。在传递数据前，其连接不会建立。AAL3/4 或 AAL5 均支持此业务。

ATM 是面向连接的交换技术，通信对等体在传递数据之前首先要建立连接，ATM 的信令平面在 ATM 网络中建立和撤销连接。连接建立之后，数据就从应用层（高层）向下传递到 ATM 适配层，适配层将高层的应用数据分成 48 字节长的净荷段，并适配到底层的 ATM 服务上。ATM 标准化组织 ATM 论坛（ATM Forum）已经定义了若干不同的 ATM 适配层类型，用于提供不同的 ATM 服务。数据以 48 字节的净荷段的形式传递到 ATM 层后，ATM 层添加 5 个字节的信元头，构成一个 53 字节的信元，随后信元通过物理层传递到目的端。物理层接口可以采用多种不同的链路技术。数据到达目的端后，目的端的适配层将 48 字节的净荷段组装成高层的净荷，向上传递。在交换通路的每一个中间结点上，单个信元都是根据信元头的内容进行交换的，交换过程采用了标记交换的机制。信元在到达其目的端以前不会被组装成原来的分组。

7.3.4 B-ISDN/ATM 的用户/网络接口

B-ISDN/ATM 的用户/网络接口 UNI 是用户终端设备与 ATM 网络之间的接口，直接面向用户。UNI 接口定义了物理传输线路的接口标准，即用户可以通过怎样的物理线路和接口与 ATM 网相连，还定义了 ATM 层标准、UNI 信令、OAM 功能和管理功能等。按 UNI 接口所在的位置不同，又可分为公用网的 UNI 和专用网的 UNI。这两种 UNI 接口的定义基本上是相同的，只是专用网的 UNI 由于不必像公用网的 UNI 那样过多地考虑严格的一致性，所以专用网的 UNI 的接口形式更多、更灵活，发展也更快一些。

B-ISDN/ATM 用户/网络接口的参考配置如图 7.10 所示。其中各个功能群介绍如下。

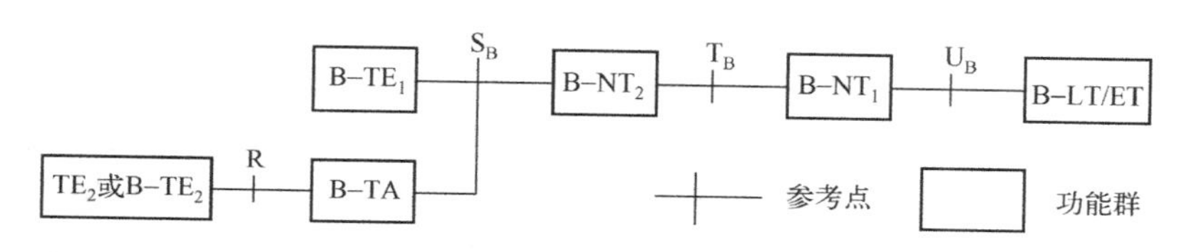

图 7.10 B-ISDN/ATM 用户/网络接口参考配置

B-TE_1：第一类宽带终端设备（即 B-ISDN 标准设备）。

B-TE_2：第二类宽带终端设备（即非 B-ISDN 标准设备）。

TE_2：N-ISDN 标准终端。

B-TA：宽带终端适配器。

B-NT_1：第一类宽带网络终端（物理线路终端设备）。

B-NT_2：第二类宽带网络终端（专用 ATM 交换机）。

B-LT/ET：宽带线路/交换终端（公用 ATM 交换机）。

参考点（接口）是 R、S_B、T_B 和 U_B。其中 T_B 是专用 ATM 交换机与公用 ATM 网络之间的接口，仍定为 B-ISDN/ATM 的用户/网络接口。当无 B-NT_2 时，S_B 与 T_B 合为一点，或者说 S_B 不存在。

以上参考结点中，R 和 S_B 属于专用网的 UNI，T_B 和 U_B 属于公用网的 UNI。

7.3.5 ATM 网组成

ATM 网可分为三大部分：公用 ATM 网、专用 ATM 网和 ATM 接入网。

1. 公用 ATM 网

是由电信管理部门经营和管理的 ATM 网。它通过公用用户接入网络连接各专用 ATM 网和 ATM 用户终端，为广大用户、单位提供 ATM 传输服务。作为骨干网，公用 ATM 网应能保证与现有各种通信网络的互通，应能支持包括普通电话在内的多种业务，另外还必须有一整套维护、管理和记费等功能。

2. 专用 ATM 网

是指一个单位范围内的自用 ATM 网。由于它的网络规模比公用网要小，而且不需要记费等管理规程，因此专用 ATM 网是首先进入实用的 ATM 网络，新的 ATM 设备和技术也往往先在 ATM 专用网中使用。目前专用网主要用于局域网互连或直接构成 ATMLAN，以在局域网上提供高质量的多媒体业务和高速数据传送。

3. ATM 接入网

主要是指在各种接入网中使用 ATM 技术传送 ATM 信元，如基于 ATM 的无源光纤网络（APON）、混合光纤同轴接入网（HFC）、非对称数字环路（ADSL）以及利用 ATM 的无线接入技术等。

从 ATM 宽带网的组成结构来看，ATM 网内存在两个平行的网络：一个是 ATM 传输网，提供 ATM 信元的传输交换通路：一个是控制网，负责控制信令的传递。如图 7.11 所示。传输网中的宽带交换机（本地交换机和汇接交换机）是宽带网中的主要结点，宽带用户通过本地交换机接入宽带网。网中的一些业务提供点（信息中心、可视电话会议服务中心等）负责向用户提供业务：互通结点负责窄带通信网互通时的协议转换。传输网中的多个 ATM 复用器和交叉连接是为了提高网络的灵活性和传输资源的利用率而设置的。ATM 复用器提供虚通道 VP 的复用和分路，交叉连接根据虚通道识别符 VPI 和网管中心提供的信息，实现虚通道 VP 的交叉连接。ATM 复用器和交叉连接皆无需实时控制功能，其连接方式是未固定的，不能实时更改，故其实现较交换机简单。ATM 复用器/交叉连接可以出现在 ATM 传输网中任何需要的位置上。宽带网的控制由 No.7 信令网提供，智能业务控制点 SCP 和操作维护中心通过 No.7 信令网连到宽带网的各个结点上，使宽带网智能化，并实现集中操作维护。

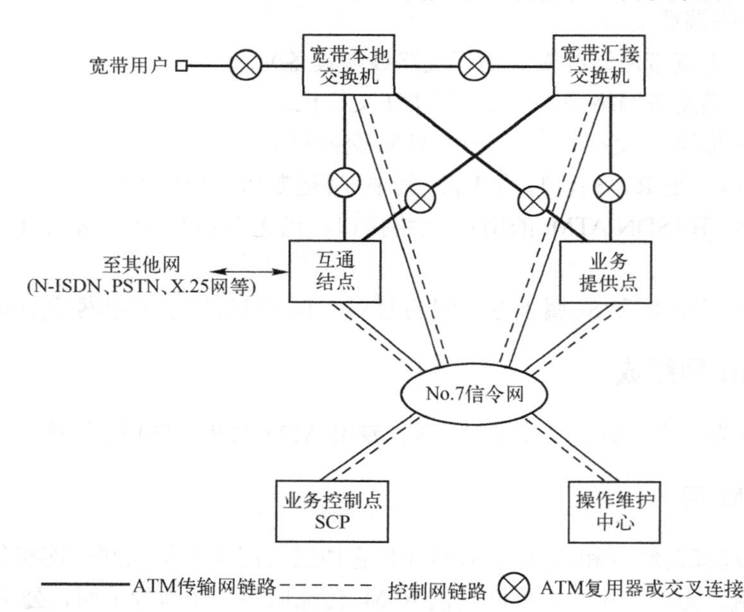

图 7.11　ATM 网组成结构

7.3.6　宽带通信网的业务

ATM 网络上的高速通信业务主要有高速数据业务、图像业务及语音业务，下面分别进行简单介绍。

1. 数据业务

ATM 网络可以支持大范围的数据应用，局域网（LAN，LocalAreaNetwork）高速互连就是其中之一。传统的 LAN（以太网、令牌环等）通过 ATM 网络进行互连，可以通过两种方式：一种方式是利用帧中继（FR，FrameRelay）技术，另一种方式是利用 LAN 仿真技术。

采用帧中继技术来实现 LAN 互连，LAN 之间的互连速率可达 E1（2.048Mbit/s）/E3（34Mbit/s）。帧中继提供的虚拟电路可减少各 LAN 之间的物理线路及路由器数目，减少网络开销，而且 FR 简化了传输协议，大大降低了网络时延。

ATM 交换机通过 FR 互操作功能（IWF）来支持帧中继业务。IWF 的主要作用是将 FR 数据帧转化为 ATM 信元，或将信元转化为 FR 数据帧。LAN 通过 ATM 实现 FR 互连时，每一个 LAN 中均配置了 FR 路由器。

利用 FR 互连的 LAN 仍为不同网络。若要使连接于 ATM 网络上的 LAN、工作站、服务器在逻辑上成为一个网络，可以采用 LAN 仿真（LANE，LAN Emulation）技术。在 ATM 网上应用 LANE 技术，我们就可以把分布在不同区域的网络互连起来，在广域网上实现局域网的功能。对于用户来讲，他们所接触到的仍然是传统的局域网的范畴，根本感觉不到 LANE 的存在。传统的 LAN 是共享介质型的，其特点是采用了介质访问控制协议（MAC，MediaAccessControl）的面向无连接的通信机制。其中，以太网为 IEEE802.3，令牌环为 IEEE802.5。而 ATM 网络采用 VC/VP 建立端到端的连接，为面向连接的通信机制。LAN 仿真技术实现 MAC 地址与 ATM 地址的转换，它利用 ATM 交换面向连接的机制来仿真传统的 LAN 的面向无连接的机制。LAN 的仿真可以看做是 ATM 网所提供的一种服务。

LANE 本质上只是一个通过 ATM 的桥接协议，并不直接影响 ATM 交换机，LANE 是建立在叠加的模型之上的。一个 ATM 上可以存在多个仿真 LAN（ELAN）。LANE 的示意图如图 7.12 所示，它包含以下几个主要的部件。

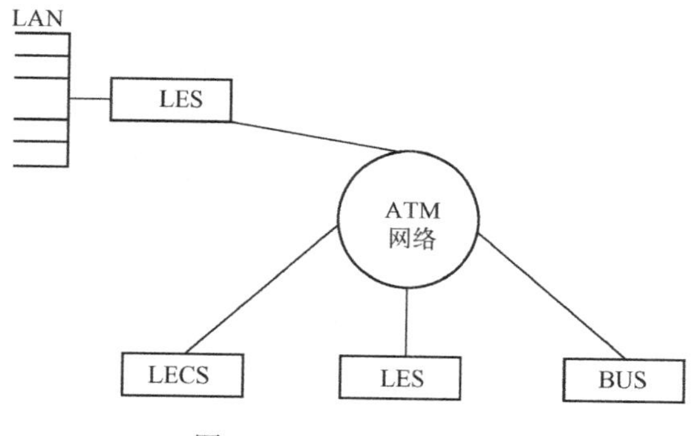

图 7.12　LANE 示意图

LAN 仿真客户机（LEC，LANEClient）：LEC 是所仿真局域网的端系统，向现有局域网提供 MAC 层的服务接口，为单个 ELAN 中的端点系统执行数据传送、地址分析和其他控制功能。每个 LEC 都由一个唯一的 ATM 地址来标识，并与一个或多个 MAC 地址相连。局域网仿真服务器（LES，LANEServer）：LES 为一个特定的 ELAN 执行控制功能。它可以存在于一个或多个交换机内，也可以放在一台单独的工作站中，主要功能就是进行 MAC-to-ATM 的地址转换，因为 LAN 用的是 MAC 地址，ATM 用的是自己的地址方案，通过 LES 地址转换可以把分布在 ATM 边缘的 LEC 连接起来。

广播和未知服务器（BUS，BroadcastandUnknownServer）：BUS 是一个多点广播服务器，其功能是扩散未知目标地址流量，并向一个特定的 ELAN 中的客户机传递多点广播和广播流量，每个 ELAN 上只连一个 BUS。

局域网仿真配置服务器（LECS，LANEClientServer）：LECS 管理各个被仿真局域网的所有 LEC。局域网仿真的配置信息被输入到配置数据库中，所以每个 LEC 都是可识别的。

LANE 通过一系列 ATM 连接进行相互通信。LEC 间保持各自连接，以便传输数据和控制流量。控制连接包括直接配置虚通道连接（VCC，VirtualChannelConnection）、直接控制 VCC 和分布控制 VCC。直接配置 VCC 是一个双向点对点 VCC，是由 LEC 设置到 LECS 的：直接控制 VCC 也是个双向 VCC，是由 LEC 设置到 LES 的：分布控制 VCC 是一个单向 VCC，从 LES 返回 LEC，通常这是一个点对多点连接。

数据连接包括直接数据 VCC、多点广播发送 VCC 和多点广播传递 VCC。直接数据 VCC 是在两个希望交换数据的 LEC 间设置的双向点对点 VCC，通常两个 LEC 使用同一个直接数据 VCC 传送它们之间的所有信息包，而不是为它们之间的每对 MAC 地址建立一个新的 VCC，这样可以节约连接资源和设置连接的等待时间：多点广播发送 VCC 也是一个双向点对点 VCC，是由 LEC 设置到 BUS 的：多点广播传递 VCC 是一个单向 VCC，是从 BUS 设置到 LEC 的，通常这是一个点对多点连接，每个 LEC 是它的叶结点。

LAN 仿真的运行包括初始化、连接和数据传输三个阶段。

（1）初始化。初始化时，LEC 通过地址登记得到自己的 ATM 地址，然后 LEC 设置一个到 LECS 的直接配置连接，LEC 可通过三种方法找到 LECS 的位置：使用一个确定的 ANI 过程确定 LECS 的地址：使用一个已知的 LECS 的地址：使用一个已知的到 LECS 的永久连接（VPI=0，VCI=17）。

确定 LECS 的位置后，LEC 将建立到 LECS 的直接配置 VCC，一经连接，LECS 就使用一个配置协议通知 LEC，把它连接到目标 ELAN 上，其中包括 LES 的 ATM 地址、被仿真的 LAN 的类型、ELAN 上最大信息包的大小以及 ELAN 的名称。

（2）连接。LEC 得到 LES 地址，即清除 LECS 的直接配置 VCC，然后设置到 LES 的直接控制 VCC，同时 LES 为 LEC 指定一个独有的 LEC 标识符（LECID，LECIdentifier），然后 LEC 在 LES 上登记自己的 MAC 和 ATM 地址。

随后，LES 设置一个回到 LEC 的分布控制 VCC。这样 LEC 就可以在 LAN 仿真地址解析协议（LE-ARP，LANEmulationAddressResolutionProtocol）过程中使用直接或分布控制 VCC 来对应于特定 MAC 地址的 ATM 地址。这一过程中，LEC 组成一个 LE-ARP，并把它发送到 LES。如果 LES 能够识别这个映射（因为某些 LEC 登记了有关 MAC 地址），就可通过直接控制 VCC 直接回答，同时把该请求传递到分布控制 VCC，向一个知道所请求 MAC 地址的 LEC 请求一个响应。

如果一个 LEC 能够响应 LE-ARP，它会通过直接控制 VCC 响应 LES。然后，LES 可以只把这个响应传回给请求的 LEC，也可通过分布控制传递给所有的 LEC，这样所有的 LEC 都可以得到并高速缓存这个特定的地址映射。

为完成初始化，LEC 使用这个 LE-ARP 机制来确定 BUS 的 ATM 地址。它通过向 LES 发送 MAC 广播地址的 LE-ARP 来完成，后者用 BUS 的 ATM 地址响应。然后，LEC 设置到 BUS 的多点广播发送 VCC。接着，这个 BUS 设置多点广播，将 VCC 传回到 LEC，通常把这个 LEC 作为点到多点连接的叶结点。这样 LEC 就做好了数据传输的准备。

（3）数据传输。在数据传输过程中，LEC 或是收到一个从高层协议发送来的网络层信息包，或是收到一个通过LAN 端口传递的MAC信息包。前者数据源点LEC将没有目标LEC的ATM 地址。此时，LEC 首先组成并向 LES 发送一个 LE-ARP 响应。在等待 LE-ARP 的响应时，LEC 还把信息包用规定的封装传递给 BUS，BUS 将把信息包扩散到所有的 LEC。LEC 一旦收到一个 LE-ARP 响应，就向目的结点设置一个直接数据 VCC，并用它进行数据传输，而不使用 BUS 路径。但在此之前，LEC 必须确保所有原来发送给 BUS 的信息包在使用直接数据 VCC 前已经传送到了目的地。在这个机制中，一个控制信元将随上一个信息包发送到第一条传输路径，在目的地答复收到这个信元之前不使用第二条路径发送信息包。如果一个数据直接连接已经存在于 LEC，通过它可以到达一个特定的 MAC 地址，则源 LEC 可以重新使用这个数据直接连接。

如果没有收到对 LE-ARP 的响应，LEC 将继续向 BUS 发送信息包，同时将定期重新发送 LE-ARP，直至收到一个响应。通常情况下，一个信息包通过 BUS 扩散，而且目标对源响应后，一些 LEC 将知道目的地位置，然后对后继 LE-ARP 做出响应。

LEC 将把通过 LE-ARP 得到的所有 MAC 地址从本地缓存到 ATM 地址映射中，如果 LEC 收到将一个信息包发送到同一 MAC 地址的要求，它将参考这个本地缓存表并使用缓存的映射，而不会再发出另一个 LE-ARP。

LEC 也使用 BUS 进行信息包广播和多点广播。信息包被传递给 BUS 后，BUS 即把它们重新导向所有 LEC，LEC 对所有从 BUS 收到的数据帧根据前缀 LECID 过滤有关字段，以便确保不会收到自己发出的帧。

2. 语音业务

宽带网络上的语音业务越来越被人们所看好。

对语音信号的传输，是通过 AAL1 和 AAL2 的协议数据包（PDU，ProtocolDataUnit）进行的。语音信号经过采样编码后成为一系列二进制代码，这些表示语音的代码被“打包”后放入 AALPDU 中。话音所需的带宽不大，人的话音经过 8000 次/s 的采样并用 8 位编码，传递时带宽为 64Kbit/s。但是语音对时延非常敏感。当单个方向的时延超过 75ms 时，谈话的双方会感觉到：而当时延超过 200ms 时，谈话者会感觉到明显的谈话质量问题。

用于专用和公共语音业务的电路交换网络能提供非常低的端到端的时延，通常只有几十毫秒或更少，基于包交换的网络（如 Internet）要想达到端到端几十毫秒时延的商用话音质量还有一段很长的路要走。

相比之下，在 ATM 网络中通过特定的服务质量（QoS，QualityofServce）能够保证话音的传输质量。如前所述，当建立一条 ATM 连接时，QoS 会规定连接所需的带宽和业务所能忍受的时延，如果 ATM 网络接受 QoS 的要求建立起连接，就能保证在端到端的时延上限之内发送信元。由于语音和数据都是通过 ATM 信元流传输，这就允许对不同的业务种类进行高效率的复用，带宽被语音和数据同时使用。

3. 视频业务

视频是多媒体应用中的核心部分，当带宽合适时，用户对视频业务的需求将快速增长。视频业务主要有如下几类。

（1）视频点播（VOD）。VOD业务是交互式电视业务的一部分，用户可以随意地选择所需的节目，并可控制节目的播放（如快进、快倒、暂停等）。ATM网络上的VOD系统由VOD服务器、ATM交换机、干线传输系统、分配系统及用户设备组成。

VOD服务器用于存放MPEG-1/MPEG-2压缩的多媒体信息（包括图像、声音、文本、动画等），并支持大量用户的访问。从硬件角度，VOD服务器必须具有极高的处理速度、大存储容量及高速的输入/输出接口：从软件角度，VOD服务器上必须具有实时运行的操作系统、功能强大的数据库系统及完成其他管理功能的软件。

ATM交换网络使得用户可以访问本地的、远程的甚至是跨国家的VOD服务器。

干线传输系统和分配系统可统称为用户接入系统，以提供高速的用户接入。

用户端设备又称机顶盒（Set-TopBox），用以提供用户线路接口和MPEG解码功能，用户也通过它发出反向控制信号。它可以是专用终端，也可以是基于PC的系统。

根据用户接入方式的不同，VOD系统有不同的实现方式和网络结构。

（2）会议电视系统。传统的会议电视系统是由多点控制单元为中心的星形网络。由CODEC（多媒体数字信号编解码器）以ITU-TH.261标准完成视频信号压缩编码/解码，其输出码率为P×64bit/s（P =1～30），最高速率为2Mbit/s，以适应PDH系统的传输要求。传输网络可以是DDN、ISDN等。若传输网络为ATM，则必须使用AAL1。

ATM网络的宽带能力为高质量的会议电视服务提供了可能，也使得会议电视系统可以采用不同于传统的实现方案。

方案一：通过155Mbit/s的ATM适配器实现点到点的图像、话音及数据的双向传输。由于用户速率高达155Mbit/s，而会议电视的视频信号经数字化后的码率约为140Mbit/s，因此传输的图像可以不经过压缩。采用该方式可以利用网络的宽频带提供很好的图像质量，但目前尚无法实现多点控制功能。该系统还适合于远程医疗和远程教学。

方案二：局域网会议电视系统。各与会点均为局域网上的一个工作站，通过LAN来实现图像、话音及数据的传输。为了在ATM网络上实现局域网会议电视系统，可采用LAN仿真技术。每个工作站配置了ATM适配卡，并在网络上配置LAN仿真服务器（LES），实现工作站间的高速连接。每个工作站上还需配置视频、音频处理及压缩卡，对视频图像可采用JPEG/H.261压缩。LAN会议电视系统可提供较高的图像质量，并具有较强的灵活性和可扩展性。

7.3.7 宽带信息网络建设实例——上海宽带信息网

上海宽带信息网是上海信息基础设施的重要组成部分，建设该网络的目的是为了加快上海市信息化的进程，满足广大市民获取信息和通信的需求。在纵向上，上海宽带信息网同国家主干网和国际Internet互连：在横向上，同城市的其他通信网络和邻省、市的主干网互连。该网络为用户提供多种接口，使用户能方便地以不同的速率接入。

作为全国ATM骨干网的上海结点，上海宽带信息网建于1997年4月，开通后网络运行稳定。目前已与北京、南京、广州、杭州、西安、沈阳、武汉等各大局之间直接开通了155Mbit/s电路，另外还有若干大容量电路开至其他省会城市，全网业已全部联通，规模覆盖全国，具有带宽高、延迟小、无瓶颈等特点，是网络多媒体应用的最佳选择。目前网络提供交换型虚电路（SVC）和永久型虚电路（PVC）业务，接口类型支持BNC接口和单、多模光纤，物理接入速率有2Mbs、34Mbs、155Mbs，能满足任何业务的需求。

上海宽带信息网采用层次结构的组网方式，可概括为三层：核心层、边缘层和接入层。

核心层采用高性能、大容量的ATM 交换机，交换容量可从40G 扩充到80G。核心层交换机起到高速汇接作用并提供高速用户接入。核心层交换机具有相当容量的高速交换能力、一定的网络拥塞控制能力、流量控制能力和QoS 控制能力，能够为边缘层的各类业务提供高效可靠通信，包括提供高速可靠的国际、国内通信。该网络在全市设置8个本地核心汇接点和一个国际国内出口汇接点，每个汇接点配置1～2台核心交换机。国际国内出口汇接点用来汇接进、出的国际、国内业务。为保证网络的可靠性，在本地核心汇接点设置国际、国内出口迂回路由。核心交换机之间的连接采用光纤直连、DWDM、SDH 三种方式，速率为STM-16。在本地核心汇接点之间采用环状和部分网状结构，本地核心汇接点和国际国内出口汇接点之间采用全网状结构。

边缘层采用高性能多业务ATM 交换机组成，用于支持ATM、帧中继、IP、虚拟专网及其他业务，它具备丰富的用户接口，支持不同速率的用户接入。边缘层交换机具有一定的业务等级、QoS等级分类服务的能力以及相关多业务综合服务能力，如视频业务的服务能力和IP 业务的服务能力。边缘层和核心层之间将依托SDH，采用STM-1、STM-4 速率互连。边缘层结点将分布于市区、郊县的电话局、大学等场所。整个网络设计在ATM 交换机或SDH、光纤传输平台发生故障时有自动迂回功能，以保证整个网络可靠运行。

接入层由分布全市的有线接入网、电信接入网、无线接入网和局域网等组成。

上海宽带网络的核心部分采用多层大容量的交换技术，构成统一的高速、宽带、安全、可靠的主干网络，具有技术先进、互连灵活、宽带接入、宜于扩充和适度超前的特征，也能充分利用现有各种通信网络资源，为全市各类应用系统和社会公众提供优质高效的信息传送服务，提供与国际大都市相适应的通信能力和服务水准，并不断跟踪国际先进水平。

为了摸索中国城市建设信息网络的途径和方式，试验IP宽带交换的可行性，上海在建设以ATM 交换为主的宽带信息网络的同时，还构筑了IP宽带试验网。

IP宽带试验网为两层结构。主干部分为高速千兆线速路由器，它与位于下层的信息汇接点和ATM 宽带网络主干网互连。

信息汇接点的核心设备也是一台高速千兆线速路由器，它与各信息资源网站、电信网的ADSL、PSTN以及与有线电视网的HEU（HeadEndUnit）互连。

最终用户可以通过CATV 的双向HFC、电信网的ADSL和电话上行、单向HFC下行等方式接入宽带网络，也可以通过单位或大楼内部的局域网接入宽带网络。

7.4 因特网

7.4.1 什么是因特网

因特网（Internet）又称国际计算机互联网，是目前世界上影响最大的国际性计算机网络。

其准确的描述是：因特网是一个网络的网络（a network of network）。它以 TCP/IP 网络协议将各种不同类型、不同规模、位于不同地理位置的物理网络连接成一个整体。它也是一个国际性的通信网络集合体，融合了现代通信技术和现代计算机技术，集各个部门、领域的各种信息资源为一体，从而构成网上用户共享的信息资源网。它的出现是世界由工业化走向信息化的必然和象征。

7.4.2 因特网的发展历史

因特网最早源于 1969 年美国国防部高级研究计划局（Defense Advanced Research Projects Agency，DARPA）建立的 ARPANet。最初的 ARPANet 主要用于军事研究目的。1972 年，ARPANet 首次与公众见面，由此成为现代计算机网络诞生的标志。ARPANet 在技术上的另一个重大贡献是 TCP/IP 协议簇的开发和使用。ARPANet 试验并奠定了因特网存在和发展的基础，较好地解决了异种计算机网络之间互连的一系列理论和技术问题。

同时，局域网和其他广域网的产生和发展对因特网的进一步发展起了重要作用。其中，最有影响的就是美国国家科学基金会（National Science Foundation，NSF）建立的美国国家科学基金网 NSFNet，它于 1990 年 6 月彻底取代了 ARPANet 而成为因特网的主干网。NSFNet 对因特网的最大贡献是使因特网向全社会开放。随着网上通信量的迅猛增长，1990 年 9 月，由 Merit、IBM 和 MCI 公司联合建立了先进网络与科学公司 ANS（Advanced Network&Science, Inc），其目的是建立一个全美范围的 T3 级主干网，即能以 45Mbps 的速率传送数据，相当于每秒传送 1400 页文本信息。到 1991 年底，NSFNet 的全部主干网都已同 ANS 提供的 T3 级主干网相通。

近 10 年来，随着社会、科技、文化和经济的发展，特别是计算机网络技术和通信技术的发展，人们对开发和使用信息资源越来越重视，极大地促进了因特网的发展。在因特网上，按从事的业务分类包括了广告、交通、农业、艺术、书店、化工、通信、计算机、咨询、娱乐、财贸、各类商店、旅馆等 100 多类，覆盖了社会生活的方方面面，构成了一个信息社会的缩影。

7.4.3 因特网的结构特点

Internet 采用了目前最流行的客户机/服务器工作模式，凡是使用 TCP/IP 协议，并能与 Internet 的任意主机进行通信的计算机，无论是何种类型、采用何种操作系统，均可看成是 Internet 的一部分。

严格地说，用户并不是将自己的计算机直接连接到 Internet 上，而是连接到其中的某个网络上，再由该网络通过网络干线与其他网络相连。网络干线之间通过路由器互连，使得各个网络上的计算机都能相互进行数据和信息传输。例如，用户的计算机通过拨号上网，连接到本地的某个 Internet 服务提供商（ISP）的主机上，而 ISP 的主机通过高速干线与本国及世界各国各地区的无数主机相连，这样，用户仅通过一阶 ISP 的主机，便可遍访 Internet。由此也可以说，Internet 是分布在全球的 ISP 通过高速通信干线连接而成的网络。

Internet 这样的结构形式，使其具有如下的众多特点：

（1）灵活多样的入网方式。这是由于 TCP/IP 成功地解决了不同的硬件平台、网络产品、操作系统之间的兼容性问题。

（2）采用了分布式网络中最为流行的客户机/服务器模式，大大提高了网络信息服务的灵活性。

（3）将网络技术、多媒体技术融为一体，体现了现代多种信息技术互相融合的发展趋势。

（4）方便易行。任何地方仅需通过电话线、普通计算机即可接入 Internet。

（5）向用户提供极其丰富的信息资源，包括大量免费使用的资源。

（6）具有完善的服务功能和友好的用户界面，操作简便，无须用户掌握更多的专业计算机知识。

7.4.4 因特网的关键技术

1．TCP/IP 技术

有关 TCP/IP 的原理在前面已经做过介绍。TCP/IP 是 Internet 的核心，利用 TCP/IP 协议可以方便地实现多个网络的无缝连接。TCP/IP 的层次模型分为 4 层，其最高层相当于 OSI 的 5～7 层，该层中包括了所有的高层协议，如常见的文件传输协议 FTP、电子邮件 SMTP、域名系统 DNS、网络管理协议 SNMP、访问 WWW 的超文本传输协议 HTTP 等。TCP/IP 的次高层相当于 OSI 的传输层，该层负责在源主机和目的主机之间提供端到端的数据传输服务。这一层上主要定义了两个协议：面向连接的传输控制协议 TCP 和无连接的用户数据报协议 UDP。TCP/IP 的第三层相当于 OSI 的网络层，该层负责将分组独立地从信源传送到信宿，主要解决路由选择、阻塞控制及网络互连问题。这一层上定义了互联网协议 IP、地址转换协议 ARP、反向地址转换协议 RARP 和互联网控制报文协议 ICMP 等协议。TCP/IP 的最低层为网络接口层，该层负责将 IP 分组封装成适合在物理网络上传输的帧格式并发送出去或将从物理网络接收到的帧卸装并递交给高层。这一层与物理网络的具体实现有关，自身并无专用的协议，事实上，任何能传输 IP 分组的协议都可以运行。该层一般不需要专门的 TCP/IP 协议，各物理网络可使用自己的数据链路层协议和物理层协议。

2．标识技术

（1）主机 IP 地址。为了确保通信时能相互识别，在 Internet 上的每台主机都必须有一个唯一的标识，即主机的 IP 地址。IP 协议就是根据 IP 地址实现信息传递的。

IP 地址由 32 位（即 4 字节）二进制数组成，为书写方便起见，常将每个字节作为一段并以十进制数来表示，每段间用“.”分隔。例如，202. 96. 209. 5 就是一个合法的 IP 地址。

IP 地址由网络标识和主机标识两部分组成。在 IP 地址的某个网络标识中，可以包含大量的主机标识（如 A 类地址的主机标识域为 24 位、B 类地址的主机标识域为 16 位），而在实际应用中不可能将这么多的主机连接到单一的网络中，这将给网络寻址和管理带来不便。为解决这个问题，可以在网络中引入“子网”的概念。注意，这里的“子网”与前面所说的通信子网是两个完全不同的概念。

将主机标识域进一步划分为子网标识和子网主机标识，通过灵活定义子网标识域的位数，可以控制每个子网的规模。将一个大型网络划分为若干个既相对独立又相互联系的子网后，网络内部各子网便可独立寻址和管理，各子网间通过跨子网的路由器连接，这样也提高了网络的安全性。

利用子网掩码可以判断两台主机是否在同一子网中。子网掩码与 IP 地址一样也是 32 位二进制数，不同的是它的子网主机标识部分为全“0”。若两台主机的 IP 地址分别与它们的子网掩码相“与”后的结果相同，则说明这两台主机在同一子网中。

（2）域名系统（DNS）和统一资源定位器（URL）。32 位二进制数的 IP 地址对计算机寻址来说十分有效，但用户使用和记忆都很不方便。为此，Internet 引进了字符形式的 IP 地址，即域名。域名采用层次结构的基于“域”的命名方案，每一层由一个子域名间用“.”分隔，其格式为：

机器名.网络名.机构名.最高域名

Internet 上的域名由域名系统 DNS（Domain Name System）统一管理。DNS 是一个分布式数据库系统，由域名空间、域名服务器和地址转换请求程序三部分组成。有了 DNS，凡域名空间中有定义的域名都可以有效地转换为对应的 IP 地址，同样，IP 地址也可通过 DNS 转换成域名。

WWW 上的每一个网页都有一个独立的地址，这些地址称为统一资源定位器（URL），只要知道某网页的 URL，便可直接打开该网页。例如，在 Internet 浏览器的 URL 输入框（即地址输入框）输入：

http：//www.online.sh.cn

按回车键后即可进入“中国上海热线”的主页。

（3）用户 E-mail 地址。用户 E-mail 地址的格式为：用户名@主机域名。其中，用户名是用户在邮件服务器上的信箱名，通常为用户的注册名、姓名或其他代号；主机域名则是邮件服务器的域名。用户名和主机域名之间用“@”分隔。例如，hmchang@online.sh.cn 即表示域名为“online.sh.cn”的邮件服务器上的用户“hmchang”的 E-mail 地址。

由于主机域名在 Internet 上的唯一性，所以，只要 E-mail 地址中用户名在该邮件服务器中是唯一的，则这个 E-mail 地址在整个 Internet 上也是唯一的。

7.4.5 Internet 的体系结构

Internet 是世界上最大的计算机网络。它几乎覆盖了整个世界，因此称为国际互联网。它是分布在许多企业、事业单位、公司、学校的局域网，通过路由器（Router）和数字数据网（DDN）或无线通信（微波）线路接入 Internet 形成的网间网，其结构如图 7.13 所示。

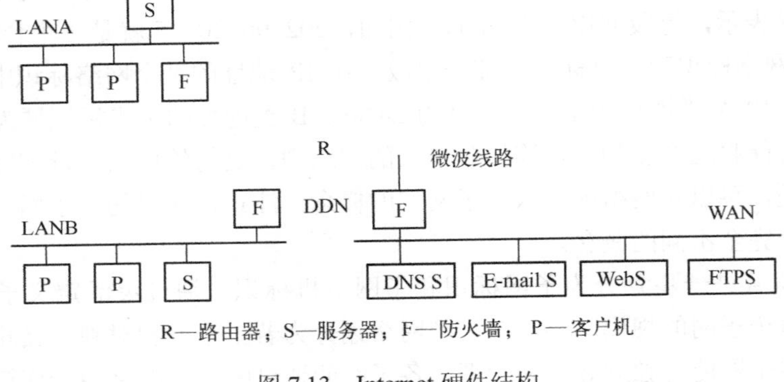

图 7.13　Internet 硬件结构

1. Internet 的硬件结构

在 Internet 上，接有数以万计的不同结构、不同操作系统的计算机，但它们却遵循统一的 TCP/IP 协议簇，完成计算机之间的信息传递。

（1）局域网（LAN）。在 Internet 上有许多局域网，最有代表性的且性能最好的是 Ethernet。随着当今高速网络技术和设备的发展，涌现出许多新的技术和设备，如 FDDI（Fiber Distributed Data Interface）、快速以太网（Fast Ethernet）和 ATM（Asynchronous Transfer Mode），其速度已从 10Mbps 发展到 100Mbps。这些为 Internet 上高速大流量传输信息提供了良好的硬件环境。

（2）客户机（Client）。客户机为用户上网操作提供平台。这些客户机并不要求为同构机，都可以通过服务器发送和接收信息，共享服务器上的信息资源。随着 Internet 软件技术发展和 Java 语言应用，客户机在 Internet 上为用户提供更为广泛的应用平台。

（3）路由器（Router）。路由器的作用是把两个相似或不同体系结构的局域网连接起来，构成一个大的局域网或广域网。路由器工作在 OSI 模型的网络层上，它对通过的信息按特殊的协议和交换方式进行过滤，并且路由器只允许含有指定 IP 地址的信息在子网间传递，其工作是智能的。

（4）服务器（Server）。服务器是 Internet 的核心硬件设备，它为某个子网或整个网络提供信息服务和管理服务。在 Internet 中，某子网的服务器选用一个高档微机即可，而广域网或整个网则要选用 IBM 大型机或 SUN 公司的专用工作站。对服务器的一般要求是大容量内存、海量的外存和高性能的 CPU 系统，以满足管理软件、服务软件高速运行和各种信息资源存取安全可靠。在 Internet 上的服务器由于用途不同，可分为不同类型的服务器，如 DNS（域名服务器）、E-mail Server、Web Server、FTP Server 等。

（5）调制解调器（MODEM）。调制解调器的功能是将来自计算机的数字信息转换成可在远程通信线路上传输的模拟信号，或将接收到的模拟信息转换成数字信号送给计算机。远地用户常用 MODEM 和电话线与服务器相连，再和 Internet 接通，共享网上资源。

（6）远程访问服务器（Remote Access Server）。远程访问服务器主要是为实现网上拨入/拨出应用提供连接，如拨号连接 PPP（Point to Point Protocol）和 SLIP（Serial Line Internet Protocol），就是通过远程访问服务器和调制解调器配合，实现路由选择和协议筛选的。

（7）网关（Gateway）和网桥（Bridge）。网关是把不同体系结构的网络连接在一起的设备。网关的功能是对由网络操作系统的差异而引起的不同协议之间进行转换。

网桥是连接相同或相似体系结构网络的设备。它完成数据链路层的功能，需要有相同的逻辑控制协议（LLC），但可有不同的介质访问控制协议（MAC），负责将数据帧传送到另一个网络。

（8）防火墙（Firewall）。防火墙是为了保障网络上信息的安全而采取的措施。它是由软件系统和硬件设备组成的屏障。防火墙的功能是防止非法入侵、非法使用资源，并能记录下所有可能的事件，还能执行赋予的安全管理措施。

2. Internet 的软件结构

Internet 软件结构与 WWW 结构模式密切相关。WWW 技术的基本结构方式为浏览器/服务器的工作模式（即客户机/服务器）。该软件结构以 HTML、Java 语言、HTTP 协议和统一资源定位器（URL）为基础，通过 WWW 浏览器发出请求，WWW 服务器做出响应建立连接，实现用户的信息访问。另外还可通过公共网关接口（CGI），实现对外部应用软件连接访问。

如图 7.14 所示可看出软件大体由 4 部分组成：网络操作系统、客户端软件（包括浏览器软件、Java 软件）、服务器软件（包括 WWW 服务器软件、Java 软件）以及安全管理软件。

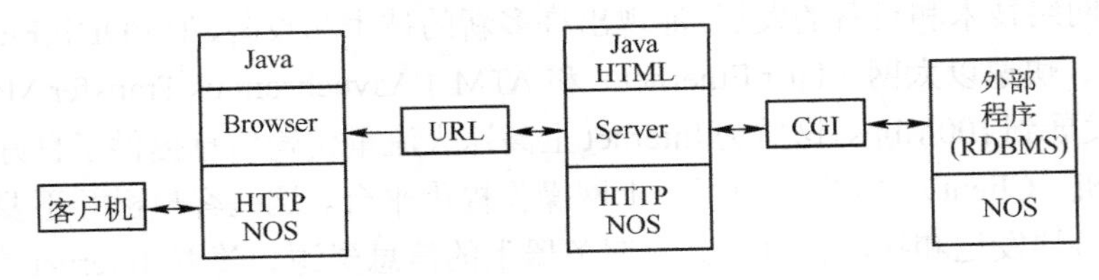

图 7.14　Internet 软件结构

（1）WWW 浏览器（WWW Browser）。网络浏览器是 WWW 服务的客户端程序，它负责与 WWW 服务器建立连接，发送 WWW 的访问请求、处理 HTML 超媒体文件、提供客户图形用户界面（GUI）等。

目前流行的浏览器软件产品有 Netscape 公司的 Navigator、Microsoft 公司的 Explorer 和 Notes 等。

（2）统一资源定位器（URL）。Internet 是一个极其庞大的网络，当通过 WWW 客户机访问 Internet 上的资源时，必须有一个名字和地址来标识这些资源，这个名字就是 WWW 的统一资源定位器（URL）。

（3）WWW 服务器（Web Server）。在 Internet 上有许多可使用的高层协议，分别以相应的服务软件完成特定的任务，如电子邮件、FTP、Gopher（一个分布式的文件检索和获取系统）、Telnet 和 WAIS（广域信息服务）等，HTTP 协议综合了这些协议以提供更有效的查询定位。基于 HTTP 协议的 WWW 服务器软件比较多，但工作原理都相同。下面给出最具有代表性的服务软件和支持的操作系统。

① Web Server 软件：

Netscape Communication Server。

Netscape Commerce Server。

NCSA HTTPD（美国国家超级计算应用中心开发的 Web 服务器软件）。

② 可选的操作系统：

UNIX。

OS/2。

Windows95/98。

Windows NT。

Macintosh。

（4）CGI 管理软件。CGI（公共网关接口）是运行在服务器上的一段称序，它为 WWW Server 建立一种与外部应用软件联系的方法。当服务器接收到来自某一用户的访问请求后，它把相关请求信息综合到一个环境变量中，然后去启动一个网关程序（通常为 CGI 脚本程序），CGI 检查这些环境变量，并和外部应用程序一起完成任务后回送响应请求。

（5）Web 数据库。在 Internet 上设计出界面友好的数据库应用程序，除了要有工具软件支持外，使用 Web 浏览器采用填表方法构造用户界面无疑是受欢迎的。这种 Web 数据库访问过程的特点是：

① 用户通过填充表格（用 HTML 创建）方式进行查询和数据请求，其操作是通过菜单选择、单击按键，将查询关键字填入空白格。

② CGI 脚本程序把输入到表格中的信息提取出来，并把它组织成有效的 SQL 查询命令和数据修改命令，随后 CGI 脚本程序将这些命令发送到数据库去执行。

③ 数据库处理的结果由数据库引擎返回到 CGI 脚本程序，脚本程序以 HTML 格式将结果传送到用户的浏览器上，以显示给用户阅读。

通常，Internet 还可以看做是由若干大网组成的超级网络。

7.5 因特网的基本服务

7.5.1 WWW 服务

现在在 Internet 上最热门的服务之一就是环球信息网 WWW（World Wide Web）服务，WWW 已经成为很多人在网上查找、浏览信息的主要手段。

WWW 是环球信息网，又称为万维网（World Wide Web）的英文缩写，也有人用 3W、W3 或 Web 来表示。WWW 最初是由欧洲核物理研究中心（CERN）提出并于 1990 年研制成功的。它是一个基于超文本文件的信息查询服务系统，能够将 Internet 上各种各样的信息资源有机地联系起来，并能够以文本、图像、声音等多种媒体形式表现出来，从而提供了一种非常友好的信息检索方式。因此，它得到了迅猛的发展，并在短短的几年内成为 Internet 的重要组成部分，几乎可以包揽 Internet 上的全部服务，我们甚至可以认为 Internet 就是 WWW。

这里所说的超文本文件是一种除了传统的文本之外，还包含有图像、声音以及与其他超文本文件的链接的文件。当阅读该文件时，可以通过鼠标单击文件中的某些词语或图像打开另一个与该词语或图像有关的超文本文件，这种链接称为超链接。这种关系很像通过一条锁链把许多文件串起来一样。WWW 中使用的超文本文件一般是使用 HTML（Hyper Text Mark Language）超文本标记语言来编写的。HTML 与我们常说的 VC、VB 等编程语言不同，它主要是在文件中添加一些标记符号，使其按照一定的格式在屏幕上显示出来，因此它更类似于 WPS 或 Word 中使用的排版符号语言。我们把使用 HTML 编写的文件称为 HTML 文件。HTML 文件可以使用记事本等文本编辑器编写，但是必须使用支持 HTML 文件格式的专用软件（如 Internet Explorer）才能看到文件的最终显示效果。微软公司开发的 FrontPage 软件使得编写 HTML 文件非常方便，就像我们使用 Word 编辑文件一样，所见即所得。

WWW 上的所有 HTML 文件（或称为资源）都有一个唯一的表示符或者说地址，这就是 URL（Uniform Resource Locator），即统一资源定位器。URL 是用来标识 Internet 上资源的标准方法，它由传输协议、服务器名和文件在服务器上的路径三部分组成。以“中国建筑防火安全信息网”为例，其中关于中国建筑科学研究院建筑防火研究所介绍的文件的 URL 为：

http：//www.firepro.com.cn/fbs/index.htm

其中，“http”表示访问该互联网资源时使用超文本传输协议，这是 WWW 服务器采用的协议；

“www. firepro. com. cn”表示该资源所在的 WWW 服务器名称；而“/fbs/index. htm”表示该资源位于上述服务器的“fbs”目录下的“index. htm”文件中。对于大多数用户来说一般不需要指定第三部分。当该部分省略时，将直接访问站点的主页，即第一个页面。以“中国建筑防火安全信息网”为例，其主页对应的文件是：

http：//www.firepro.com.cn/index.htm

对其他文件的访问可以从主页提供的链接来完成，例如通过主页查询“中国建筑科学研究院建筑防火研究所”，可以首先选择栏目“企业名录”，然后选择“按地区查询”中的“北京”选项，最后在打开的页面中选择“中国建筑科学研究院建筑防火研究所”即可。当然，直接通过指定第三部分打开对应的文件可以省掉中间的查找过程，但是一般我们并不知道感兴趣的资源存放在服务器的什么位置，我们更习惯于通过页面中的链接来查找。

前面介绍了 WWW 服务器及其资源的表示方法，那么如何在我们的计算机上检索、查询、获取 WWW 上的资源呢？这里我们需要一种能和 WWW 服务器通信，并能解释和显示 HTML 格式文件的客户程序，这种客户程序叫做“浏览器”。不同的操作系统有不同的浏览器，对于同一种操作系统也有多种不同厂家的浏览器可以选择，其中微软公司提供的 Internet Explorer（简称 IE）最为流行。

使用 IE 访问 WWW 非常简单，只要在 IE 的地址（Location）文本框中输入一个网站的 URL，再按回车键即可。因为一般的浏览器都默认采用 HTTP 传输协议，例如，若我们想访问中山大学的主页，我们只需输入“http：//www.sysu.edu.cn”，就可以打开“中山大学”的主页。主页一般有很多的链接，每个链接都对应一个文件。如果在浏览过程中想返回上一页面可单击“后退”按钮，单击“前进”按钮则打开已浏览过的前一个页面。使用 IE 浏览器浏览“中山大学”的主页如图 7.15 所示。

图 7.15　使用 IE 浏览器浏览网页

7.5.2 电子邮件服务

电子邮件（Electronic Mail），简称 E-mail，又称为电子信箱，是 Internet 提供的一种应用非常广泛的服务，每天电子邮件系统接收、存储、转发、传送不计其数的电子邮件。

1. 电子邮件的优点

电子邮件作为一种现代通信工具具有许多优点，正以飞快的速度取代传统信件的地位。

（1）电子邮件的内容各不相同，可以是私人信件、商务联系、求职信、学术论文、科研探讨、会议安排、电子出版物等，还可以是计算机程序或含有图形、图片、声音的多媒体文件等。

（2）电于邮件使用方便，可同时给多人发信件，它不需纸张、信封、邮递员、邮局，只要有一台连网计算机，一个电子信箱就可以完成邮件的收、发。

（3）电子邮件没有时间限制，可随时随地使用。它是一种异步通信，实行“存储转发式”服务，可以进行非实时通信。如果邮递对方正在网上，可以马上阅读邮件；如不在网上，可存放在对方的电子信箱内，等上网时打开信箱再行阅读。

（4）电子邮件的传递速度极快，一个邮件在两分钟左右就可以到达世界上任何一个有 Internet 的地方，其速度即使是特快专递也是望尘莫及的。

（5）电子邮件收发可靠，不会发生错投，但必须保证所写的地址正确，如地址有误，邮件会在几分钟内被退回发件信箱。如果对方服务器关闭，邮件会在一两天内被退回。邮件退回后会告知被退缘由。

（6）电子邮件的费用很低，上网很短时间内就可以完成电子邮件的发送和接收。邮件可在脱网状态下编写、阅读、编辑、复制，无需在网上进行。

2. 电子信箱

用户要得到一个电子信箱，必须先向 ISP 申请，申请后就能得到一个电子邮件地址（E-mail address），这个地址就是信箱的标识。地址由两部分组成，符号@将之隔开。地址使用的格式是 user@host，user 是用户名，就是用户申请的账号，host 是主机名，即账号所在服务器的域名。域名是统一命名的，而账号是申请者自己命名的。

除了电子邮件地址以外，还有密码（password）。密码好比是钥匙，当信箱地址和密码对上了，电子信箱才能被打开，才能取到电子邮件，密码可以修改。

电子信箱并不是一个放书信、报刊的信箱，而是它的功能相当于信箱。在用户电子信箱所在的主服务器上，有一个“电子信箱系统”。这个主服务器是一个高性能、大容量的计算机，在硬盘上给每位拥有信箱账号的用户分配一定的存储空间作为信箱，它的功能是存放收到的邮件、编辑信件、信件存档。

3. 电子邮件格式

电子邮件的格式分为信头和信体两部分，信头的功能就像是信封，由收信人地址、主题等组成；信体就是信的主要内容，可以是文字、图形、照片、程序等。邮件在编辑后可以马上发送，也可以积累一定的信件后一起邮发。

以网易（www.163.com）的免费邮箱为例，其提供的电子邮件服务界面如图 7.16 所示。

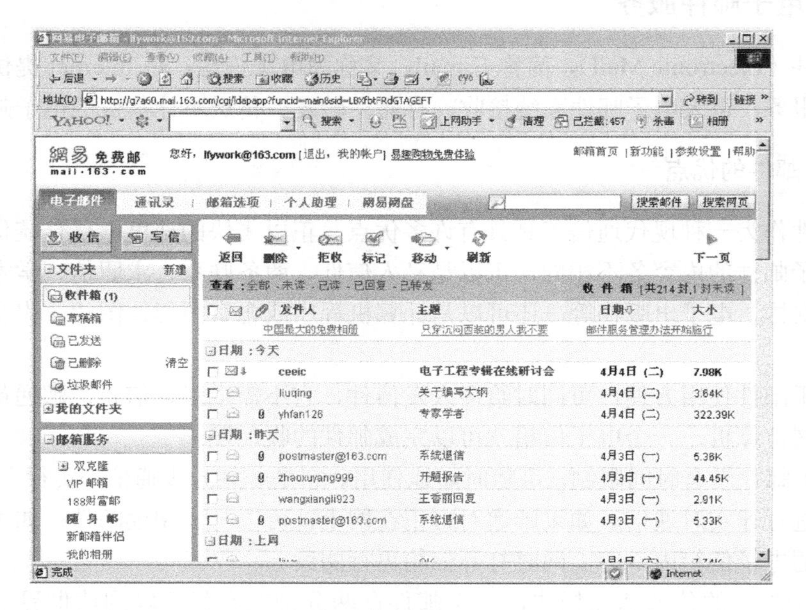

图 7.16　网易提供的免费电子邮件服务

7.5.3　文件传输服务

文件传输服务又称为 FTP 服务，它是 Internet 中最早提供的服务功能之一，目前仍然在广泛使用。

文件传输服务是由 FTP 应用程序提供的。而 FTP 应用程序遵循的是 TCP/IP 中的文件传输协议（FTP，File Transfer Protocol），它允许用户将文件从一台计算机传输到另一台计算机上，并且能够保证传输的可靠性。

由于采用 TCP/IP 协议作为 Internet 的基本协议，无论两台 Internet 上的计算机在地理位置上相距多远，只要它们都支持 FTP 协议，它们之间就可以随意地相互传送文件。这样不仅可以节省实时连机的通信费用，而且可以方便地阅读与处理传输过来的文件。

在 Internet 中，许多公司、大学的主机上含有数量众多的各种程序与文件，这是 Internet 的巨大而宝贵的信息资源。通过使用 FTP 服务，用户就可以方便地访问这些信息资源。采用 FTP 传输文件时，不需要对文件进行复杂的转换，因此 FTP 服务的效率比较高。在使用 FTP 服务后，等于使每个连网的计算机都拥有一个容量巨大的备份文件库。这是单个计算机无法比拟的优势。

7.5.4　远程登录服务

远程登录服务又被称为 Telnet 服务，它也是 Internet 中最早提供的服务功能之一，目前很多人仍在使用这种服务功能。

在分布式计算环境中，常常需要调用远程计算机资源同本地计算机协同工作，这样就可以用多台计算机来共同完成一个较大的任务。协同操作的方式要求用户能够登录到远程计算机中，启动某个进程并使进程之间能够互相通信。为了达到这个目的，人们开发了远程终端协议（Telnet 协议）。Telnet 协议是 TCP/IP 协议的一部分，它定义了客户机与远程服务器之间的交互过程。

远程登录服务是指用户使用 Telnet 命令，使自己的计算机暂时成为远程计算机的一个仿真终端的过程。一旦用户成功地实现了远程登录，用户的计算机就可以像一台与远程计算机直接相连的本地终端一样工作。

远程登录允许任意类型的计算机之间进行通信。远程登录之所以能够提供这种功能，主要是因为所有的运行操作都是在远程计算机上完成的，用户的计算机仅仅是作为一台仿真终端向远程计算机传送击键信息与显示结果。

7.5.5 Usenet 网络新闻组服务

Usenet 网络新闻组是由因特网上的 NNTP（Network News Transfer Protocol，网络新闻传送协议）网络新闻服务器向用户提供的针对各种专题相互讨论和交流的一种服务。各新闻组被严格按专题多级分类，每个新闻组只针对一个专题。目前，因特网上已有万余个涉及各种专题的新闻组。Usenet 网络新闻组发布的并不是新闻时事稿，而是各种专题稿。

NNTP 新闻组服务器与服务程序采用 NNTP 网络新闻传送协议。NNTP 服务器与服务程序的基本功能为：接收由用户直接发来的稿件，周期性地与相邻的各个 NNTP 服务器交换稿件，采用这种接力传送的方法获得各个新闻组在各个 NNTP 服务器上的稿件；再将上述方法获得的稿件组成数据库予以保存，以及接受用户通过新闻组客户程序向 NNTP 新闻服务器发出的访问和阅读请求等。

NNTP 新闻组服务器的管理是由计算机程序控制的，不受时间和空间的限制，它们所提供的服务本身均是免费的。

任何一个用户只要能够访问拥有其所感兴趣新闻组的某个 NNTP 服务器，就一定可以阅读其中的专题稿和发布自己的稿件，而不像电子邮递名单那样需要订阅，也不像 BBS 那样需要注册。但是，用户通常不能随意访问任一个 NNTP 服务器，也没有哪一个 NNTP 服务器提供全部新闻组。

实际上，目前国内的 NNTP 服务器提供的新闻组类别十分有限，这也是它远不如 BBS 电子公告板系统在国内流行的原因之一。

7.5.6 电子公告牌服务

BBS（Bulletin Board Service，公告牌服务）是 Internet 上的一种电子信息服务系统。它是当代很受欢迎的个人和团体交流手段。如今，BBS 已经形成了一种独特的网上文化。网友们可以通过 BBS 自由地表达他们的思想、观点。BBS 实际上也是一种网站，从技术角度讲，电子公告板实际上是在分布式信息处理系统中，在网络的某台计算机中设置的一个公共信息存储区。任何合法用户都可以通过 Internet 或局域网在这个存储区中存取信息。早期的 BBS 仅能提供纯文本的论坛服务，现在的 BBS 还可以提供电子邮件、FTP、新闻组等服务。BBS 按不同的主题分成多个栏目，栏目的划分是依据大多数 BBS 使用者的需求、喜好而设立。BBS 的使用权限分为浏览、发帖子、发邮件、发送文件和聊天等。几乎任何上网用户都有自由浏览的权利，而只有经过正式注册的用户才可以享有其他服务。BBS 的交流特点与 Internet 最大的不同，正像它的名字所描述的，是一个“公告牌”，即运行在 BBS 站点上的绝大多数电子邮件都是公开信件。因此，用户所面对的将是站点上几乎全部的信息。中国的 Internet 最早是从高校和科研机构发展起来的，高校普遍组建了校园网，因此，学生、教师也就理所当然地成了 BBS 的最大的使用群。发展至今，国内著名的 BBS 站点有水木清华（bbs. tsinghua. edu. cn）、北大未名（bbs. pku. edu. cn）等，都能够提供社会综合信息服务，且大多数是免费的。

7.6 互联网提供的新业务

随着互联网由窄带向有线宽带、无线宽带、电视宽带升级，网络终端由 PC 向手机、掌上电脑等产品推进以及固定网与移动网的加速融合，网络应用对传统产业的渗透日益加深，尤其是在商务、娱乐等领域，各种新业务、新技术层出不穷。基于现有的技术和业务发展，下面讨论一下目前在固定互联网领域内正在或即将兴起的一些典型的新业务。

1. 即时通信（IM）

即时通信（IM）是指能够即时发送和接收网络消息的业务，消息内容包括文本、语音、视频、数据等多种类型。IM 最初由 AOL、微软、雅虎、腾讯等独立于电信运营商的 IM 服务提供商利用互联网推广开来，人们所熟知和常用的 IM 软件有 MSN Messenger，Yahoo Messenger，QQ，ICQ 等。

IM 对宽带乃至整个通信行业的影响日益显现。IM 已经从最初只能传输简单文本消息的互联网聊天工具，演变为可以传输文本、语音、视频等多种格式信息、跨越互联网和传统电信网的综合信息交流平台。目前，在全球范围内的 IM 账户数、用户数和每日的消息业务量都在迅速增长。

IM 增强软件的某些功能（如 IP 电话）已经在分流和替代传统的电信业务，越来越多的电信运营商积极开展 IM 业务，一些移动运营商甚至把移动 IM 作为未来的重点业务进行培育。

2. 维客

维客的原名为 Wiki（也称为维基），是一种超文本系统，这种系统支持面向社群的协作式写作，同时也包括一组支持这种写作的辅助工具。参与创作的人，也被称为维客。在维客页面上，每个人都可浏览、创建、更改文本，系统可以对不同版本内容进行有效控制管理，所有的修改记录都保存下来，不但可事后查验，也能追踪、恢复至本来面目。

维客技术主要的应用方式包括基于同一主题的共享协作式创作、资源共建、学术课题的协作研究、传统会议拓展等。从一般意义上来看，维客技术进一步体现了信息自由共享的思想，同时也为个人的信息与知识更新提供了一种方便的途径。

最有名的是维基百科（Wikipedia）。维基百科最初的构想是由 Larry Sanger 提出的，英文版本（Wikipedia http//en.wikipedia.org/）于 2001 年 1 月 15 日开始建设，中文版（Wikipedia http://zh.wikipedia.org/）的建设始于 2002 年 10 月底。整个维基百科全书计划中没有传统意义上的主编，它完全由全球的志愿者共同参与建设。2002 年 12 月，维基词典（Wiktionary）正式启动，它的宗旨是建立一个包含所有语言的词典，它与维基百科在同一个服务器上运行，使用同样的软件，此后，维基教科书计划（http：//wikibooks.org/）、维基资源计划（http：

//sources.wikipedia.org/）、维基语录计划（http：//quote.wikipedia.org/）等也陆续启动。

3．家庭监控

家庭监控是指通过家庭网关、家庭智能安防和监控告警设备的相互配合，实现设备状态信息和告警信息的远程查询、远程传送、远程控制，以满足智能家居和安防的需求。具体业务表现形式有：

- 访问管理：父母监控、远程访问、防火墙等。
- 安全管理：远程监控、火灾报警、安防报警等。
- 自动控制：家电远程控制、自动抄表等。

根据欧洲市场调研，家庭用户对增加安全感的要求高于增加生活舒适度、家务自动化的要求。电信运营商以家庭监控为切入点，逐步掌握家庭网络的主导权，改变了智能家电、家庭视频监控等产品的单一使用模式，在家庭网络平台上实现从内容提供、信息处理到信息传输的全面“数字融合”。

4．RSS

RSS（Really Simple Syndication，简易聚合）是一种描述和同步网站内容的格式，通常被用于新闻和其他按顺序排列的网站，例如博客。用户可以在客户端借助于支持 RSS 的工具软件，在不打开网站内容页面的情况下阅读支持 RSS 输出的网站内容。网站提供 RSS 输出，有利于让用户发现网站内容的更新。

RSS 将对互联网内容的浏览方法产生巨大的影响。用户通过 RSS 阅读器或者在线 RSS 阅读方式，不必登录各个提供信息的网站，而同时浏览多个页面。同时，随着越来越多的站点对 RSS 的支持，RSS 搭建了信息迅速传播的一个技术平台，从而使互联网成为一种新型而有效的信息传播媒体。

5．IPTV

IPTV 即交互式网络电视，是一种利用宽带有线电视网，集互联网、多媒体、通信等多种技术于一体，向家庭用户提供包括数字电视在内的多种交互式服务的技术。用户在家中可以有两种方式享受 IPTV 服务，即计算机和网络机顶盒+普通电视机。

IPTV 的特点表现在：

（1）用户可以得到高质量数字媒体服务。

（2）用户可有极为广泛的自由度选择宽带 IP 网上各网站提供的视频节目。

（3）实现媒体提供者和媒体消费者的实质性互动。IPTV 采用的播放平台可根据用户的选择配置多种多媒体服务功能，包括数字电视节目、可视 IP 电话、DVD/VCD 播放、互联网游览、电子邮件以及多种在线信息咨询、娱乐、教育及商务功能。

6．网摘

网摘又名网页书签，英文原名是 Social Bookmark。网摘是一种服务，它提供的是一种收藏、分类、排序、分享互联网信息资源的方式。通俗地说，网摘就是一个放在网络上的海量收藏夹。使用网摘存储网址和相关信息列表，使用标签（Tag）对网址进行索引，使网址资源有序分类和索引，使网址及相关信息的社会性分享成为可能。在分享的人为参与的过程中网址的价值被给予评估，通过群体的参与使人们挖掘有效信息的成本得到控制，通过知识分类机制使具有相同兴趣的用户更容易彼此分享信息和进行交流，网摘站点呈现出一种以知识分类的社群景象。

7．播客

播客即 Podcast，Podcast 一词原是苹果电脑的“iPod”与“Broadcast”的合成词，是一种在互联网上发布音频文件并允许用户订阅 BT（Bit Torrent）来自动接收新文件的方法，或用此方法来制作的电台节目。2004 年 9 月，美国苹果公司发布 iPodder 软件，这一事件被看作是播客（Podcast）出现的标志。

从 2004 年 8 月，美国人亚当·科利开通了世界上第一个播客网站之后，播客以比博客更为凶猛的势头席卷全球互联网界。播客已将其影响扩展到传统媒体，未来很有可能成为行业间合作发展的典范。播客逐渐成为互联网上音视频的传播方式，作为一种基于互联网的数字广播应用，网友可以借助播客软件自己制作文本、音频、视频内容的广播节目，并提供给其他人下载，因此播客就是一个以互联网为载体的个人电台和电视台，对传统内容制作方式和传播方式将会产生很大冲击。播客与其他音频内容传送的区别在于其个人制作和订阅模式。

最典型和发展最快的是美国 Youtube 网站，Youtube 视频每天上传 7 万部，每日访问者人数超过 1 亿，而用户每天上传的视频也超过了 6.5 万个，一些移动运营商提供手机 Youtube 业务。我国也相继出现了大批播客站点，如土豆网、播客中国、播客天下等。

8．博客

互联网社会化的核心是个人网络化，而随着“博客”的崛起，超越社会精英概念、真正面向社会每一个个人、并以个人为主体的知识过程开始在互联网中兴起，并将为人类社会带来革命性的影响。

博客的出现集中体现了互联网时代媒体界所体现的商业化垄断与非商业化自由，大众化传播与个性化（分众化、小众化）表达，单向传播与双向传播三个基本矛盾、方向和互动。虽然，博客依然在大多数人的视野之外，但他们改变历史的征程已经启动。博客世界的“颠覆性力量”正在崛起。

博客具有 5“零”特征，即通过一些软件工具，可以帮助任何一个普通用户实现零体制、零编辑、零技术、零成本、零形式的网上个人发表。人人都是知识工作者，人人可以参与知识管理，每一个行业和每一个企业都可以成为知识型企业，进一步发展知识社会。

9．视频搜索

以往视频在互联网上只有较小规模受众，小范围传播，随着网上视频内容呈井喷式增长趋势，视频搜索也正在成为新热点。

与文字和图片相比，视频作为一个图文、声音集合的时间序列，对搜索技术的要求更高，在目前的市场上，大部分视频搜索引擎所采用的几乎都是文本索引方式。为了真正把视频的内容价值重新提升，视频搜索需要对视频内容本身进行搜索。如果采取帧搜索，需要定位在每一个帧，画面里面所有可以利用的信息都要进行处理、分析，视频搜索技术很复杂，亟待突破。未来的搜索引擎还加入了 Web2.0 元素，用户可以对一段视频中的某（几）段剪辑，建立个性化注释标签，并可收藏及分享。这种功能将大幅改善现有视频共享社区的用户体验。

7.7 三网融合

在中国物联网校企联盟的“科技融合体”模型中，“三网融合”是当下科技和标准逐渐融合的一个典型表现形式。“三网融合”又叫“三网合一”，意指电信网络、有线电视网络和计算机网络的相互渗透、互相兼容、并逐步整合成为全世界统一的信息通信网络，其中互联网是其核心部分。

三网融合打破了此前广电网在内容输送、电信在宽带运营领域各自的垄断，明确了互相进入的准则——在符合条件的情况下，广电网企业可经营增值电信业务、比照增值电信业务管理的基础电信业务、基于有线电网络提供的互联网接入业务等；而国有电信企业在有关部门的监管下，可从事除时政类节目之外的广播电视节目生产制作、互联网视听节目信号传输、转播时政类新闻视听节目服务，IPTV 传输服务、手机电视分发服务等。

三网融合，在概念上从不同角度和层次上分析，可以涉及到技术融合、业务融合、行业融合、终端融合及网络融合。

1. 基础数字技术

数字技术的迅速发展和全面采用，使电话、数据和图像信号都可以通过统一的编码进行传输和交换，所有业务在网络中都将成为统一的“0”或“1”的比特流，所有业务在数字网中都将成为统一的 0 或 1 比特流，从而使得话音、数据、声频和视频各种内容（无论其特性如何）都可以通过不同的网络来传输、交换、选路处理和提供，并通过数字终端存储起来或以视觉、听觉的方式呈现在人们的面前。数字技术已经在电信网和计算机网中得到了全面应用，并在广播电视网中迅速发展起来。数字技术的迅速发展和全面采用，使话音、数据和图像信号都通过统一的数字信号编码进行传输和交换，为各种信息的传输、交换、选路和处理奠定了基础。

2. 宽带技术

宽带技术的主体就是光纤通信技术。网络融合的目的之一是通过一个网络提供统一的业务。若要提供统一业务就必须要有能够支持音视频等各种多媒体（流媒体）业务传送的网络平台。这些业务的特点是业务需求量大、数据量大、服务质量要求较高，因此在传输时一般都需要非常大的带宽。另外，从经济角度来讲，成本也不宜太高。这样，容量巨大且可持续发展的大容量光纤通信技术就成了传输介质的最佳选择。宽带技术特别是光通信技术的发展为传送各种业务信息提供了必要的带宽、传输质量和低成本。作为当代通信领域的支柱技术，光通信技术正以每 10 年增长 100 倍的速度发展，具有巨大容量的光纤传输是“三网”理想的传送平台和未来信息高速公路的主要物理载体。无论是电信网，还是计算机网、广播电视网，大容量光纤通信技术都已经在其中得到了广泛的应用。

3. 软件技术

软件技术是信息传播网络的支柱，软件技术的发展，使得三大网络及其终端都能通过软件变更最终支持各种用户所需的特性、功能和业务。现代通信设备已成为高度智能化和软件化的产品。今天的软件技术已经具备三网业务和应用融合的实现手段。

4. IP 技术

内容数字化后，还不能直接承载在通信网络介质之上，还需要通过 IP 技术在内容与传送介质之间搭起一座桥梁。IP 技术（特别是 IPv6 技术）的产生，满足了在多种物理介质与多样的应用需求之间建立简单而统一的通信需求，可以顺利地对多种业务数据、多种软硬件环境、多种通信协议进行集成、综合、统一，对网络资源进行综合调度和管理，使得各种以 IP 为基础的业务都能在不同的网络上实现互通。

光通信技术的发展，为综合传送各种业务信息提供了必要的带宽和高质量传输，成为三网业务的理想平台。软件技术的发展使得三大网络及其终端都通过软件配置，最终支持各种用户所需的特性、功能和业务。

统一的 TCP/IP 协议的普遍采用，将使得各种以 IP 为基础的业务都能在不同的网上实现互通。人类首次具有统一的为三大网都能接受的通信协议，从技术上为三网融合奠定了最坚实的基础。

习 题 7

7.1 什么是通信业务网?

7.2 电话通信网由哪几部分组成?

7.3 电话网常采用什么拓扑结构?

7.4 电话网的等级结构是如何构成的?

7.5 什么是长途网?

7.6 本地网中的电话号码是如何组成的?

7.7 有线电视系统的基本组成部分是什么? 各有什么作用?

7.8 邻频传输中主要的频道干扰有哪些?

7.9 简述光纤/同轴电缆混合网络的作用与组成特点。

7.10 HFC 网络应采取什么样的调制方式?

7.11 简述数字电视及其优点。

7.12 简述机顶盒的作用。

7.13 什么是有线通信电视? CATV 与 ISDN 的结合的优势体现在哪里?

7.14 试画出 B-ISDN 的网络分层结构并简述各功能层的作用。

7.15 ATM 信元是如何构成的?

7.16 什么是异步转移模式? 其主要技术特点是什么?

第8章 接 入 网

内容提要

- 接入网的概念、特点、拓扑结构和综合业务
- 接入网中的接口类型
- V5 接口
- ADSL 接入技术
- VDSL 接入技术
- 混合光纤/同轴电缆接入网技术的网络结构和频谱
- CableModem 的概念和系统结构
- 光纤接入技术的基本概念和功能结构
- FTTx+LAN 的接入方式
- 无线接入网技术的概述
- 本地多点分布业务系统（LMDS）
- 无线局域网（WLAN）接入技术

8.1 接入网概述

8.1.1 接入网的基本概念

一般来说，整个电信网包含核心网（CoreNetwork，CN）、接入网（AccessNetwork，AN）和用户驻地网（Customer Premises Network，CPN）三大部分，如图 8.1 所示。其中 CPN 属用户所有，故通常电信网指核心网和接入网两部分，即公用电信网。核心网由长途网（城市之间）、中继网（本市内）组成，是电信网的骨干网。相对核心网的其他部分则统称为接入网，接入网主要完成将用户接入到核心网的任务。可见接入网是相对核心网而言的，接入网是公用电信网中最大和最重要的组成部分。

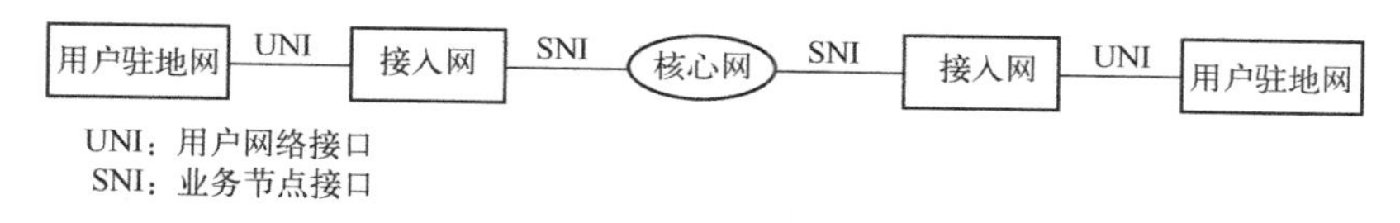

图 8.1 电信网的基本组成

1．接入网的定义

按照 ITU-T（国际电联标准部）G.902 的定义，接入网（AN）是由业务节点接口（SNI）

和用户网络接口（UNI）之间的一系列传送实体（如线路设施和传输设施）所组成的，它是一个为传送电信业务提供所需传载能力的实施系统，可由管理接口（Q3）进行配置和管理。它包括复用、交叉连接及传输设备，典型的接入网框图如图 8.2 所示。

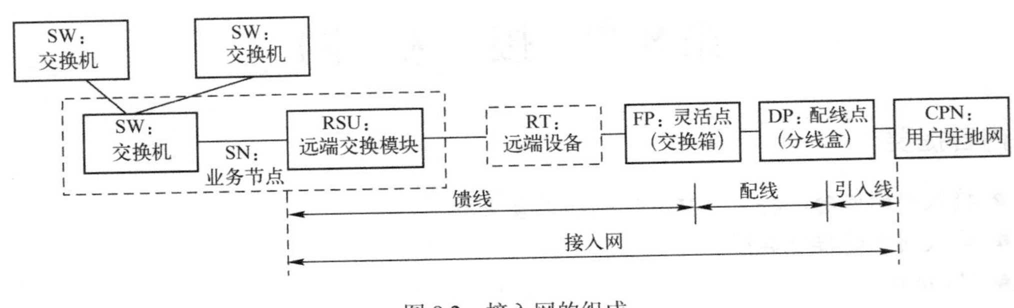

图 8.2　接入网的组成

根据图 8.2 所示的结构，可以将接入网的概念进一步明确。所谓接入网一般是指端局本地交换机或远端交换模块至用户之间的部分，其中灵活点（FP）和配线点（DP）是非常重要的两个信号分路点，大致对应传统双绞铜线用户线的交接箱和分线盒，端局至 FP 的线路称为馈线段，FP 至 DP 的线路称为配线段，DP 至用户的线路称为引入线，SW 为交换机。图中的远端交换模块（RSU）和远端设备（RT）可根据实际需要决定是否设置，CPN 为用户驻地网。

2. 接入网的定界

在电信网中，接入网的定界如图 8.3 所示。接入网由三个接口来定界，在用户侧通过用户网络接口（UNI）与终端设备相连，在网络侧通过业务节点接口（SNI）与业务节点（SN）相连。而管理方面通过 Q3 接口与电信管理网（TMN）相连。

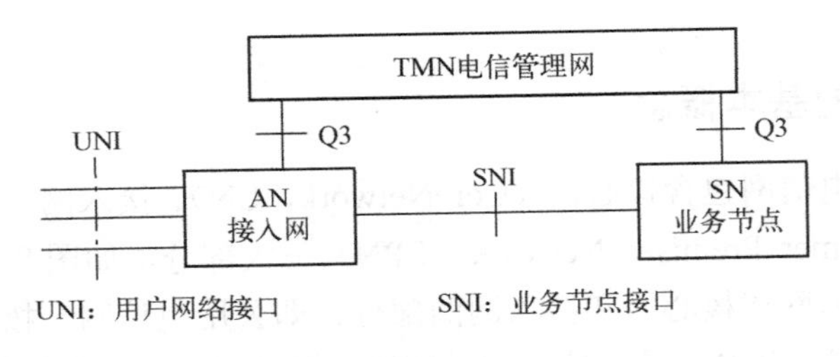

图 8.3　接入网的定界

（1）业务节点（SN）。是提供业务的实体，它是一种可以接入到各种交换或非交换电信业务的网元。SN 与传统的网络节点（NN）不同，它除具有 NN 的交换功能外，还包括交换业务和种类。SN 可提供规定业务的业务节点有本地交换机、租用线业务节点或特定配置下的点播电视和广播电视业务节点等。

（2）业务节点接口（SNI）。是在接入网的业务侧，提供用户接入到 SN 的接口。它独立于业务节点和交换机，把不同业务的 SN 通过不同的 SNI 与接入网相连，向用户提供多种不同的业务服务。

（3）用户网络接口（UNI）。位于接入网的用户侧，是用户终端设备与接入网之间的接口。它支持各种业务的接入，如模拟电话、N-ISDN、B-ISDN ，对不同的业务，对应不同的接口类型。UNI 分为独立式和共享式两种，独立式 UNI 是一个 UNI 支持一个业务节点，共享式 UNI 是一个 UNI 可以支持多个业务节点的接入。

（4）Q3 标准接口。Q3 为电信管理网（TMN）与电信网各部分相连的标准接口。接入网通过 Q3 标准接口与 TMN 相连实现 TMN 对接入网的管理。TMN 对接入网的管理包括：接入网的运行、控制、监测与维护等功能。

8.1.2 接入网的特点

接入网介于核心网和用户之间，直接担负广大用户的信息传递，它与长途干线网和市内中继网有明显的不同，具有以下主要特点：

（1）具有复用、交叉连接和传输功能，一般不具备交换功能。它提供开放的 V5 标准接口，可实现与任何种类的交换设备进行连接。

（2）提供各种综合业务。接入网支持的业务种类繁多，有话音业务、图像业务、数据业务以及租用业务等。

（3）组网能力强。接入网可以根据实际情况提供环型、星型、链型、树型等组网方式，其中环型还有自愈能力，能够优化网络结构。

（4）光纤化程度高。接入网可以将其远端设备光网络单元放置在更接近用户处，使得剩下的电缆段距离缩短，有利于减少投资，也有利于减少建设维护费用。

（5）对环境的适应能力强。接入网的远端室外设备可以适应于各种恶劣的环境，无需一定条件的机房，甚至可以搁置在室外，有利于减少建设维护费用。

（6）全面的网管功能。通过 Q3 接口接入网可以与 TMN 连接，实现 TMN 对接入网的运行、控制、监测与维护等各方面的管理。同时通过相关的协议接入网也可以接入本地网管中心，由本地的网管中心对它进行管理。

（7）接入网结构变化大，网径大小不一。在结构上，核心网结构稳定，规模大，适应新业务的能力强；而接入网用户类型复杂，结构变化大，规模小，难以及时满足用户的新业务需求，由于各用户的新业务需求，由于各种用户所在位置不同，造成接入网的网径大小不一。

（8）接入网成本与用户有关，但与业务量基本无关。因为各种用户传输距离的不同造成了接入网成本差异，市内用户比偏远地区用户接入成本要低得多。核心网的总成本对业务量很敏感，而接入网成本与业务基本无关。

8.1.3 接入网的结构功能

接入网有五个功能模块，分别为用户接口功能模块（UPF）、业务接口功能模块（SPF）、核心功能模块（CF）、传送功能模块（TF）和接入系统管理功能模块（AN-SMF），如图 8.4 所示。

1．用户接口功能模块（UPF）

用户接口的功能是将特定的 UNI 要求与核心功能和管理功能相适配。其主要功能有：

（1）终结 UNI 功能。

（2）A/D 变换和信令转换。

（3）UNI 的激活和去激活。

（4）处理 UNI 承载通路/容量。

（5）UNI 的测试和 UPF 的维护。

（6）管理和控制功能。

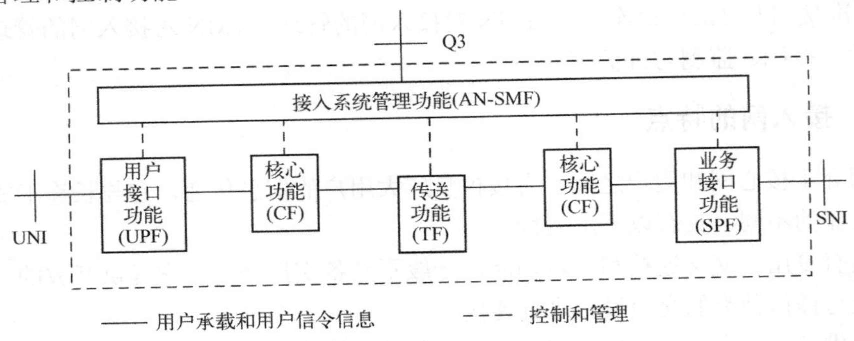

图 8.4　接入网的结构功能

2．业务接口功能模块（SPF）

业务接口功能是将特定的 SNI 要求与公用承载通路相适配，以便核心功能处理，同时负责有关的信息以便在 AN-SMF 模块中进行处理。其主要功能有：

（1）终结 SNI 功能。

（2）把承载通路要求、时限管理和运行要求及时映射到核心功能。

（3）特定 SNI 所需的协议映射。

（4）SNI 的测试和 SPF 的维护。

（5）管理和控制功能。

3．核心功能模块（CF）

核心功能是将各个用户承载通路或业务接口承载通路的要求与公用承载通路相适配。核心功能可以分布在整个接入网内，其主要功能有：

（1）接入承载通路处理。

（2）承载通路集中。

（3）信令和分组信息复用。

（4）ATM 传送承载通路的电路模拟。

（5）管理和控制功能。

4．传送功能模块（TF）

传送功能为接入网中不同地点之间公用承载通路传送提供通道，同时为相关传输媒质提供适配功能。其主要功能有：

（1）复用功能。

（2）交叉连接功能。

（3）物理媒质功能。

（4）管理功能。

5. 接入系统管理功能模块（AN-SMF）

接入系统管理功能主要是对接入网内 UPF、SPF、CF 和 T 进行管理，如指配、操作和维护，同时也对用户终端（经 UNI）和业务节点（经 SNI）的操作进行管理。其主要功能有：

（1）配置和控制。

（2）业务提供的协调。

（3）用户信息和性能数据收集。

（4）协调 UPF 和 SN 的时限管理。

（5）资源管理。

（6）故障检测与指示。

（7）安全控制。

接入系统管理功能模块（AN-SMF）经 Q3 接口与 TMN 进行通信，从而实现对接入网的检测和控制。

8.1.4 接入网的拓扑结构

网络的拓扑结构是指组成网络的各个节点通过某种连接方式互连后形成的总体物理形态或逻辑形态，称为物理拓扑结构或逻辑拓扑结构。一般情况下，网络的拓扑结构是指物理拓扑结构。在接入网中，拓扑结构直接与接入网的效能、可靠性、经济性和提供的业务有关，当前接入网中常见的拓扑结构有星型结构、环型结构、树型结构和总线型结构。

1. 星型结构

当通信中由一个特殊点（即枢纽点）与其他所有点直接相连，而其余点之间不能直接相连时，就构成了星型结构，如图 8.5 所示。

星型结构中，每个用户都有专用线缆与交换机相连，用户之间完全独立，业务量最终都集中在本地交换机这个节点上。星型结构的优点是结构简单，但线路不能共享，成本高。

2. 总线型结构（链型或 T 型结构）

当通信中所有点都串联起来并使首尾两点开放，所有点都可以有上下业务时，就构成了总线型结构，如图 8.6 所示。

该结构适用于分配式业务，用户可以共享传输设备，每个用户可以根据预先分配的时隙挑出属于自己的信号。因此只要总线带宽足够高，不仅能传送低速的双向通信业务，而且能传送高速的分配型业务，但该结构保密性能较差。

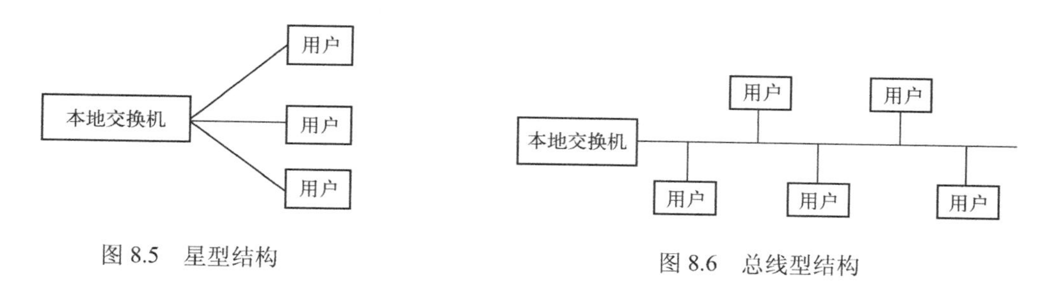

图 8.5 星型结构

图 8.6 总线型结构

3．环型结构

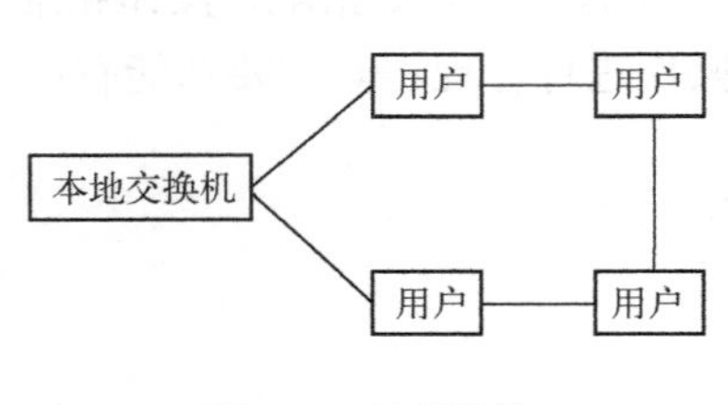

图 8.7　环型结构

当通信中所有点都串联起来，而且首尾相连，没有任何点开放时，就构成了环型结构，如图 8.7 所示。该结构与总线型结构类似，但没有开放点，这就构成了可靠性很高的自愈网。特别是 SDH 自愈型网络结构，适合于带宽需求大、质量要求高的企事业用户和接入网馈线段应用。

4．树型结构

树型结构适用于单向广播型业务，如传统的有线电视 CATV 通常采用这种结构。在光纤接入网中，这种结构再次显示出很强的生命力。在光纤接入网中可以采用无源光器件（如无源光功率分路器）来代替传统电缆接入网的交接箱或分线盒，完成光信号的分路，如图 8.8 所示。该结构适用于 4 线以上电话需求而对双向宽带业务需求不迫切的小型企事业用户和住宅居民用户。

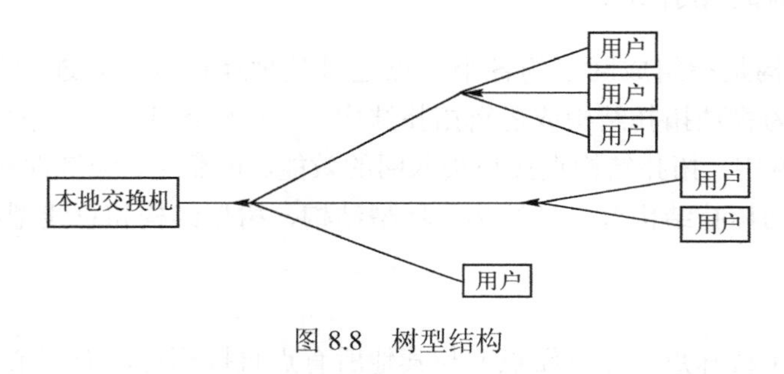

图 8.8　树型结构

在实际应用中，一般是将以上各种拓扑结构进行组合，形成复合型的网络结构。

8.1.5　接入网的综合业务

接入网可提供综合接入业务，即在同一个网络中，同时实现话音、数据、图像和多媒体业务，而这些业务目前已基本满足了用户绝大部分的通信需求。

1．话音业务

话音业务是电信网为用户提供的双向、实时话音通信业务，即电话业务。

20 世纪 80 年代开始，随着通信技术的发展，在传统的话音电话上开发了许多新业务，如：可视电话、IC 卡电话、移动电话、IP 电话、智能网电话。在程控交换机上开发了缩位拨号、叫醒电话、三方通话、呼叫等待、呼叫转移、呼叫限制、追查恶意呼叫等服务业务，以满足用户的需求。

2．数据业务

数据业务是按一定的协议，通过电信网络实现人与计算机或计算机与计算机以及一般数据终端设备之间的一种非话音业务。

目前，数据通信网能支持的业务主要有以下几种。

（1）数据检索业务。用户通过公用网进入国际、国内的计算机数据库或其他服务器，查找和选取所需的文献、资料、图像或数据等。

（2）数据处理业务。这种业务是指对数据进行综合分析和加工处理，为用户提供信息服务。如民航订票、银行存贷款、企业营销、工资、财务等系统。

（3）电子邮件业务。这种业务建立在计算机通信网上，为用户提供能传送和存取电文、信函、传真、图像、语音等多种业务。这种业务在通信过程中不需要收信人在场，不受实时通信限制，可以转发和同时向多人发送，可以延迟和加密处理，避免被叫方占线和无人值守的问题。

（4）电子数据业务（EDI）。这种业务是一种按国际公认的统一标准格式编制资料，通过电信网实现单位计算机之间的数据自动交换和自动处理的业务。它主要用于贸易、运输、保险、银行和海关等行业，以电子的方式自动完成贸易过程中的全部业务。EDI 是以电子单据取代传统的纸面单据，从而实现贸易过程中的重大变革，产生了所谓的电子贸易。

3. 图像业务

图像业务是指通过电信网传送、存储、检索或广播图像与文字等视觉信息的业务。它具有形象、直观、生动等特点。图像业务可分为静态和动态两类。静态图像业务包括传真、可视图文、电视图文广播等；动态图像业务包括可视电话、广播电视、高清晰度电视等。对普通用户而言，目前普遍需要的是电视业务。

4. 多媒体业务

随着通信技术的发展和人们需求的不断增加，接入网必须提供足够的带宽支持多媒体业务。目前多媒体业务主要包括以下几种。

（1）点播电视（VOD）业务。VOD（Video On Demand）即视频点播电视，也称交互式电视点播系统。它可以使用户在家中随时点播想收看的电视节目、交互式游戏以及其他信息。这种业务允许用户自己控制节目的播放，如录放、放像、快进、倒进、暂停等。

（2）居家办公业务。将用户家中的 PC 机等终端设备经电信网与单位局域网相连，即可实现用户居家办公。用户在家中可以获得办公室所需的任何信息，并能与其他人进行联系，处理相关业务，如同在办公室办公一样。居家办公业务可以使企事业单位内部员工沟通顺畅，处理业务及时，大大提高了办公效率。

（3）居家购物业务。用户在家中利用上网的 PC 机，就可以享受到从商场购物的服务，并有身临其境的感觉。这种业务不仅给用户带来极大方便，而且给商家也带来了经济上的好处。

（4）远程教育业务

远程教育业务允许分布在各地的用户都能参加教育课程，不受时间、地点等因素的限制，使老师和学生可以实现异地教学。它能使学生享受到最好学校、最好老师的教授。

（5）远程医疗业务。远程医疗系统可以使医生对病人提供远程诊断服务。电信网提供的远程医疗使医生和病人不在同一地点时，医生就可以给病人进行诊断，而且还可以使各医院之间对疑难病人进行远程会诊，共享病例资料。这不仅使病人的疾病医治变得及时，给病人和医生带来方便，而且可以提高整体的医疗水平。

（6）多方可视游戏业务。用户通过现有的 Internet 网与其他用户下棋、打牌、玩电子游戏等各种娱乐活动。这种与真实对手进行远距离实时可视游戏的娱乐活动，给用户带来极大的兴趣。

（7）多媒体会议业务。这是一种向多个用户提供全新感受的“面对面”的通信方式。参加会议的人员不仅能听到与会发言人的声音，还能感受到会议的场景；不仅能“面对面”地进行讨论，修改文件、图纸，而且能及时地进行资料和文件的传递。

要实现各种多媒体业务的服务，用户家中的终端设备将不再是单一的电话机、电视机、传真机、PC 机，而是具有多种功能的多媒体终端。这种多媒体终端将为用户提供各种业务服务。

8.2 接入网中的接口

从前面给出的接入网的定义可知，接入网有三类接口。它通过业务节点接口（SNI）与业务节点相连，通过用户网络接口（UNI）与用户相连，另外通过 Q3 接口与电信管理网相连。这三种接口在接入网中占有重要位置，接入网接口的好坏直接关系到接入网的成本和先进性，也关系到接入网的接入业务的数量和种类。

8.2.1 接口类型

1. 用户网络接口（UNI）

用户网络接口是用户与网络之间的接口，在接入网中则是用户与接入网之间的接口，位于接入网的用户侧。它支持各种类型业务的接入，如模拟电话接入（PSTN）、N-ISDN 业务接入以及各种租用线业务的接入等。对不同的业务种类应采用不同的接入方式，而不同的接入方式对应着不同的接口类型。UNI 分为独立式和共享式两种，所谓独立式 UNI 是指用户终端通过 UNI 只能接入到一个 SN；所谓共享式 UNI 是指用户终端通过 UNI 可以接入到多个 SN，如图 8.9 所示。由图可知，一个共享式 UNI 可以支持多个业务节点，并实现多个逻辑的接入。每个逻辑的接入通过不同的 SNI 连向不同的 SN，而不同的逻辑接入则由不同的用户端口功能（UPF）支持。

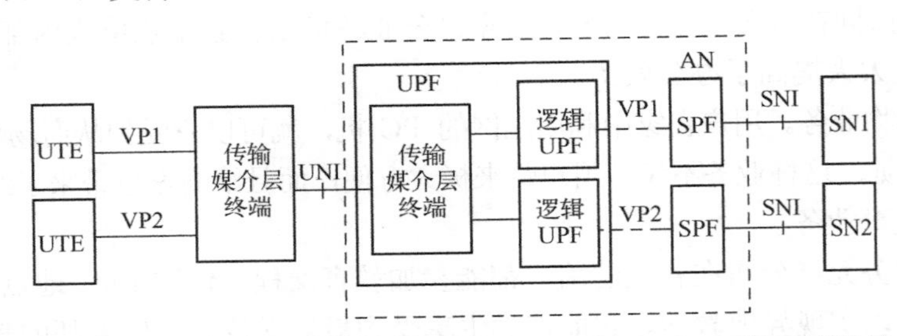

UPF：用户端口功能，SPF：业务端口功能，VP：虚通路，UTE：用户终端设置

图 8.9 共享式 UNI

2. 业务节点接口（SNI）

业务节点接口是接入网和一个业务节点之间的接口，位于接入网的业务侧。如果 AN-SNI

侧和 SN-SNI 侧不在同一个地方，可以通过透明传送实现远端连接。对不同的用户业务，要提供相对应的业务节点接口，使得能与各种业务节点（如交换机）相连。

（1）业务节点（SN）。业务节点是指能够独立地提供某种电信业务的实体（设备或模块），即可以提供各种交换型和永久连接型电信业务的网元。可提供规定业务的业务节点有本地交换机、X.25 节点、租用线业务节点（如 DDN 节点机）或特定配置下的点播电视和广播电视业务节点等。

业务节点有以下三种类型：

① 仅支持一种专用接入类型。

② 可支持多种接入类型，但所有接入类型的接入承载能力相同。

③ 可支持多种接入类型，且所有接入类型的接入承载能力不同。

按照特定的业务节点类型所要求的能力，根据所选择的接入类型、接入能力和业务要求，可以规定合适的业务接口。

支持一种特定业务的业务节点有：

① 单个本地交换机。它可以支持 PSTN 业务、N-ISDN 业务或 PSPDN（分组交换公用数据网）业务等。

② 单个租用线业务节点。它可以支持以电路交换方式为基础的租用线业务，以 ATM 交换方式为基础的租用线业务以及以分组交换方式为基础的租用线业务等。

③ 特定配置下提供数字图像和声音点播业务的业务节点。

④ 特定配置下提供数字图像或模拟图像和声音点播业务的业务节点。

支持一种特定业务的业务节点经特定的 SNI 与接入网相连，在用户侧按业务不同有相应的 UNI，如图 8.10 所示。这是一种一个 AN 与两个支持不同业务的 SNI 连接的情况。其中 SN1 为支持 N-ISDN 和 B-ISDN 点播业务的本地交换机，相应的 SNI 为 ATM 方式；SN2 为支持 B-ISDN 点播业务和 ATM 租用线业务的 ATM 交换机，相应的 SNI 为 ATM 方式。

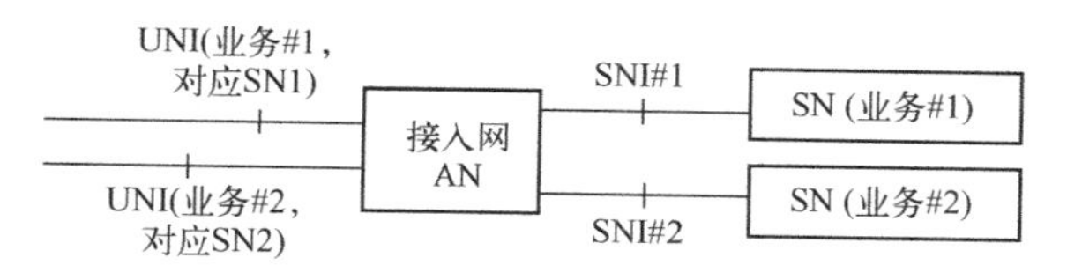

图 8.10 支持单个业务的 SN 配置

支持一种以上业务的业务节点称为模块式业务节点，此时模块式业务节点经单个 SNI 与接入网相连，接入网用户侧的 UNI 则按不同的业务有不同的形式，但都与同一个业务节点相对应，如图 8.11 所示。

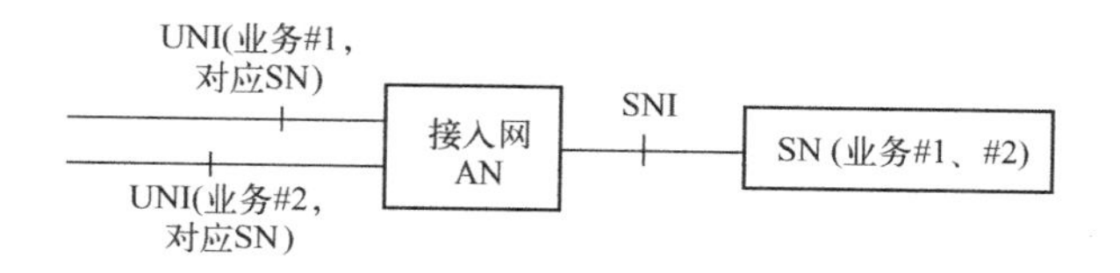

图 8.11 支持多个业务的 SN 配置

（2）业务节点接口类型。业务节点接口主要分为模拟接口（接口）和数字接口（ 接口）

两大类。

Z 接口对应于 UNI 的模拟 2 线音频接口，可提供普通电话业务或模拟租用线业务。随着接入网的数字化和业务的综合化，Z 接口已逐步由 V 接口取代。

V 接口经历了 V1 接口到 V5 接口的发展，其中 V1～V4 接口的标准化程度有限，并且不支持综合业务的接入。近年来，ITU-T（国际电联电信标准化部门）和 ESTI（欧洲电信标准协会）开发并规范了 V5 接口，包括 V5.1、V5.2 以及 VB5.1、VB5.2 接口。V5 接口是标准化的开放型数字接口，它能够同时支持多种用户接入业务。

3. Q3 管理接口

Q3 管理接口是接入网和电信管理网（TMN）的接口，也是 TMN 与电信网各部分相连的标准接口。作为电信网的一部分，接入网的管理必须符合 TMN 的策略，接入网是通过 Q3 标准接口与 TMN 相连来实现 TMN 对接入网的管理和协调，从而提供用户所需的接入类型及承载能力。

8.2.2 V5 接口

1. V5 接口的定义

V5 接口是本地数字交换机（LE）和接入网之间开放的、标准的数字接口，V5 接口属业务节点接口（SNI），V5 接口示意图如图 8.12 所示。

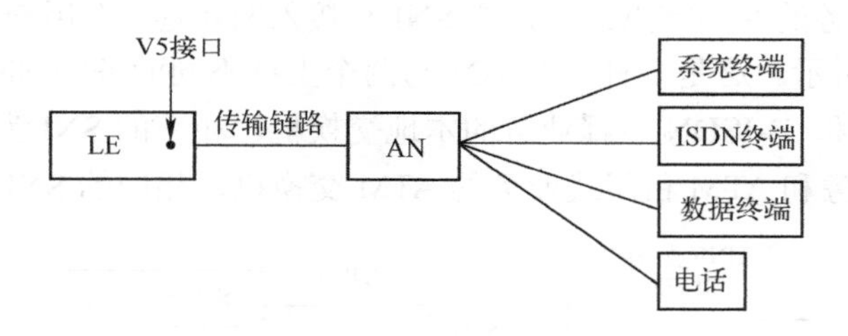

图 8.12　V5 接口示意图

V5 接口接入网是本地数字交换机和用户之间的实施系统，为 PSTN 业务、ISDN 业务和租用线业务提供承载能力。接入网和本地数字交换机之间采用 V5 接口相连。

2. V5 接口的作用

ITU-T 于 1994 年定义了 V5 接口，并通过了相关的建议，对于接入网的发展具有巨大的影响和深远意义。V5 接口的作用主要表现为以下几个方面。

（1）促进接入网的迅速发展。由于 V5 接口是统一和开放的数字接口，不同厂家的交换设备和接入设备可以任意互连，自由组合，这样有利于公平竞争，使网络运营商能够选择性价比最好的系统设备组织接入网。V5 接口为接入网的数字化和光纤化提供了条件，也为各种传输介质的合理应用提供了统一的要求，使各种先进的通信技术设备能够经济地在接入网中应用，提高了通信质量，促进了接入网的迅速发展。

（2）使接入网配置灵活。采用 V5 接口，可按照实际网络需要选择接入网的传输介质和网络结构，灵活配置接入设备，实施合理的组网方案。V5 接口可支持多种类型的用户接入，可提供语音、数据、专线等业务，使接入网提供的业务向综合性方向发展。

（3）降低成本。V5 接口的引入扩大了交换机的服务范围，接入网把数字信道延伸到用户附近，提供综合业务接入，这样有利于减少交换机数量，降低了用户线的成本和运营费用。

（4）增强网管能力，提高服务质量。V5 接口系统提供了全面的监控和管理功能，使接入网的维护、管理和控制变得有效和简便，从而也有利于提高服务质量。

3. V5 接口的类型

（1）V5.1 与 V5.2 接口。V5.1 接口由 1 条单独的 E1（2.048M/s）链路构成。它是固定分配时隙，只有复用功能，而无集线功能和保护功能的标准化接口。

V5.2 接口由 1～16 条 E1（2.048Mbit /s）链路构成。它是动态分配时隙，不仅有复用功能，而且具有集线功能和保护功能的标准化接口。

V5.1 与 V5.2 接口性能的比较如表 8.1 所示。它们之间有很多相似之处，但也有许多区别。两者的主要区别是：V5.1 接口对应的接入网无集线功能，支持 PSTN 接入、ISDN 基本接入（64Kbit/s）。V5.2 接口对应的接入网有集线功能，除支持 V5.1 接口的业务外，还支持 ISDN 基群速率接入（2.048Mbit/s）。V5.1 接口是 V5.2 接口的子集，V5.1 接口将会被 V5.2 接口所取代。

表 8.1　V5.1 与 V5.2 接口性能的比较

功能 \ 接口类型	V5.1 接口	V5.2 接口
链路数	1 个 2.048Mbit/s 链路	1～16 个 2.048Mbit/s 链路
集线功能	固定分配时隙，无集线功能	动态分配时隙，有集线功能
保护功能	无保护功能	有保护功能
支持的 ISDN 业务	仅支持基本接入（2B+D）业务	支持基本接入（2B+D）和基群接入（30B+D）业务
协议	PSTN/控制	PSTN/控制/链路控制/BCC/保护

（2）VB5 接口。V5.1 与 V5.2 接口是属于窄带接入，为了支持 AN 的宽带接入，1997 年 ITU-T 又提了 VB5 接口标准。VB5 接口是 ATM 交换机与宽带接入网之间的标准化接口，按照 ITU-T 的 B-ISDN 体系结构，采用以 ATM 为基础的信元方式传递信息并实现相应的业务接入。VB5 接口属于宽带接入网业务的节点接口，VB5 接口示意图如图 8.13 所示。

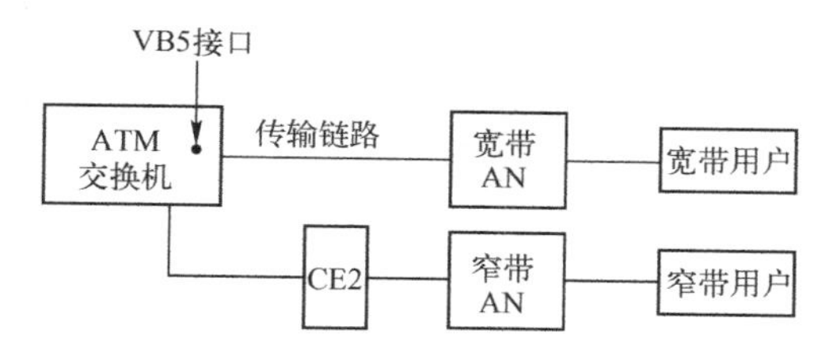

图 8.13　VB5 接口示意图

VB5 接口包括 VB5.1 与 VB5.2 接口。VB5.2 接口的功能强于 VB5.1 接口，VB5.1 接口可以看成是 VB5.2 接口的子集。它们的主要区别是：在 VB5.2 接口中增加了宽带承载通路连接（B-BCC）协议。该协议的主要功能是实现 AN 中资源的动态分配。

4. V5 接口支持的业务

V5.1、V5.2 接口支持的业务主要有：

（1）模拟电话（PSTN）接入。一个 V5.1 接口最多支持 30 个 PSTN 用户接入；一个 V5.2 接口可支持几千个 PSTN 用户接入。

（2）ISDN 基本（64Kbit/s /）接入。

（3）V5.2 接口还可支持 ISDN 基群速率（2.048Mbit/s）接入。

（4）半永久租用线业务。它是指两个用户网络接口之间，通过交换网络建立的半永久连接。业务包括使用 ISDN 基本接入中的一个或两个 B 通路、无带外信令的模拟接入和无带外信令的数字接入。

（5）永久租用线业务。它是指两个用户网络接口之间，通过接入网、旁路交换节点而建立的永久连接。永久线路业务使用 ISDN 基本接入中的一个或两个 B 通路，是旁通 V5 接口的。

VB5 接口支持的业务主要有：

（1）速率为 STM-1（155.520Mbit/s） STM-4（622.080Mbit/s）的 B-ISDN 接入（基于 SDH 和 ATM 信元）。

（2）速率为 E1（2.048Mbit/s）的基于 PDH 的 B-ISDN 接入。

（3）速率为 STM-0（51.840Mbit/s）的 B-ISDN 接入。

（4）VB5 接口也支持 V5.1、V5.2 的窄带接入。

5. V5 接口的功能

（1）V5 接口功能。V5 接口功能如图 8.14 所示，它表示了 V5.1、V5.2 接口需要传递的信息，以及所实现的控制功能。

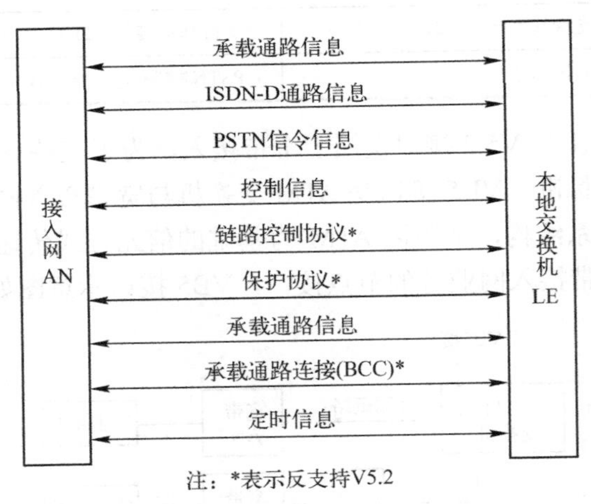

图 8.14 V5 接口功能

各功能简述如下：

① 承载通路信息：为 ISDN 基本接入用户端口已分配的 B 通路或 PSTN 用户端口的 PCM 编码的 64Kbit/s/通路提供双向传输能力。

② ISDN-D 通路信息：为 ISDN 基本接入用户端口的 D 通路信息提供双向传输能力。

③ PSTN 信令信息：为 PSTN 用户端口的信令信息提供双向传输能力。

④ 用户端口控制：为每一个用户端口状态和控制信息提供双向传输能力。

⑤ 2.048Mbit/s 链路控制：对 2.048Mbit/s 链路的帧定位、复帧定位、告警指示和 CRC 信息进行管理控制。

⑥ 第二层链路控制：为控制协议、PSTN 协议、链路控制协议、承载通路连接（BCC）等协议信息提供双向传输能力。

⑦ 用于支持公共功能的控制：提供 V5.2 接口系统启动规程、指配数据和重启动能力的同步应用。

⑧ 业务所需的多时隙连接：应在一个 V5.2 接口内的一个 2.048Mbit/s 链路上提供。在这种情况下，必须提供 8kHz 和时隙顺序的完整性。

⑨ 链路控制协议：支持 V5.2 接口的 2.048Mbit/s 链路的管理功能。

⑩ 保护协议：支持逻辑 C 通路在物理 C 通路之间的适当倒换。仅用于 V5.2 接口。

⑪ 承载通路连接（BCC）：用于在 LE 控制下分配承载通路。仅用于 V5.2 接口。

⑫ 定时信息：为比特传输、字节识别和帧同步提供必需的定时信息。这种定时信息也可以用于 LE 和 AN 之间的同步操作。

（2）VB5 接口功能。VB5 接口与 V5 接口有相似的体系结构，具有支持各种业务接入能力，VB5.1 接口允许灵活的虚路径连接，但没有集中动态交换功能。VB5.2 接口支持灵活的虚路径连接和动态的虚拟信道连接，且提供在虚拟信道水平的集中控制。

VB5.2 接口提供灵活的虚通路链路（VPL）分配功能和虚信道链路（VCL）分配功能（由 Q3 接口控制），并且在 VB5.1 接口的基础上增加了宽带承载通路连接（BCC）部分，该部分的主要功能是实现 AN 中的资源的动态分配，即提供受控于 SN 的即时 VC 链路分配。VB5.1 接口是 VB5.2 接口的子集，VB5.2 接口功能如图 8.15 所示。VB5 接口功能如下：

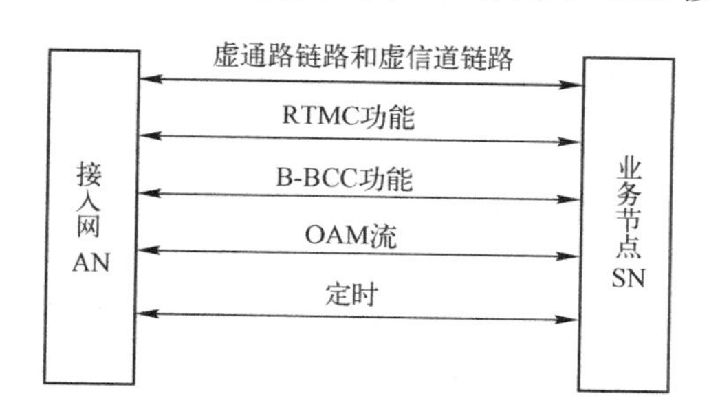

图 8.15　VB5.2 接口功能

① 虚通路链路和虚信道链路：VB5.2 支持 ATM 层的用户平面（用户数据）、控制平面（用户到网络的信令和 B-BCC 信令）和管理平面（元信令、RTMC 协议）信息，该信息将由虚通路链路承载，虚通路链路由虚信道链路承载。

② 实时管理协调（RTMC）功能：VB5.2 通过 RTMC 协议在接入网和业务节点之间实现和管理平面的协调，包括同步和一致性。对时间要求严格的功能需要通过 RTMC 协议在 VB5.2 参考点两侧进行协调，而对时间要求不严格的功能通过 Q3 接口进行，例如，接口和用户端口的指配。

③ 宽带承载通路连接（B-BCC）功能：B-BCC 可以使 SN 及时地根据协商好的连接属性（如业务量描述语和 QoS 参数）请求 AN 建立、修改和释放 AN 中的即时 VC 链路。

④ OAM（操作管理和维护）流：该功能提供与层有关的 OAM 信息的交换。OAM 流既可以存在于 ATM 层，也可以存在于物理层。

⑤ 定时：该功能为比特同步、字节同步和信元同步提供必要的定时信息。

6. V5 接口的协议

ITU-T 于 1994 年通过了 V5 接口协议，V5 接口协议分三层五个子协议，如图 8.16 所示。

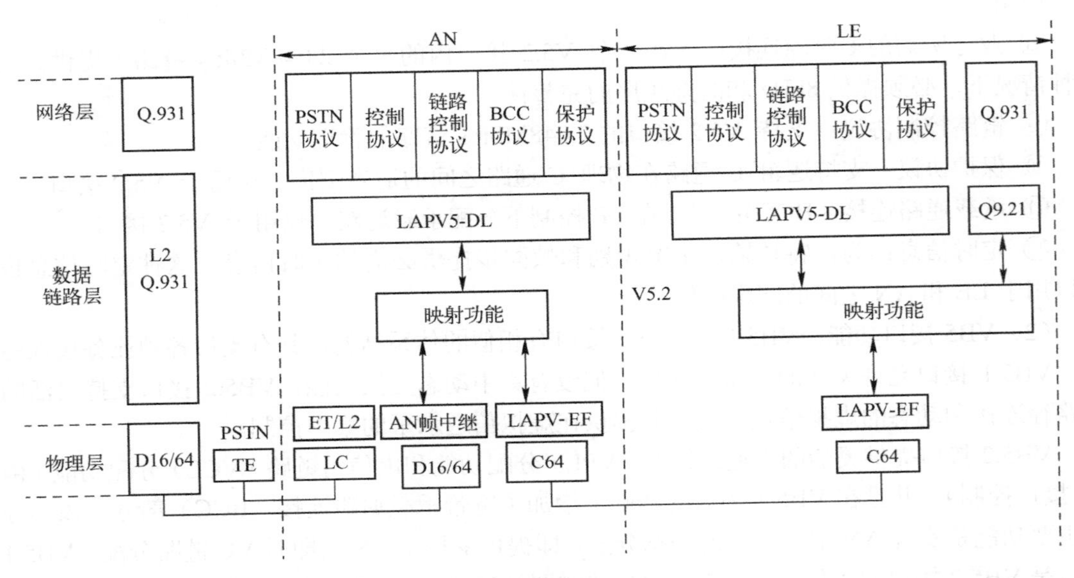

图 8.16 V5 接口协议

（1）V5 接口的分层结构。V5 接口分为三层结构，分别为物理层、数据链路层和网络层，它们分别对应 OSI 七层协议的下面三层。

① 物理层。物理层主要实现本地交换机（LE）与接入网（AN）之间的物理连接，采用广泛应用的 2.048Mbit/s/数字接口，中间加入透明的数字传输链路。每个 2.048Mbit/s 数字接口的电气和物理特性均应符合 ITU-T 建议 G.703，即采用 HDB3 码，采用同轴 75 或平衡 420）接口方式。V5 接口物理层帧结构符合 ITU-T 建议 G.704 和 G.706，每帧由 32 个时隙（TS_0～TS_{31}）组成，其中同步时隙（TS_0）主要用于帧同步，C 通路（TS15、TS16、TS31）用于传送 PSTN 信令、ISDN 的通路以及控制协议信息，语音承载电路（剩余 TS）用于传送 PSTN 语音信息或 ISDN 的通路信息。必须实现循环冗余校验（CRC）功能。

② 数据链路层。数据链路层提供点到点的可靠传递，对其上层提供一个无差错的理想信道。V5 接口数据链路层仅对逻辑 C 通路而言，使用的规程为 LAPV5（Link Access Protoco lof V5 interface），其目的是为了将不同的协议信息复用到 C 通路上去，处理 AN 与 LE 之间的信息传递。

③ 网络层。网络层又称协议处理层，主要完成五个子协议的处理。V5 接口规程中所有的第三层协议都是面向消息的协议，第三层协议消息的格式是一致的，每个消息应由消息鉴

别语、第三层地址、消息类型等信息单元和视具体情况而定的其他信息单元组成。

（2）V5 接口的协议。V5.1 接口有两个子协议：PSTN 协议和控制协议。

V5.2 接口有五个子协议：PSTN 协议、控制协议、链路控制协议、BCC 协议、保护协议。其中 BCC 协议和 PSTN 协议支持呼叫处理，保护协议和链路控制协议支持 LINK 管理，控制协议支持初启动/再启动、端口/接口初始化。

① PSTN 协议。PSTN 协议是一个激励型协议，它不是控制 AN 中的呼叫规程，而是在 V5 接口上传送 AN 侧有关模拟线路状态的信息，并通过网络层识别对应的 PSTN 用户端口。它与 LE 侧交换机软件配合完成模拟用户的呼叫处理，完成电话交换功能。

由于各国在 LE 中的国内协议实体功能上的差异，因此每个国家在制定本国 V5 接口规范时，都将提供适用于本国的 PSTN 信令信息单元全集以及适用于本国的国内 PSTN 协议映射规范技术要求。

② 控制协议。控制协议分为端口控制协议和公共控制协议。其中端口控制协议用于控制 PSTN 和 ISDN 用户端口的阻塞/解除阻塞，实现维护目的；公共控制协议用于系统启动时的变量及接口 ID 的核实、重新指配、PSTN 重启动等。

③ 链路控制协议。链路控制协议仅适用于 V5.2 接口，主要用于维护目的接口链路的阻塞和协调解除阻塞；通过链路身份标识来核实某特定链路的一致性。

④ BCC 协议。BCC 协议仅适用于 V5.2 接口，它提供按需分配承载通路的能力，并提供审计功能和故障报告功能。

⑤保护协议。保护协议只应用在 V5.2 接口存在多个 2.048Mbit/s 链路的情况下。它的主要作用是在一个 2.048Mbit/s 链路发生故障时或应系统操作者的请求，实现 C 通路的切换。

（3）VB5 接口的分层结构。VB5 接口是 ATM 业务节点的标准化接口，其接口协议配置包含物理层、ATM 层、高层接口和元信令。

① 物理层。VB5 接口在一个或多个 TC（传输汇聚）层上运载 ATM 层信息，因此在物理层规定了 ATM 映射的情况。即使在单 TC 层的情况下，VB5 接口也可在不同物理媒介上运载，不同媒介的信息流通过物理层的功能汇聚到一个单 TC 层上。另外，物理层还支持在单 C 层中多个 VB5 接口，此时，可在 AN 和 SN 之间使用 VP 交叉连接。VB5 接口的物理层可以根据应用情况进行选择。

② ATM 层。用户信息和连接相关的信息（如用户到网络的信令）以及 OAM 信息（在 ATM 层或在高层）由 VC 链路和 VP 链路中的 ATM 信元来运载。

信元头的格式和编码以及 ATM 层使用的预分配信元头，遵循 ITU-TI.361 中的 NNI 规范。

③ 高层接口。在用户平面中，对于基于 ATM 的接入，ATM 层以上的层对接入网是透明的，为支持非 B-ISDN 的接入类型，由于这种接入类型不支持 ATM 层，所以要在接入网中提供 ATM 适配层（AAL）功能。

为了管理使用 VB5 接口的 AN /SN 配置，需要协调在 AN 和 SN 之间的管理平面的功能。目前存在有非实时管理和实时管理两种协调。非实时管理协调是通过 TMN 和网元的 Q3 接口来实现的；实时管理协调（RTMC）则是通过专用的协议来支持的。RTMC 功能和相关的过程属于 AN 和 SN 的面管理功能。RTMC 协议采用信令 ATM 适配层（AAL），遵循 ITU-T 建议 I.363.5、Q.2210、 Q.2130。

VB5 接口上的 VPL/VCL 的建立总是通过 AN 和 SN 的管理平面的功能来实现的。

④ 元信令。宽带元信令和相关的各种程序用于 CPE（用户设备）、AN 和 SN 的管理平面功能，应用于 CPE 的宽带元信令在接入网内是透明的，在业务节点（SN）内有对等实体。为支持某些专门的非 B-ISDN 接入，接入网（AN）也可以使用宽带元信令。符合 VB5.1 的接入网可与其他宽带元信令系统一起在 CPE 和 SN 处使用，并透明地通过接入网。

（4）VB5 接口的协议。RTMC（实时管理协议）提供了在接入网和业务节点之间管理平面的协调即同步性和一致性。用于在 AN 和 SN 之间交换时间基准的管理平面信息，主要包括与管理活动有关的管理、与故障发生有关的管理、LSP 逻辑业务端口（LSP）ID 的确认、接口重置过程和 VPCI 一致性检查功能。

B-BCC 系统结构给出了支持 VB5.2 参考点上 B-BCC 消息通信的功能实体，B-BCC 协议是 AN 和 SN 之间的另一种实时协调功能。它的功能主要为以下几个方面：为 SN 提供了请求 AN 在 AN 中建立一个承载通路连接的手段，该连接可是点到点的连接或点到多点的连接。为 SN 提供了请求 AN 对 AN 中一个承载通路连接资源的释放，以及为 SN 提供了修改 AN 中已建立的承载通路连接的业务量参数的请求。除此之外，B-BCC 功能还提供了重置资源的手段，即在 B-BCC 的控制下使资源接入空闲条件。

8.3 双绞线接入网技术

随着通信技术的不断发展，在普通电话线（双绞线）上传输越来越高速的数字信息成为现有电信接入网升级的一种重要手段。目前采用数字传输技术，在传统的双绞线用户环路上，已成功开通数字用户环路（DSI）系统。它的数据传输距离通常在 300m～7km 之间，数据传输速率可达(1.5～52 Mbit/s)。xDSL 是 各种 DSL 的总称，包括 HDSL、SDSL、ADSL、RADSL、VDSL 和 IDSL 等。各种 DSL 技术的区别主要体现在信号的传输速率和距离不同，以及上行速率和下行速率是否对称两个方面。本节将对 xDSL 中广泛使用的 ADSL 和 VDSL 技术进行介绍。

8.3.1 不对称数字用户线（ADSL）接入技术

1．概述

不对称数字用户线（Asymmetric Digital Subscriber Line，ADSL）是目前最被看好的接入网技术之一，它是利用双绞线将大部分带宽用来传输下行信号（即用户从网上下载信息），而只是用小部分带宽来传输上行信号（即接收用户上传的信息），从而形成了所谓的不对称的传输模式。它主要具有如下优点。

（1）可以充分利用现有的电话用户线，只要在用户线路两端加装 ADSL 设备即可为用户提供服务。

（2）ADSL 设备随用随装，无需进行严格业务预测和网络规划，施工简单，时间短，系统初期投资小。

（3）双向不对称的传输运载能力。下行数据传输速率可达（6～8）Mbit/s；上行数据传输速率可达（384～640）Kbit/s。这种特性与用户上网、信息检索、点播电视、网上电子游戏、电子商务等热门信息服务项目的不对称性相适应。

（4）灵活的传输速率调节机制，可以用小步长（32Kbit/s）微调传输速率，适应各种线路状况。

（5）利用无源的信号分离器（Splitter）可以同时提供普通电话业务（Plain Old Telephone Service，POTS）的声音和 ADSL 数字线路使用。因此在一条 ADSL 线路上可以同时提供个人计算机、电视机和电话频道。

但在实际使用中实际线路状况往往限制了传输距离或可达到的传输速率，很多情况下只能达到 2～3km，除非降低速率。ADSL 的市场主要是用户接入 Internet 网，全速率 ADSL 的指标已超过用户在相当长一段时间内的实际需要，据估计，（1～2）Mbit/s 的速率已能很好地满足用户需要，即使用于 VOD 基于 MPEG-1 视频编码的有 VCD 质量水平的数字视频信号也只需要 1.5Mbit/s。

2．ADSL 系统构成

ADSL 系统构成如图 8.17 所示。它是在一对普通电话线两端各加装一台 ADSL 局端设备和远端设备以及信号分离器构成。它除了向用户提供一路普通电话业务外，还能向用户提供一个中速双工数据通信通道（速率可达 576Kbit/s）和一个高速单工下行数据传送通道（速率可达（6～8）Mbit/s）。

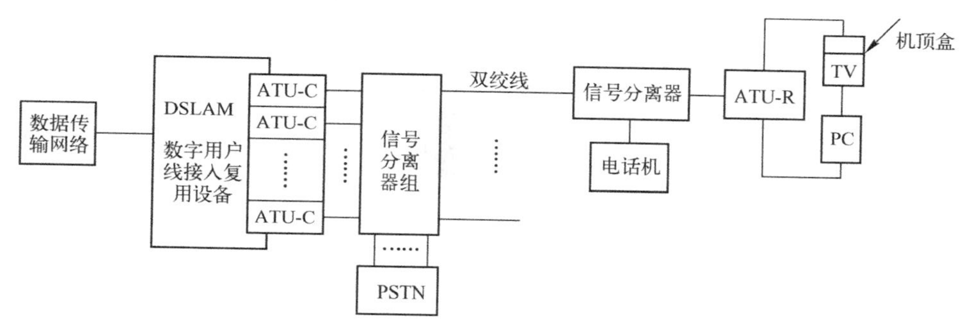

ATU-C：局端 ADSL 收发器；ATU-R：远端 ADSL 收发器

图 8.17　ADSL 系统构成

信号分离器（Splitter）是高通滤波器和低通滤波器的组合，从用户线来的下行信号中位于频带低端（4kHz 以下）的话音信号可进入电话机，但被高通滤波器挡住不能进入 ADSL 收发器，位于 20kHz 以上的 ADSL 信号则不会进入电话机，不影响通话。

局端 ADSL 和远端 ADSL 是 ADSL 系统的核心，其原理框图如图 8.18 所示。

局端的 ADSL 收发信机结构与远端（即用户端）的不同。局端 ADSL 收发信机中的复用器（MUT）将下行高速数据与中速数据进行复接，经前向纠错（ForwardErrorCorrection，FEC）编码后送发信单元进行调制处理，最后经线路耦合器送到铜线上；线路耦合器将来自铜线的上行数据信号分离出来，经接收单元解调和前向纠错解码处理，恢复上行中速数据；线路耦合器还完成普通电话业务（POST）信号的收、发耦合。远端 ADSL 收发信机中的线路耦合器将来自铜线的下行数据信号分离出来，经接收单元解调和前向纠错解码处理，送解复用器（DMUI）进行处理，恢复出下行高速数据与中速数据，分别送给不同的终端设备；来自用户终端设备的上行数据经前向纠错编码和发信单元的调制处理，通过线路耦合器送到铜线上。

普通电话业务经线路耦合器进、出铜线。

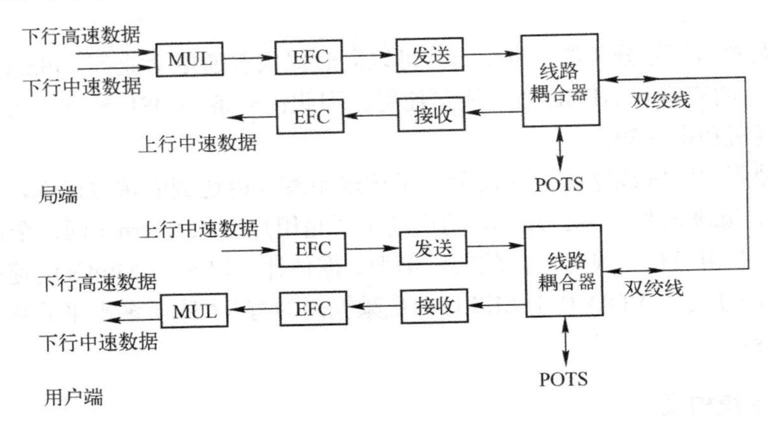

图 8.18　ADSL 收发信机原理框图

3. 传输带宽

在双绞线上，ADSL 系统的上、下行数据和普通电话业务（POTS）信号，采用频分复用（FDM）方式分享传输线路。图 8.19 示出了 ADSL 系统的线路频谱的两种方案。

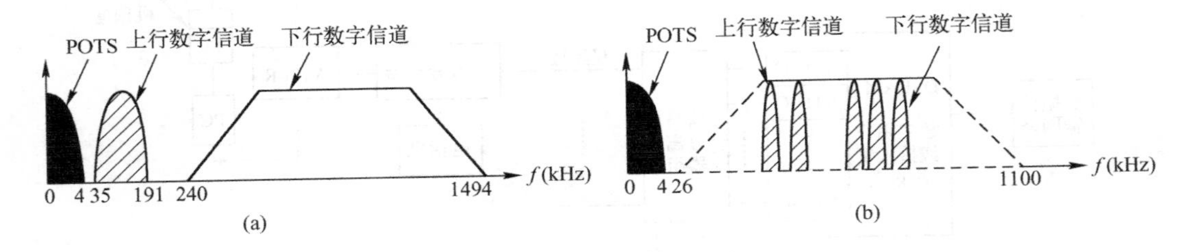

图 8.19　ADSL 系统频谱结构

图 8.19（a）所示是采用 CAPQ/AM（无载波幅度相位调制/正交幅度调制）调制技术的系统，一般不需要回波抵消技术。POTS 信道占据原来的 4kHz 以下的电话频段，上行数字信道占据 25～200kHz 的中间频段，下行数字信道占据 200kHz～1.1MHz 的高端频段。这种方式的缺点是下行信号占据的频带较宽，而铜线的衰减随频率的升高而迅速增大，所以其传输距离受到较大的限制。为了延长传输距离，需要压缩信号的带宽。

图 8.19（b）所示是采用离散多音频（DMT）调制技术的系统，需要采用非对称回波抵消技术。由于其子信道带宽较窄，可以对相邻子信道进行频谱正交处理来增加其隔离度，所以子信道之间的频率间隔较小。同时，高速下行数据信道与中速上行数据信道的频段也可以连续安排，不需要在它们之间保留隔离带，因此可以更有效地利用带宽资源。但是，上、下信道之间会有回波产生相互干扰，因为相邻信道的回波频谱不一定满足正交性。这种干扰需要采用非对称回波抵消器来消除。

4. ADSL 的应用

ADSL 系统利用一条双绞线可同时提供三类传输业务，即 POTS 业务、下行影视业务和双向数据业务。其中 POTS 业务是原来就有的；而影视业务和双向数据业务则是通过无源分离器加入的。如果局端或远端的 ADSL 设备发生故障，并不会对用户的电话业务带来影响。

目前，对于家庭用户来说，ADSL 典型的业务包括高速 Internet 接入、视频点播、网上游戏、交互电视、网上购物等宽带多媒体业务；对于商业用户来说，有局域网共享、信息服务、远程办公、电视会议、虚拟私有网络等应用；对于公益事业来说，ADSL 还可以实现高速远程医疗、教学、视频会议的即时即送，达到以前所不能及的效果。

需要指出的是 ADSL 系统传送的视像节目是数字视像，它与目前的模拟电视机并不兼容，所以必须先通过机顶盒进行数/模转换后，才能在模拟电视机上收看。

8.3.2 甚高速数字用户线（VDSL）接入技术

1. 概述

由于现有的 ADSL 技术在提供图像业务方面的带宽十分有限，而且其成本较高，人们又开发出了一种称为甚高速数字用户线（Very High Speed Digital Subscriber Line，VDSL）系统。

VDSL 可在对称或不对称传输速率下运行，每个方向上最高对称传输速率是 26Mbit/s。VDSL 的其他典型传输速率是：13Mbit/s 的对称传输速率；52Mbit/s 的下行传输速率和 6.4Mbit/s 的上行传输速率；26Mbit/s 的下行传输速率和 3.2Mbit/s 的上行传输速率；以及 13Mbit/s 的下行传输速率和 1.6Mbit/s 的上行传输速率。

VDSL 的传输速率与传输距离成反比，传输速率越高而传输距离越短。当 VDSL 达到最高传输速率时，其传输距离只有 300m。由于传输距离短，VDSL 系统不是用双绞线将用户端直接连到局端，而是只连接到离用户住宅 1～3km 的光网络单元（ONU）处。

2. VDSL 系统构成

VDSL 系统构成如图 8.20 所示。使用 VDSL 系统，普通电话线不需要改动，而数字信号经馈线光纤由网络侧的收发单元送往双绞线给远端。

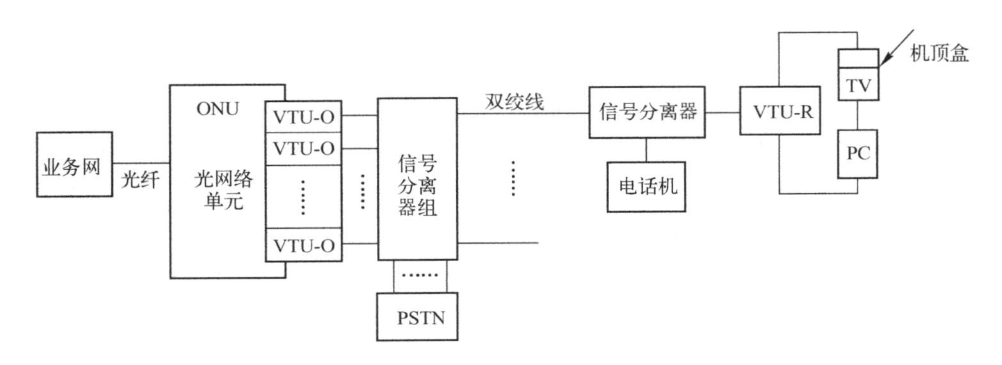

图 8.20 VDSL 系统构成

图 8.20 中，VTU-O 表示 VDSL 在网络侧的收发单元，相当于 ADSL 中的局端 ATU-C；ATU-R 表示 VDSL 在用户端的收发单元，相当于 ADSL 中的用户端 VTU-R。VTU-O 和 VTU-R 之间是 VDSL 链路，使用双绞线连接。在用户端和局端各设置一个分离器，分离器的结构与

功能与 ADSL 中的分离器类似，也是一个低通和高通滤波器组。在频域上实现高频的 VDSL 信号与低频的话音信号的混合与分离功能。

VDSL 收发单元通常采用离散多音频（DMT）或无载波幅度相位（CAP）调制，它具有很大的灵活性和优良的高频传送性能。在双绞线上，其上行传输速率可达 1.5Mbit/s，而下行速率可以扩展至 25Mbit/s，甚至达到 52Mbit/s。能够容纳 4～8 个 6Mbit/s 的 MPEG-2 信号，同时允许普通电话业务继续工作在 4kHz 以下频段；通过频分复用方式将电话信号 25Mbit/s 或 52Mbit/s 的数字信号结合在一起送往双绞线。VDSL 的传输距离分别缩短至 1km 或 300m 左右。由于传输距离短，码间干扰大大减小，数字信号处理要求可以大大简化，因而其设备成本可以大幅度降低。这种技术还可以使用户接收不同的时钟，这样做就可以提供几种不同的传输速率和相应的资费，灵活性较好。

3. VDSL 的应用

VDSL 技术可以提供传统 xDSL 的所有通用业务。

（1）视频业务。通过视频点播业务功能，用户可以在线收看影视，收听音乐，同时还可以进行网上游戏。

（2）数据业务。通过高速数据接入业务功能，用户可以快速地浏览 Internet 上的信息，收发电子邮件，通过上传、下载文件和视频功能实现远程医疗、教学、办公和视频会议等。

（3）全服务网络。由于 VDSL 支持高比特速率，因此，被认为是全业务网络的接入机制。这类网络将服务于用户的所有通信要求，包括语音、视频、数据应用。这种全包含的网络技术将代替今天的电话系统和有线电视，并且还会增加更多的功能，如视频电话等。

需要指出，VDSL 技术仍处于初期，长距离应用仍需测试。其许多线路特性的数据仅是推测，这可能会损害其整体性能。其终端设备的普及也需要时间。而 ADSL 具有较好的产品基础，将 VDSL 和 ADSL 合用是个好的策略，将 ADSL 用于远距离而 VDSL 用于近距离，可以为未来的数据需要提供更好的服务。

8.4 混合光纤/同轴电缆接入网技术

混合光纤/同轴电缆（Hybrid Fiber/Coax，HFC）是在 CATV 网的基础上发展起来的，除可以提供原 CATV 网提供的业务外，还能够提供数据和其他交互型业务，称之为全网业务网。HFC 是 CATV 网的一种改造，干线部分全部采用光纤传输信号，配线部分仍然保留原来的同轴电缆网，但是这部分同轴电缆还负责收集用户的上传数据，通过放大器和干线光纤送到前端。HFC 和 CATV 的根本区别就是：HFC 提供双向通信业务，而 CATV 只是传送单向通信业务。当然 HFC 也可以只用于传送 CATV 业务，即所谓的单向 HFC 网，但通常指的是双向 HFC。

8.4.1 HFC 的网络结构

与传统的 CATV 网相比，HFC 网络结构无论从物理上还是从逻辑拓扑上都有重大的变化。现代 HFC 网基本上是星型总线结构，如图 8.21 所示。它由三部分组成，即馈线网、配线网和用户引入线。

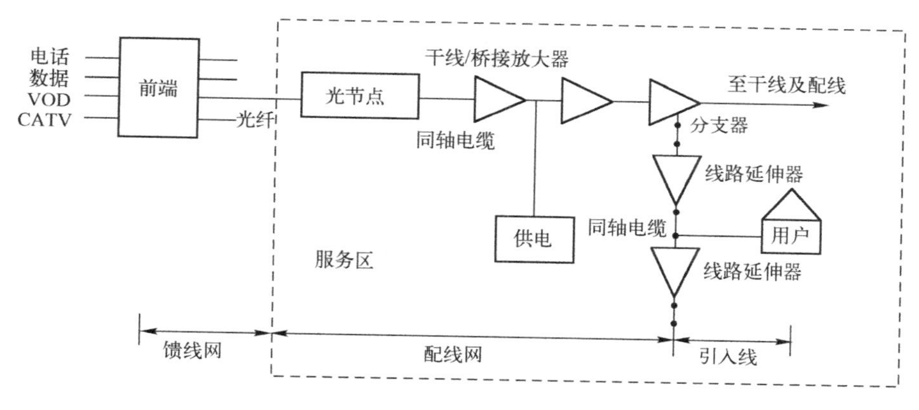

图 8.21 HFC 网络结构

1. 馈线网

HFC 的馈线网对应 CATV 网络中的干线部分，指前端至服务区（SA）的光纤节点之间的部分。与 CATV 的区别在于从前端至每一服务区的光纤节点都是用一根单模光纤代替了传统粗大的干线电缆和一连串的几十个有源干线放大器。从结构上说则相当于星型结构代替了传统的树型-分支结构。

服务区又称光纤服务区，因此这种结构又称光纤到服务区（FSA）。目前，一个典型的服务区用户数为 500 户，将来可进一步降至 125 户或更少。由于采用了高质量的光纤传输使得图像质量获得了改进，维护运行成本得以降低。

2. 配线网

配线网指服务区光纤节点与分支点之间的部分，大致相当于电话网中远端节点与分线盒之间的部分。在 HFC 网中，配线网部分采用与传统 CATV 网基本相同的同轴电缆网，而且很多情况常为简单的总线结构，但其覆盖范围则已大大扩展，可达 5～10km 左右，因而仍然保留几个干线/桥接放大器。这一部分非常重要，其质量的好坏往往决定了整个 HFC 的业务量和业务类型。

在设计配线网时采用服务区的概念可以灵活构成与电话网类似的拓扑，从而提供低成本的双向通信业务。将一个大网分解为多个物理上独立的基本相同的子网，每个子网为相对较少的用户服务，可以简化和降低上行通道设备的成本。同时，各个子网允许采用相同的频谱安排而互不影响，最大程度地利用了有限的频谱资源。服务区越小，各个用户可用的双向通信带宽越大，通信质量也越好，并可明显地减少故障率及维护工作量。

3. 用户引入线

用户引入线与传统的 CATV 网相同，都是指分支点到用户之间的部分。分支点的分支器是配线网与用户引入线的分界点。所谓分支器是信号分路器和方向耦合器结合的无源器件，功能是将配线网送来的信号分配给每一个用户。在配线网上平均每隔 40～50m 左右就有一个分支器。

引入线负责将分支器的信号引入到用户，传输距离只有几十米。与配线网使用的同轴电缆不同，引入线采用的是软电缆，这种电缆比较适合在用户的住宅处敷设。

8.4.2 HFC 的频谱

图 8.22 所示为一种典型的频谱分配情况，低频端的 5～30MHz 共 25MHz 频带安排为上行通道，即所谓回传通道，近来，由于随着滤波器质量的改进和考虑点播电视的信令和监视信号及数据和电话等其他应用的需要，上行通道的频段倾向于扩展为 5～42MHz，共 37MHz 频带。

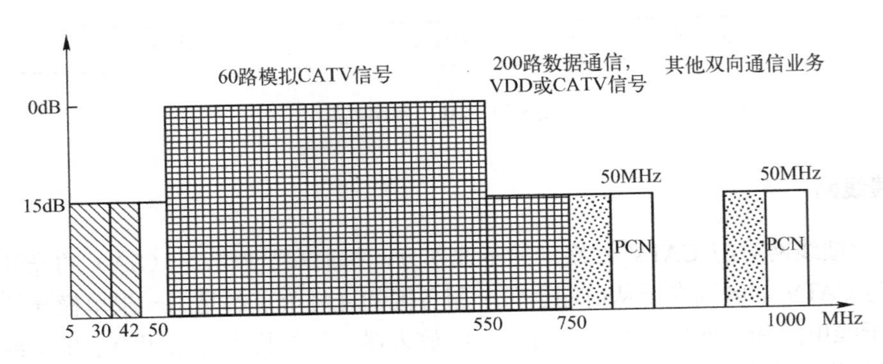

图 8.22　一种典型频谱安排建议

50～1000MHz 频段用于下行通道，其中 50～550MHz 频段用来传输现有的模拟 CATV 信号，每一通路的带宽 6～8MHz，因而总共可以传输各种不同制式的电视信号 60～80 路。550～750MHz 频段允许用来传输附加的模拟 CATV 信号或数字 CATV 信号，或用于传输双向交互型通信业务。假设采用 64QAM 调制方式和 MPEG-2 图像信号，则频谱效率可达 5bit/(Hz·s)，从而允许在一个 6～8MHz 的模拟通路内传输约 30Mbit/s 速率的数字信号，若扣除必须的前向纠错等辅助比特后，亦可大致相当于 6～8 路 4Mbit/s 速率的 MPEG-2 图像信号。因此这 200MHz 带宽总共至少可传输约 200 路 VOD 信号，当然也可利用这部分频带传输数据或多媒体以及电话信号。若采用 QPSK 调制方式，每 3.5MHz 带宽可传 90 路 64Kbits 速率的语音信号和 128Kbit/s 的信令和控制信息，适当选取 6 个 3.5MHz 子频带单位置入 6～8MHz 通路即可提供 540 路下行电话通路。通常这 200MHz 频段传输混合型业务信号。将来随着数字编解码技术的近一步成熟和芯片成本的大幅度下降，550～750MHz 频带可以向下扩展至 450MHz 乃至最终全部取代 550～750MHz 的模拟频段。届时这 500MHz 频段可能传输约 500 路数字广播电视信号。

高端的 750～1000MHz 频段已明确仅用于各种双向通信业务，其中 2×50MHz 频带用于个人通信业务，其他未分配的频段可以有各种应用以及应付未来可能出现的其他新业务。

实际 HFC 系统所用标称频带为 750MHz、860MHz 和 1000MHz，目前用得最多的是 750MHz 系统。

由于 HFC 具有经济地提供双向通讯业务的能力，因而不仅对住宅用户有吸引力，而且对企事业用户也有吸引力。例如，HFC 可以使得 Internet 接入速度和成本优于普通电话线，可以提供家庭办公、远程教学、电视会议和 VOD 等各种双向通信业务，甚至可以提供高达（4～10）Mbit/s 双向数据业务和个人通信服务。

从长远来看，HFC 计划提供的是所谓全业务网，即以单个网络提供各种类型的模拟和数字通信业务，包括有线和无线、语音和数据，图像信息业务、多媒体和事物处理业务等。这种全业务网络将连接 CATV 网前端、传统电话交换机、其他图像和信息服务设施（如 VOD 服务器)、蜂窝移动交换机、个人通信交换机等等，许多信息和娱乐型业务将通过网关来提供，今天的前端将发展成为用户接入开放的宽带信息高速公路的重要网关。用户将能从多种服务器接入各种业务，共享昂贵的服务器资源，诸如 VOD 中心和 ATM 交换资源等。简而言之，这种由 HFC 所提供的全业务网将是一种新型的宽带业务网，为我们提供了一条通向宽带通信的道路。

8.4.3 Cable Modem

1. CableModem 的基本概念

CableModem 又称为电缆调制解调器，是一种可以通过有线电视网络进行高速数据接入的装置。它一般有两个接口，一个用来接室内墙上的有线电视端口，另一个与计算机相连。Cable Modem 不仅包含调制解调部分，它还包括电视接收调谐、加密解密和协议适配等部分，它还可能是一个桥接器、路由器、网络控制器或集线器。一个 Cable Modem 要在两个不同的方向上接收和发送数据，把上、下行数字信号用不同的调制方式调制在双向传输的某一个 6M（或 8MHz）带宽的电视频道上。它把上行的数字信号转换成模拟射频信号，类似电视信号，所以能在有线电视网上传送。接收下行信号时，Cable Modem 把它转换为数字信号，以便计算机处理。

Cable Modem 的传输速度一般可达（3～50）Mbit/s/，距离可以是 100 千米甚至更远。Cable Modem 终端系统（CMTS）能和所有的 Cable Modem 通信，但是 Cable Modem 只能和 CMTS 通信。如果两个 Cable Modem 需要通信，那么必须由 CMTS 转播信息。

2. CableModem 的工作原理

Cable Modem 从下行的模拟信号中划出 6MHz 频带，将信号转化为符合以太网协议的格式，从而与计算机实现通信。用户需要给计算机配置以太网卡和相应的网卡驱动程序。

同轴电缆中的 6MHz 频带被用来提供数据通信。电视和计算机可以同时使用，互不影响。

那么有线电视网络实际上是怎样运行的呢?射频信号在用户和前端之间沿同轴电缆上行或下行，上行和下行信号共享 6MHz 频带，但是调制在不同的载波频率上以避免相互干扰。一般下行速率为 10Mbit /s，上行速率为 786Kbit/s。

Cable Modem 工作在物理层和数据链路层，下面对 Cable Modem 在这两层的工作原理分别予以介绍。

（1）物理层。最主要的下行协议是 64QAM（Quadrature Amplitude Modulation — 正交振幅调制)，制速率可达 36Mbit/s。上行调制采用 QPSK（Quaternary Phase Shift Keying — 四相移键控调制)，抗干扰性能好，速率可达 10Mbit/s。另一个上行协议是 S-CDMA（Synchronous Code Division MultipleAccess — 同步码分复用)。例如，摩托罗拉，把上行信号更进一步细分为 10～600kHz 频带，把上行信号动态转入干净、无噪声的频带。

（2）数据链路层。媒体通路控制层（MAC，Media Access Control Layer）和逻辑链路控制层（LLC，LogicalLinkControlLayer），即 OSI 七层协议中的数据链路层。这两个协议层规定了不同信号和用户怎样共享公共带宽。由于目前还没有统一的行业标准，有些 Cable Modem 厂家采用不同的协议。较常见的有：用于以太网的公共 CSMA/CD Carrier Sense Multiple Access/Collision Detection—载波复用通路/冲突检测）和先进的 ATM（Asynchronou Transfer Mode —异步传输模式）协议。这些协议都可以有效地使用上行通道，可以根据需要分配带宽，保证通信质量。

在上行方向，Cable Modem 从计算机接收数据包，把它们转换成模拟信号，传给网络前端设备。该设备负责分离出数据信号，把信号转换为数据包，并传给 Internet 服务器。同时该设备还可以剥离出语音（电话）信号并传给交换机。

为实现上述功能，需要将目前的单向有线电视网转变成双向光纤-同轴电缆混合网，以便实现宽带应用。除了前端设备和现存的下行信号放大器外，还需要在干线上插入上行信号放大器。

3. Cable Modem 的种类

随着 Cable Modem 技术的发展，出现了不少的类型。按不同的角度划分，大概可以分为以下几种：

（1）从传输方式的角度，可分为双向对称式传输和非对称式传输。对称式传输速率为 2Mbit/s～4Mbit/s，最高能达到 10Mbit/s。非对称式传输下行速率为 30Mbit/s，上行速率为 500Kbit/s～2.56Mbit/s。目前已发展的、供家庭用户接入互联网使用的 Cable Modem 大多是双向不对称的。

（2）从数据传输方向上看，有单向、双向之分。

（3）从网络通信角度上看，Modem 可分为同步和异步两种方式。同步类似以太网，网络用户共享同样的带宽。当用户增加到一定数量时，其速率急剧下降，碰撞增加，登录入网困难。而异步的 ATM 技术与非对称传输正在成为 Cable Modem 技术的主流发展趋势。

（4）从接入角度来看，可分为个人 Cable Modem 和宽带 Cable Modem（多用户），宽带 Modem 具有网桥的功能，可以将一个计算机局域网接入。

（5）从接口角度分，可分为外置式、内置式和交互式机顶盒。外置 Cable Modem 的外形像小盒子，通过网卡连接计算机，所以连接 Cable Modem 前需要给电脑添置一块网卡，这也是外置 CableModem 的缺点。不过好处是可以支持局域网上的多台计算机同时上网。Cable Modem 支持很多操作系统和硬件平台。

内置 Cable Modem 是一块 PCI 插卡。这是最便宜的解决方案。缺点是：只能用在台式电脑上，在笔记本电脑上无法使用。

交互式机顶盒是真正 Cable Modem 的伪装。除了具有数字电视机顶盒的功能外，还内置 Cable Modem 及网络浏览器的功能。它是在频率数量不变的情况下提供更多的电视频道。通过使用数字电视编码（DVB），交互式机顶盒提供一个回路，使用户可以直接在电视屏幕上访问网络，收发 E-mail 等。

8.4.4 CableModem 的系统结构

Cable Modem 的系统结构如图 8.23 所示。

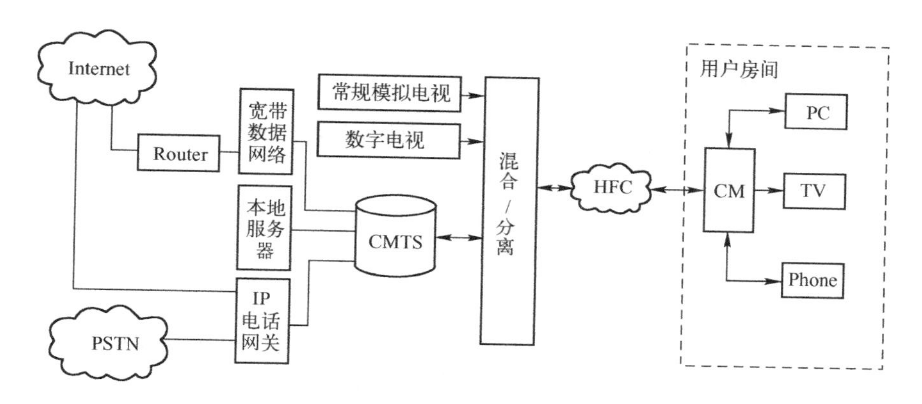

图 8.23　CableModem 的系统结构

1．数据传输的实现

计算机通过 FHC 网络到运营商 CMTS 头端设备，由运营商提供因特网接入。由于在 Cable Modem 技术中，采用了双向非对称技术，在频谱中分配 88～860MHz 间的一个频段作为下行的数据通道，传输速率达到 27Mbit/s 和 38Mbit/s。同时在频谱中分配 5～42MHz 中的一个频段作为上行回传，传输速率达到 0.3M/和 10M/s。通过上行和下行的数据通道形成数据传输的回路。用户可在计算机上运行浏览器软件，实现上网冲浪。

2．语音传输的实现

采用 IP 技术，提供语音业务。这时整个系统传输的全是 IP 数据，包括用户的电话也是 IP 电话。通过因特网，可与全球任何的联网用户实现 Internet Phone 功能，但目前的电话用户还是 PSTN，要真正通过 FHC 网提供的语音业务必须与 PSTN 互通。实现互通的方法有两种，一种方法是从因特网通过 IP Phone 网关与 PSTN 相连，另一种方法是 FHC 的端局设备 CMTS 通过 IP Phone 网关与 PSTN 相连。

8.5　光纤接入网技术

8.5.1　光纤接入网的基本概念

1．概述

光纤接入网（Optical Access Network ，OAN）是指采用光纤作为主要传输媒质来实现信息传送的接入网。由于光纤上传送的是光信号，而交换局交换的信号和用户接收的信号均是电信号，所以需要在交换局侧进行电/光（E/O）转换，而在用户端侧要利用光网络单元（ONU）再进行光/电（O/E）转换，才可实现中间线路的光信号传输。如图 8.24 所示。

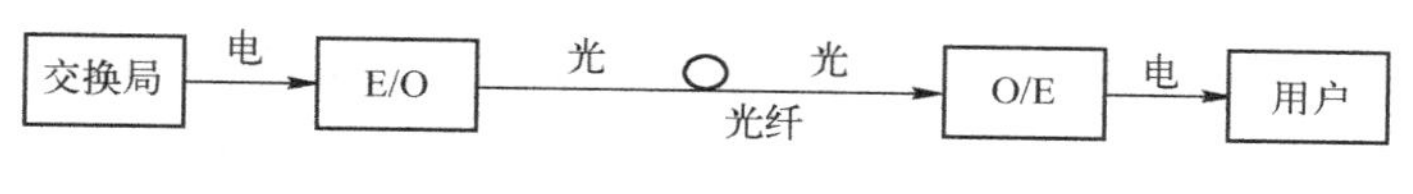

图 8.24　光纤接入网示意图

2. 光纤接入网的发展目标

由于光纤具有频带宽、损耗低的突出优点，因此光纤接入网的接入线路的传输距离大大延长，从而使接入网的覆盖范围增大。光纤在接入网中的引用不仅可以从根本上解决接入网的“瓶颈效应”问题，而且还使整个电信网的结构发生根本变化。光纤接入网的发展目标可以归纳为如下几点：

（1）提供从窄带到宽带的多种业务。

（2）实现灵活的高可靠性的网络结构，提高接入网的传输质量和可靠性。

（3）进一步提高网络的使用效率，降低网络的建设和使用成本。

（4）延长传输距离并且增大传输容量。

3. 光纤接入网的分类和特点

光纤接入网可分为两类，分别为有源光网络（Active Optical Network，AON）和无源光网络（Passive Optical Network，PON）。两者的区别在于光配线网中所采用的设备不同。有源光网络是采用 PDH、SDH 或 ATM 有源电复用设备作为分/合路设备；而无源光网络是采用简单的无源光分路器作为分/合路设备。无源光网络中应用最广泛的是 ATM 无源光网络（APON），它是利用 PON 的透明、带宽、灵活的业务接入和传输能力，结合 ATM 支持多业务、高比特率的特点，大大改进了 PON 的性能。下面对有源光网络（AON）和无源光网络（APON）的特点进行介绍。

（1）AON 的技术特点。

① 数据传送速率高。目前有源光纤接入网的数据传输速率已达到了 2.5Gbit/s、10Gbit/s 的带宽，将来只要有足够的需求，数据传输速率还可以增加，光纤的传输能力相对于接入网的需求而言是无限的。

② 传输距离远。与传统的铜缆相比，光纤具有损耗小、传输距离远的优点。在不加中继器设备的情况下，其传输距离可达 70～80km。

③ 用户信息隔离好。有源光网络的拓扑结构无论是星型还是环型，从逻辑结构上看用户信息的传输方式都是点到点方式。这种点到点方式对用户传输的信息起到了很好的隔离作用，避免了相互干扰，增强了保密性。

④ 技术成熟。无论是 SDH 设备还是 PDH 设备均在以太网中得到广泛应用，并且于 1988 年由 ITU 在美国光同步网络（SONFT）标准的基础上形成了一套完整的同步数字系列 SDH 标准，使之适于光纤传输体系，目前已经被广大光纤生产厂商和光纤接入网运营商接受。

但有源光网络存在有源电复用设备造成的传输“频颈效应”，且系统成本与维护费用高等缺点。

（2）APON 的技术特点。

① 信道资源利用率高。APON 带宽可统计复用，多个用户可以共享带宽，即动态分配带宽，因而信道资源利用率高。

② 传输带宽高。目前 APON 网络的下行数据传输速率为 622Mbit/s，上行为 155Mbit/s。也可采用上下行对称的 622Mbit/s/和 155Mbit/s 的数据传输速率，在上行方向和下行方向上均采用基于信元的传输方案。可直接与 ATM 的 VOD 网络兼容。

③ 易于维护。由于 APON 的光配线网中的分路器属无源器件，不需要对其进行户外供电。无源光网络比有源光网络简单，并且更加可靠和易于维护。

④ 技术成熟。目前 ATM 无源光网络的技术已经成熟，ITU 已发布了 APON 的技术规范，不同供应商的 OLT 设备和 ONU 已经实现了互连。

但是 APON 的传输距离相对较短。由于无源光分路器会导致传输光功率的损耗，所以 APON 的传输距离比有源光网络要短，一般不超过 20km，覆盖范围有限。

4. 光纤接入网的应用类型

根据光网络单元放置的位置不同，光纤接入网可以分为三种基本的应用类型，分别为：光纤到路边（FTTC）、光纤到大楼（FTTB）、光纤到户（FTTH）或办公室（FTTO），如图 8.25 所示。

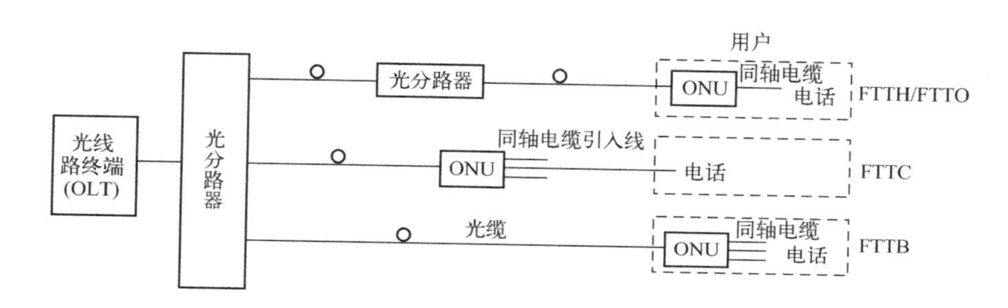

图 8.25 光纤接入网的应用类型

（1）光纤到路边（FTTC）。在 FTTC 结构中，ONU 设置在路边的人孔或电线杆上的分线盒处，也可以设置在交接箱处。传送窄带业务时，ONU 到各用户间采用普通双绞线；传送宽带业务时，ONU 到各用户间可采用五类线或同轴电缆。

（2）光纤到大楼（FTTB）。FTTB 也可以看作是 FTTC 的衍生类型，不同之处是 ONU 直接放在楼内（通常为居民住宅公寓或小型企事业单位的办公楼），再经过多对双绞线将业务分送给各个用户。FTTB 是一种点到多点结构，其光纤化程度比 FTTC 更进一步，光纤已敷设到楼，因而更适合高密度用户区，也更接近长远发展目标。FTTB 将获得越来越广泛的应用，特别是那些新建工业区或居民楼以及与宽带传输系统共处一地的场合。

（3）光纤到户（FTTH）或办公室（FTTO）。将 FTTC 结构中设置在路边的 ONU 换成无源光分路器，然后将 ONU 移到用户家，即为 FTTH 结构。如果将 ONU 放在企事业用户的终端设备处，并提供一定范围的灵活业务，则构成了 FTTO 结构。由于企事业单位所需的业务量较大，因而 FTTO 适合于点到点或环型结构。而 FTTH 用于居民用户，业务量较小，其经济结构是点到多点方式。FTTH 接入网是全透明的光网络，对传输制式、带宽、波长和传输技术没有任何限制，适于引入新业务，是一种理想的网络，是光接入网发展的长远目标。

8.5.2 光纤接入网的功能结构

ITU-T G.982 建议提出了一个与业务和应用无关的光纤接入网的功能参考配置，如图 8.26 所示。

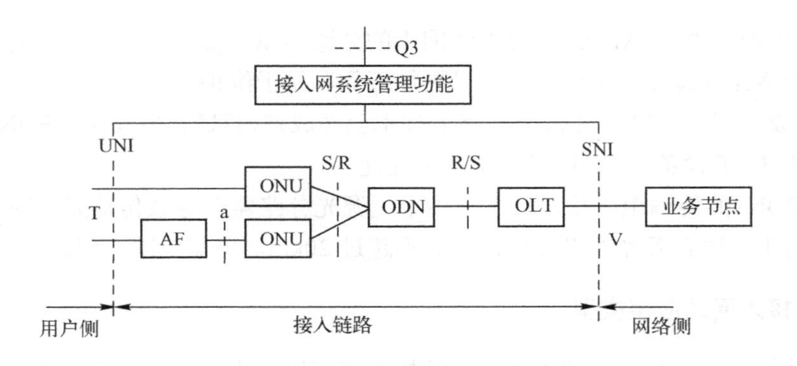

图 8.26　光纤接入网的功能参考配置

由图可知，光纤接入网的范围是从 V 接口（业务节点接口 SNI）到 T 接口（用户网络接口 UNI），它由光纤线路终端（Optical Line Terminal，OLT）、光配线网（Optical Distrition Network，ODN）、光网络单元（Optical Network Unit，ONU）和适配器（Adaptation Function，AF）四部分组成。

tionFunction AF

图 8.26 中，S 是光发送参考点，与 ONU 或 OLT 光发送端相邻；R 是光接收参考点，与 ONU 或 OLT 光接收端相邻；参考点是 ONU 与 AF 之间的电连接点。a 参考点是 ONU 与 AF 之间的电连接点。

1．光纤线路终端（OLT）

OLT 的功能是提供交换机与 ODN 之间的光接口，并提供必要的手段来传递不同的业务。OLT 通过 ODN 与用户侧的 ONU 进行通信，它与 ONU 的关系是主从通信关系。OLT 的任务是分离交换和非交换业务，管理来自 ONU 的信令和监控信息，为 ONU 和它本身提供维护和指配功能。

OLT 可以设置在本地交换机的接口处，也可以设置在远端；在物理上，OLT 可以是独立设备，也可以与其他功能集成在同一设备内。OLT 功能结构可以由三部分组成，即核心部分、业务部分和公共部分，如图 8.27 所示。

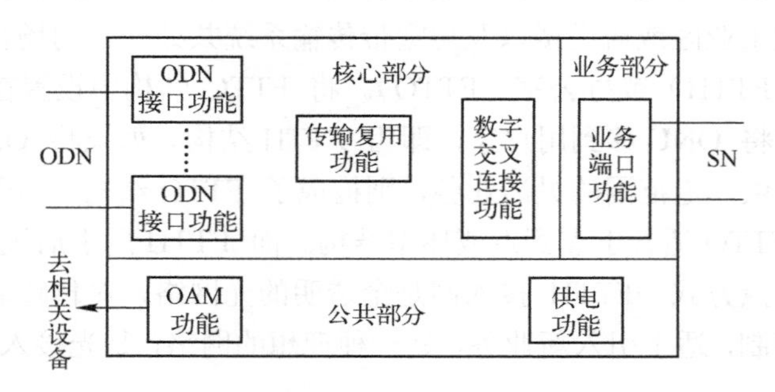

图 8.27　OLT 功能结构

（1）核心部分。核心部分提供三种功能，分别是：传输复用功能、数字交叉连接功能和 ODN 接口功能。传输复用功能为 ODN 的发送和接收业务通道提供必要的复用和解复用功能。数字交叉连接功能为 OL 的 ODN 侧的可用带宽 与 OLT 网络侧的可用带宽提供交叉连接能力。ODN 接口功能为 ODN 提供一系列的物理光接口，实现光/电、电/光转换的功能。

（2）业务部分。业务部分只有业务端口模块，至少应能够携带 ISDN 基群速率的业务，完成支持一种业务或若干种不同业务的服务功能。

（3）公共部分。公共部分功能包括两种功能，分别是供电功能和操作管理与维护功能（OAM，Operation Administration Maintenance）。供电功能将外部电源提供的电能转换为 OLT 中各部分所需的 电压值。OAM 功能实现对 OLT 内的所有功能模块的运行、管理和维护，并通过 Q3 接口能够完成与上层网管的联系。

2. 光配线网（ODN）

ODN 功能是为 OLT 和 ONU 提供以光纤为传输媒质的物理连接。多个 ODN 可以通过与光纤放大器结合起来延长传输距离和扩大服务用户数目。在 PON 中，它是由无源光器件组成的无源光分配网，主要的无源器件有：光纤、光缆、光连接器、光分路器、光衰减器和光放大器等。

ODN 的配置通常是点到多点方式，即多个 ONU 通过 ODN 与一个 OLT 相连。这样，多个 ONU 可以共享同一光传输媒质和光电器件，从而节省成本。点到点配置，即一个 ONU 通过 ODN 与一个 OLT 相连的形式可以看作是点到多点方式的特例，此时无需光分路器。

3. 光网络单元（ONU）

ONU 的作用是为光接入网提供远端用户侧接口，用于实现光接入网的用户接入。ONU 的用户侧为电接口，而网络侧为光接口，所以它要完成光/电和电/光转换任务；另外，它还要完成对语音信号的数字化处理和复用任务；它还具有信令处理以及维护管理功能。它的位置可以位于用户住宅（如 FTTH、FTTO），也可以在配线点（DP）处或灵活接入点（FP）（如 FTTB、ONU）。的功能结构由三部分组成，即核心部分、业务部分和公共部分，如图 8.28 所示。

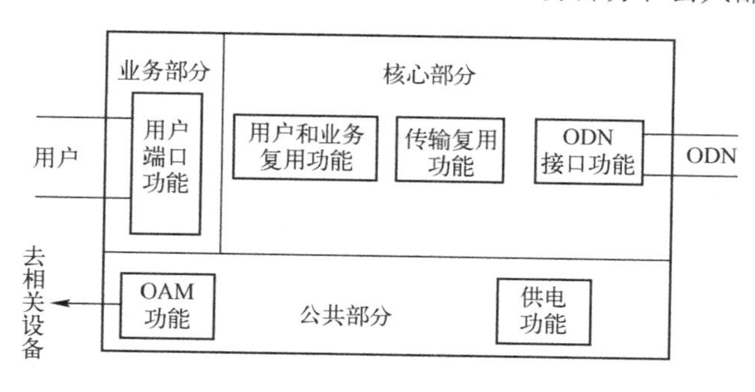

图 8.28 ONU 功能结构

（1）核心部分。ONU 核心部分功能包括用户和业务复用功能、传输复用功能和 ODN 接口功能。用户和业务复用功能对来自用户的信息进行组装，对送给不同用户的信息进行拆装。传输复用功能对来自 ODN 接口的信号进行评估与分配，提取和 ONU 相关的信息，同时在送给 ODN 接口的信号中插入与 ONU 相关的信息。ODN 接口功能提供一系列物理光接口，终结与 ODN 相连的一系列光纤，其功能是实现光/电与电/光转换。

（2）业务部分。业务部分只有用户端口功能模块，其作用是提供用户接口，并将用户信息适配为 64Kbit/s 或 N×64Kbit/s 的形式，可为一个用户或多个用户服务，并提供信令转换功能。

（3）公共部分。公共部分功能包括两种功能，分别是供电功能和 OAM 功能。供电功能为整个 ONU 供电（如交/直流转换或直/交流转换），供电方式可以为远端供电也可以为本地供电，几个 ONU 可以共用同一供电系统。为保证 ONU 正常工作应备有备用电源。OAM 功能实现对 ONU 内的所有功能模块的运行、管理和维护。

4．适配器（AF）

AF 为 ONU 和用户侧设备提供适配功能。其具体物理实现可以包含在 ONU 内，也可以完全独立。当 ONU 与 AF 在物理上相互独立时，AF 还要完成在最后一段引入线上的业务传送任务。

8.5.3　FTTx+LAN 接入方式

目前我国在建设和完善干线网的同时，接入网的改造和建设已经开始，各地都进行了接入网试验，在试验的基础上制定接入网发展规划，逐步发展光纤接入，同时为了适应过渡时期的用户需求也提供了多种接入方案。如 ADSL、HFC、FTTx+LAN。

由于 ADSL 和 HFC 的接入方式在前面已经介绍了，下面主要介绍 FTTx+LAN 的接入方式，这种方式是通往最终光纤到户的一种过渡，由于 LAN 方式比 ADSL 和 HFC 更具有广泛性和通用性，因此使得这种方式得到了大力的发展。

以太网是目前应用最广泛的局域网络传输方式，它采用基带传输，通过双绞线和传输设备，实现 10M/100M/1Gbit/s 的网络传输，应用非常广泛，技术成熟。FTTx+LAN 方案是以局域网络以太网技术为基础，来建设智能大厦、宽带小区的网络。在用户端用 RJ45 信息插座作为接入网络的接口，可提供 10Mbit/s 甚至 100Mbit/s 的网络速率。通过 FTTx+LAN 接入网技术能够实现“千兆位到大楼，百兆位到层面，十兆位到桌面”，为用户提供信息网络的高速接入。

1．FTTx+LAN 接入网络结构

图 8.29 所示为 FTTx+LAN 接入方式的网络结构图，图中以太网技术是以千兆位以太网为基础构筑的，采用分层汇接式的网络结构。它主要由小区接入网络、楼宇接入网络和网管系统组成。

小区接入网络的交换机采用千兆以太网交换机，具有三层路由处理功能。上行采用 1Gbit/s 或者 100Mbit/s 光纤接口；下行可根据小区交换机与楼宇交换机之间的距离采用 100Mbit/s 光纤接口（大于 100m 距离）或 5 类双绞线的电接口（小于 100m 距离）。

楼宇接入网络的交换机通常采用二层以太网交换机，上行采用 100Mbit/s 光纤接口或 5 类双绞线的电接口；下行最终与用户相连一般采用 10Mbit/s 的电接口。系统中采用 VLAN 的方式保证最终用户之间的隔离和安全。

2．FTTx+LAN 接入网地址管理技术

FTTx+LAN 接入网接入方式需要每台 PC 机必须具有一个 IP 地址，这就需要大量的 IP 地址资源，而传统的 IPv4 地址仅用了 32 位二进制数来表示，没有办法满足成千上万接入设

备的地址需求，为了解决这个问题，目前正在试验新的地址标准 IPv6，但在这种标准还没有推广之前，现在主要有下面几种方法来解决大量设备接入因特网的问题。

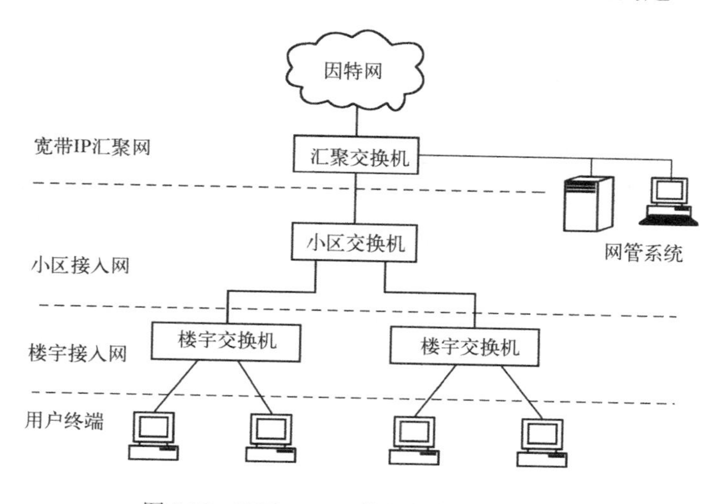

图 8.29　FTTx+LAN 接入方式的网络结构

（1）静态地址分配。静态地址分配是指当用户开户时得到一个静态的 IP 地址，该地址与用户接入的端口对应。对于一直需要在线的用户，一般采用静态分配的方法为其提供一个固定的 IP 地址，如因特网信息供应商的计算机。

（2）动态地址分配。动态地址分配是指每次用户登录时由网络动态分配一个临时的 IP 地址。对于一般用户采用动态分配的方法来给定一个 IP 地址，上线时分配一个 IP 地址，当下线时将该 IP 地址分配给另一个用户。例如，因特网接入服务商就是使用动态分配 IP 地址的方法给上网用户分配 IP 地址的。

（3）网络地址翻译（NAT，Network Address Translation）技术。NAT 是解决宽带小区以太网接入地址缺乏问题的有效方法。宽带小区网络使用内部的 IP 地址，通过 NAT 设备将内部的 IP 地址翻译为因特网上合法的 IP 地址，在因特网上使用。NAT 设备维护一个状态表，用来把内部 IP 地址映射到因特网上合法的 IP 地址上去。NAT 有三种类型：静态 NAT、NAT 池和端口 NAT。

① 静态 NAT 设备。是将每个 PC 的内部地址 IP 映射到一个合法的外部 IP 地址，这种翻译并不节省 IP 地址。

② NAT 池。是在城域网络中定义出一系列的合法地址，采用动态分配的方法将内部的 IP 地址映射到一个合法的 IP 地址上。采用 NAT 池的方法就相当于采用时分复用的方式让很多的用户复用池中设定的外部合法的 IP 地址。

③ 端口 NAT 方法。是将内部的 IP 地址映射到外部 IP 的一个端口上，从外部向里看，所有的用户使用同样的 IP 地址，仅仅是端口号不用。

（4）服务器代理方式。宽带小区的代理服务器同时具有一个内部的 IP 地址和一个外部的 IP 地址。当内部 IP 地址的网络用户需要连接到因特网时，就向该服务器提出请求，代理服务器接受请求并为用户建立一个连接，然后将用户所需的服务信息返回给客户，宽带小区网络用户与因特网的所有处理都是通过代理服务器来完成。

8.6 无线接入网技术

8.6.1 无线接入技术概述

前面介绍的双绞线接入技术、混合光纤/同轴接入技术和光纤接入技术都属于有线接入。它们共同的特点是使用有线传输媒质来连接用户和交换中心，因此只能向用户提供固定接入。而无线接入是指部分或全部采用无线电波这一传输媒质来连接用户与交换中心的一种接入方式。它不仅能向用户提供固定接入，还能向用户提供移动接入。按照这一定义，第3章的卫星通信系统和第5章的移动通信都属于无线接入的范畴。本节主要介绍应用比较广泛的本地多点分布业务（LMDS）系统接入技术和无线局域网（WLAN）接入技术。

1. 无线接入网的分类

无线接入网按照用户终端的可移动性，可分为固定无线接入和移动无线接入两类。固定无线接入为固定用户（如住宅用户、企业用户）或仅在小区域移动（如大楼内、厂区内移动，因而无需越区切换）的用户提供电信业务，目前主要有一点多址、甚小天线地球站（VAST）、直播卫星（DBS）、本地多点分布业务（LMDS）、固定无线接入（FRA）、无线局域网（WLAN）等多种技术。移动无线接入是为行进中的用户提供各种电信业务。由于移动接入服务的用户是移动的，因而其网络组成要比固定网复杂，需要增加相应的设备和软件。目前主要有蜂窝移动通信、卫星移动通信等技术。

无线接入网按照传输带宽的宽窄，可分为窄带无线接入和宽带无线接入两类。通常，将接入速率低于2Mbit/s的系统称为窄带接入系统；而将接入速率高于或等于2Mbit/s的系统称为宽带接入系统。

2. 无线接入技术的特点

与有线接入网相比，无线接入网具有以下主要特点：

（1）建设周期短。无线接入网的主要工程是安装基站和架设天线，工程简单。而有线接入网需要挖沟埋缆或竖杆架线，工程复杂。

（2）使用灵活。在无线接入网的信号覆盖区域内任何一个位置都可以接入网络。而在有线接入网中，网络设备的安放位置受网络信息点位置的限制。

（3）经济节约。在通信距离较长时，采用无线接入不仅节省了有线线路的建设投资，而且也节省了有线线路的维护费用。

（4）安全性好。无线接入抗灾能力强，容易设置备用设备，安全性高。而有线接入的线路抗灾能力弱，容易发生故障，安全性差。

（5）支持个人通信。个人通信的特点是用户与终端的移动性。只有无线接入网才能支持个人通信。因此，无线接入网必然是未来通信网络中不可缺少的重要组成部分。

（6）无线接入的最大缺点是其传输速率和容纳的用户量不如有线接入方式，特别是光纤有线接入，它的传输速率高，容量大。

无线接入网的发展不是以取代有线接入网为目标的，而是与有线接入网相互补充的关系。在许多情况下，电信接入网是由铜线、光纤和无线共同组成的。这种混合接入网的结构使整个电信接入网变得更加灵活、可靠和经济。

3．无线接入网的基本结构

一个无线接入系统一般由四个基本模块组成：用户台（SS）、基站（BS）、基站控制器（BSC）、网络管理系统（NMS），图 8.30 所示是无线接入网络的结构模型。

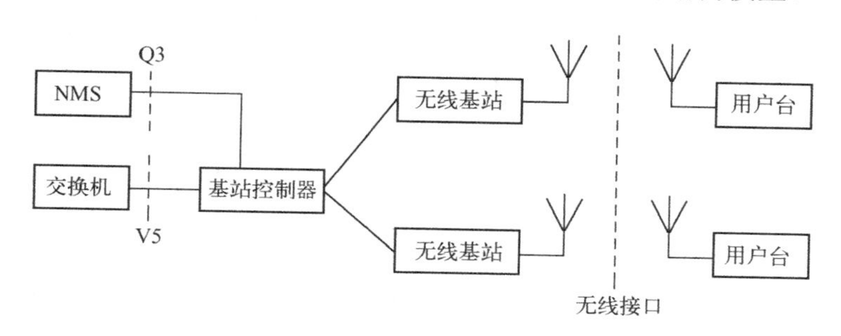

图 8.30　无线接入网络结构模型

用户台是指由用户携带的或固定在某一位置的无线接收机。它的功能是将用户信息从原始信号转换成无线传输的信号，建立到基站的无线连接，并通过特定的无线通道向基站传输信号；同时基站与用户台也反向进行同样的工作，即进行双向的无线交换信息。

用户台可分为固定式和移动式两种。固定式主要解决固定设备通过无线接入方式来建立网络链路；移动式主要是指移动设备通过无线接入的方式与网络相连，如笔记本电脑、PDA 等移动设备。

无线基站实际上是一个多路无线收发机，根据组成网络的结构不同，无线基站覆盖的范围可以是几米、几百米的小区，也可以是几十千米范围的大区。

基站控制器是控制整个无线接入运行的子系统，它决定各个用户的信道分配，监控系统的性能，提供并控制无线接入系统与外部网络间的接口，同时还提供诸如越区切换、定位等功能，一个基站控制器可以控制多个基站。

网络管理系统是无线接入系统的重要组成部分，负责所有信息的存储与管理。

8.6.2　本地多点分配业务系统（LMDS）

本地多点分配业务系统（LMDS，Local Multipoint Distribution Services）是一种宽带的无线固定接入手段。LMDS 采用一种类似蜂窝的服务区结构，将一个需要提供业务的地区划分为若干个服务区，每个服务区内设基站，基站设备经点到多点无线链路与服务区内的用户端通信。每个服务区覆盖范围为几千米至几十千米，并可相互重叠。

LMDS“本地多点分配业务”中各个词都有其自身的含义。所谓“本地”其实就是指单个基站所能够覆盖的范围。LMDS 因为受工作频率和电波传播特性的限制，单个基站在城市环境中所覆盖的半径通常小于 5 千米；“多点”是指信号由基站到终端站是以点对多点的方式传送的，而信号由终端站到基站则是以点对点的方式传送；“分配”是指基站将发出的信号（可能同时包括话音、数据及 Internet、视频业务）分别分配至各个用户；“业务”是指系统运营者与用户之间的业务提供与使用关系，即用户从 LMDS 网络所能得到的业务完全取决于运营者对业务的选择。

由于该技术利用高容量点对多点微波传输，可以提供双向话音、数据及视频图像业务，能够实现从 N×64Kbit/s 到 2Mbit/s，甚至高达 155Mbit/s 的用户接入速率，具有很高的可靠性，号称是一种“无线光纤”技术。

1. LMDS 系统的结构

LMDS 系统通常由三个部分组成：基站、终端站和网管系统，如图 8.31 所示。基站通过 SNI 接口与骨干网相连，终端站通过 UNI 接口与用户驻地网（CPN）或终端设备相连；基站与终端站之间采用微波传输，空中接口一般采用 10GHz 以上频带，并满足视距传输条件。另外，LMDS 系统还可以通过接力站的中继传输来扩大基站的服务范围。

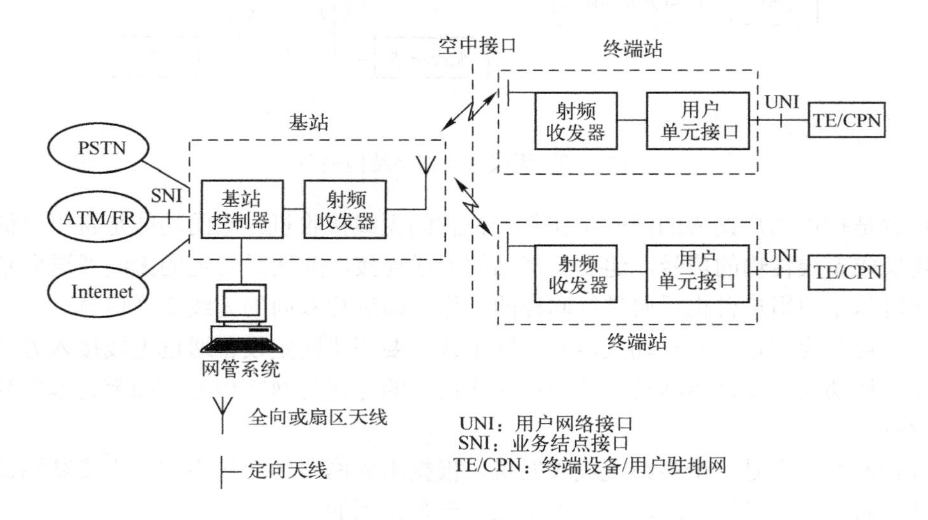

图 8.31　LMDS 系统结构

基站系统负责进行终端站的覆盖，并提供骨干网络接口。基站设备可分为室内单元、室外单元、天线和连接室内室外单元的中频电缆四个部分。室内单元包括与骨干网络的接口模块、ATM 信元处理模块、调制解调模块等。LMDS 系统一般采用扇区天线与室外单元一体化安装，室外单元主要包括射频收发器。

终端站的设备与基站相比其结构基本类似。区别主要在于终端站的室内单元提供用户网络接口（UNI）；终端站一般采用口径很小的微波定向天线。

网管系统具有系统配置、业务管理、告警和故障诊断、性能分析、安全管理等功能，是 LMDS 系统的重要组成部分。LMDS 系统的网络管理一般基于 SNMP 网络管理协议，通过专用 ATMPVC 进行网管信息的传输。

2. LMDS 的频谱分配

LMDS 的工作频段为 10～40GHz 范围。这个频段是微波频段，在毫米波的波段附近，由于该波段的微波在空间是直线传输，只能实现视距接入，其无线传输路径必须满足视距通信要求，因此，在基站和终端之间的无线传输路径不能存在任何阻挡。

目前，很多国家规划了 LMDS 的应用频段，主要有 10GHz、24GHz、26GHz、31GHz 和 38GHz 等。例如，美国为 LMDS 系统提供的频段为 28GHz 与 31GHz，带宽为 1.3GHz。其他国家对 LMDS 占用频段划分各不相同，但一般都在 20～40GHz，带宽通常在 1GHz 以上。

我国信息产业部于 2002 年发布了《接入网技术要求—26GHz 本地多点分配系统（LMDS)》（YD/T1186— 2002)，我国 LMDS 系统占用频段为 26GHz，按 FDD 双工方式规划的 LMDS 工作频段范围为 24.450～27.000GHz，具体规定如下：

下行频率（基站发、终端站收）为 24.507～25.515GHz

上行频率（终端站发、基站收）为 25.757～26.765GHz

可用带宽为 2×1.008GHz，双工间隔为 1.25GHz

基本信道间隔为 3.5MHz、7MHz、14MHz 和 28MHz。

目前，LMDS 系统空中接口协议还没有形成统一的标准，在一定的程度上给运营商的技术选择带来了一些困惑。

3．LMDS 提供的业务

普通的无线接入系统均是窄带系统，工作在 450MHz、800MHz 等，针对低速的话音和数据业务。而 LMDS 的宽带特性，决定它几乎可以承载任何种类的业务，包括话音、数据和图像等。

（1）话音业务。LMDS 系统可提供高质量的话音服务，而且没有时延。系统可提供标准接口，如 RJ-11。

（2）数据业务。LMDS 的数据业务包括低速数据业务、中速数据业务和高速数据业务。具体数据速率可支持 1.2Kbit/s～155Mbits/s，并支持多种协议，包括帧中继、ATM、TCP/IP 等。

（3）图像业务。LMDS 可支持模拟和数字图像业务，可提供的图像信道包括 150 个远程节目、10 个本地节目，还可提供最少 10 个 PPV 节目信道。系统的信号可以从卫星来，也可以是本地制作的；可以是加密的，也可以未加密。

4．LMDS 技术的特点

LMDS 系统工作在 Ka 波段，可提供很宽的数据带宽，另外它具有无线接入所固有的优点，如组网灵活，建设周期短，维护费用低，随着设备价格降低，建设成本会比较低等。具体来说，LMDS 的技术具有如下优势：

（1）系统容量大。LMDS 有“无线光纤”之称，可以满足宽带接入的带宽需要。可承载语音、数据、会议电视、视频点播业务。一般设备都可以支持所有语音和数据传输标准，如 ATM/IP 等。

（2）接口满足不同场合的需要。现有厂家的 LMDS 设备可以提供一系列的网络接口，如 E1、FR、10Base-T、ATM 等。

（3）进入市场的成本较低。初期资金投入少，无线网的主要成本是用户站设备成本，这部分成本只有在安装用户驻地设备时才发生，这样网络业务提供者可以测定投资方案，与新用户的签约保持一致，这意味着运营者只在能带来收益的用户签约时才进行投资，避免了系统运营者一开始就需要花费巨额资金在基础设施上。另外，LMDS 的建设无需管道建设方面的投入，也避免了昂贵费时的市政工作，为竞争业务提供者提供了直接向用户提供业务的方案。

（4）较低的拓展成本。业务和覆盖可以容易地随用户需求的增加而扩展，系统运营者能根据用户的需求灵活提供特定业务。蜂窝之间可以重叠覆盖，由于每个峰窝的覆盖区可以划分成多个扇区，故可以根据用户需要在相邻小区范围内提供特定业务，较好地适应用户业务量的增长，根据最终用户的需求而决定设备成本的增长。

（5）较低的网络维护、管理和运营成本。设备量较少，没有有线接入的大规模的管线，相对来说运营维护更为方便。

当然，任何一种技术都有其局限性，对于 LMDS 系统的传播影响最大的是视距传输和雨衰影响，具体如下：

（1）高频段的传输特性要求视距传输，这为组网带来不便和难度。特别是目前市政建设发展快，城市的建筑群体变化大，原来规划的路径出现高楼阻挡，需要重新调整网络布局。

（2）雨衰的影响。雨衰带来传输距离减少和可用度的下降。在组网规划时，需要综合考虑用户的业务对可用度的要求，传输距离，投资成本，不同地区、系统使用不同的频段（26GHz、38GHz）以及用户要求的可用度不同等，致使 LMDS 的覆盖范围有较大的不同。

8.6.3 无线局域网（WLAN）接入技术

无线局域网是以无线电波或红外线作为传输媒质的计算机局域网。无线局域网支持具有一定移动性终端的无线连接能力，是有线局域网的补充。

无线局域网与有线局域网（LAN）相比，最大的优点是建设周期短，施工容易，易于扩展，使用灵活，为用户提供高速因特网无线接入业务。

1. WLAN 协议

无线局域网与有线局域网的标准是不统一的。目前，最具代表性的 WLAN 协议是美国 802.11 系列标准和欧洲 ESTI 的 HiperLAN 标准。

IEEE802.11 是在 20 世纪 90 年代制定的一个无线局域网的标准。主要用于解决办公室局域网和校园网中设备的无线接入，速率最高只能达到 2Mbps。由于 IEEE802.11 标准在速率和传输距离上都不能满足人们的需要，1999 年 IEEE 小组又相继推出了 IEEE802.11b 和 IEEE802.11a 两个新标准和其他各种标准。

HiperLAN2（Hiper High Performance Radio，LAN）是欧洲电信标准化协会（FTSI）的宽带无线电接入网络（BRAN）小组着手制定的接入泛欧标准，已推出 HiperLAN1 和 HiperLAN2。HiperLAN1 推出时，数据速率较低，没有被人们重视，在 2000 年，HiperLAN2 标准制定完成，HiperLAN2 标准的最高数据速率能达到 54Mbit/s，HiperLAN2 标准详细定义了 WLAN 的检测功能和转换信令，用以支持许多无线网络，支持动态频率选择、无线信元转换、链路自适应、多束天线和功率控制等。该标准在 WLAN 性能、安全性、服务质量 QoS 等方面也给出了一些定义。

HiperLAN1 对应 IEEE802.11b， HiperLAN2 与 IEEE082.11a 具有相同的物理层，他们可以采用相同的部件，并且，HiperLAN2 强调与 3G 整合。HiperLAN2 标准也是目前较完善的 WLAN 协议。

2. WLAN 拓扑结构

WLAN 拓扑结构有两类，即无中心拓扑和有中心拓扑。

（1）无中心拓扑结构。是最简单的对称互连结构，如图 8.32（a）所示。这是一种网型拓扑结构。在这种结构中，至少包括两个站，在每个站的计算机终端均配置无线网卡，任意两个终端之间可以通过无线网卡直接进行通信。

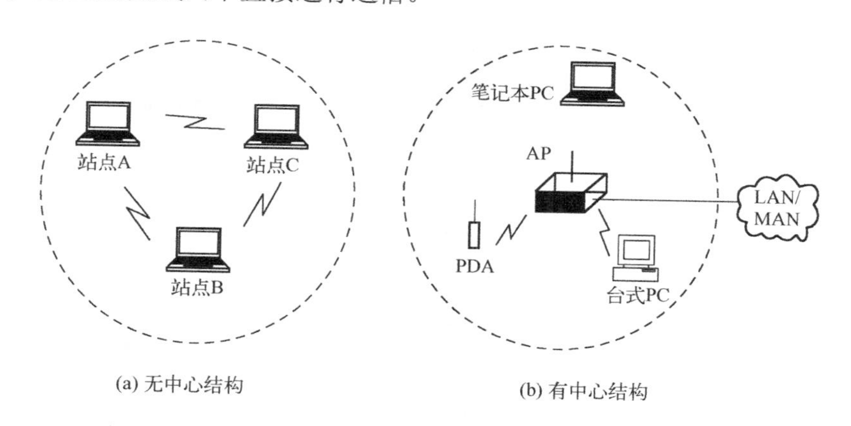

(a) 无中心结构　　(b) 有中心结构

图 8.32　WLAN 拓扑结构

无中心拓扑结构 WLAN 的主要特点是：无需布线，建网容易，稳定性好，费用低，但容量有限。因此该结构只适用于个人用户站之间互连通信，不能用来开展公众无线接入业务。

（2）有中心拓扑结构。是 WLAN 的基本结构，如图 8.32（b）所示。这是一种星型拓扑结构。在这种结构中，至少包含一个访问接入点（AP）作为中心站（或基站）。AP 与有线以太网中的 Hub 类似，所有站点对媒体的访问均由 AP 来控制，同时，任意两个站点之间的通信都必须通过 AP 来转接。另外，AP 还通过线缆连接有线骨干网。因此一个 AP 有两个接口，即支持 IEEE802.3 协议的有线以太网接口和支持 IEEE802.11 协议的 WLAN 接口。

有中心拓扑结构 WLAN 的主要特点是：无需布线，建网容易，扩容方便，但网络稳定性差，一旦中心站点出现故障，网络将陷入瘫痪，AP 的引入增加了网络的成本。

3. WLAN 系统组成

根据不同局域网的应用环境与需求的不同，无线局域网可采取不同的网络结构来实现互连。常用的有如下几种。

（1）网桥连接型。不同的局域网之间互连时，由于物理上的原因，若采取有线方式不方便，则可利用无线网桥的方式实现二者的点对点连接。无线网桥不仅提供二者之间的物理与数据链路层的连接，还为两个网的用户提供较高层的路由与协议转换。

（2）基站接入型。当采用移动蜂窝通信网接入方式组建无线局域网时，各站点之间的通信是通过基站接入、数据交换方式来实现互连的。各移动站不仅可以通过交换中心自行组网，还可以通过广域网与远地站点组建自己的工作网络。

（3）AP 接入型。利用无线 AP 可以组建星型结构的无线局域网，具有与有线 Hub 组网方式相类似的优点。在该结构基础上的 WLAN 可采用类似于交换型以太网的工作方式，要求 AP 具有简单的网内交换功能。

（4）无中心结构。要求网中任意两个站点均可直接通信。此结构的无线局域网一般使用公用广播信道，信道接入控制（MAC）协议采用载波监测多址接入（CSMA）类型的多址接入协议。

一个典型的 WLAN 系统由无线网卡、无线接入点（AP）、接入控制器（AC）、计算机和有关设备（如认证服务器）组成，如图 8.33 所示。

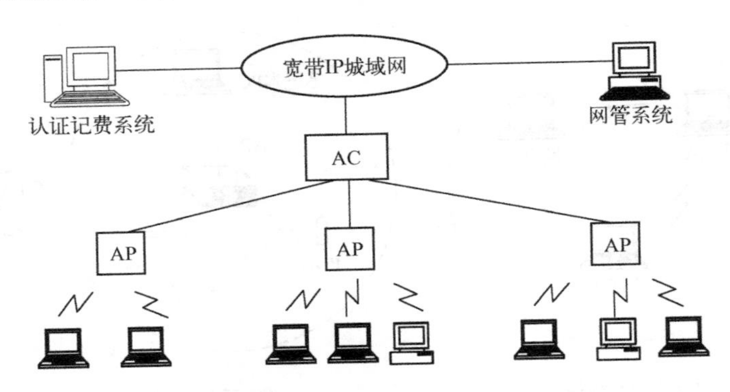

图 8.33　一个典型的 WLAN 系统结构

① 无线网卡。无线网卡是无线局域网的无线覆盖下通过无线连接网络进行上网使用的无线终端设备。无线网卡由网络接口卡（NIC）、扩频通信机和天线组成，NIC 在数据链路层负责建立主机与物理层之间的连接，扩频通信机通过天线实现电信号的发射和接收。

无线网卡按照接口的不同可以分为多种。即台式机专用的 PCI 接口无线网卡；笔记本电脑专用的 PCMICA 接口网卡；USB 无线网卡，这种网卡不管是台式机用户还是笔记本用户，只要安装了驱动程序，都可以使用。除此而外，还有笔记本电脑中应用比较广泛的 MINI-PCI 无线网卡，MINI-PCI 为内置型无线网卡，信号比普通的 PCMCIA 要好得多，实际上 MINIPCI 的定义与台式机的 PCI 总线基本相同，为了适应笔记本电脑的特点进行了微缩。

② 无线接入点（AP）。无线接入点（AP）称为无线 Hub，是 WLAN 系统中的关键设备。无线 AP 是 WIAN 的小型无线基站，也是 WLAN 的管理控制中心，负责以无线方式将用户站相互连接起来，并可将用户站接入有线网络，连接到因特网，在功能上相当于有线局域网设备中的集线器（Hub），也是一个桥接器。无线 AP 使用以太网接口，提供无线工作站与有线以太网的物理连接，部分无线 AP 还支持点对点和点对多点的无线桥接以及无线中继功能。如大唐生产的 11Mbps 无线接入点设备 AP 采用了 IEEE802.11b 标准的直接序列扩频

DSSS（Direct Sequence Spread Spectrum）技术，适合于商业用户和高级用户，支持 XDSL，CableModem，LAN 等技术，全面支持用户漫游，提供 Radius 认证功能，可以实现 WEP（Wired Equivalent Privacy—有线对等保密）加密用户和非加密用户同时接入 AP。

③ 接入控制器（AC）。接入控制器（AC）主要完成对用户的认证、授权、流量控制、计费信息的采集，控制管理一个或多个 AP 及其下属的移动终端。

AC 通过 DHCP+Web+PORTAL+Radius 功能实现动态 IP 分配、用户账号认证及本地实时计费。提供高速以太网接口与 LAN、MAN 或 WAN 相连。内置 SNMP 代理模块支持 SNMP 管理及远程 Web 页面管理。

AC 为用户提供网络接入控制，支持用户带宽管理，用户数据安全性管理，用户信息管理。

4. WLAN 应用

作为有线网络无线延伸，WLAN 可以广泛应用在生活社区、游乐园、旅馆、机场车站等游玩区域实现旅游休闲上网；可以应用在政府办公大楼、校园、企事业等单位实现移动办公，方便开会及上课等；可以应用在医疗、金融证券等方面，实现医生在路途中对病人在网上诊断，实现金融证券室外网上交易。

对于难于布线的环境，如老式建筑、沙漠区域等；对于频繁变化的环境，如各种展览大楼；对于临时需要的宽带接入，流动工作站等，建立 WLAN 是理想的选择。

习　题　8

8.1　什么是 G.902 定义的接入网？它是如何界定的？

8.2　简述接入网的拓扑结构和特点。

8.3　接入网的接口有哪些？

8.4　什么是 V5、VB5 接口？V5.1 接口和 V5.2 接口有何区别？

8.5　什么是 ADSL 技术？它有哪些优点？

8.6　画出 ADSL 的系统结构，并简述信号分离器和 ADSL 收发器的作用。

8.7　简述 VDSL 技术，并画出 VDSL 的系统结构。

8.8　HFC 网络是由哪几个部分组成的？

8.9　HFC 频带是如何分配的？

8.10　简述 CableModem 的工作原理。

8.11　CableModem 是如何实现数据和语音传输的？

8.12　什么是光接入网？有源光网络和无源光网络有哪些区别？

8.13　光接入网由哪几部分组成？ONU 的核心部分有哪些功能？

8.14　光接入网的应用类型有哪几种？

8.15　画出无线接入网的基本结构，并说明各部分的作用。

8.16　简述 LMDS 系统的组成。

8.17　LMDS 的工作频段范围是多少？我国规定 LMDS 的工作频段为多少？

8.18　简述 LMDS 技术特点。

8.19　简述 WLAN 的协议标准。

8.20　WLAN 拓扑结构有哪两类？说明它们之间的区别。

8.21　简述 WLAN 应用。

参考文献

[1] 曹志刚，钱亚生. 现代通信原理. 北京：清华大学出版社，2000
[2] 正田英介，吉永淳. 通信技术. 北京：科学出版社，2001
[3] 王秉均，窦晋江等，通信原理及其应用，天津：天津大学出版社，2000
[4] 樊昌信等. 通信原理（第 5 版）. 北京：国防工业出版社，2001
[5] 南利平. 通信原理简明教程. 北京：清华大学出版社，2000
[6] 王均铭. 通信技术. 成都：电子科技大学出版社，2002
[7] 罗先明. 卫星通信. 北京：人民邮电出版社，1993
[8] 王秉钧. VSAT 小型站卫星通信系统. 天津：天津科学技术出版社，1992
[9] 王秉钧. 数字卫星通信. 北京：中国铁道出版社，1998
[10] 刘国梁. 卫星通信及地球站齐备. 北京：人民邮电出版社，1992
[11] 刘国梁. 卫星通信. 西安：西安电子科技大学出版社，2002
[12] 邓大鹏. 光纤通信原理. 北京：人民邮电出版社，2003
[13] 刘增基，周洋溢. 光纤通信. 西安：西安电子科技大学出版社，2001
[14] 杨祥林. 光纤通信系统. 北京：国防工业出版社，2000
[15] 祁玉生，邵世祥. 现代移动通信系统. 北京：人民邮电出版社，2002
[16] 郭梯云，邬国扬，李建东. 移动通信. 西安：西安电子科技大学出版社，2001
[17] 何希才，卢孟夏. 现代蜂窝移动通信系统. 北京：科学出版社，1999
[18] 章坚武. 移动通信. 西安：西安电子科技大学出版社，2003
[19] 刘宝玲，付长东，张铁凡，3G 移动通信系统概述，北京：人民邮电出版社，2008
[20] 冯建和，王卫东，第三代移动网络与移动业务，北京：人民邮电出版社，2007
[21] 廉飞宇，计算机网络与通信（第 4 版）. 北京：电子工业出版社，2015.
[22] 史萍，倪世兰. 广播电视技术概论. 北京：中国广播电视出版社，2003
[23] 孙海山，李转年. 数字微波通信. 北京：人民邮电出版社，1992.
[24] 谢希仁，计算机网络（第 6 版）. 北京；电子工业出版社，2013.
[25] 秦国，秦亚莉，韩彬霞. 现代通信网概论. 北京：人民邮电出版社，2004
[26] 刘符，韩煜国. 宽带通信原理设计应用. 北京：北京邮电大学出版社，1999
[27] 李明琪. 宽带接入网络. 北京：科学出版社，2002
[28] 李征，王晓宁，金添. 接入网与接入技术. 北京：清华大学出版社，2003
[29] 李转年. 接入网技术与系统. 北京：北京邮电大学出版社，2003
[30] 韦乐平. 接入网. 北京：人民邮电出版社，2000
[31] 蒋青泉等. 接入网技术. 北京：人民邮电出版社，2005
[32] 陈松. 接入网技术. 北京：电子工业出版社，2003